Informationstechnik

N. Fliege
Systemtheorie

Informationstechnik

Herausgegeben von
Prof. Dr.-Ing. Norbert Fliege, Hamburg-Harburg

In der Informationstechnik wurden in den letzten Jahrzehnten klassische Bereiche wie lineare Systeme, Nachrichtenübertragung oder analoge Signalverarbeitung ständig weiterentwickelt. Hinzu kam eine Vielzahl neuer Anwendungsbereiche wie etwa digitale Kommunikation, digitale Signalverarbeitung oder Sprach- und Bildverarbeitung. Zu dieser Entwicklung haben insbesondere die steigende Komplexität der integrierten Halbleiterschaltungen und die Fortschritte in der Computertechnik beigetragen. Die heutige Informationstechnik ist durch hochkomplexe digitale Realisierungen gekennzeichnet.

In der Buchreihe „Informationstechnik" soll der internationale Stand der Methoden und Prinzipien der modernen Informationstechnik festgehalten, algorithmisch aufgearbeitet und einer breiten Schicht von Ingenieuren, Physikern und Informatikern in Universität und Industrie zugänglich gemacht werden. Unter Berücksichtigung der aktuellen Themen der Informationstechnik will die Buchreihe auch die neuesten und damit zukünftigen Entwicklungen auf diesem Gebiet reflektieren.

Systemtheorie

Von Dr.-Ing. Norbert Fliege
Professor an der Technischen Universität
Hamburg-Harburg

Mit 135 Bildern

 B. G. Teubner Stuttgart 1991

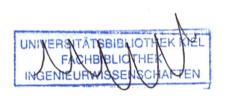

Die Deutsche Bibliothek – CIP-Einheitsaufnahme

Fliege, Norbert:
Systemtheorie / Norbert Fliege. – Stuttgart : Teubner, 1991
  (Informationstechnik)
  ISBN 3-519-06140-6

© B. G. Teubner Stuttgart 1991

Printed in Germany
Druck und Bindung: Präzis-Druck GmbH, Karlsruhe
Einband: P.P.K, S – Konzepte Tabea Koch, Ostfildern/Stuttgart

Vorwort

Das vorliegende Buch entstand aus der gleichnamigen Vorlesung, die ich für Studierende der Elektrotechnik im 5. und 6. Semester an der Technischen Universität Hamburg-Harburg halte. Das Kernfach *Systemtheorie* bildet eine Grundlage für das Hauptstudium in den Studiengängen Nachrichtentechnik, Meß-, Steuerungs- und Regelungstechnik, Technische Informatik und Mikroelektronik. Darüber hinaus wurde der Text für Fortbildungsseminare in zahlreichen Industriefirmen verwendet. Das Buch wendet sich an Studierende und Ingenieure der Elektrotechnik und benachbarter Fachgebiete. Der Umfang und die Auswahl des Stoffes orientieren sich an dem Rahmen einer zweisemestrigen Vorlesung.

Zur Lektüre des Buches werden Kenntnisse der Mathematik vorausgesetzt, die üblicherweise im Grundstudium eines wissenschaftlichen Studienganges erworben werden. Andererseits bauen auf dem Stoff weiterführende Vorlesungen wie Filter und Netzwerke, Nachrichtenübertragung, Digitale Signalverarbeitung und Regelungstechnik auf.

Eine zeitgemäße Systemtheorie muß der technischen Entwicklung der letzten Jahre Rechnung tragen, die durch einen steigenden Einsatz von Mikrorechnern bei der Realisierung technischer Systeme gekennzeichnet ist. Der klassischen Theorie der kontinuierlichen Signale und Systeme steht daher heute die Theorie der diskreten Signale und Systeme mit gleicher Bedeutung gegenüber. Bei einer zusammenfassenden Darstellung erscheint es mir wichtig, die Gemeinsamkeiten beider Systemklassen hervorzuheben. Beide werden zwar aus Gründen der Übersichtlichkeit in getrennten Kapiteln behandelt. Diese Kapitel sind aber völlig gleich strukturiert. Zu jeder Aussage kann man in dem jeweils anderen Kapitel ein Pendant finden. Begriffe wie etwa die Faltung, die Impulsantwort oder die Übertragungsfunktion werden für beide Systemklassen in gleicher Art verwendet. Weiterhin wird das Ziel verfolgt, die enge Verwandtschaft zwischen den verschiedenen Integraltransformationen nachzuweisen und die Voraussetzungen für den Übergang zwischen den transformierten Größen zu klären. Dazu gehören beispielsweise die lückenlose Ableitung der diskreten Fourier-Transformation über der zeitdiskreten Fourier-Transformation aus dem Fourier-Integral, der Zusammenhang zwischen der Laplace- und der Z-Transformation, der Übergang zwischen Fourier- und Laplace-Transformierten, die Dualität zwischen Fourier-Reihen und zeitdiskreter Fourier-Transformation oder die Unterschiede zwischen ein- und zweiseitiger Z-Transformation.

Das Buch gliedert sich grob in zwei Teile. In den ersten vier Kapiteln werden zeitkontinuierliche Signale und Systeme behandelt, in den darauf folgenden vier Kapiteln zeitdiskrete Signale und Systeme. Da die bekannten Integraltransformationen wie Fourier-Transformation, Laplace-Transformation und Z-Transformation Eigenschaften aufweisen, die von den Eigenschaften der betrachteten Systeme untrennbar sind, werden sie als fester Bestandteil der Systemtheorie aufgefaßt und in jeweils eigenständigen Kapiteln behandelt. Die eigentlichen Systeme werden in den Kapiteln 4 und 8 beschrieben. Die Beschreibung erfolgt für determinierte als auch für stochastische Signale im Zeit- und im Frequenzbereich. Zusätzlich werden die kontinuierlichen wie auch die diskreten Systeme in der Zustandsdarstellung behandelt. Im 7. Kapitel wird zwischen den kontinuierlichen und den diskreten Signalen und Systemen eine Brücke gebaut. Es wird der Versuch unternommen, sowohl theoretische als auch praktische Aspekte der Signalabtastung und -rekonstruktion mit den Mitteln der Systemtheorie zu beschreiben.

Um dem Leser eine gründliche Auseinandersetzung mit der Systemtheorie zu ermöglichen, werden alle wichtigen systemtheoretischen Aussagen hergeleitet. Die dazu benötigten mathematischen Beziehungen werden dagegen als Werkzeug betrachtet und nicht bewiesen. So wird beispielsweise in vielen Fällen die Vertauschbarkeit der Reihenfolge bei der Summation oder Integration als gegeben vorausgesetzt. Die 40 wichtigsten Ergebnisse werden als eingerahmte Formeln dargestellt und bilden ein Skelett für den gesamten Text.

An wenigen Stellen wird eine nicht eingeführte Nomenklatur verwendet. So wird im Hinblick auf die ideale Abtastung nicht von der *Ausblendeigenschaft* des Dirac-Impulses gesprochen, sondern von der *Abtasteigenschaft*. Verschiedene Fourier-Transformationen, die mit diskreten Signalen in Verbindung gebracht werden, werden in der Klasse der *Diskreten Fourier-Transformationen* zusammengefaßt. Das Symbol "∘—•" wird in den Korrespondenzen aller Transformationen verwendet. Als Leistungsdichtespektren werden nicht nur Fourier-Transformierte bezeichnet, sondern auch Laplace- und Z-Transformierte, wenn diese offensichtlich äquivalent sind.

Bei der Abfassung des Textes haben zahlreiche Diskussionen mit *Prof. K.D. Kammeyer* wertvolle Dienste geleistet. Der TeX-Text wurde von *Frau B. Erdmann* geschrieben. Der größte Teil der Bilder wurde von den Herren *T. Boltze, G. Monien* und *M. Seidel* erstellt. Mit einer kritischen Durchsicht und Korrektur haben mir die Herren *Dr. A. Mertins, M. Schusdziarra* und *Dr. J. Wintermantel* geholfen. Ihnen allen gilt mein herzlicher Dank! Bei Herrn *Dr. J. Schlembach* vom Teubner-Verlag möchte ich mich für das bereitwillige Eingehen auf meine Wünsche bedanken!

Hamburg, im März 1991   N. Fliege

Inhalt

7. Signalabtastung und -rekonstruktion 269

8. Diskrete LTI-Systeme 295

Anhänge

1. Einführung: Signale und Systeme

Als *Systeme* sollen komplexe Anordnungen aus allen Bereichen des Lebens, vor allem aus Technik und Wissenschaft verstanden werden. Beispiele hierfür sind das Feder-Masse-System eines Kraftfahrzeuges, der menschliche Körper, eine Volkswirtschaft, ein elektrisches Netzwerk oder ein digitales Filter. Die Systemtheorie betrachtet meistens vereinfachte Modelle dieser komplexen Anordnungen. Sie beschäftigt sich insbesondere mit der Reaktion der Systeme auf Störungen oder Erregungen, die von außen auf die Systeme einwirken. So reagiert das Kraftfahrzeug auf eine Unebenheit in der Straße mit einer gedämpften Schwingung. Der menschliche Körper reagiert auf die Einnahme eines Medikamentes mit zeitabhängigen Wirkstoffkonzentrationen im Blut. Die Volkswirtschaft reagiert auf eine Aktienemission mit einem zeitabhängigen Aktienkurs. Das elektrische Netzwerk reagiert auf eine sprungförmige Spannung an einem Eingangstor mit einer Ausgangsspannung, die im allgemeinen eine Funktion der Zeit ist. Ein digitales Filter reagiert auf eine Eingangszahlenfolge mit einer Ausgangszahlenfolge.

Im allgemeinen befreit man die *Erregungen* und *Reaktionen* durch geeignete Normierung von ihren physikalischen Einheiten und beschreibt sie mathematisch als Funktionen unabhängiger Variablen, meistens als Funktionen der Zeit. Die so normierten Erregungen werden als *Eingangssignale* bezeichnet, die Reaktionen als *Ausgangssignale*.

Die Systeme sind immer im Zusammenhang mit den *Signalen* am Eingang und Ausgang zu betrachten. Die beiden folgenden Abschnitte geben daher zunächst einmal eine Einführung in die gebäuchlichsten Signale und deren Klassifizierung. Der dritte Abschnitt beschäftigt sich mit Testsignalen, die zur Beschreibung des Übertragungsverhaltens der Systeme benötigt werden. Hier wird besonders auf den Nutzen und die mathematische Begründung des Dirac-Impulses eingegangen. Der letzte Abschnitt führt schließlich die für die Signalverarbeitung wichtige Klasse der linearen zeitinvarianten Systeme ein.

1.1 Zeitkontinuierliche Signale

Zeitkontinuierliche oder *kontinuierliche Signale* $x(t)$ sind Funktionen der unabhängigen reellen Variablen t, die in der Regel als Zeitvariable aufzufassen ist. Das Signal $x(t)$ ist abgesehen von gegebenenfalls endlich oder abzählbar unendlich vielen Unstetigkeitsstellen für jeden reellen Wert von t definiert. Ist der Wertevorrat der Funktion $x(t)$ ebenfalls kontinuierlich, so spricht man von *analogen kontinuierlichen Signalen.* Läßt sich ein Signal durch eine Formel, eine Tabelle oder einen Algorithmus vollständig beschreiben, so spricht man von einem *determinierten Signal.*

1.1.1 Allgemeine Exponentialfunktion

Die *allgemeine Exponentialfunktion* ist ein in der Systemtheorie häufig verwendetes determiniertes Signal:

$$x(t) = A \cdot \exp(st), \quad A = A' + jA''. \tag{1.1.1}$$

In (1.1.1) ist A die *komplexe Amplitude* und s ein *komplexer Frequenzparameter.* Schreibt man $s = \sigma + j\omega$, so lautet (1.1.1)

$$x(t) = A \cdot \exp(\sigma t) \cdot \exp(j\omega t). \tag{1.1.2}$$

Mit $\omega \neq 0$ ist diese Funktion auch dann komplexwertig, wenn die Amplitude $A = A'$ reell ist. Man spricht in diesem Fall von der *komplexen Exponentialfunktion.* Mit $\omega = 0$ und reeller Amplitude A' erhält man die *reelle Exponentialfunktion*

$$x(t) = A' \cdot \exp(\sigma t), \tag{1.1.3}$$

die für $\sigma < 0$ mit der Zeit t abklingt und für $\sigma > 0$ mit der Zeit t größer wird, siehe Bild 1.1.1a und b. Mit Hilfe der *Eulerschen Gleichung*

$$\exp \alpha = \cos \alpha + j \sin \alpha \tag{1.1.4}$$

läßt sich die komplexe Exponentialfunktion

$$x(t) = x'(t) + jx''(t) = A' \cdot \exp(\sigma t) \cdot [\cos(\omega t) + j \sin(\omega t)] \tag{1.1.5}$$

in den reellwertigen *Realteil*

$$x'(t) = A' \cdot \exp(\sigma t) \cdot \cos(\omega t) \tag{1.1.6}$$

und den reellwertigen *Imaginärteil*

$$x''(t) = A' \cdot \exp(\sigma t) \cdot \sin(\omega t) \qquad (1.1.7)$$

zerlegen.

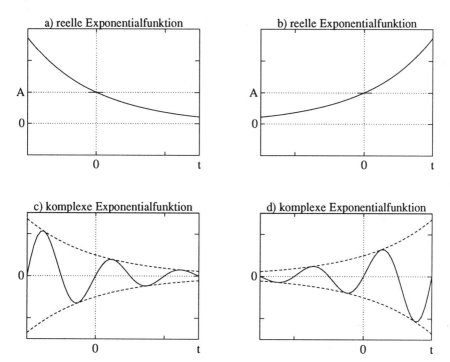

Bild 1.1.1: Reelle Exponentialfunktionen mit $\sigma < 0$ (a) und $\sigma > 0$ (b) und Imaginärteile der komplexen Exponentialfunktionen (c und d)

Bild 1.1.1c und d zeigen die Imaginärteile nach (1.1.7). Man sieht, daß die reellen Exponentialfunktionen nach (1.1.3) als *Einhüllende* der komplexen auftreten (in Bild 1.1.1c und d gestrichelt eingezeichnet).

1.1.2 Sinusförmige Signale

Setzt man in (1.1.6-7) den Parameter $\sigma = 0$, so erhält man *Sinus-* und *Kosinusfunktionen* mit der Amplitude A'. Beide Funktionen lassen sich wegen

$$\sin(\alpha) = -\sin(-\alpha) \qquad \text{(ungerade Funktion)}, \qquad (1.1.8)$$

$$\cos(\alpha) = \cos(-\alpha) \qquad \text{(gerade Funktion)} \qquad (1.1.9)$$

mit Hilfe von (1.1.4) als Linearkombination von komplexen Exponentialfunktionen darstellen:

$$A' \cdot \sin(\omega t) = \frac{A'}{2j} \exp(j\omega t) - \frac{A'}{2j} \exp(-j\omega t), \qquad (1.1.10)$$

$$A' \cdot \cos(\omega t) = \frac{A'}{2} \exp(j\omega t) + \frac{A'}{2} \exp(-j\omega t). \qquad (1.1.11)$$

Der *Frequenzparameter*

$$\omega = 2\pi f = 2\pi/T \qquad (1.1.12)$$

wird *Kreisfrequenz* genannt. Die Größe f ist die Frequenz in Hz, d.h. die Anzahl der Sinusperioden pro Sekunde. Die Sinus- und Kosinusfunktionen sind periodisch in der Zeit mit der *Periode T*. Es gilt daher

$$A' \cdot \sin(\omega t) = A' \cdot \sin[\omega(t \pm iT)], \qquad i = 0, 1, 2, \ldots \qquad (1.1.13)$$

Die Sinus- und Kosinusfunktionen können allgemein mit *Nullphasenwinkel* φ_0 dargestellt werden:

$$x(t) = A_0' \cdot \sin(\omega t + \varphi_0). \qquad (1.1.14)$$

Auch diese Funktion läßt sich durch komplexe Exponentialfunktionen, allerdings mit komplexen Amplituden, ausdrücken:

$$x(t) = \frac{A}{2} \exp(j\omega t) + \frac{A^*}{2} \exp(-j\omega t). \qquad (1.1.15)$$

Darin ist

$$A = A_0' \cdot \sin\varphi_0 - jA_0' \cdot \cos\varphi_0 \qquad (1.1.16)$$

und A^* der konjugiert komplexe Wert zu A. Dieses läßt sich mit Hilfe der Eulerschen Gleichung (1.1.4) und den trigonometrischen Umrechnungsformeln im Anhang 2 zeigen.

1.1.3 Sprungfunktion und verwandte Funktionen

Die *zeitkontinuierliche Sprungfunktion* ist für alle Zeiten $t \neq 0$ folgendermaßen definiert:

$$\epsilon(t) = \begin{cases} 0 & \text{für } t < 0 \\ 1 & \text{für } t > 0. \end{cases} \qquad (1.1.17)$$

Für $t = 0$ ist die Sprungfunktion nicht definiert. An dieser Stelle ist sie unstetig, siehe Bild 1.1.2a.

Die *zeitkontinuierliche Rechteckfunktion* rect(t) ist für alle Zeiten t mit $|t| \neq 1/2$ wie folgt definiert:

$$\text{rect}(t) = \begin{cases} 0 & \text{für } |t| > 1/2 \\ 1 & \text{für } |t| < 1/2, \end{cases} \qquad (1.1.18)$$

siehe Bild 1.1.2b. An den Sprungstellen bei $t = -1/2$ und $t = 1/2$ ist sie nicht definiert.

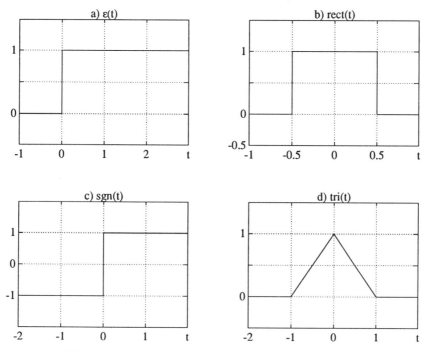

Bild 1.1.2: Sprungfunktion (a), Rechteckfunktion (b),
Signumfunktion (c) und Dreieckfunktion (d)

Die Rechteckfunktion kann durch zwei Sprungfunktionen dargestellt werden:

$$\text{rect}(t) = \epsilon(t + \frac{1}{2}) - \epsilon(t - \frac{1}{2}) \qquad (1.1.19)$$

oder alternativ

$$\text{rect}(t) = \epsilon(t + \frac{1}{2}) \cdot \epsilon(-t + \frac{1}{2}). \qquad (1.1.20)$$

Das Argument $t - (1/2)$ drückt eine zeitliche Verzögerung aus, das Argument $t + (1/2)$ ein Voreilen und das Argument $-t + (1/2)$ eine Verzögerung und zeitliche Umkehr.

Die *Signumfunktion* sgn(t) ist durch den folgenden Ausdruck definiert:

$$\text{sgn}(t) = \begin{cases} -1 & \text{für } t < 0 \\ 1 & \text{für } t > 0, \end{cases} \tag{1.1.21}$$

siehe Bild 1.1.2c. Sie läßt sich mit Hilfe der Sprungfunktion formulieren:

$$\text{sgn}(t) = 2 \cdot \epsilon(t) - 1. \tag{1.1.22}$$

Umgekehrt gilt

$$\epsilon(t) = \frac{1}{2}\big(\text{sgn}(t) + 1\big). \tag{1.1.23}$$

Weiterhin gebräuchlich ist die *Dreieckfunktion* tri(t), die folgendermaßen definiert ist:

$$\text{tri}(t) = \begin{cases} 1 - |t| & \text{für } |t| \le 1 \\ 0 & \text{für } |t| \ge 0. \end{cases} \tag{1.1.24}$$

Später wird gezeigt, daß die Dreieckfunktion tri(t) durch Faltung einer Rechteckfunktion rect(t) mit sich selbst entsteht.

1.1.4 Dirac-Impuls

Der *Dirac-Impuls* $\delta(t)$ ist eines der wichtigsten Signale für die Systemtheorie. Aus mathematischer Sicht stellt er keine Funktion dar, sondern eine *verallgemeinerte Funktion* oder *Distribution*, siehe Anhang 1. Dementsprechend ist er nicht als eine Abbildung der reellen Achse auf einen Bildbereich definiert, sondern durch seine Wirkung im Integranden eines Integrals:

$$\int\limits_{-\infty}^{+\infty} x(t) \cdot \delta(t)\, dt \overset{\text{def}}{=} x(0) \tag{1.1.25}$$

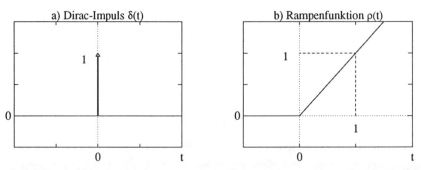

Bild 1.1.3: Dirac-Impuls $\delta(t)$ (a) und Rampenfunktion $\rho(t)$ (b)

Dem Integral in (1.1.25) wird der Wert der Funktion $x(t)$ bei $t = 0$ zuge-ordnet. Dieses Integral ist nur dann definiert, wenn $x(t)$ bei $t = 0$ stetig ist. In (1.1.25) tastet der Dirac-Impuls $\delta(t)$ die Funktion $x(t)$ an der Stelle $t = 0$ ab. Man spricht daher von der *"Abtasteigenschaft"* des Dirac-Impulses. Speziell für $x(t) = 1$ gilt

$$\int_{-\infty}^{\infty} \delta(t)dt = 1. \tag{1.1.26}$$

Da aus einer konstanten Funktion $x(t) = \text{const.} = x(0)$ ebenfalls der Wert $x(0)$ abgetastet wird, gilt

$$x(t) \cdot \delta(t) = x(0) \cdot \delta(t). \tag{1.1.27}$$

Dieser Ausdruck kann nur durch seine Wirkung unter dem Integral erklärt werden, siehe auch Anhang A1.8.

Der Dirac-Impuls wird, wie in Bild 1.1.3a gezeigt, mit einem Pfeil darge-stellt. Daneben wird das *"Gewicht" des Dirac-Impulses* angegeben. Das ist die Konstante, mit der der Dirac-Impuls skaliert ist.

Mit Hilfe des Dirac-Impulses ist es möglich, eine im Sinne der Distributio-nentheorie *verallgemeinerte Ableitung* einer Funktion an einer unstetigen Stelle anzugeben. Eine Funktion $x(t)$ möge an der Stelle $t = t_0$ eine *Unstetigkeit* der-art haben, daß der linksseitige und rechtsseitige Grenzwert verschieden seien. Dann läßt sich $x(t)$ in die Summe einer Funktion zerlegen, die bei $t = t_0$ stetig ist, und einer Sprungfunktion

$$\Delta x(t_0) \cdot \epsilon(t - t_0), \tag{1.1.28}$$

wobei $\Delta x(t_0)$ der Unterschied der beiden Grenzwerte bei $t = t_0$ ist, siehe Bild 1.1.4.

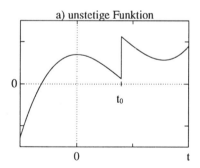
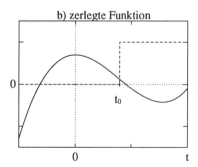

Bild 1.1.4: Funktion mit einer Unstetigkeitsstelle bei $t = t_0$ (a) und Zerlegung in eine stetige Funktion und eine Sprungfunktion (b)

Die Frage nach der Ableitung einer Funktion an einer Unstetigkeitsstelle wie in Bild 1.1.4 reduziert sich daher auf die Frage nach der *Ableitung der*

Sprungfunktion an der Sprungstelle. Im Sinne der Distributionentheorie (siehe Anhang A1.11) gilt die verallgemeinerte Ableitung

$$\frac{d}{dt}\Delta x(t_0) \cdot \epsilon(t - t_0) = \Delta x(t_0) \cdot \delta(t - t_0), \tag{1.1.29}$$

wobei $\delta(t - t_0)$ ein verschobener Dirac-Impuls ist, der durch eine Variablensubstitution $t \rightarrow t - t_0$ aus dem Dirac-Impuls nach (1.1.25) hervorgeht (siehe Anhang A 1.5). In der Ableitung der unstetigen Funktion $x(t)$ tritt an der Sprungstelle $t = t_0$ ein Dirac-Impuls mit dem Gewicht der Sprunghöhe auf.

Genauso kann bei einer Funktion mit einer *"Knickstelle"* eine *Rampenfunktion* $\Delta m(t_0) \cdot \rho(t - t_0)$ mit

$$\rho(t) = \begin{cases} t & \text{für } t \geq 0 \\ 0 & \text{für } t \leq 0, \end{cases} \tag{1.1.30}$$

siehe Bild 1.1.3b, abgespalten werden. Die verallgemeinerte Ableitung einer Rampenfunktion mit der Steigung $\Delta m(t_0)$ lautet entsprechend:

$$\frac{d}{dt}\Delta m(t_0) \cdot \rho(t - t_0) = \Delta m(t_0) \cdot \epsilon(t - t_0). \tag{1.1.31}$$

Die Ableitung hat an der Knickstelle einen Sprung, dessen Sprunghöhe gleich dem Steigungsunterschied der abzuleitenden Funktion an der Knickstelle entspricht.

Jede stetige Funktion läßt sich mit Hilfe des Dirac-Impulses darstellen. Dabei wird die Abtasteigenschaft des Dirac-Impulses ausgenutzt. In dem Integral

$$\int\limits_{-\infty}^{\infty} x(t - \lambda) \cdot \delta(\lambda) d\lambda = x(t) \tag{1.1.32}$$

tastet der Dirac-Impuls den Wert von $x(t - \lambda)$ an der Stelle $\lambda = 0$ ab, also den Wert $x(t)$. Durch eine Substitution $\lambda \rightarrow t - \tau$ erhält man aus (1.1.32)

$$x(t) = \int\limits_{-\infty}^{\infty} x(\tau) \cdot \delta(t - \tau) d\tau. \tag{1.1.33}$$

Gleichung (1.1.33) ist eine wichtige Beziehung bei der Herleitung der Impulsantwort von linearen Systemen, siehe Abschnitt 1.4.

1.1.5 Kausale Signale

In Anlehnung an Impulsantworten kausaler linearer Systeme (siehe Kapitel 4) wird ein Signal $x_k(t)$ *kausal* genannt, wenn es für alle negativen Zeiten den Wert Null hat:

$$x_k(t) = \begin{cases} x(t) & \text{für } t \geq 0 \\ 0 & \text{für } t < 0, \end{cases} \qquad (1.1.34)$$

mit $x(t)$ als beliebiges Signal.

Ein Signal, das (1.1.34) nicht genügt, wird *nichtkausal* genannt. Ein *antikausales* Signal $x_a(t)$ ist für alle nichtnegativen Zeiten Null:

$$x_a(t) = \begin{cases} 0 & \text{für } t \geq 0 \\ x(t) & \text{für } t < 0, \end{cases} \qquad (1.1.35)$$

mit $x(t)$ als beliebiges Signal.

Man kann leicht aus einem nichtkausalen Signal durch Multiplikation mit der Sprungfunktion $\epsilon(t)$ ein kausales Signal ableiten.

Beispiel 1.1.1

Die reelle Exponentialfunktion $x(t)$ in (1.1.3) ist zunächst eine nichtkausale Funktion. Durch Multiplikation mit der Sprungantwort $\epsilon(t)$ erhält man die *kausale reelle Exponentialfunktion* mit reellem Skalierungsfaktor A:

$$x(t) = A \cdot \exp(\sigma t) \cdot \epsilon(t) = \begin{cases} A \cdot \exp(\sigma t) & \text{für } t > 0 \\ 0 & \text{für } t < 0, \end{cases} \qquad (1.1.36)$$

siehe Bild 1.1.5.

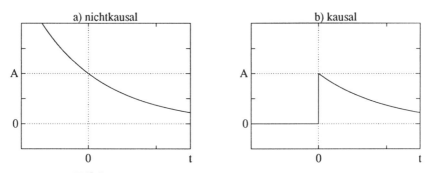

Bild 1.1.5: Nichtkausale (a) und kausale (b) reelle Exponentialfunktion

1.1.6 Gerade und ungerade Signalanteile

Eine Funktion $x_g(t)$ wird als *gerade* bezeichnet, wenn sie die folgende Bedingung erfüllt:

$$x_g(t) = x_g(-t). \tag{1.1.37}$$

Ihre graphische Darstellung verläuft symmetrisch zur Ordinate des Koordinatensystems. Ein Beispiel für eine gerade Funktion ist die Kosinusfunktion, siehe (1.1.9).

Eine Funktion $x_u(t)$ wird als *ungerade* bezeichnet, wenn sie die folgende Bedingung erfüllt:

$$x_u(t) = -x_u(-t). \tag{1.1.38}$$

Ihre graphische Darstellung verläuft punktsymmetrisch zum Ursprung des Koordinatensystems. Ein Beispiel für eine ungerade Funktion ist die Sinusfunktion, siehe (1.1.8).

Für die Integrale über gerade und ungerade Funktionen gelten unter der Voraussetzung, daß kein Dirac-Impuls bei $t = 0$ auftritt, die folgenden Beziehungen:

$$\int_{-\infty}^{\infty} x_g(t)dt = 2 \cdot \int_{0}^{\infty} x_g(t)dt \tag{1.1.39}$$

und

$$\int_{-\infty}^{\infty} x_u(t)dt = 0. \tag{1.1.40}$$

Jede Funktion läßt sich, wie im folgenden gezeigt wird, in einen geraden und einen ungeraden Anteil zerlegen:

$$\begin{aligned}
x(t) &= \frac{x(t)}{2} + \frac{x(t)}{2} + \frac{x(-t)}{2} - \frac{x(-t)}{2} \\
&= \underbrace{\frac{x(t)}{2} + \frac{x(-t)}{2}}_{x_g(t)} + \underbrace{\frac{x(t)}{2} - \frac{x(-t)}{2}}_{x_u(t)}.
\end{aligned} \tag{1.1.41}$$

Beispiel 1.1.2

Die kausale Exponentialfunktion nach (1.1.36) läßt sich, wie in Bild 1.1.6 gezeigt, in ihren geraden und ungeraden Anteil zerlegen. Dazu ist die *antikausale Exponentialfunktion*

$$x_a(t) = x(-t) = A \cdot \exp(-\sigma t) \cdot \epsilon(-t) \tag{1.1.42}$$

zu bilden, siehe Bild 1.1.6b, und zusammen mit der kausalen Exponentialfunktion $x(t)$ aus (1.1.36) gemäß (1.1.41) zum geraden Anteil $x_g(t)$ und ungeraden Anteil $x_u(t)$ zu verbinden, siehe Bild 1.1.6c und d.

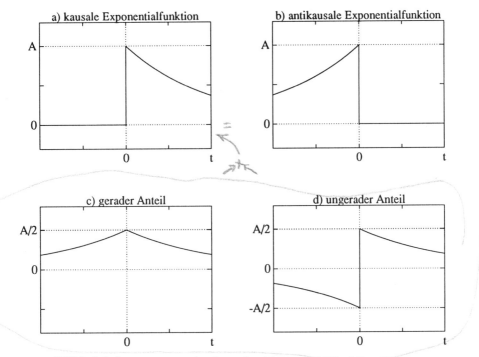

Bild 1.1.6: Zerlegung der kausalen Exponentialfunktion in ihren geraden und ungeraden Anteil

1.1.7 Energiesignale und Leistungssignale

Signale werden weiterhin nach ihrer Energie bzw. ihrer mittleren Leistung klassifiziert. Unter der *Energie* eines normierten und dimensionslosen Signals $x(t)$ versteht man den Ausdruck

$$\mathcal{E}_x = \int\limits_{-\infty}^{\infty} |x(t)|^2 \, dt. \tag{1.1.43}$$

Hierbei besteht die Vorstellung, daß ein zugehöriges nichtnormiertes Signal die Dimension Volt hat und seine elektrische Energie an einem Widerstand von 1 Ohm gemessen wird.

In entsprechender Weise definiert man die *mittlere Leistung* eines Signals $x(t)$:

$$P_x = \lim_{T \to \infty} \frac{1}{T} \int\limits_{-T/2}^{T/2} |x(t)|^2 dt. \qquad (1.1.44)$$

Ein Signal wird als *Energiesignal* bezeichnet, wenn die folgende Bedingung erfüllt ist:

$$\text{Energiesignal } x(t) : \mathcal{E}_x < M < \infty, \qquad (1.1.45)$$

wobei M eine endliche positive Zahl ist. Ist (1.1.45) für ein Signal $x(t)$ erfüllt, so ist seine mittlere Leistung P_x gleich Null. Beispiele für Energiesignale sind die kausale Exponentialfunktion in (1.1.36) mit $\sigma < 0$, die Rechteckfunktion in (1.1.18) oder Dreieckfunktion in (1.1.24).

In entsprechender Weise spricht man von einem *Leistungssignal*, wenn folgendes gilt:

$$\text{Leistungssignal } x(t) : 0 < P_x < M < \infty. \qquad (1.1.46)$$

Die Energie eines Leistungssignals übersteigt alle Grenzen. Beispiele für Leistungssignale sind die Sinusfunktion in (1.1.10), die Sprungfunktion in (1.1.17) oder die im nächsten Abschnitt betrachteten stationären stochastischen Signale.

1.1.8 Stochastische Signale

Stochastische Signale lassen sich im Gegensatz zu determinierten Signalen nicht mit Formeln oder Tabellen beschreiben. Ihr zeitlicher Verlauf ist dem Zufall unterworfen. Praktische Beispiele dafür sind *Sprachsignale, Audiosignale* und *Videosignale*.

Stochastische Signale werden als *Musterfunktionen* eines *stochastischen Prozesses* oder *Zufallsprozesses* aufgefaßt, der aus einer Schar oder einem Ensemble von vielen Musterfunktionen besteht, siehe Anhang A3. Die wichtigsten Ausdrücke zur Beschreibung von stochastischen Signalen sind die Wahrscheinlichkeitsdichtefunktion, die Erwartungswerte und die Autokorrelationsfunktion.

Aus der *Wahrscheinlichkeitsdichtefunktion* $f_{x(t_j)}(\xi)$ eines stochastischen Prozesses läßt sich die Wahrscheinlichkeit P dafür berechnen, daß eine Musterfunktion $x_i(t)$ zum Zeitpunkt $t = t_j$ einen Wert zwischen den Grenzen a und b annimmt:

$$P\{a \leq x_i(t_j) \leq b\} = \int\limits_a^b f_{x(t_j)}(\xi) d\xi. \qquad (1.1.47)$$

Ist diese Wahrscheinlichkeit für beliebige Grenzen a und b unabhängig vom Betrachtungszeitpunkt, so spricht man von *stationären* stochastischen Prozessen und Signalen.

Zu den wichtigsten *Erwartungswerten* eines stationären stochastischen Signals gehören sein *Mittelwert*

$$\overline{x} = E\{x(t)\} = \int\limits_{-\infty}^{\infty} \xi \cdot f_x(\xi) d\xi \qquad (1.1.48)$$

und seine *Varianz*

$$\sigma_x^2 = E\{(x(t) - \overline{x})\} = \int\limits_{-\infty}^{\infty} (\xi - \overline{x})^2 \cdot f_x(\xi) d\xi. \qquad (1.1.49)$$

Häufig werden *ergodische* stationäre Zufallsprozesse $x(t)$ betrachtet, bei denen die Erwartungswerte identisch sind mit den *zeitlichen Mittelwerten* einzelner Musterfunktionen $x_i(t)$. Insbesondere gelten für den Mittelwert

$$\overline{x} = \lim_{T \to \infty} \frac{1}{T} \int\limits_{-T/2}^{T/2} x_i(t) dt \qquad (1.1.50)$$

für beliebige Indizes i, d.h. für beliebig herausgegriffene Musterfunktionen, und für die Varianz

$$\sigma_x^2 = \lim_{T \to \infty} \frac{1}{T} \int\limits_{-T/2}^{T/2} (x_i(t) - \overline{x})^2 dt, \qquad (1.1.51)$$

ebenfalls für beliebige Indizes i.

Schließlich gibt die *Autokorrelationsfunktion* $r_{xx}(\tau)$ in gewisser Weise an, wie schnell sich ein stochastisches Signal in seinem zeitlichen Verlauf ändern kann. Stammt das Signal aus einem ergodischen stationären Prozeß, so lautet die Autokorrelationsfunktion

$$r_{xx}(\tau) = \lim_{T \to \infty} \frac{1}{T} \int\limits_{-T/2}^{T/2} x_i(t) \cdot x_i(t + \tau) dt \qquad (1.1.52)$$

für beliebige Indizes i.

Stationäre stochastische Signale sind Leistungssignale. Sind sie außerdem reell und mittelwertfrei, d.h. $\overline{x} = 0$, so ist die mittlere Leistung durch die Varianz σ_x^2 in (1.1.51) gegeben.

1.2 Zeitdiskrete Signale

Zeitdiskrete oder *diskrete Signale* sind nur an diskreten, meist äquidistanten Zeitpunkten definiert. Zu den dazwischen liegenden Zeiten sind die Signale nicht etwa Null, sondern nicht definiert. Häufig werden diskrete Signale durch Probenentnahme oder *Abtastung* aus kontinuierlichen Signalen gewonnen. Beispielsweise entsteht aus einem kontinuierlichen Signal $x_a(t)$ durch äquidistante Abtastung in zeitlichen Abständen T das diskrete Signal $x_a(nT)$. Hierin ist die Größe n als unabhängige diskrete Zeitvariable aufzufassen.

In einer etwas abstrakteren Stufe löst man sich von der Zeitvorstellung und faßt das diskrete Signal

$$x(n) = x_a(nT) \tag{1.2.1}$$

als eine reine Zahlenfolge auf. Hierin ist n ein unabhängiger Laufindex.

Die Klassifizierung der diskreten Signale erfolgt in gleicher Weise wie die der kontinuierlichen Signale. Einige Eigenschaften wie Kausalität und gerader oder ungerader Funktionsverlauf sind in gleicher Weise definiert wie bei den kontinuierlichen Signalen und werden im vorliegenden Abschnitt nicht noch einmal angesprochen. Im folgenden werden zunächst determinierte Signale behandelt.

1.2.1 Exponentialfolgen

Das zeitdiskrete Pendant zur allgemeinen Exponentialfunktion in (1.1.1-2) lautet

$$x(n) = A \cdot \exp(snT) = A \cdot \exp(\sigma nT) \cdot \exp(j\omega nT) \tag{1.2.2}$$

mit der komplexen Amplitude $A = A' + jA''$. Diese Folge ist auch mit reeller Amplitude $A = A'$ komplexwertig und kann mit Hilfe der Eulerschen Gleichung in den Realteil und den Imaginärteil zerlegt werden:

$$x(n) = x'(n) + jx''(n) = A' \cdot \exp(\sigma nT)[\cos(\omega nT) + j\sin(\omega nT)] \tag{1.2.3}$$

mit dem Realteil

$$x'(n) = A' \cdot \exp(\sigma nT) \cdot \cos(\omega nT) \tag{1.2.4}$$

und dem Imaginärteil

$$x''(n) = A' \cdot \exp(\sigma nT) \cdot \sin(\omega nT). \tag{1.2.5}$$

Im Falle eines komplexen Argumentes snT oder eines rein imaginären Argumentes $j\omega nT$ bezeichnet man $x(nT)$ als *komplexe Exponentialfolge*. Bei reeller Amplitude A und reellem Argument σnT spricht man von einer *reellen Exponentialfolge*

$$x(n) = A \cdot \exp(\sigma nT) = A \cdot a^n. \tag{1.2.6}$$

Hierin ist a eine Abkürzung für $\exp(\sigma T)$.

Beispiel 1.2.1

Wählt man die Parameter der Exponentialfolge in (1.2.2) zu $A = 1, a = 0,9$ und $\omega T = \pi/6$, so erhält man die Folge

$$x(n) = 0,9^n \cdot \cos(n\pi/6), \tag{1.2.7}$$

siehe Bild 1.2.1a.

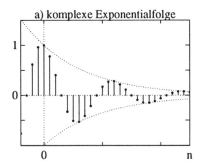
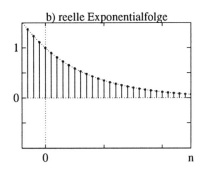

a) komplexe Exponentialfolge   b) reelle Exponentialfolge

Bild 1.2.1: Realteil einer komplexen Exponentialfolge (a) und reelle Exponentialfolge (b)

Mit den Parametern $A = 1, a = 0,9$ und $\omega = 0$ erhält man die reelle Exponentialfolge

$$x(n) = 0,9^n, \tag{1.2.8}$$

die in Bild 1.2.1b dargestellt ist

1.2.2 Sinus- und Kosinusfolgen

Die komplexe Exponentialfolge $x(n)$ mit reeller Amplitude $A = A'$ und dem Parameter $\sigma = 0$ kombiniert nach der Eulerschen Gleichung eine *Kosinus*- und eine *Sinusfolge*. Die komplexen Werte dieser Folge liegen auf dem Kreis um den Ursprung der komplexen Zahlenebene mit Radius A'. Der Realteil lautet gemäß (1.2.4)

$$x'(n) = A' \cdot \cos(\omega nT) = A' \cdot \cos(\Omega n). \tag{1.2.9}$$

Darin ist $\Omega = \omega T$ die normierte Kreisfrequenz.

Sinus- und Kosinusfolgen sind nicht zwingend *periodisch*, obwohl ihre kontinuierlichen Prototypen periodische Funktionen sind. Mit

$$\omega = 2\pi f = 2\pi / T_0 \qquad (1.2.10)$$

lautet (1.2.9)

$$x'(n) = A' \cdot \cos(2\pi \cdot n \cdot \frac{T}{T_0}), \qquad (1.2.11)$$

wobei T_0 die Periodenlänge der Kosinusfunktion $\cos(\omega t)$ ist. Die Kosinusfolge in (1.2.11) ist nur dann periodisch, wenn der Abtastabstand T und die Periodenlänge T_0 in einem rationalen Verhältnis stehen. Die normierte Kreisfrequenz Ω ist dann ein rationales Vielfaches von 2π.

Beispiel 1.2.2

Mit den Parametern $T_0 = 1/12$ und $T = 1/116$ gilt für die normierte Kreisfrequenz

$$\Omega = 2\pi \cdot \frac{T}{T_0} = 6\pi / 29. \qquad (1.2.12)$$

In drei Perioden der Kosinusfunktion $\cos(2\pi t / T_0)$ passen genau 29 Abtastintervalle T. Die zugehörige Kosinusfolge ist daher periodisch in n mit der Periode $N = 29$:

$$\cos(\Omega n) = \cos(\Omega(n + i \cdot N)), \qquad i = 0, \pm 1, \pm 2, \ldots \qquad (1.2.13)$$

Diese Folge ist in Bild 1.2.2a dargestellt.

Die Folge

$$x(n) = \cos(n) \qquad (1.2.14)$$

ist nicht periodisch, da die normierte Kreisfrequenz $\Omega = 1$ kein rationales Vielfaches von 2π ist, siehe Bild 1.2.2b.

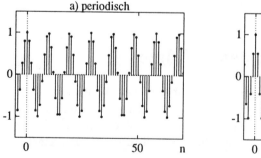 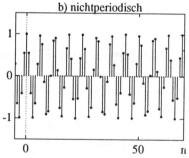

Bild 1.2.2: Periodische Kosinusfolge nach (1.2.12) (a) und nichtperiodische Kosinusfolge nach (1.2.14) (b)

1.2.3 Sprungfolge und verwandte Folgen

Die *Einheitssprungfolge* $\epsilon(n)$, auch *Einheitssprung* oder *Sprungfolge* genannt, ist durch den Ausdruck

$$\epsilon(n) = \begin{cases} 1 & \text{für } n \geq 0 \\ 0 & \text{für } n < 0 \end{cases} \qquad (1.2.15)$$

gegeben, siehe Bild 1.2.3a. Die Sprungfolge $\epsilon(n)$ geht nicht durch Abtastung aus der Sprungfunktion $\epsilon(t)$ hervor! Vielmehr stellen beide unterschiedliche Abbildungen dar. Treten beide Signale gleichzeitig auf, so sind sie durch entsprechende Indizes zu kennzeichnen. In eindeutigen Fällen, wie im folgenden, können die Indizes weggelassen werden.

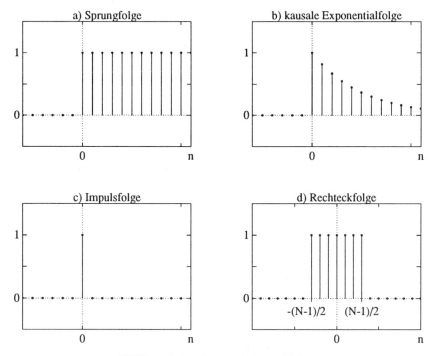

Bild 1.2.3: Determinierte Folgen

Die Sprungfolge $\epsilon(n)$ kann dazu verwendet werden, die Kausalität einer Folge zu erzwingen. So erhält man aus der reellen Exponentialfolge in (1.2.6) eine *kausale reelle Exponentialfolge* durch Multiplikation mit $\epsilon(n)$:

$$x(n) = A \cdot a^n \cdot \epsilon(n), \qquad (1.2.16)$$

siehe Bild 1.2.3b.

Die *Einheitsimpulsfolge* $\delta(n)$, auch *Impulsfolge* oder nur *Impuls* genannt, ist durch

$$\delta(n) = \begin{cases} 1 & \text{für } n = 0 \\ 0 & \text{sonst} \end{cases} \tag{1.2.17}$$

gegeben, siehe Bild 1.2.3c. Diese Folge ist vom Dirac-Impuls $\delta(t)$ zu unterscheiden und gegebenenfalls durch einen entsprechenden Index kenntlich zu machen.

Für diskrete Signale kann eine ähnliche Beziehung angegeben werden wie in (1.1.33). Dazu definiert man für jedes Element einer darzustellenden Folge $x(n)$ eine gewichtete und verschobene Impulsfolge. Dem k-ten Element $x(k)$ entspricht dann die Folge

$$x(k) \cdot \delta(n - k). \tag{1.2.18}$$

Die Impulsfolge $\delta(n)$ ist um k Stellen verschoben und mit dem Gewicht $x(k)$ versehen. Die Gesamtfolge $x(n)$ wird schließlich als Summe aller Impulsfolgen dargestellt:

$$x(n) = \sum_{k=-\infty}^{\infty} x(k) \cdot \delta(n - k). \tag{1.2.19}$$

Die *Rechteckfolge* ist definiert als

$$\text{rect}_N(n) = \begin{cases} 1 & \text{für } |n| \le (N - 1)/2 \\ 0 & \text{für } |n| > (N - 1)/2, \end{cases} \tag{1.2.20}$$

siehe Bild 1.2.3d. Der Index N gibt die Anzahl der von Null verschiedenen Elemente der Folge an. N soll stets eine ungerade Zahl sein. Die Rechteckfolge ist eine gerade Folge, d.h. es gilt

$$\text{rect}_N(n) = \text{rect}_N(-n). \tag{1.2.21}$$

Sie ist, ebenso wie die bisher beschriebenen Folgen, von der Rechteckfunktion $rect(t)$ zu unterscheiden.

1.2.4 Diskrete Energiesignale und Leistungssignale

Unter der *Energie eines diskreten Signals* $x(n)$ versteht man den Ausdruck

$$\mathcal{E}_x = \sum_{n=-\infty}^{\infty} |x(n)|^2. \tag{1.2.22}$$

Entsprechend lautet die *mittlere Leistung eines diskreten Signals* $x(n)$

$$P_x = \lim_{N \to \infty} \frac{1}{2N+1} \sum_{n=-N}^{N} |x(n)|^2 \qquad (1.2.23)$$

Im übrigen gelten die gleichen Beziehungen wie bei den kontinuierlichen Signalen, siehe Abschnitt 1.1.7. Insbesondere ist ein *diskretes Energiesignal* mit $\mathcal{E}_x$ nach (1.2.22) durch die Beziehung

$$\mathcal{E}_x < M < \infty \qquad (1.2.24)$$

gekennzeichnet, siehe auch (1.1.45), und ein *diskretes Leistungssignal* mit P_x nach (1.2.23) durch

$$0 < P_x < M < \infty, \qquad (1.2.25)$$

siehe auch (1.1.46).

1.2.5 Stochastische diskrete Signale

Stochastische diskrete Signale werden als Musterfunktionen von stochastischen Prozessen aufgefaßt, siehe Anhang 4, und ähnlich behandelt wie die entsprechenden kontinuierlichen Signale, siehe Abschnitt 1.1.8. Die Gleichungen (1.1.47-49) gelten sinngemäß. Statt der Zeitvariablen t ist der Zeitindex n zu setzen.

Die zeitlichen Mittelwerte von Signalen aus stationären ergodischen Prozessen werden mit Hilfe von Summen gebildet. Für den *linearen Mittelwert* einer Musterfunktion $x_i(n)$ gilt anstelle von (1.1.50)

$$\overline{x} = \lim_{N \to \infty} \frac{1}{2N+1} \sum_{n=-N}^{N} x_i(n). \qquad (1.2.26)$$

Entsprechend gilt für die *Varianz*

$$\sigma_x^2 = \lim_{N \to \infty} \frac{1}{2N+1} \sum_{n=-N}^{N} \left(x_i(n) - \overline{x} \right)^2 \qquad (1.2.27)$$

und für die *Autokorrelationsfunktion*

$$r_{xx}(m) = \lim_{N \to \infty} \frac{1}{2N+1} \sum_{n=-N}^{N} x_i(n) \cdot x_i(n+m). \qquad (1.2.28)$$

Stationäre diskrete Zufallssignale sind Leistungssignale. Sind sie reell und mittelwertfrei, so ist die mittlere Leistung durch die Varianz σ_x^2 in (1.2.27) gegeben.

1.3 Testsignale zur Systembeschreibung

Um das Übertragungsverhalten eines Systems zu beschreiben, werden ein geeignetes Eingangssignal (*Testsignal, Erregung* des Systems) und das zugehörige Ausgangssignal (*Antwort* des Systems) verglichen. Die Erregung muß insbesondere dahingehend geeignet sein, daß ihre Eigenschaften und Parameter nicht mehr in der Antwort des Systems auftauchen. Vielmehr soll die Antwort allein die Übertragungseigenschaften und Parameter des Systems wiedergeben.

1.3.1 Erregung mit Rechtecksignal

Als erster Ansatz für ein Testsignal wird das Rechtecksignal $u_1(t)$ mit dem Parameter T_1 betrachtet:

$$u_1(t) = \frac{1}{T_1}\text{rect}(\frac{t}{T_1}). \tag{1.3.1}$$

Der Parameter T_1 gibt die Breite der Rechteckfunktion an, siehe Bild 1.3.1a. Gleichzeitig ist die Höhe des Rechtecks durch $1/T_1$ gegeben, so daß die Fläche des Rechtecks unabhängig vom Parameter T_1 immer den Wert Eins hat.

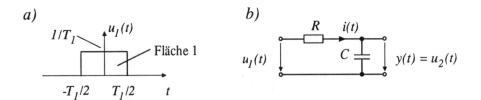

Bild 1.3.1: Rechtecksignal $u_1(t)$ (a)
und RC-Glied mit Rechteckerregung (b)

Um zu prüfen, ob das Rechtecksignal ein geeignetes Testsignal ist, wird im folgenden ein einfaches *RC-Glied* betrachtet, siehe Bild 1.3.1b. Dieses System wird mit dem Rechtecksignal $u_1(t)$ erregt und antwortet mit dem Ausgangssignal $u_2(t)$. Alle Größen werden als normiert und dimensionslos angenommen.

Um den Zusammenhang zwischen dem Eingangssignal $u_1(t)$ und dem Ausgangssignal $u_2(t)$ herzustellen, wird zunächst die *Differentialgleichung* aufgestellt, die das elektrische Verhalten des RC-Gliedes beschreibt. Aus der Beziehung

$$i(t) = C\frac{du_2(t)}{dt} = C\dot{u}_2(t) \tag{1.3.2}$$

zwischen dem Strom $i(t)$ und der Spannung $u_2(t)$ an der Kapazität C und der Kirchhoff'schen Spannungsregel erhält man die folgende Differentialgleichung 1. Ordnung:

$$u_1 = i \cdot R + u_2 = RC\dot{u}_2 + u_2 = T\dot{u}_2 + u_2, \tag{1.3.3}$$

in der $T = RC$ die *Zeitkonstante* des RC-Gliedes ist.

1.3.2 Lösung der Differentialgleichung

Zur Lösung der Differentialgleichung (1.3.3) wird zunächst die *homogene Differentialgleichung* betrachtet. Dazu wird die Erregung $u_1(t) = 0$ gesetzt und für $u_2(t)$ der folgende Ansatz gemacht:

$$u_2(t) = u_{2h}(t) = e^{-t/T}. \tag{1.3.4}$$

Die zeitliche Ableitung dieses Ansatzes ergibt

$$\dot{u}_{2h}(t) = -\frac{1}{T}e^{-t/T}. \tag{1.3.5}$$

Setzt man den Ansatz (1.3.4) und die Ableitung (1.3.5) in den homogenen Teil der Differentialgleichung (1.3.3) ein, so bestätigt sich der Ansatz:

$$u_1(t) = 0 = T(-\frac{1}{T}e^{-t/T}) + e^{-t/T}. \tag{1.3.6}$$

Zur Berechnung der *partikulären Lösung* wird die Erregung $u_1(t)$ nicht mehr Null gesetzt und für $u_2(t)$ der folgende Ansatz gewählt:

$$u_2(t) = k(t) \cdot e^{-t/T} = k(t) \cdot u_{2h}(t). \tag{1.3.7}$$

Die zeitliche Ableitung dieses Ansatzes ergibt

$$\dot{u}_2(t) = \dot{k}(t) \cdot u_{2h}(t) + k(t) \cdot \dot{u}_{2h}(t). \tag{1.3.8}$$

Setzt man Ansatz und Ableitung in die Differentialgleichung (1.3.3) ein, so erhält man

$$u_1(t) = T\dot{u}_2(t) + u_2(t) = T\dot{k}(t) \cdot u_{2h}(t) + Tk(t) \cdot \dot{u}_{2h}(t) + k(t) \cdot u_{2h}(t)$$
$$= T\dot{k}(t) \cdot u_{2h}(t) + k(t) \cdot \underbrace{[T\dot{u}_{2h}(t) + u_{2h}(t)]}_{=0}.$$

$$(1.3.9)$$

Der Ausdruck in eckigen Klammern ist gleich dem homogenen Anteil der Differentialgleichung und hat daher für $u_2(t) = u_{2h}(t)$ den Wert Null, siehe (1.3.4-6). Durch Auflösen von (1.3.9) nach

$$\dot{k}(t) = \frac{1}{T} \frac{1}{u_{2h}(t)} u_1(t) = \frac{1}{T} e^{t/T} u_1(t) , \qquad (1.3.10)$$

Integration nach der Zeit

$$k(t) = \frac{1}{T} \int\limits_{-\infty}^{t} e^{\tau/T} u_1(\tau) \, d\tau \qquad (1.3.11)$$

und Einsetzen in den Ansatz (1.3.7) erhält man die Ausgangsgröße

$$u_2(t) = k(t) \cdot u_{2h}(t) = \frac{1}{T} e^{-t/T} \int\limits_{-\infty}^{t} e^{\tau/T} u_1(\tau) \, d\tau. \qquad (1.3.12)$$

Setzt man für $u_1(t)$ speziell die Rechteckerregung nach (1.3.1) ein, so erhält man die gesuchte Antwort des RC-Gliedes:

$$u_2(t) = \frac{1}{T} e^{-t/T} \int\limits_{-\infty}^{t} e^{\tau/T} \frac{1}{T_1} rect(\frac{\tau}{T_1}) \, d\tau. \qquad (1.3.13)$$

1.3.3 Auswertung der Lösung

Zur weiteren Auswertung der Systemantwort in (1.3.13) werden im folgenden drei Fälle unterschieden.

1. Fall: $t < -T_1/2$. Von $t = -\infty$ bis $t = -T_1/2$ ist die Rechteckfunktion gleich Null. Daher gilt für dieses Teitintervall

$$u_2(t) = 0. \qquad (1.3.14)$$

2. Fall: $-T_1/2 < t < T_1/2$. Für dieses Zeitintervall lautet (1.3.13)

$$u_2(t) = \frac{1}{T}e^{-t/T} \int_{-T_1/2}^{t} e^{\tau/T}\frac{1}{T_1}\,d\tau = \frac{1}{T}e^{-t/T}\cdot(Te^{\tau/T}\frac{1}{T_1})\Big|_{-T_1/2}^{t} \qquad (1.3.15)$$

$$= \frac{1}{T_1}(1 - e^{-t/T}e^{-T_1/2T}).$$

Mit Hilfe der Reihenentwicklung

$$e^x = 1 + x + \underbrace{\frac{x^2}{2!} + \frac{x^3}{3!} + \dots}_{\rightarrow 0\ wenn\ x \ll 1} \qquad (1.3.16)$$

erhält man aus (1.3.15) für $T_1 \ll T$ und $t = T_1/2$ die Näherung

$$u_2(T_1/2) \approx \frac{1}{T_1}[1 - (1 - \frac{T_1}{T})] = \frac{1}{T}. \qquad (1.3.17)$$

Für kurze Rechtecksignale strebt die Systemantwort am Ende der rechteckförmigen Erregung gegen den Wert $1/T$.

3. Fall: $t > T_1/2$. In diesem Zeitintervall lautet (1.3.13)

$$u_2(t) = \frac{1}{T}e^{-t/T} \int_{-T_1/2}^{T_1/2} e^{\tau/T}\frac{1}{T_1}\,d\tau = \frac{1}{T}e^{-t/T}\cdot \text{const}. \qquad (1.3.18)$$

Bild 1.3.2a zeigt die Antwort des Systems für drei verschiedene Rechteckbreiten T_1. Darin wird deutlich, daß die Antwort nicht nur durch das System geprägt wird, sondern auch durch den Parameter T_1 der Erregung.

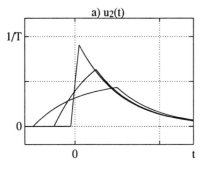
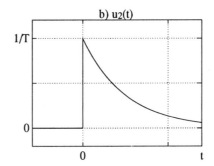

Bild 1.3.2: Antworten des RC-Gliedes auf rechteckförmige Erregung (a) und im Grenzfall $T_1 \to 0$ (b)

Die Abhängigkeit der Systemantwort $u_2(t)$ von dem Parameter T_1 kann durch den Grenzübergang $T_1 \to 0$ vermieden werden. Die Erregung lautet in diesem Fall

$$u_1(t) = \lim_{T_1 \to 0} \frac{1}{T_1} \text{rect}(\frac{t}{T_1}). \tag{1.3.19}$$

Die Systemantwort ist in diesem Fall für negative Zeiten durch (1.3.14) gegeben und für positive Zeiten durch (1.3.18). Für das konstante Integral in (1.3.18) gilt mit der Näherung in (1.3.16)

$$\lim_{T_1 \to 0} \frac{1}{T_1} \int\limits_{-T_1/2}^{T_1/2} e^{\tau/T}\, d\tau = \lim_{T_1 \to 0} \frac{T}{T_1}(e^{T_1/(2T)} - e^{-T_1/(2T)}) = 1. \tag{1.3.20}$$

Zusammengefaßt lautet die *Systemantwort*

$$u_2(t) = \frac{1}{T} e^{-t/T} \cdot \epsilon(t), \tag{1.3.21}$$

siehe Bild 1.3.2b. Sie beschreibt allein das System (RC-Glied) und nicht die Erregung.

Der Ausdruck in (1.3.19) erfüllt zwar die Zielvorstellung, existiert aber im streng mathematischen Sinne nicht als Funktion: $u_1(t)$ wächst mit $T_1 \to 0$ über alle Grenzen.

1.3.4 Erregung mit Dirac-Impuls

Die Erregung $u_1(t)$ tritt in der Systemantwort $u_2(t)$ zusammen mit der Exponentialfunktion $e^{\tau/T}$ nur unter dem Integral auf, siehe (1.3.12). Wird als Erregung die Rechteckfunktion in (1.3.1) verwendet, so stellt dieses Integral für Zeiten $t > T_1/2$ eine Konstante dar, siehe (1.3.18). Mit kleiner werdender Rechteckbreite T_1 wird diese Konstante immer besser durch den Wert der Exponentialfunktion an der Stelle $\tau = 0$ bestimmt. Im Grenzfall $T_1 \to 0$ stimmt das konstante Integral mit diesem Wert überein, siehe (1.3.20). Die Integration in (1.3.20) enspricht einer Probenentnahme aus der Exponentialfunktion oder *Abtastung* der Exponentialfunktion an der Stelle $\tau = 0$.

Diese *Abtasteigenschaft* läßt sich auf beliebige im Ursprung stetige Funktionen $x(t)$ anwenden. Steht solch eine Funktion zusammen mit der Rechteckfunktion unter dem Integral, so ist der Wert des Integrals für $T_1 \to 0$ durch $x(0)$ gegeben.

Im folgenden wird sich zeigen, daß die Erregung in der Regel unter einem Integral in der Systemantwort steht. Eine Testfunktion (1.3.19) existiert zwar nicht, wird aber als Funktion auch gar nicht benötigt. Vielmehr wird Ihre Abtasteigenschaft benötigt. Deshalb ist es sinnvoll, eine *verallgemeinerte Funktion* oder *Distribution* zu verwenden, die diese Abtasteigenschaft besitzt. Diese Forderung erfüllt genau der *Dirac-Impuls* $\delta(t)$, der nach (1.1.25) durch das folgende Integral definiert ist:

$$\int\limits_{-\infty}^{+\infty} x(t) \cdot \delta(t)\, dt \overset{\text{def}}{=} x(0), \tag{1.3.22}$$

mit $x(t)$ als beliebige im Ursprung stetige Funktion. Das Integral in (1.3.22) ist nicht im Riemann'schen Sinne zu verstehen und als solches auch nicht auswertbar. Vielmehr ist dieses Integral durch den rechts vom Gleichheitszeichen stehenden Ausdruck definiert, siehe Anhang A1.2.

Das betrachtete RC-Glied mit Dirac-Impuls-Erregung muß für $t < 0$ die Antwort nach (1.3.14) und für $t > 0$ die Antwort nach (1.3.18) zeigen. Dieses ist durch die Eigenschaft von Distributionen mit endlichen Integrationsgrenzen gewährleistet, siehe Anhang A1.10. Für den Dirac-Impuls gilt insbesonders

$$\int\limits_{\infty}^{t} x(t) \cdot \delta(t)\, dt = \begin{cases} x(0) & \text{wenn } t > 0 \\ 0 & \text{wenn } t < 0. \end{cases} \tag{1.3.23}$$

Damit folgt aus (1.3.12) mit $u_1(\tau) = \delta(\tau)$ die geforderte Antwort nach (1.3.21).

Eine Erregung mit dem Dirac-Impuls ruft eine Systemantwort hervor, die nur vom System selbst abhängig ist. In diesem Sinne ist der Dirac-Impuls ein geeignetes Testsignal zur Beschreibung des Systemverhaltens. Bild 1.3.3 zeigt ein System, das mit einem Dirac-Impuls erregt wird.

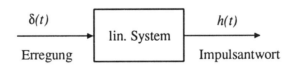

Bild 1.3.3: System mit Dirac-Impuls-Erregung

Die spezielle Antwort $h(t)$ auf die spezielle Erregung mit dem Dirac-Impuls $\delta(t)$ wird *Impulsantwort* genannt. Wie im nächsten Abschnitt gezeigt wird, kennzeichnet die Impulsantwort vollständig das Übertragungsverhalten des Systems.

1.4 Systeme

Aus mathematischer Sicht findet in einem *System* die Abbildung oder Transformation $T(\cdot)$ eines Eingangssignals $u(t)$ in ein Ausgangssignal $y(t)$ statt:

$$y(t) = T\{u(t)\}. \qquad (1.4.1)$$

Die folgenden Betrachtungen beschränken sich auf die wichtige Unterklasse der *linearen Systeme*, die eine *lineare Abbildung* durchführen.

Definition: Ein System heißt dann und nur dann linear, wenn für beliebige Paare von Abbildungen

$$y_1(t) = T\{u_1(t)\} \qquad (1.4.2)$$

und

$$y_2(t) = T\{u_2(t)\} \qquad (1.4.3)$$

und beliebige Skalare k_1 und k_2 stets die folgende Beziehung gilt:

$$T\{k_1 u_1(t) + k_2 u_2(t)\} = k_1 T\{u_1(t)\} + k_2 T\{u_2(t)\}. \qquad (1.4.4)$$

Die Abbildung einer Linearkombination von Eingangssignalen ist identisch mit der gleichen Linearkombination der zugehörigen Ausgangssignale.

Das Prinzip der Linearität läßt sich auch auf unendliche Summen

$$T\{\sum_{i=-\infty}^{\infty} k_i u_i(t)\} = \sum_{i=-\infty}^{\infty} k_i T\{u_i(t)\} \qquad (1.4.5)$$

und auf Integrale

$$T\{\int_{-\infty}^{+\infty} k(\tau) \cdot u(t,\tau)\, d\tau\} = \int_{-\infty}^{+\infty} k(\tau)\, T\{u(t,\tau)\}\, d\tau \qquad (1.4.6)$$

ausdehnen. Dabei wird vorausgesetzt, daß die unendlichen Summen in (1.4.5) und die Integrale in (1.4.6) existieren. Die lineare Transformation einer Summe kann einzeln an den unskalierten Signalen $u_i(t)$ vorgenommen werden. Beim Übergang von der unendlichen Summe zum Integral wird aus dem Summenindex i die Integrationsvariable τ.

1.4.1 Impulsantwort von LTI-Systemen

Im folgenden wird die Frage untersucht, wie ein lineares System mit bekannter Impulsantwort $h(t)$ auf ein beliebiges Eingangssignal $u(t)$ reagiert. Bild 1.4.1a zeigt ein lineares System, das mit einem Dirac-Impuls $\delta(t)$ erregt wird und mit der Impulsantwort $h(t)$ am Ausgang reagiert. Das gleiche System wird in Bild 1.4.1b mit einem Signal $u(t)$ erregt. Wie sieht das Ausgangssignal $y(t)$ aus?

a)   b)

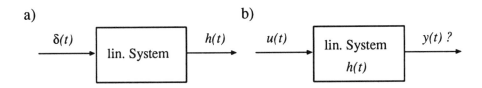

Bild 1.4.1:   Lineares System mit Impulserregung $\delta(t)$ (a)
und beliebiger Erregung $u(t)$ (b)

Zur Beantwortung dieser Frage wird zunächst das Eingangssignal $u(t)$ gemäß (1.1.33) mit Hilfe der Abtasteigenschaft des Dirac-Impulses dargestellt:

$$u(t) = \int\limits_{-\infty}^{+\infty} u(\tau)\,\delta(t-\tau)\,d\tau. \tag{1.4.7}$$

Die lineare Transformation des Integrals in (1.4.7) kann nach (1.4.6) durch Transformation des verschobenen Dirac-Impulses $\delta(t-\tau)$ im Integranden vorgenommen werden:

$$y(t) = \mathcal{T}\{u(t)\} = \int\limits_{-\infty}^{+\infty} u(\tau) \cdot \mathcal{T}\{\delta(t-\tau)\}\,d\tau$$
$$= \int\limits_{-\infty}^{+\infty} u(\tau) \cdot h(t,\tau)\,d\tau. \tag{1.4.8}$$

Während die Systemantwort aufgrund des unverschobenen Dirac-Impulses $\delta(t)$ mit $h(t)$ bezeichnet wird, möge die Antwort des Systems auf den verschobenen Dirac-Impuls $\delta(t-\tau)$ allgemein $h(t,\tau)$ lauten.

Eine wichtige Unterklasse der linearen Systeme sind die *linearen zeitinvarianten Systeme*, auch *LTI-System* genannt (linear time-invariant). Sie reagieren auf einen verschobenen Dirac-Impuls mit einer entsprechend verschobenen, aber sonst gleichen Impulsantwort.

Definition: Ein lineares System mit der Impulsantwort $h(t)$ ist dann und nur dann ein LTI-System, wenn es bei beliebiger Verschiebungszeit τ auf den verschobenen Dirac-Impuls $\delta(t - \tau)$ mit dem Ausgangssignal $h(t - \tau)$ reagiert:

$$\mathcal{T}\{\delta(t - \tau)\} = h(t - \tau). \tag{1.4.9}$$

Die Übertragungseigenschaften eines solchen Systems sind unabhängig von der Zeit stets gleich. Bild 1.4.2 veranschaulicht die Impulsantworten von LTI-Systemen.

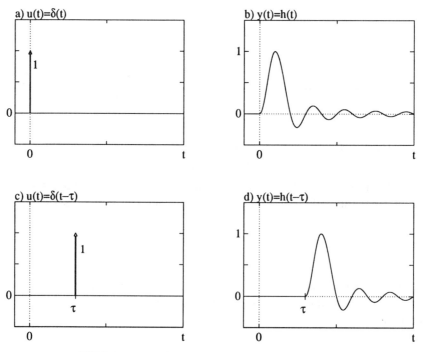

Bild 1.4.2: Antworten eines LTI-Systemes auf einen verschobenen und unverschobenen Dirac-Impuls

1.4.2 Faltungsintegral

Setzt man (1.4.9) in (1.4.8) ein, so erhält man für LTI-Systeme das Ausgangssignal $y(t)$ in Abhängigkeit vom Eingangssignal $u(t)$ und der Impulsantwort $h(t)$:

$$y(t) = \int\limits_{-\infty}^{+\infty} u(\tau)\, h(t - \tau)\, d\tau \tag{1.4.10}$$

Das Integral in (1.4.10) wird *Faltungsintegral* oder *Faltungsprodukt* genannt. Die darin beschriebene Verknüpfung der beiden Signale $u(t)$ und $h(t)$ wird *Faltung* genannt: Das Eingangssignal $u(t)$ wird mit der Impulsantwort $h(t)$ gefaltet.

Das Faltungsintegral in (1.4.10) stellt eine grundlegende Beziehung der Systemtheorie dar. Wenn die Impulsantwort $h(t)$ eines LTI-Systems bekannt ist, kann mit (1.4.10) die Systemantwort $y(t)$ aufgrund einer beliebigen Erregung $u(t)$ berechnet werden. Dabei sei eine gewisse "Gutartigkeit" aller beteiligten Signale vorausgesetzt, die an späterer Stelle noch angesprochen wird. Mit der Impulsantwort $h(t)$ ist das *Übertragungsverhalten* eines LTI-Systems vollständig beschrieben.

Für die Faltung ist auch die folgende Kurzschreibweise üblich:

$$y(t) = u(t) * h(t). \tag{1.4.11}$$

Beispiel 1.4.1

Betrachtet sei das RC-Glied in Bild 1.3.1b mit der Impulsantwort

$$h(t) = \frac{1}{T} e^{-t/T} \cdot \epsilon(t) \tag{1.4.12}$$

nach (1.3.21). Dieses System werde mit dem Rechtecksignal

$$u(t) = \frac{1}{T_1} \text{rect}(\frac{t}{T_1}) \tag{1.4.13}$$

nach (1.3.1) erregt. Zur Berechnung der Systemantwort $y(t)$ soll das Faltungsintegral in (1.4.10) verwendet werden:

$$
\begin{aligned}
y(t) &= \int_{-\infty}^{+\infty} \frac{1}{T_1} \text{rect}(\frac{\tau}{T_1}) \cdot \frac{1}{T} e^{-(t-\tau)/T} \cdot \epsilon(t - \tau) \, d\tau \\
&= \frac{1}{T} e^{-t/T} \int_{-\infty}^{t} e^{\tau/T} \frac{1}{T_1} \text{rect}(\frac{\tau}{T_1}) \, d\tau.
\end{aligned}
\tag{1.4.14}
$$

Der Ausdruck $\epsilon(t-\tau)$ in (1.4.14) wird für $\tau > t$ Null. Damit leistet der gesamte Integrand für $\tau > t$ Null keinen Beitrag zum Integral. Der Wert des Integrals bleibt unverändert, wenn man den Faktor $\epsilon(t - \tau)$ wegläßt und stattdessen die obere Integrationsgrenze auf $\tau = t$ zurückzieht. Das Ergebnis in (1.4.14) ist identisch mit dem Ergebnis in (1.3.13), das durch Lösen der Differentialgleichung erzielt wurde. In Bild 1.4.3 ist das Ergebnis graphisch dargestellt.

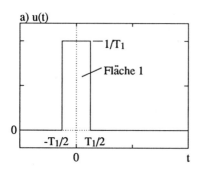
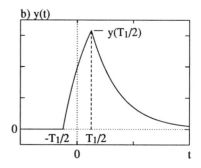

Bild 1.4.3: Erregung $u(t)$ in (1.4.13) und Antwort $y(t)$ am System "RC-Glied"

Mit Hilfe der Substitution $t - \tau \rightarrow \lambda$ bzw. $\tau = t - \lambda$ erhält man eine alternative Darstellung des Faltungsintegrals in (1.4.10):

$$
\begin{aligned}
y(t) &= \int\limits_{-\infty}^{+\infty} u(t - \lambda) \cdot h(\lambda)\, d\lambda \\
&= \int\limits_{-\infty}^{+\infty} h(\lambda) \cdot u(t - \lambda)\, d\lambda = h(t) * u(t)
\end{aligned}
\tag{1.4.15}
$$

Ein Vergleich mit (1.4.11) zeigt, daß die Faltungsoperation *kommutativ* ist:

$$
u(t) * h(t) = h(t) * u(t). \tag{1.4.16}
$$

Bei der Berechnung der Systemantwort durch Faltung können die Erregung und die Impulsantwort im Faltungsprodukt vertauscht werden. Dieser Sachverhalt ist in Bild 1.4.4 graphisch dargestellt.

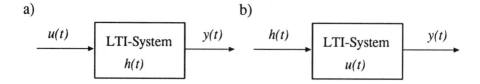

Bild 1.4.4: Zur Vertauschbarkeit von Signalen und Systemen

Da $u(t)$ ein Signal beschreibt und $h(t)$ ein System, werden Signale und Systeme durch die gleiche Klasse von Funktionen bzw. verallgemeinerten Funktionen beschrieben. Innerhalb dieser Klasse kann man nicht zwischen Signalen und Systemen unterscheiden. Man schreibt daher den Signalen auch Attribute wie stabil oder kausal zu, die sonst nur für Systeme gelten.

1.4.3 Eigenfunktionen und Frequenzgang

Die komplexe Exponentialfunktion

$$u(t) = U \cdot e^{j\omega t} \qquad (1.4.17)$$

mit der komplexen Amplitude U ist eine *Eigenfunktion* von LTI-Systemen. Jedes LTI-System reagiert auf diese Funktion mit einer Funktion des gleichen Typs, d.h. mit einer komplexen Exponentialfunktion der gleichen Frequenz ω. Lediglich die Amplitude wird verändert. Dieses läßt sich durch Faltung der Impulsantwort $h(t)$ mit der komplexen Exponentialfunktion zeigen:

$$y(t) = \int\limits_{-\infty}^{+\infty} h(\tau) \cdot u(t - \tau)\, d\tau = \int\limits_{-\infty}^{+\infty} h(\tau) \cdot U \cdot e^{j\omega(t-\tau)}\, d\tau$$

$$= \underbrace{\int\limits_{-\infty}^{+\infty} h(\tau)\, e^{-j\omega\tau}\, d\tau}_{H(j\omega)} \cdot \underbrace{U \cdot e^{j\omega t}}_{u(t)} = Y \cdot e^{j\omega t}. \qquad (1.4.18)$$

Die komplexe Amplitude Y des Ausgangssignals $y(t)$ ergibt sich aus der komplexen Eingangsamplitude U multipliziert mit dem Faktor $H(j\omega)$ aus (1.4.18):

$$Y = H(j\omega) \cdot U. \qquad (1.4.19)$$

Der Faktor $H(j\omega)$ wird *komplexer Frequenzgang* genannt. Er zeigt an, wie sich die komplexe Amplitude von Exponentialfunktionen -bzw. die reelle Amplitude und die Phase von sinusförmigen Signalen beim Durchgang durch das LTI-System in Abhängigkeit von der Kreisfrequenz ω ändern.

Aus (1.4.18) ist ersichtlich, daß mit bekannter Impulsantwort $h(t)$ auch der Frequenzgang $H(j\omega)$ vollständig bestimmt ist:

$$H(j\omega) = \int\limits_{-\infty}^{+\infty} h(t)\, e^{-j\omega t}\, dt \qquad (1.4.20)$$

Die in (1.4.20) aufgezeigte Transformation zwischen der Impulsantwort $h(t)$ und dem Frequenzgang $H(j\omega)$ ist die bekannte *Fourier-Transformation*. Da diese Transformation von fundamentaler Bedeutung für die Systemtheorie ist, wird ihr das folgende Kapitel gewidmet. Die hier eingeführten LTI-Systeme werden im 4. Kapitel wieder aufgegriffen.

2. Fourier-Transformation

Die *Fourier-Transformation* findet in vielen Gebieten der Physik und der Technik Anwendung, so beispielsweise in der Optik, in der Quantenphysik, bei der Ausbreitung elektromagnetischer Wellen und in der Wahrscheinlichkeitstheorie. Sie ist grundlegend für die Systemtheorie und somit auch für die analoge und digitale Signalverarbeitung in der Informationstechnik und in der Regelungstechnik. Die Fourier-Transformation ist ferner Grundlage für weitere in der Systemtheorie gebräuchliche Transformationen wie die Laplace-Transformation, die z-Transformation und die diskrete Fourier-Transformation.

Das vorliegende Kapitel behandelt nach der Einführung des Fourier-Integrals die wichtigsten Eigenschaften und Rechenregeln der Fourier-Transformation. Bei der Behandlung von Leistungssignalen wird die Theorie der Distributionen (verallgemeinerten Funktionen) zu Hilfe genommen. Nach der Faltung, der Korrelation und dem Parsevalschen Theorem werden abschließend Symmetrieeigenschaften der Fourier-Transformation und Fragen der Rücktransformation behandelt.

2.1 Fourier-Integral

Im folgenden wird eine Klasse von komplex- oder reellwertigen Funktionen $f(t)$ der reellen unabhängigen Variablen t betrachtet, für die das folgende *Fourier-Integral* $F(j\omega)$ existiert:

$$F(j\omega) = \int\limits_{-\infty}^{+\infty} f(t)\exp(-j\omega t)\,dt. \qquad (2.1.1)$$

$F(j\omega)$ wird auch als *Fourier-Transformierte, Fourier-Spektrum* oder *komplexes Amplitudenspektrum* bezeichnet. Die darin verwendete komplexe Exponentialfunktion $\exp(-j\omega t)$ stellt den *Kern* der Transformation dar. Der unabhängige *Frequenzparameter* ω tritt stets in Verbindung mit der Größe j auf. Die Fourier-Transformierte $F(j\omega)$ wird daher im folgenden als Funktion von $j\omega$ geschrieben.

Die Fourier-Transformierte $F(j\omega)$ ist im allgemeinen komplexwertig, d.h. es gilt

$$\begin{aligned} F(j\omega) &= \Re\{F(j\omega)\} + j\Im\{F(j\omega)\} \\ &= F'(j\omega) + jF''(j\omega) \\ &= |F(j\omega)| \cdot \exp[j\varphi(j\omega)]. \end{aligned} \qquad (2.1.2)$$

Darin sind $|F(j\omega)|$ das *Betragsspektrum* und $\varphi(j\omega)$ das *Phasenspektrum*.

Neben der ausführlichen Darstellung in (2.1.1) sind die beiden folgenden abkürzenden Schreibweisen üblich:

$$F(j\omega) = \mathcal{F}\{f(t)\}, \qquad (2.1.3)$$

$$F(j\omega) \bullet\!\!-\!\!\circ f(t). \qquad (2.1.4)$$

Das Fourier-Integral existiert mindestens dann, wenn die Funktion $f(t)$ absolut integrierbar ist, d.h. wenn die Bedingung

$$\int\limits_{-\infty}^{+\infty} |f(t)|\,dt < \infty \qquad (2.1.5)$$

erfüllt ist. Dieses ist eine hinreichende, aber nicht notwendige Bedingung. Darüber hinaus gibt es Signale, die nicht (2.1.5) genügen, aber trotzdem eine

Fourier-Transformierte besitzen. Hierzu trägt insbesondere die Distributionentheorie bei, siehe Anhang 1.

Beispiel 2.1.1

Wie sieht die Fourier-Transformierte der *Rechteckfunktion*

$$f(t) = \text{rect}(t) \tag{2.1.6}$$

aus? Durch direkte Anwendung des Fourier-Integrals (2.1.1) auf (2.1.6) erhält man

$$F(j\omega) = \int\limits_{-\infty}^{+\infty} \text{rect}(t) \cdot \exp(-j\omega t)\,dt = \int\limits_{-1/2}^{+1/2} \exp(-j\omega t)\,dt$$

$$= \frac{1}{-j\omega} \exp(-j\omega t)\Big|_{-1/2}^{+1/2} = -\frac{1}{j\omega}[\exp(-j\omega/2) - \exp(j\omega/2)] \tag{2.1.7}$$

Wendet man die Eulersche Formel auf (2.1.7) an, und nutzt man die Tatsache, daß die Kosinusfunktion eine gerade und die Sinusfunktion eine ungerade Funktion ist, siehe (1.1.8-9), so erhält man für die Fourier-Transformierte der Rechteckfunktion den Ausdruck

$$F(j\omega) = -\frac{1}{j\omega}[\cos\frac{\omega}{2} - j\sin\frac{\omega}{2} - \cos\frac{\omega}{2} - j\sin\frac{\omega}{2}]$$

$$= \frac{2}{\omega}\sin\frac{\omega}{2} = \frac{\sin(\omega/2)}{(\omega/2)} \tag{2.1.8}$$

$$= \text{si}(\omega/2)$$

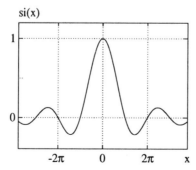

Bild 2.1.1: Die Funktion $\text{si}(x) = \sin(x)/x$

Darin wird die *si-Funktion* $\text{si}(x) = \sin(x)/x$ verwendet, siehe Bild 2.1.1. Diese Funktion hat den ersten Nulldurchgang bei $x = \pm\pi$.

a) rect(t)

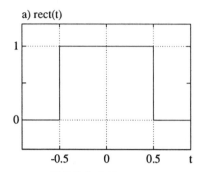

b) si(ω/2)

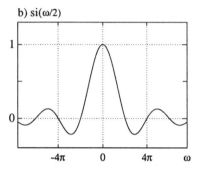

Bild 2.1.2: Die Fourier-Korrespondenz $\mathrm{rect}(t)$ und $\mathrm{si}(\omega/2)$

Als Fourier-Transformierte der Rechteckfunktion kommt eine si-Funktion heraus:

$$\mathrm{rect}(t) \circ\!\!-\!\!\bullet \mathrm{si}\left(\frac{\omega}{2}\right) \tag{2.1.9}$$

Sie hat den ersten Nulldurchgang an der Stelle $\omega = \pm 2\pi$. Fourier-Transformierte sind im allgemeinen komplexwertige Funktionen. Das Ergebnis in (2.1.9) ist insofern ein Sonderfall, als die Fourier-Transformierte $F(j\omega) = \mathrm{si}(\omega/2)$ reellwertig ist.

Beispiel 2.1.2

Wie lautet die Fourier-Transformierte des Dirac-Impulses

$$f(t) = \delta(t) \ ?$$

Dazu kann das in (2.1.1) definierte Fourier-Integral direkt auf die zu transformierende Zeitfunktion $f(t) = \delta(t)$ angewendet werden:

$$F(j\omega) = \int\limits_{-\infty}^{+\infty} \delta(t)\exp(-j\omega t)dt \tag{2.1.10}$$

Der Dirac-Impuls blendet laut Definition als Distribution den Funktionswert von $\exp(-j\omega t)$ bei $t = 0$ aus. Wegen $\exp(-j\omega t)\,|_{t=0} = 1$ lautet der ausgeblendete Wert

$$F(j\omega) = \mathcal{F}\{\delta(t)\} = 1. \tag{2.1.11}$$

a) δ(t)

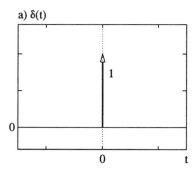

b) Fourier-Transformierte

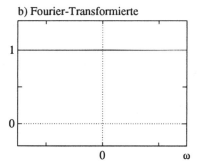

Bild 2.1.3: Der Dirac-Impuls und seine Fourier-Transformierte

Als Fourier-Transformierte des Dirac-Impulses kommt eine Konstante vom Wert 1 heraus:

$$\delta(t) \circ\!\!\!-\!\!\bullet\ 1. \tag{2.1.12}$$

Aus den beiden Fourier-Korrespondenzen (2.1.9) und (2.1.12) lassen sich eine Reihe weiterer Korrespondenzen ableiten. Dazu werden im folgenden Abschnitt die wichtigsten Eigenschaften und Rechenregeln der Fourier-Transformation behandelt. Sie sind aber nicht nur zum Ableiten weiterer Fourier-Korrespondenzen nützlich, sondern spiegeln grundlegende Eigenschaften der hier behandelten Signale und LTI-Systeme wieder.

2.2 Eigenschaften und Rechenregeln

2.2.1 Linearität

Aus der Integraldefinition in (2.1.1) ist ersichtlich, daß die Fourier-Transformation linear ist. Für beliebige Fourier-Korrespondenzen

$$f_1(t) \circ\!\!-\!\!\bullet F_1(j\omega)$$
$$f_2(t) \circ\!\!-\!\!\bullet F_2(j\omega)$$

und für beliebige Skalare k_1, k_2 gilt daher

$$k_1 f_1(t) + k_2 f_2(t) \circ\!\!-\!\!\bullet k_1 F_1(j\omega) + k_2 F_2(j\omega). \qquad (2.2.1)$$

Die Fourier-Transformierte einer Linearkombination von Funktionen $f_1(t), f_2(t)$ ist gleich der Linearkombination der Fourier-Transformierten $F_1(j\omega), F_2(j\omega)$. Diese Aussage läßt sich auf eine Summe von mehr als zwei gewichteten Funktionen ausdehnen, und sofern sie existiert, auf eine Summe von unendlich vielen gewichteten Funktionen.

2.2.2 Umkehrintegral und Dualität

Aus der Fourier-Transformierten $F(j\omega)$ kann mit Hilfe des *Umkehrintegrals* (2.2.2) die ursprüngliche Funktion $f(t)$ wieder zurückgewonnen werden:

$$f(t) = \frac{1}{2\pi} \int\limits_{-\infty}^{+\infty} F(j\omega) \exp(j\omega t) d\omega. \qquad (2.2.2)$$

Beweis und Beispiele hierzu werden im Abschnitt 2.6 geliefert.

Die beiden *Integraltransformationen* (2.1.1) und (2.2.2) sind formal sehr ähnlich. Unterschiede bestehen im Vorfaktor $1/2\pi$, im Vorzeichen des Exponenten der Exponentialfunktion und in der Tatsache, daß die Originalfunktion $f(t)$ ein reelles Argument besitzt, während das Argument der Fourier-Transformierten $F(j\omega)$ imaginär ist. Beide Transformationen lassen sich daher leicht ineinander überführen. Die Substitutionen $t \to \tau$ und $\omega \to \lambda$ im Umkehrintegral (2.2.2) führen auf den Ausdruck

$$f(\tau) = \frac{1}{2\pi} \int\limits_{-\infty}^{+\infty} F(j\lambda) \exp(j\lambda\tau) d\lambda. \qquad (2.2.3)$$

Durch weitere Substitutionen $\lambda \to t$ und $\tau \to -\omega$ erhält man wieder ein Fourier-Integral:

$$2\pi f(-\omega) = \int\limits_{-\infty}^{+\infty} F(jt)\exp(-j\omega t)dt, \qquad (2.2.4)$$

d.h. ein Integral über eine Funktion der Zeit t multipliziert mit dem Transformationskern $\exp(-j\omega t)$. Stellen zwei Funktionen $f(t)$ und $F(j\omega)$ eine Fourier-Korrespondenz

$$f(t) \circ\!\!-\!\!\bullet\, F(j\omega) \qquad (2.2.5)$$

dar, d.h. erfüllen sie (2.1.1) und (2.2.2), so bilden sie nach (2.2.4) eine weitere Fourier-Korrespondenz

$$F(jt) \circ\!\!-\!\!\bullet\, 2\pi f(-\omega), \qquad (2.2.6)$$

die als *duale Fourier-Korrespondenz* zu (2.2.5) bezeichnet wird. Die Beziehungen (2.2.5-6) sind dazu geeignet, aus bekannten Korrespondenzen durch einfache Substitutionen neue Korrespondenzen abzuleiten.

Beispiel 2.2.1

Im folgenden wird die Dualität der Fourier-Transformation anhand der Korrespondenz (2.1.9)

$$\mathrm{rect}(t) \circ\!\!-\!\!\bullet\, \mathrm{si}\!\left(\frac{\omega}{2}\right)$$

aus Beispiel 2.1.1 gezeigt. Ein Vergleich von (2.1.9) mit (2.2.5) identifiziert die Funktionen $f(t) = \mathrm{rect}(t)$ und $F(j\omega) = \mathrm{si}(\omega/2)$. Mit diesen beiden Funktionen lautet die duale Korrespondenz in (2.2.6)

$$F(jt) = \mathrm{si}\!\left(\frac{t}{2}\right) \circ\!\!-\!\!\bullet\, 2\pi f(-\omega) = 2\pi\,\mathrm{rect}(-\omega) \qquad (2.2.7)$$

Da die Funktion $\mathrm{rect}(x)$ gerade ist, d.h. da $\mathrm{rect}(x) = \mathrm{rect}(-x)$ ist, lautet die duale Korrespondenz

$$\mathrm{si}\!\left(\frac{t}{2}\right) \circ\!\!-\!\!\bullet\, 2\pi\,\mathrm{rect}(\omega). \qquad (2.2.8)$$

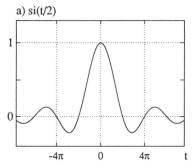
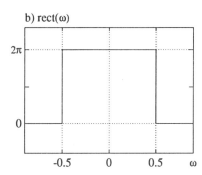

Bild 2.2.1: Duale Fourier-Korrespondenz zu der in Bild 2.1.2

Ein Vergleich der Bilder 2.2.1 und Bild 2.1.2 zeigt, daß sich die Dualität der Fourier-Transformation im vorliegenden Beispiel in den vertauschten Rollen von Rechteckfunktion und si-Funktion wiederspiegelt. Es sind allerdings die unterschiedlichen Ordinatenskalierungen der Rechteckfunktionen zu beachten.

Beispiel 2.2.2

In der Fourier-Korrespondenz (2.1.11), d.h. $\delta(t) \circ\!\!-\!\!\bullet\ 1$, ist $f(t) = \delta(t)$ und $F(j\omega) = 1$. Setzt man diese beiden Funktionen in (2.2.6) ein, so erhält man die duale Fourier-Korrespondenz

$$1 \circ\!\!-\!\!\bullet\ 2\pi\delta(-\omega) = 2\pi\delta(\omega), \tag{2.2.9}$$

bzw. nach einer Division mit 2π

$$\frac{1}{2\pi} \circ\!\!-\!\!\bullet\ \delta(\omega). \tag{2.2.10}$$

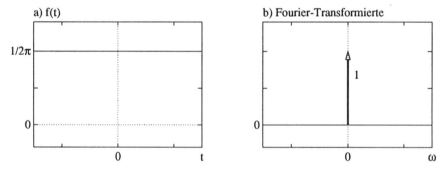

a) f(t)   b) Fourier-Transformierte

Bild 2.2.2: Duale Fourier-Korrespondenz zu der in Bild 2.1.3

Die Fourier-Transformierte einer konstanten Zeitfunktion $f(t) = 1/2\pi$ ist ein Dirac-Impuls $\delta(\omega)$ mit dem Gewicht 1.

2.2.3 Ähnlichkeitssatz (Zeitskalierung)

Ausgangspunkt der folgenden Betrachtungen sei eine bekannte Fourier-Korrespondenz

$$f(t) \circ\!\!-\!\!\bullet\ F(j\omega).$$

Wie ändert sich die Fourier-Transformierte, wenn in der Funktion $f(t)$ eine *Zeitskalierung* vorgenommen wird, d.h. wenn die Zeitvariable t in $f(t)$ mit einer reellen Zahl a multipliziert wird? Auskunft darüber gibt der folgende *Ähnlichkeitssatz*:

$$f(at) \circ\!\!-\!\!\bullet \frac{1}{|a|}F(j\frac{\omega}{a}), \qquad a \text{ reell und } a > 0. \qquad (2.2.11)$$

Der Beweis des Ähnlichkeitssatzes wird zunächst für positive und negative *Skalierungskonstanten* getrennt geführt. Mit $a > 0$ und der Substitution $at \to x$, $dt \to dx/a$ ergibt das Fourier-Integral in (2.1.1)

$$\mathcal{F}\{f(at)\} = \int\limits_{t=-\infty}^{t=+\infty} f(at)\exp(-j\omega t)dt = \int\limits_{x=-\infty}^{x=+\infty} f(x)\exp(-j\frac{\omega}{a}x)\frac{1}{a}dx = \frac{1}{a}F(j\frac{\omega}{a}).$$

$$(2.2.12)$$

Die entsprechende Auswertung für $a < 0$ führt mit der gleichen Substitution auf das Fourier-Integral

$$\mathcal{F}\{f(at)\} = \int\limits_{t=-\infty}^{t=+\infty} f(at)\exp(-j\omega t)dt = \frac{1}{a}\int\limits_{x=+\infty}^{x=-\infty} f(x)\exp(-j\frac{\omega}{a}x)dx$$

$$(2.2.13)$$

$$= -\frac{1}{a}\int\limits_{-\infty}^{+\infty} f(x)\exp(-j\frac{\omega}{a}x)dx = -\frac{1}{a}F(j\frac{\omega}{a}).$$

Die Ergebnisse in (2.2.12) und (2.2.13) unterscheiden sich nur im Vorzeichen des Vorfaktors $1/a$. Unter Berücksichtigung der Fallunterscheidungen $a > 0$ und $a < 0$ können die Ergebnisse in (2.2.12) und (2.2.13) zu einem Ergebnis mit dem gemeinsamen Vorfaktor $1/|a|$ zusammengefaßt werden, das mit dem Ähnlichkeitssatz in (2.2.11) übereinstimmt.

Beispiel 2.2.3

Bezieht man die Zeitvariable t der ursprünglichen Rechteckfunktion $\text{rect}(t)$ in (1.1.18) auf eine konstante Zeit T_1, so erhält man die zeitskalierte Rechteckfunktion

$$f(t) = \text{rect}(\frac{t}{T_1}), \qquad T_1 > 0. \qquad (2.2.14)$$

Sie hat ihre Sprungstellen bei $t = -T_1/2$ und $t = T_1/2$, siehe Bild 2.2.3a. Mit dem Zeitskalierungsfaktor $a = 1/T_1$ und der bekannten Fourier-Korrespondenz

$$\text{rect}(t) \circ\!\!-\!\!\bullet \text{si}(\frac{\omega}{2})$$

aus (2.1.9) erhält man mit Hilfe des Ähnlichkeitssatzes die Fourier-Transformierte der in (2.2.14) formulierten Rechteckfunktion:

$$F(j\omega) = T_1 \text{si}(\omega\frac{T_1}{2})$$

(2.2.15)

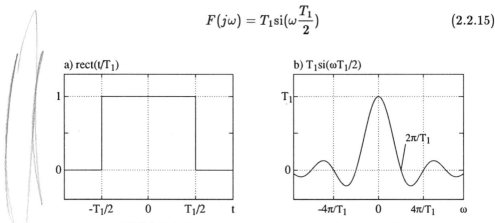

Bild 2.2.3: Zeitskalierte Rechteckfunktion (a)
und zugehörige Fourier-Transformierte (b)

Die Fourier-Transformierte bleibt eine si-Funktion, allerdings mit veränderter Skalierung der Frequenzachse und der Ordinate. Vom Ursprung her betrachtet hat die si-Funktion ihre erste Nullstelle an der Stelle, an der das Argument der Funktion den Wert π annimmt. Aus (2.2.15) ist ersichtlich, daß das an der Stelle $\omega = 2\pi/T_1$ ist, siehe auch Bild 2.2.3b.

Ein Vergleich der Korrespondenzen in Bild 2.1.2 und in Bild 2.2.3 zeigt, daß das Produkt aus der Rechteckbreite und dem Abstand der ersten Nullstelle der si-Funktion vom Ursprung in beiden Fällen 2π ist. Dieses ist eine Erscheinungsform des sog. *Zeit-Bandbreite-Produktes*. Wie später gezeigt wird, ist das Produkt aus einer beliebig definierten Dauer eines Signals und einer beliebig definierten Bandbreite der zugehörigen Fourier-Transformierten unabhängig von jeder Zeitskalierung eine Konstante.

Eine weitere Eigenschaft der Fourier-Transformation kann mit dem speziellen Zeitskalierungsfaktor $a = -1$ aus dem Ähnlichkeitssatz abgeleitet werden. Mit $a = -1$ lautet (2.2.11)

$$f(-t) \circ\!\!-\!\!\bullet F(-j\omega).$$

(2.2.16)

Ist f(t) eine reellwertige Zeitfunktion, so kommt die imaginäre Zahl j allein im Kern $\exp(-j\omega t)$ der Fourier-Transformierten vor. Ferner kommt sie dann nur im Produkt $j \cdot \omega$ vor. Wird gemäß (2.2.16) das Vorzeichen dieses Produktes geändert, so wird die konjugiert komplexe Fourier-Transformierte gebildet. Für reellwertige Zeitfunktionen $f(t)$ gilt daher die folgende Beziehung:

$$f(-t) \circ\!\!-\!\!\bullet F^*(j\omega).$$

(2.2.17)

2.2.4 Frequenzskalierung

Die Skalierung der Frequenzvariablen ω ist das duale Problem zur Skalierung der Zeitvariablen t. Setzt man in (2.2.11) den *Skalierungsparameter* $a = 1/b$, und löst man (2.2.11) nach der Fourier-Transformierten $F(\cdot)$ auf, so erhält man eine andere Form des Ähnlichkeitssatzes, die die *Frequenzskalierung* beschreibt:

$$F(jb\omega) \bullet\!\!-\!\!\circ \frac{1}{|b|}f\left(\frac{t}{b}\right), \qquad b \text{ reell und } b > 0. \qquad (2.2.18)$$

Eine Streckung der Frequenzskala führt auf eine Stauchung der Zeitskala und umgekehrt.

Beispiel 2.2.4

In diesem Beispiel wird das duale Problem zu dem in Beispiel 2.2.3 behandelt. Anstelle der Korrespondenz (2.1.9) wird die duale Korrespondenz (2.2.8) betrachtet:

$$\text{si}\left(\frac{t}{2}\right) \circ\!\!-\!\!\bullet 2\pi\text{rect}(\omega)$$

Bezieht man die Frequenzvariable ω in der Rechteckfunktion auf den Wert $2\omega_{gr}$, d.h. $b = 1/2\omega_{gr}$, so daß die Sprungstellen des rechteckförmigen Spektrums bei $\omega = -\omega_{gr}$ und $\omega = \omega_{gr}$ liegen, so erhält man mit der Beziehung (2.2.18) für Frequenzskalierung

$$2\pi\text{rect}\left(\frac{\omega}{2\omega_{gr}}\right) \bullet\!\!-\!\!\circ 2\omega_{gr}\text{si}(\omega_{gr}t) \qquad (2.2.19)$$

und durch Division mit $2\omega_{gr}$ und Vertauschen beider Seiten

$$\text{si}(\omega_{gr}t) \circ\!\!-\!\!\bullet \frac{\pi}{\omega_{gr}}\text{rect}\left(\frac{\omega}{2\omega_{gr}}\right) \qquad (2.2.20)$$

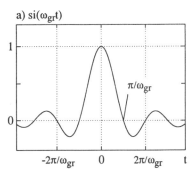 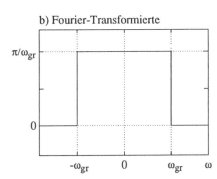

Bild 2.2.4: Fourier-Korrespondenz als Ergebnis einer Frequenzskalierung

Eine Besonderheit tritt bei der Frequenzskalierung des Dirac-Impulses $\delta(\omega)$ auf, da die zugehörige Zeitfunktion eine Konstante ist, siehe (2.2.10). Aus (2.2.10) und (2.2.18) folgt

$$\delta(b\omega) \bullet\!\!-\!\!\circ \frac{1}{|b|} f(\frac{t}{b}) = \frac{1}{|b|} \frac{1}{2\pi} = \frac{1}{|b|} f(t) \circ\!\!-\!\!\bullet \frac{1}{|b|} \delta(\omega). \tag{2.2.21}$$

Für den Dirac-Impuls gilt also

$$\delta(b\omega) = \frac{1}{|b|} \delta(\omega). \tag{2.2.22}$$

Die gleiche Beziehung gilt sinngemäß für den Dirac-Impuls $\delta(t)$ im Zeitbereich.

2.2.5 Normierung und Zeit-Bandbreite-Produkt

Die beiden letzten Abschnitte haben gezeigt, daß die Frequenzskalierung nicht unabhängig von der Zeitskalierung ist. Vielmehr wird mit einer Zeitskalierung gleichzeitig eine Frequenzskalierung durchgeführt und umgekehrt. Normiert man beispielsweise die Zeit t, indem man sie auf eine *Normierungszeit* t_n bezieht,

$$f(\frac{t}{t_n}) \circ\!\!-\!\!\bullet t_n \cdot F(j\omega t_n), \tag{2.2.23}$$

so wird dadurch automatisch die Frequenzvariable ω auf eine *Normierungsfrequenz* ω_n bezogen:

$$f(t\omega_n) \circ\!\!-\!\!\bullet \frac{1}{\omega_n} \cdot F(j\frac{\omega}{\omega_n}). \tag{2.2.24}$$

Ein Vergleich von (2.2.23) mit (2.2.24) zeigt den Zusammenhang zwischen den beiden Normierungsgrößen:

$$t_n = \frac{1}{\omega_n}. \tag{2.2.25}$$

Die Normierungsfrequenz ist der Reziprokwert der Normierungszeit. Nur eine der beiden Größen ist frei wählbar.

Es gibt verschiedene Definitionen für die *Dauer* t_D eines Zeitsignals und für die *Bandbreite* ω_{gr} der zugehörigen Fourier-Transformierten. Ein häufig verwendetes Merkmal von Signalen ist das *Zeit-Bandbreite-Produkt* $t_D \cdot \omega_{gr}$. Aus dem oben Gesagten erscheint es plausibel, daß ein Signal großer Dauer eine geringe Bandbreite besitzt und umgekehrt. Das Signal-Bandbreite-Produkt hängt nur von der Signalform ab. Zwei Signale, die allein durch eine Umnormierung, d.h. Skalierung der Zeitvariablen t bzw. Skalierung der Frequenzvariablen ω ineinander übergehen, haben exakt das gleiche Zeit-Bandbreite-Produkt. Wegen (2.2.25) gilt

$$\frac{t_D}{t_n} \cdot \frac{\omega_{gr}}{\omega_n} = t_D \cdot \omega_{gr} \qquad (2.2.26)$$

Beispiel 2.2.5

Betrachtet sei das RC-Glied nach Bild 1.3.1b mit der Impulsantwort

$$h(t) = \frac{1}{T} e^{-t/T} \cdot \epsilon(t)$$

nach (1.3.21). Darin ist $T = RC$ die Zeitkonstante des RC-Glieds. Die Fourier-Transformierte der Impulsantwort, d.h. der Frequenzgang des RC-Gliedes, lautet nach (1.4.20)

$$H(j\omega) = \int_{-\infty}^{+\infty} h(t) e^{-j\omega t} dt = \int_0^\infty \frac{1}{T} e^{-t/T} e^{-j\omega t} dt = \frac{1}{T} \int_0^\infty e^{-t(j\omega + 1/T)} dt$$

$$= \frac{1}{T} \frac{-1}{j\omega + 1/T} e^{-t(j\omega + 1/T)} \Big|_0^\infty = \frac{1}{T} \frac{1}{j\omega + 1/T} = \frac{1}{j\omega T + 1}.$$
$$(2.2.27)$$

Für die Impulsantwort und den Frequenzgang des RC-Gliedes gilt also:

$$\frac{1}{T} e^{-t/T} \cdot \epsilon(t) \circ\!\!-\!\!\bullet \frac{1}{j\omega T + 1}. \qquad (2.2.28)$$

Definiert man die Dauer der Impulsantwort als die Zeit, zu der die Impulsantwort um den Faktor $1/e$ gegenüber dem Wert bei $t = 0$ abgeklungen ist, d.h.

$$h(t_D) = \frac{1}{e} h(0), \qquad (2.2.29)$$

und die Grenzfrequenz des Frequenzganges als 3dB-Frequenz, bei der das Betragsquadrat gegenüber dem Wert bei $\omega = 0$ um die Hälfte abgesunken ist, d.h.

$$|H(\omega_{gr})|^2 = \frac{1}{2} |H(0)|^2, \qquad (2.2.30)$$

so gilt für die Dauer der Impulsantwort des RC-Gliedes $t_D = T$ und für die Grenzfrequenz des Frequenzganges $\omega_{gr} = 1/T$, siehe 2.2.28. Das so definierte Zeit-Bandbreite-Produkt hat für das RC-Glied den Wert

$$t_D \cdot \omega_{gr} = 1, \qquad (2.2.31)$$

unabhängig von der Zeitkonstanten T.

2.2.6 Verschiebungssatz (Zeitverschiebung)

Ausgangspunkt der folgenden Betrachtungen sei wieder eine als bekannt vorausgesetzte Fourier-Korrespondenz

$$f(t) \circ\!\!\!-\!\!\bullet F(j\omega).$$

Wie ändert sich die Fourier-Transformierte $F(j\omega)$, wenn im Argument der Zeitfunktion $f(t)$ eine *Zeitverschiebung* vorgenommen wird, d.h. das Argument t durch den Ausdruck $t - t_0$ ersetzt wird? Die Antwort gibt der *Verschiebungssatz*:

$$f(t - t_0) \circ\!\!\!-\!\!\bullet F(j\omega) \exp(-j\omega t_0). \tag{2.2.32}$$

Zum Beweis des Verschiebungssatzes wird die zeitverschobene Funktion $f(t - t_0)$ in das Fourier-Integral (2.1.1) eingesetzt und eine Substitution $t - t_0 \rightarrow x$ vorgenommen:

$$\int\limits_{-\infty}^{+\infty} f(t - t_0) \exp(-j\omega t) dt = \int\limits_{-\infty}^{+\infty} f(x) \exp\big(-j\omega(x + t_0)\big) dx$$

$$= \underbrace{\int\limits_{-\infty}^{+\infty} f(x) \exp(-j\omega x) dx}_{F(j\omega)} \exp(-j\omega t_0) = F(j\omega) \exp(-j\omega t_0) \tag{2.2.33}$$

womit (2.2.32) bewiesen ist. Subtrahiert man vom Argument t der Zeitfunktion $f(t)$ die Größe t_0, so wird die Fourier-Transformierte $F(j\omega)$ mit dem Faktor $\exp(-j\omega t_0)$ multipliziert. Dieser Faktor verändert nicht den Betrag der Fourier-Transformierten, wohl aber den Phasenwinkel. Zu dem Phasenwinkel von $F(j\omega)$ kommt noch ein Phasenwinkel $-\omega t_0$ hinzu, der linear mit der Frequenz ω wächst. Für $t_0 > 0$ wird das Zeitsignal verzögert und ein negativer Beitrag zum Phasenwinkel der Fourier-Transformierten geleistet.

Beispiel 2.2.6

Betrachtet sei die Zeitfunktion

$$f(t) = A \cdot \text{rect}(\frac{t - t_0}{T_1}) + A \cdot \text{rect}(\frac{t + t_0}{T_1}) \tag{2.2.34}$$

mit $t_0 > T_1$, die durch eine positive und eine negative Verzögerung um die Zeit t_0 aus einer Rechteckfunktion der Breite T_1 und der Höhe A hervorgeht.

a) f(t)

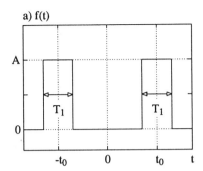

b) Fouriertransformierte

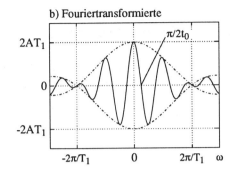

Bild 2.2.5: Betrachtete Zeitfunktion $f(t)$ nach (2.2.34) (a)
und zugehörige Fourier-Transformierte (b)

Wegen der Linearität kann die Fourier-Transformation für beide Teilrechtecke separat durchgeführt werden:

$$\mathcal{F}\{f(t)\} = A \cdot \mathcal{F}\{\text{rect}(\frac{t - t_0}{T_1})\} + A \cdot \mathcal{F}\{\text{rect}(\frac{t + t_0}{T_1})\}. \qquad (2.2.35)$$

Die Fourier-Transformierte der unverschobenen Rechteckfunktion ist bereits aus (2.2.15) bekannt. Damit und mit dem Verschiebungssatz (2.2.32) gilt für den ersten der beiden Terme in (2.2.35)

$$\mathcal{F}\{\text{rect}(\frac{t - t_0}{T_1})\} = T_1 \cdot \text{si}(\frac{\omega T_1}{2}) \cdot \exp(-j\omega t_0)$$

und entsprechend für den zweiten Term

$$\mathcal{F}\{\text{rect}(\frac{t + t_0}{T_1})\} = T_1 \cdot \text{si}(\frac{\omega T_1}{2}) \cdot \exp(j\omega t_0).$$

Faßt man diese beiden Ergebnisse gemäß (2.2.35) zusammen, so erhält man

$$\mathcal{F}\{f(t)\} = AT_1 \cdot \text{si}(\frac{\omega T_1}{2})\big(\exp(-j\omega t_0) + \exp(j\omega t_0)\big) \qquad (2.2.36)$$

und unter Zuhilfenahme der Eulerschen Gleichung (1.1.4)

$$\mathcal{F}\{f(t)\} = 2AT_1 \cdot \text{si}(\frac{\omega T_1}{2}) \cdot \cos(\omega t_0). \qquad (2.2.37)$$

Dieses Ergebnis ist in Bild 2.2.5b dargestellt.

2.2.7 Modulationssatz (Frequenzverschiebung)

Ausgehend von einer bekannten Korrespondenz $f(t)$ ∘—• $F(j\omega)$ soll in der Fourier-Transformierten $F(j\omega)$ durch die Substitution $\omega \to \omega - \omega_0$ eine *Frequenzverschiebung* vorgenommen werden. Welcher Zeitfunktion entspricht die frequenzverschobene Fourier-Transformierte? Die Antwort darauf gibt der *Modulationssatz*

$$F(j\omega - j\omega_0) \bullet\!\!-\!\!\circ f(t) \cdot e^{j\omega_0 t}. \tag{2.2.38}$$

Die Zeitfunktion f(t) ist mit der komplexen Exponentialfunktion $\exp(j\omega_0 t)$ zu multiplizieren. Um den Modulationssatz zu beweisen, wird die Zeitfunktion in (2.2.38) in das Fourier-Integral (2.1.1) eingesetzt. Mit der Substitution $\omega - \omega_0 \to \omega'$ folgt daraus

$$\int\limits_{-\infty}^{+\infty} f(t) e^{j\omega_0 t} e^{-j\omega t}\, dt = \int\limits_{-\infty}^{+\infty} f(t) e^{-j(\omega - \omega_0)t}\, dt$$

$$= \int\limits_{-\infty}^{+\infty} f(t) e^{-j\omega' t}\, dt = F(j\omega') = F(j\omega - j\omega_0), \tag{2.2.39}$$

womit (2.2.38) bewiesen ist.

Beispiel 2.2.7

Die Fourier-Transformierten der Sinus- und Kosinusfunktion lassen sich mit Hilfe des Modulationssatzes aus der Korrespondenz

$$\delta(\omega) \bullet\!\!-\!\!\circ \frac{1}{2\pi},$$

siehe (2.2.10), berechnen. Mit $F(j\omega) = \delta(\omega)$ und $f(t) = 1/2\pi$ folgen aus dem Modulationssatz (2.2.38) die beiden folgenden Beziehungen:

$$F(j\omega - j\omega_0) = \delta(\omega - \omega_0) \bullet\!\!-\!\!\circ \frac{1}{2\pi} \cdot e^{j\omega_0 t}, \tag{2.2.40}$$

$$F(j\omega + j\omega_0) = \delta(\omega + \omega_0) \bullet\!\!-\!\!\circ \frac{1}{2\pi} \cdot e^{-j\omega_0 t}. \tag{2.2.41}$$

Multipliziert man beide Korrespondenzen mit π, was wegen der Linearität der Fourier-Transformation stets möglich ist, und addiert man beide, so erhält man

$$\pi \cdot \big(\delta(\omega - \omega_0) + \delta(\omega + \omega_0)\big) \bullet\!\!-\!\!\circ \frac{1}{2}(e^{+j\omega_0 t} + e^{-j\omega_0 t}) = \cos(\omega_0 t). \tag{2.2.42}$$

Für die Kosinusfunktion gilt daher die folgende Korrespondenz:

$$\cos(\omega_0 t) \circ\!\!-\!\!\bullet \ \pi \cdot \big(\delta(\omega - \omega_0) + \delta(\omega + \omega_0)\big). \qquad (2.2.43)$$

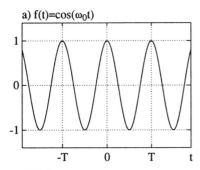 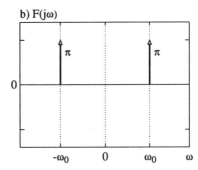

a) $f(t)=\cos(\omega_0 t)$ b) $F(j\omega)$

Bild 2.2.6: Kosinusfunktion (a) und ihre Fourier-Transformierte (b)

Die Fourier-Transformierte der Kosinusfunktion besteht aus zwei Dirac-Impulsen mit dem Gewicht π im Frequenzbereich bei den Frequenzen $-\omega_0$ und ω_0.

Bildet man statt der Summe die Differenz der beiden Korrespondenzen in (2.2.40-41), so erhält man

$$\pi \cdot \big(\delta(\omega - \omega_0) - \delta(\omega + \omega_0)\big) \ \bullet\!\!-\!\!\circ \ \frac{1}{2}(e^{+j\omega_0 t} - e^{-j\omega_0 t}) = j\sin(\omega_0 t) \quad (2.2.44)$$

und daraus die Fourier-Transformierte der Sinusfunktion:

$$\sin(\omega_0 t) \circ\!\!-\!\!\bullet \ \frac{\pi}{j} \cdot \big(\delta(\omega - \omega_0) - \delta(\omega + \omega_0)\big). \qquad (2.2.45)$$

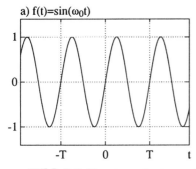 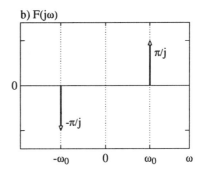

a) $f(t)=\sin(\omega_0 t)$ b) $F(j\omega)$

Bild 2.2.7: Sinusfunktion (a) und ihre Fourier-Transformierte (b)

Die Fourier-Transformierte der Sinusfunktion besteht ebenfalls aus zwei Dirac-Impulsen im Frequenzbereich bei den Frequenzen $-\omega_0$ und ω_0, allerdings mit imaginärwertigen Gewichten $-\pi/j$ und π/j.

2.2.8 Konjugiert komplexe Zeitfunktionen

Auf der Grundlage einer bekannten Korrespondenz $f(t) \circ\!\!-\!\!\bullet F(j\omega)$ gilt für die *konjugiert komplexe Zeitfunktion*

$$f^*(t) \circ\!\!-\!\!\bullet F^*(-j\omega). \qquad (2.2.46)$$

Der Beweis hierzu erfolgt durch Einsetzen von $f^*(t)$ in das Fourier-Integral (2.1.1), durch die Substitution $-\omega \to \omega'$ und durch Anwendung der Beziehung $\exp^*(j\omega t) = \exp(-j\omega t)$:

$$\int\limits_{-\infty}^{+\infty} f^*(t) \cdot e^{-j\omega t}\, dt = \int\limits_{-\infty}^{+\infty} f^*(t) \cdot \left(e^{-j(-\omega)t}\right)^*\, dt$$

$$= \left(\int\limits_{-\infty}^{+\infty} f(t) \cdot e^{-j\omega' t}\, dt\right)^* = F^*(j\omega') = F^*(-j\omega), \qquad (2.2.47)$$

womit (2.2.46) bewiesen ist.

2.2.9 Differentiation im Zeitbereich

Als letztes sei in diesem Abschnitt die Frage gestellt, wie sich die Fourier-Transformierte einer Korrespondenz $f(t) \circ\!\!-\!\!\bullet F(j\omega)$ ändert, wenn die Zeitfunktion $f(t)$ nach der Zeit abgeleitet wird. Das Ergebnis lautet:

$$\frac{d}{dt} f(t) \circ\!\!-\!\!\bullet j\omega \cdot F(j\omega). \qquad (2.2.48)$$

Diese Aussage läßt sich am leichtesten mit Hilfe des Umkehrintegrals in (2.2.2) nachweisen:

$$\frac{d}{dt} f(t) = \frac{d}{dt} \frac{1}{2\pi} \int\limits_{-\infty}^{+\infty} F(j\omega) e^{j\omega t}\, d\omega = \frac{1}{2\pi} \int\limits_{-\infty}^{+\infty} F(j\omega) \frac{d}{dt} e^{j\omega t}\, d\omega$$

$$= \frac{1}{2\pi} \int\limits_{-\infty}^{+\infty} F(j\omega) \cdot j\omega \cdot e^{j\omega t}\, d\omega = \frac{1}{2\pi} \int\limits_{-\infty}^{+\infty} [j\omega \cdot F(j\omega)] \cdot e^{j\omega t}\, d\omega. \qquad (2.2.49)$$

Die zeitliche Ableitung ist in (2.2.49) als Umkehrintegral dargestellt. Die zugehörige Fourier-Transformierte findet man in eckigen Klammern unter dem Integral im letzten Term der Gleichungskette, womit (2.2.48) bewiesen ist.

Weitere elementare Eigenschaften und Rechenregeln der Fourier-Transformation, so zum Beispiel die Regeln für die Integration im Zeitbereich, werden in späteren Abschnitten behandelt.

2.3 Leistungssignale

Leistungssignale sind nicht absolut integrierbar. Die Existenz ihrer Fourier-Transformierten ist daher zunächst nicht gesichert. Versucht man das Fourier-Integral von Leistungssignalen im herkömmlichen Sinne auszuwerten, so bereitet das in der Regel Schwierigkeiten. Abhilfe leistet hier die Theorie der *verallgemeinerten Funktionen*, auch *Distributionen* genannt.

2.3.1. Gleichspannungssignal

Ein konstantes Signal

$$u(t) = U_0 = const \neq 0 \tag{2.3.1}$$

soll im folgenden in Anlehnung an Anwendungen in der Elektrotechnik als *Gleichspannungssignal* bezeichnet werden. Es ist leicht einzusehen, daß das Gleichspannungssignal ein Leistungssignal ist, da seine Energie über alle Grenzen wächst, während seine Leistung endlich bleibt:

$$\lim_{T \to \infty} \frac{1}{T} \int_{-T/2}^{T/2} |u(t)|^2 \, dt = U_0^2. \tag{2.3.2}$$

Ein Versuch, die Fourier-Transformierte des Gleichspannungssignals durch Einsetzen von (2.3.1) in das Fourier-Integral (2.1.1) zu ermitteln, führt auf folgenden Ausdruck:

$$U(j\omega) = U_0 \int_{-\infty}^{+\infty} e^{-j\omega t} \, dt. \tag{2.3.3}$$

Dieses Integral ist mit normaler Integralrechnung nicht lösbar. Die folgenden Betrachtungen bringen auch keine Lösung, ermöglichen aber eine anschauliche Interpretation des Integrals. Es sollen zwei Fälle unterschieden werden, nämlich $\omega \neq 0$ und $\omega = 0$. Für $\omega \neq 0$ wird mit dem Integral in (2.3.3) eine periodische Integration auf dem Einheitskreis der komplexen Ebene durchgeführt. Dieses läßt sich auch als eine unendliche Summe der Integrale über die einzelnen Perioden schreiben, wobei die Integration über eine einzelne Periode der analytischen Exponentialfunktion den Wert Null ergibt:

$$\int_{-\infty}^{+\infty} e^{j\omega t} \, dt = \sum_{i=-\infty}^{\infty} \int_{(i2\pi-\pi)/\omega}^{(i2\pi+\pi)/\omega} e^{j\omega t} \, dt = \sum_{i=-\infty}^{\infty} 0 = 0. \tag{2.3.4}$$

Für $\omega = 0$ wächst das Integral in (2.3.3) über alle Grenzen:

$$\int\limits_{-\infty}^{+\infty} e^0 \, dt = \int\limits_{-\infty}^{+\infty} 1 \, dt \rightarrow \infty. \qquad (2.3.5)$$

Man kann ahnen, daß sich hinter dem Integral in (2.3.3) der Dirac-Impuls im Frequenzbereich verbirgt. Jedoch zeigen die Ergebnisse in (2.3.4-5) keinen Zusammenhang zur Definition des Dirac-Impulses (Abtasteigenschaft). Eine mathematisch abgesicherte Lösung des Integrals in (2.3.3) bietet die *Distributionentheorie*, siehe Anhang 1 und da speziell Abschnitt A1.13. Das Ergebnis in (A1.13.2) lautet für eine Integration nach der Zeit t sinngemäß

$$\int\limits_{-\infty}^{+\infty} e^{j\omega t} \, dt = 2\pi\delta(\omega). \qquad (2.3.6)$$

Damit ergibt sich die Fourier-Transformierte des Gleichspannungssignals zu

$$U(j\omega) = U_0 \int\limits_{-\infty}^{+\infty} e^{-j\omega t} \, dt = 2\pi U_0 \delta(\omega). \qquad (2.3.7)$$

Das Gleichspannungssignal hat als Spektrum einen Dirac-Impuls bei $\omega = 0$ mit dem Gewicht $2\pi U_0$.

Im übrigen ist die Korrespondenz (2.3.1) und (2.3.7) bereits bekannt, nämlich über den Umweg der Fourier-Transformation des Dirac-Impulses im Zeitbereich, siehe (2.1.12), und der Dualität, siehe (2.2.9). Bei dieser Vorgehensweise wurde die Korrespondenz im Prinzip über die Rücktransformation hergestellt.

2.3.2. Wechselspannungssignal

Ebenfalls in Anlehnung an Anwendungen in der Elektrotechnik soll das Sinussignal

$$u(t) = U_0 \, \sin(\omega_0 t) \qquad (2.3.8)$$

mit der Amplitude U_0 und der Kreisfrequenz ω_0 als *Wechselspannungssignal* bezeichnet werden. Die Berechnung seiner Fourier-Transformierten führt auf den gleichen Integraltyp wie in (2.3.3). Zunächst erhält man unter Berücksichtigung der Eulerschen Gleichung

$$U(j\omega) = U_0 \int\limits_{-\infty}^{+\infty} \sin(\omega_0 t) e^{-j\omega t}\, dt = U_0 \int\limits_{-\infty}^{+\infty} (\frac{1}{2j} e^{j\omega_0 t}$$

$$- \frac{1}{2j} e^{-j\omega_0 t}) e^{-j\omega t}\, dt \qquad (2.3.9)$$

$$= \frac{U_0}{2j} \int\limits_{-\infty}^{+\infty} e^{j(\omega_0-\omega)t} - e^{j(-\omega_0-\omega)t}\, dt.$$

Mit den Substitutionen $\omega_0 - \omega \to \lambda_1$ und $-\omega_0 - \omega \to \lambda_2$ und der Beziehung (A1.13.2) erhält man dann

$$U(j\omega) = \frac{U_0}{2j} \int\limits_{-\infty}^{+\infty} e^{j\lambda_1 t}\, dt - \frac{U_0}{2j} \int\limits_{-\infty}^{+\infty} e^{j\lambda_2 t}\, dt = \frac{U_0}{2j} 2\pi\delta(\lambda_1) - \frac{U_0}{2j} 2\pi\delta(\lambda_2). \quad (2.3.10)$$

Da der Dirac-Impuls eine gerade Distribution ist, siehe (A1.7.2), gilt schließlich

$$U(j\omega) = U_0 \frac{\pi}{j}\delta(-\lambda_1) - U_0 \frac{\pi}{j}\delta(-\lambda_2) = U_0 \frac{\pi}{j}\delta(\omega - \omega_0) - U_0 \frac{\pi}{j}\delta(\omega + \omega_0). \quad (2.3.11)$$

Dieses Ergebnis ist bis auf den Amplitudenfaktor U_0 identisch mit dem in (2.2.45), siehe auch Bild 2.2.7. Während in (2.3.9-11) eine direkte Fourier-Transformation des Wechselspannungssignals unter Zuhilfenahme der Beziehung (A1.13.2) aus der Distributionentheorie durchgeführt wurde, wurde die Korrespondenz (2.2.45) durch Fourier-Transformation des Dirac-Impulses und mit Hilfe des Dualitätsprinzips und des Modulationssatzes hergeleitet.

2.3.3 Signumfunktion

Die *Signumfunktion* ist ebenfalls ein Leistungssignal. Eine direkte Auswertung des Fourier-Integrals im Riemann'schen Sinne ist daher im Falle der Signumfunktion ebenfalls nicht möglich. Man bekommt jedoch über die verallgemeinerten Ableitungen im Sinne der Distributionentheorie einen leichten Zugang zu der Fourier-Transformierten der Signumfunktion.

Da die *verallgemeinerte Ableitung* einer Funktion an einer Sprungstelle ein Dirac-Impuls mit dem Gewicht der Sprunghöhe ist, siehe Abschnitt A1.11 und speziell (A1.11.12), gilt für die *Ableitung der Signumfunktion*

$$\frac{d}{dt}\text{sgn}(t) = 2\delta(t). \qquad (2.3.12)$$

Diese Ableitung ist im Sinne der Distributionentheorie aufzufassen. Setzt man auf beiden Seiten formal die Fourier-Transformation

$$\mathcal{F}\{\frac{d}{dt}\mathrm{sgn}(t)\} = \mathcal{F}\{2\delta(t)\} \tag{2.3.13}$$

an und nutzt man auf der linken Seite die Differentiationsregel (2.2.48) und auf der rechten Seite die Korrespondenz (2.1.12), so erhält man die Beziehung

$$j\omega\mathcal{F}\{\mathrm{sgn}(t)\} = 2, \tag{2.3.14}$$

aus der die gesuchte Korrespondenz hervorgeht:

$$\mathrm{sgn}(t) \circ\!\!-\!\!\bullet \frac{2}{j\omega}. \tag{2.3.15}$$

Die Fourier-Transformierte der Signumfunktion ist eine imaginärwertige Funktion mit einem ungeraden Verlauf in der Frequenz ω.

2.3.4 Sprungfunktion

Wie bereits in (1.1.23) gezeigt wurde, kann die *Sprungfunktion* $\epsilon(t)$ mit Hilfe der Signumfunktion ausgedrückt werden:

$$\epsilon(t) = \frac{1}{2} + \frac{1}{2}\mathrm{sgn}(t). \tag{2.3.16}$$

Daher kann die Fourier-Transformation der Sprungfunktion auf die einer Konstanten und die der Signumfunktion zurückgeführt werden. Mit den Korrespondenzen in (2.2.10) und (2.3.15) errechnet sich daher die Fourier-Transformierte der Sprungfunktion $\epsilon(t)$ zu

$$\mathcal{F}\{\epsilon(t)\} = \mathcal{F}\{\frac{1}{2}\} + \mathcal{F}\{\frac{1}{2}\mathrm{sgn}(t)\} = \pi\delta(\omega) + \frac{1}{j\omega}. \tag{2.3.17}$$

Die Fourier-Transformierte der zeitverschobenen Sprungfunktion $\epsilon(t-t_0)$ kann mit Hilfe des Verschiebungssatzes (2.2.32) daraus abgeleitet werden. Allerdings bleibt wegen (1.1.27) der erste Term der Fourier-Transformierten unverändert:

$$\epsilon(t-t_0) \circ\!\!-\!\!\bullet \left(\pi\delta(\omega) + \frac{1}{j\omega}\right) \cdot \exp(-j\omega t_0) = \pi\delta(\omega) + \frac{1}{j\omega}\exp(-j\omega t_0). \tag{2.3.18}$$

Der Gleichanteil der Sprungfunktion bleibt auch bei einer zeitlichen Verschiebung der Sprungstelle konstant $1/2$.

2.4 Symmetrieeigenschaften

Aus den *Symmetrieeigenschaften* der Fourier-Transformation können weitere wichtige Erkenntnisse abgeleitet werden. Dieses gilt insbesondere für reelle Zeitsignale, die in den Anwendungen der Fourier-Transformation am häufigsten erscheinen.

2.4.1 Reelle Zeitfunktionen

Im folgenden wird das Fourier-Integral (2.1.1) mit *reellen Zeitfunktionen* $f(t)$ betrachtet. Jede Funktion $f(t)$ läßt sich gemäß (1.1.41) in einen *geraden Anteil* $f_g(t)$ und einen *ungeraden Anteil* $f_u(t)$ zerlegen. Ferner kann der Transformationskern $\exp(-j\omega t)$ mit der Eulerschen Gleichung in seinen Realteil $\cos(\omega t)$ und seinen Imaginärteil $-\sin(\omega t)$ zerlegt werden. Beim Ausmultiplizieren des Integranden ergeben sich somit vier Terme, die auf die folgenden vier Integrale führen:

$$
F(j\omega) = \int\limits_{-\infty}^{+\infty} f(t) \cdot e^{-j\omega t}\, dt = \int\limits_{-\infty}^{+\infty} \big(f_g(t) + f_u(t)\big)\big(\cos(\omega t) - j\sin(\omega t)\big)\, dt
$$

$$
= \underbrace{\int\limits_{-\infty}^{+\infty} f_g(t) \cdot \cos(\omega t)\, dt}_{F'(j\omega)} + j \underbrace{\int\limits_{-\infty}^{+\infty} -f_g(t) \cdot \sin(\omega t)\, dt}_{=0}
$$

$$
+ \underbrace{\int\limits_{-\infty}^{+\infty} f_u(t) \cdot \cos(\omega t)\, dt}_{=0} + j \underbrace{\int\limits_{-\infty}^{+\infty} -f_u(t) \cdot \sin(\omega t)\, dt}_{F''(j\omega)}
$$

$$
(2.4.1)
$$

Darin sind $F'(j\omega) = \Re\{F(j\omega)\}$ der Realteil des Fourier-Integrals und $F''(j\omega) = \Im\{F(j\omega)\}$ der Imaginärteil. Da das Produkt aus $-f_g(t)$ und $\sin(\omega t)$ eine ungerade Funktion der Zeit ist, hat die Integration nach der Zeit darüber den Wert Null. Das gleiche gilt für das Produkt aus $f_u(t)$ und $\cos(\omega t)$. Die beiden verbleibenden Integrale stellen also den Realteil und den Imaginärteil der Fourier-Transformierten der rellen Zeitfunktion $f(t)$ dar:

$$
F(j\omega) = F'(j\omega) + jF''(j\omega) \qquad (2.4.2)
$$

mit

$$F'(j\omega) = \int\limits_{-\infty}^{+\infty} f(t) \cdot \cos(\omega t)\, dt = \int\limits_{-\infty}^{+\infty} f_g(t) \cdot \cos(\omega t)\, dt \qquad (2.4.3)$$

und

$$F''(j\omega) = \int\limits_{-\infty}^{+\infty} -f(t) \cdot \sin(\omega t)\, dt = \int\limits_{-\infty}^{+\infty} -f_u(t) \cdot \sin(\omega t)\, dt. \qquad (2.4.4)$$

Aus dieser Aufteilung des Fourier-Integrals können zwei wichtige Erkenntnisse gewonnen werden. Einmal sieht man, daß der *Realteil* $F'(j\omega)$ die Fourier-Transformierte des geraden Anteils $f_g(t)$ der reellen Zeitfunktion $f(t)$ ist und der *Imaginärteil* $F''(j\omega)$ einschließlich des Faktors j die Fourier-Transformierte des ungeraden Anteils $f_u(t)$:

$$F'(j\omega) \;\bullet\!\!-\!\!\circ\; f_g(t), \qquad (2.4.5)$$

$$jF''(j\omega) \;\bullet\!\!-\!\!\circ\; f_u(t). \qquad (2.4.6)$$

Wegen (2.4.1) verändert sich das Ergebnis in (2.4.3) nicht, wenn man die Funktionen $\cos(\omega t)$ durch die Exponentialfunktion $\exp(-j\omega t)$ ersetzt. Das gleiche gilt sinngemäß für (2.4.4).

Zum anderen erkennt man aus (2.4.3), daß der Realteil $F'(j\omega)$ der Fourier-Transformierten eine gerade Funktion in ω ist, da die Abhängigkeit von ω allein über die Kosinusfunktion gegeben ist:

$$F'(-j\omega) = F'(j\omega). \qquad (2.4.7)$$

Der Imaginärteil $F''(j\omega)$ ist eine ungerade Funktion in ω, da die Abhängigkeit von ω allein über die Sinusfunktion gegeben ist:

$$F''(-j\omega) = -F''(j\omega). \qquad (2.4.8)$$

Eine gerade und reelle Zeitfunktion $f_g(t)$ führt daher stets auf eine gerade und reelle Fourier-Transformierte, während eine ungerade und reelle Zeitfunktion auf eine ungerade und imaginäre Fourier-Transformierte führt. Diese Zusammenhänge sind im folgenden noch einmal zusammengefaßt:

$$\underbrace{f(t)}_{reell} = \underbrace{f_g(t)}_{gerade} + \underbrace{f_u(t)}_{ungerade}\;,$$

$$\underbrace{F(j\omega)}_{komplex} = \underbrace{F'(j\omega)}_{gerade} + \underbrace{jF''(j\omega)}_{ungerade}. \qquad (2.4.9)$$

Da der Realteil $F'(j\omega)$ der Fourier-Transformierten eine gerade Funktion ist, und der Imaginärteil $F''(j\omega)$ eine ungerade Funktion, siehe (2.4.7-8), gilt für Fourier-Transformierte reeller Zeitfunktionen

$$F(-j\omega) = F^*(j\omega). \tag{2.4.10}$$

Die gerade reelle Fourier-Transformierte $F'(j\omega)$ und die gerade reelle Zeit-funktion $f_g(t)$ sind nach (2.4.3) durch eine *Kosinustransformation* verknüpft. Da der Integrand als Produkt zweier gerader Funktionen ebenfalls gerade ist, kann (2.4.3) auch folgendermaßen geschrieben werden.

$$F'(j\omega) = 2 \int\limits_0^\infty f_g(t) \cdot \cos(\omega t)\, dt. \tag{2.4.11}$$

Aus Symmetriegründen hat das Umkehrintegral in (2.2.3) bis auf den Vorfaktor die gleiche Gestalt. Ist $F(j\lambda)$ in (2.2.3) eine gerade relle Funktion, so trägt nur der Kosinusterm in der komplexen Exponentialfunktion zum Integral bei. Das Umkehrintegral über den geraden Integranden kann dann wie folgt geschrieben werden:

$$f_g(t) = \frac{1}{\pi} \int\limits_0^\infty F'(j\omega) \cdot \cos(\omega t)\, d\omega. \tag{2.4.12}$$

Mit den Gleichungen (2.4.11-12) sind beide Richtungen der Kosinustransforma-tion gerader Funktionen beschrieben.

Für reelle ungerade Zeitfunktionen $f_u(t)$ und dem Imaginärteil der ima-ginärwertigen ungeraden Fourier-Transformierten $F''(j\omega)$ läßt sich sinngemäß eine *Sinustransformation* angeben:

$$F''(j\omega) = 2 \int\limits_0^\infty -f_u(t) \cdot \sin(\omega t)\, dt \tag{2.4.13}$$

mit der Rücktransformation

$$f_u(t) = \frac{1}{\pi} \int\limits_0^\infty -F''(j\omega) \cdot \sin(\omega t)\, d\omega. \tag{2.4.14}$$

Da sich Funktionen stets in ihren geraden und ungeraden Anteil zerlegen lassen, gilt für reelle Funktionen $f(t)$ mit (1.1.41), (2.4.11) und (2.4.13) allge-mein

$$F(j\omega) = \int\limits_0^\infty \big(f(t) + f(-t)\big) \cdot \cos(\omega t)\, dt + j \int\limits_0^\infty \big(f(-t) - f(t)\big) \cdot \sin(\omega t)\, dt. \tag{2.4.15}$$

Beispiel 2.4.1

Als Beispiel seien einige der bisher betrachteten Fourier-Korrespondenzen genannt. Aus der Korrespondenz (2.1.9)

$$\text{rect}(t) \circ\!\!-\!\!\bullet \text{si}(\frac{\omega}{2}),$$

siehe auch Bild 2.1.2, ist ersichtlich, daß zu der reellen und geraden Rechteckfunktion $\text{rect}(t)$ im Zeitbereich die reelle und gerade si-Funktion $\text{si}(\omega/2)$ im Frequenzbereich gehört.

Die Signumfunktion $\text{sgn}(t)$ ist eine ungerade reelle Funktion. Aus der Korrespondenz (2.3.15)

$$\text{sgn}(t) \circ\!\!-\!\!\bullet \frac{2}{j\omega}$$

erkennt man, daß die Fourier-Transformierte $2/j\omega$ eine ungerade und imaginärwertige Funktion in ω ist.

Die Kosinusfunktion $\cos(\omega_0 t)$ ist eine reelle gerade Zeitfunktion. Die Korrespondenz (2.2.43)

$$\cos(\omega_0 t) \circ\!\!-\!\!\bullet \pi \cdot \big(\delta(\omega - \omega_0) + \delta(\omega + \omega_0)\big)$$

und Bild 2.2.6 zeigen, daß die zugehörige Fourier-Transformierte aus zwei Dirac-Impulsen mit reellem Gewicht und symmetrisch zur Ordinate besteht, also eine verallgemeinerte reelle gerade Funktion von ω ist.

Die Sinusfunktion $\sin(\omega_0 t)$ ist eine reelle ungerade Zeitfunktion. Dementsprechend zeigen die Korrespondenz (2.2.45)

$$\sin(\omega_0 t) \circ\!\!-\!\!\bullet \frac{\pi}{j} \cdot \big(\delta(\omega - \omega_0) - \delta(\omega + \omega_0)\big)$$

und Bild 2.2.7 die Fourier-Transformierte als zwei Dirac-Impulse mit imaginärwertigem Gewicht symmetrisch zum Ursprung.

Ein weiteres Beispiel für gerade reelle Funktionen ist der Dirac-Impuls mit einer Konstanten als Fourier-Transformierten, siehe (2.1.12):

$$\delta(t) \circ\!\!-\!\!\bullet 1.$$

Die Konstante 1 kann als gerade und reelle Funktion von ω gedeutet werden.

Als letztes Beispiel sei die reelle Doppelrechteckfunktion in Beispiel 2.2.6, siehe (2.2.34) und Bild 2.2.5, genannt:

$$A \cdot \text{rect}(\frac{t - t_0}{T_1}) + A \cdot \text{rect}(\frac{t + t_0}{T_1}) \circ\!\!-\!\!\bullet 2AT_1 \cdot \text{si}(\frac{\omega T_1}{2}) \cdot \cos(\omega t_0).$$

Sie besitzt ebenfalls eine gerade reelle Fourier-Transformierte, siehe (2.2.37) und Bild 2.2.5.

2.4.2 Imaginäre Zeitfunktionen

Die im letzten Abschnitt aufgezeigten Symmetrieeigenschaften von Fourier-Transformierten reeller Signale lassen sich sinngemäß auch für *imaginäre Signale*

$$jf(t) = jf_g(t) + jf_u(t) \qquad (2.4.16)$$

herleiten. Die Ergebnisse sehen ähnlich aus. Beim Ausmultiplizieren der geraden und ungeraden Anteile von $f(t)$ und von $\exp(-j\omega t)$ unter dem Fourier-Integral, bleiben, wie in (2.4.1), nur zwei von Null verschiedene Integrale übrig. Die Fourier-Transformierte der imaginären Zeitfunktion $f(t)$ in (2.4.16) lautet

$$F(j\omega) = F'(j\omega) + jF''(j\omega)$$

mit

$$F'(j\omega) = \int\limits_{-\infty}^{+\infty} f(t) \cdot \sin(\omega t)\, dt = \int\limits_{-\infty}^{+\infty} f_u(t) \cdot \sin(\omega t)\, dt = 2\int\limits_{0}^{\infty} f_u(t) \cdot \sin(\omega t)\, dt$$

$$\qquad (2.4.17)$$

und

$$F''(j\omega) = \int\limits_{-\infty}^{+\infty} f(t) \cdot \cos(\omega t)\, dt = \int\limits_{-\infty}^{+\infty} f_g(t) \cdot \cos(\omega t)\, dt = 2\int\limits_{0}^{\infty} f_g(t) \cdot \cos(\omega t)\, dt.$$

$$\qquad (2.4.18)$$

Zusammengefaßt gilt daher

$$jf(t) = \underbrace{jf_u(t)}_{ungerade} + \underbrace{jf_g(t)}_{gerade},$$
$$\underbrace{}_{imaginaer}$$

$$F(j\omega) = \underbrace{F'(j\omega)}_{ungerade} + \underbrace{jF''(j\omega)}_{gerade}.$$
$$\underbrace{}_{komplex}$$

$$\qquad (2.4.19)$$

Die Auswertung des Umkehrintegrals führt schließlich auf die beiden getrennten Beziehungen für den ungeraden und geraden Teil imaginärer Zeitfunktionen

$$f_u(t) = \frac{1}{\pi} \int\limits_{0}^{\infty} F'(j\omega) \cdot \sin(\omega t)\, d\omega \qquad (2.4.20)$$

und

$$f_g(t) = \frac{1}{\pi} \int\limits_{0}^{\infty} F''(j\omega) \cdot \cos(\omega t)\, d\omega. \qquad (2.4.21)$$

2.4.3 Komplexe Zeitfunktionen

Die Ergebnisse der beiden letzten Abschnitte können in der Fourier-Transformation einer *komplexen Zeitfunktion*

$$x(t) = f(t) + jh(t) \tag{2.4.22}$$

mit

$$f(t) = \ f_g(t) + \ f_u(t) \circ\!\!-\!\!\bullet \ F'(j\omega) + jF''(j\omega) \tag{2.4.23}$$

$$jh(t) = jh_g(t) + jh_u(t) \circ\!\!-\!\!\bullet jH''(j\omega) + \ H'(j\omega) \tag{2.4.24}$$

gleichzeitig betrachtet werden. Faßt man in der komplexen Zeitfunktion $x(t)$ und in ihrer Fourier-Transformierten $X(j\omega)$ jeweils die geraden und ungeraden Anteile zusammen, so erhält man mit (2.4.9) und (2.4.19) die folgende Aufteilung im Zeit- und Frequenzbereich:

$$\begin{aligned} x(t) = f(t) + jh(t) = \ &\overbrace{f_g(t) + jh_g(t)}^{gerade} \ + \ \overbrace{f_u(t) + jh_u(t)}^{ungerade} \\ X(j\omega) = \ &\underbrace{F'(j\omega) + jH''(j\omega)}_{gerade} + \underbrace{jF''(j\omega) + H'(j\omega)}_{ungerade} \end{aligned} \tag{2.4.25}$$

Daraus läßt sich ablesen, daß gerade Funktionen bei der Fourier-Transformation wieder auf gerade Funktionen führen und ungerade Funktionen wieder auf ungerade.

Gleichung (2.4.25) ist der Schlüssel für eine Methode zur gleichzeitigen Fourier-Transformation von zwei reellen Funktionen. Diese Methode ist besonders für die *schnelle Fourier-Transformation (FFT)* nützlich und wird dort wegen der Ersparnis an Rechenleistung gerne angewendet. Die beiden reellen Zeitfunktionen

$$f(t) = f_g(t) + f_u(t) \tag{2.4.26}$$

$$h(t) = h_g(t) + h_u(t) \tag{2.4.27}$$

können gemäß (2.4.22) zu einer komplexen Zeitfunktion zusammengefaßt werden. Die zugehörige Fourier-Transformierte steht in (2.4.25). Ein Vergleich von (2.4.27) mit (2.4.24) zeigt, daß $H''(j\omega)$ der Realteil und $-H'(j\omega)$ der Imaginärteil der Fourier-Transformierten der reellen Funktion $h(t)$ ist:

$$h(t) \circ\!\!-\!\!\bullet H(j\omega) = H''(j\omega) - jH'(j\omega) \tag{2.4.28}$$

Die vier gesuchten Teilspektren $F'(j\omega)$, $F''(j\omega)$, $H'(j\omega)$ und $H''(j\omega)$ können den geraden und ungeraden Anteilen des Real- und Imaginärteils von $X(j\omega)$ in (2.4.25) entnommen werden. Dem Realteil

$$X'(j\omega) = F'(j\omega) + H'(j\omega) \qquad (2.4.29)$$

kann der gerade Anteil

$$F'(j\omega) = X'_g(j\omega) = \frac{1}{2}X'(j\omega) + \frac{1}{2}X'(-j\omega) \qquad (2.4.30)$$

und der ungerade Anteil

$$H'(j\omega) = X'_u(j\omega) = \frac{1}{2}X'(j\omega) - \frac{1}{2}X'(-j\omega) \qquad (2.4.31)$$

entnommen werden, und dem Imaginärteil

$$X''(j\omega) = F''(j\omega) + H''(j\omega) \qquad (2.4.32)$$

der gerade Anteil

$$H''(j\omega) = X''_g(j\omega) = \frac{1}{2}X''(j\omega) + \frac{1}{2}X''(-j\omega) \qquad (2.4.33)$$

und der ungerade Anteil

$$F''(j\omega) = X''_u(j\omega) = \frac{1}{2}X''(j\omega) - \frac{1}{2}X''(-j\omega). \qquad (2.4.34)$$

Damit sind die beiden gesuchten Fourier-Transformierten bekannt. Sie lauten unter Berücksichtigung von (2.4.28)

$$F(j\omega) = \frac{1}{2}\big(X'(j\omega) + X'(-j\omega)\big) + \frac{1}{2}j\big(X''(j\omega) - X''(-j\omega)\big) \qquad (2.4.35)$$

$$H(j\omega) = \frac{1}{2}\big(X''(j\omega) + X''(-j\omega)\big) - \frac{1}{2}j\big(X'(j\omega) - X'(-j\omega)\big) \qquad (2.4.36)$$

bzw. in etwas kompakterer Schreibweise

$$F(j\omega) = \frac{1}{2}\big(X(j\omega) + X^*(-j\omega)\big) \qquad (2.4.37)$$

$$H(j\omega) = \frac{1}{2j}\big(X(j\omega) - X^*(-j\omega)\big) \qquad (2.4.38)$$

mit $X^*(j\omega)$ als konjugiert komplexe Fourier-Transformierte.

Um zwei reelle Zeitfunktionen $f(t)$ und $h(t)$ nach (2.4.26-27) gleichzeitig in den Frequenzbereich zu transformieren, sind sie nach (2.4.22) zu einer komplexen Zeitfunktion $x(t)$ zusammenzufassen. Aus der Fourier-Transformierten $X(j\omega) \bullet\!\!-\!\!\circ x(t)$ können dann mit Hilfe von (2.4.37-38) die gesuchten Fourier-Transformierten $F(j\omega)$ und $H(j\omega)$ abgeleitet werden.

2.4.4 Kausale Zeitfunktionen

Da ein *kausales Signal* $f_k(t)$ für $t < 0$ verschwindet, siehe (1.1.34), bzw. $f_k(-t) = 0$ für $t > 0$ gilt, ist es für positive Zeiten doppelt so groß wie sein gerader Anteil und auch doppelt so groß wie sein ungerader Anteil, siehe (1.1.41):

$$f_k(t) = 2f_g(t) = 2f_u(t) \quad \text{für } t > 0. \tag{2.4.39}$$

Der gerade Anteil $f_g(t)$ kann durch $F'(j\omega)$, siehe (2.4.12), ausgedrückt werden, der ungerade Anteil $f_u(t)$ durch $F''(j\omega)$, siehe (2.4.14), wobei $F'(j\omega)$ der Realteil und $F''(j\omega)$ der Imaginärteil der Fourier-Transformierten von $f_k(t)$ ist:

$$f_k(t) = \frac{2}{\pi} \int_0^\infty F'(j\omega) \cdot \cos(\omega t) d\omega = \frac{2}{\pi} \int_0^\infty -F''(j\omega) \cdot \sin(\omega t) d\omega \quad \text{für } t > 0.$$
$$\tag{2.4.40}$$

Aus (2.4.40) ist ersichtlich, daß der *Realteil* $F'(j\omega)$ von kausalen Signalen nicht unabhängig vom *Imaginärteil* $F''(j\omega)$ ist. Vielmehr läßt sich jeder der beiden aus dem jeweils anderen errechnen. Setzt man gemäß (2.4.39-40)

$$2f_g(t) = \frac{2}{\pi} \int_0^\infty -F''(j\omega) \sin(\omega t) d\omega \quad \text{für } t > 0 \tag{2.4.41}$$

in (2.4.11) ein, so erhält man

$$F'(j\omega) = -\frac{2}{\pi} \int_0^\infty \int_0^\infty F''(j\eta) \sin(\eta t) d\eta \sin(\omega t) dt. \tag{2.4.42}$$

Ebenso kann unter Ausnutzung von (2.4.39-40) und (2.4.13) der Imaginärteil $F''(j\omega)$ aus dem Realteil $F'(j\omega)$ errechnet werden.

2.5 Faltung und Korrelation

Bisher wurden einzelne Signale und ihre Fourier-Transformierte betrachtet. Darauf aufbauend werden im folgenden verschiedene Verknüpfungen von zwei Signalen und die Beziehungen ihrer Fourier-Transformierten untersucht. Ein Schwerpunkt sind Leistungsbetrachtungen im Zeit- und im Frequenzbereich, die schließlich auf die Theoreme von Parseval und von Wiener und Khintchine führen.

2.5.1 Faltung im Zeitbereich

Eine der wichtigsten Verknüpfungen ist die *Faltung* zweier Signale, die bereits im Abschnitt 1.4.2 eingeführt wurde. Die Reaktion eines linearen zeitinvarianten Systems (LTI-Systems) wird im Zeitbereich mit einem Faltungsintegral beschrieben: Die Antwort $y(t)$ des Systems auf eine Erregung $u(t)$ ist durch die Faltung der *Erregung* $u(t)$ mit der *Impulsantwort* $h(t)$ gegeben, siehe (1.4.10).

Bevor auf die Fourier-Transformation der betrachteten Signale eingegangen wird, soll zunächst die Faltungsoperation anhand einer Skizze veranschaulicht werden. Die Faltung der Erregung $u(t)$ mit der Impulsantwort $h(t)$ ist in (2.5.1) noch einmal wiedergegeben. Bild 2.5.1 zeigt eine geometrische Deutung dieser Beziehung. Darin wird als Erregung die Sprungfunktion $\epsilon(t)$ betrachtet, Bild 2.5.1a, und als Impulsantwort die kausale reelle Exponentialfunktion $\exp(-t) \cdot \epsilon(t)$, Bild 2.5.1b, die beispielsweise dem RC-Glied eigen ist, siehe (1.3.21) mit $T = 1$.

Die Auswertung des Faltungsintegrals in (2.5.1) kann gedanklich in vier Schritte gegliedert werden. Zunächst ist die Impulsantwort $h(\tau)$ an der Ordinate zu spiegeln, siehe Bild 2.5.1c. Das Ergebnis lautet $h(-\tau)$. Diesen Vorgang kann man sich auch als ein Umfalten (ähnlich dem Umblättern einer Buchseite) oder eine Faltung vorstellen, was der gesamten Operation den Namen gibt. Im nächsten Schritt wird die umgefaltete Impulsantwort um eine Zeit t_1 verschoben, wobei t_1 der Zeitpunkt ist, für den die Antwort des Systems gerade berechnet werden soll: $y(t_1)$. Hat die Zeit t_1 einen positiven Wert, so wird die umgefaltete Impulsantwort nach rechts verschoben, siehe Bild 2.5.1d. Im nächsten Schritt wird die gefaltete und verschobene Impulsantwort mit der Erregung $u(\tau)$ multipliziert, Bild 2.5.1e. Das von τ abhängige Produkt wird schließlich über τ integriert, Bild 2.5.1f. Die Fläche unter der Produktkurve stellt somit die Systemantwort $y(t)$ an der Stelle $t = t_1$ dar, siehe Bild 2.5.1f-g.

$$y(t) = \int\limits_{-\infty}^{+\infty} u(\tau) \cdot h(t - \tau)\, d\tau = u(t) * h(t) \qquad (2.5.1)$$

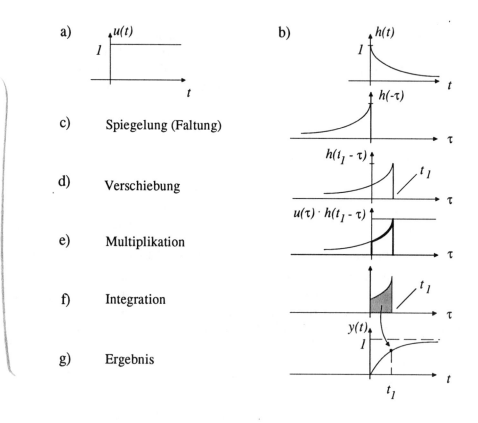

Bild 2.5.1: Geometrische Deutung der Gleichung (2.5.1)

Bild 2.5.1 zeigt die Faltungsoperation für einen bestimmten Zeitpunkt t_1. Um die Entstehung des kontinuierlichen Ausgangssignals $y(t)$ mit wachsendem t zu verstehen, muß man sich vorstellen, daß die gefaltete Impulsantwort in Bild 2.5.1d kontinuierlich von links nach rechts verschoben wird. Die Fläche unter der Produktkurve in Bild 2.5.1f verändert sich dann kontinuierlich mit der Zeit.

Im Abschnitt 1.4.2 wurde durch Variablensubstitution gezeigt, daß die Faltung zweier Signale *kommutativ* ist, siehe (1.4.16). Äquivalent zu (2.5.1) gilt daher auch die alternative Darstellung des Faltungsintegrals in (2.5.2). Gegenüber der Darstellung in (2.5.1) haben die Erregung $u(t)$ und die Impulsantwort $h(t)$ ihre Rollen vertauscht, siehe Bild 2.5.2. Bei der Faltungsoperation

$$y(t) = \int\limits_{-\infty}^{+\infty} h(\tau) \cdot u(t - \tau) \, d\tau = h(t) * u(t) \qquad (2.5.2)$$

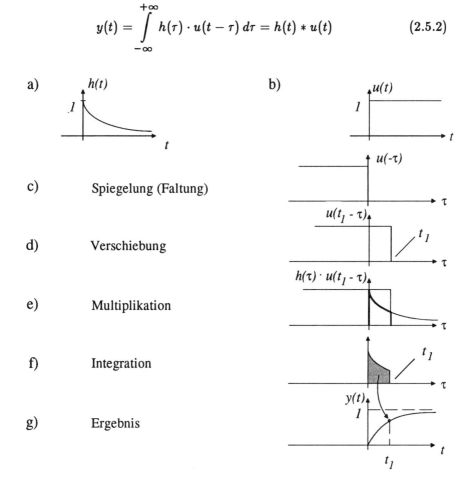

a) $h(t)$

b) $u(t)$

c) Spiegelung (Faltung)

d) Verschiebung

e) Multiplikation

f) Integration

g) Ergebnis

Bild 2.5.2: Geometrische Deutung der alternativen Darstellung (2.5.2)

wird in diesem Fall die Exponentialfunktion unverändert gelassen und die umgefaltete Sprungfunktion mit wachsendem t von links nach rechts verschoben,
siehe Bild 2.5.2d.

Ein Vergleich der Bilder 2.5.1 und 2.5.2 zeigt, daß bei gleichen Werten
von t_1 auch die Flächen unter den jeweiligen Produktkurven gleich sind. Die
Produktkurven sind aus den gleichen Funktionen mit gleicher gegenseitiger Verschiebung entstanden. Allein die zeitliche Orientierung ist unterschiedlich. Dieses hat aber keinen Einfluß auf die Fläche unter der Kurve.

2.5.2 Faltungstheorem

Ausgehend von dem allgemeinen *Faltungsprodukt*

$$f(t) = \int\limits_{-\infty}^{+\infty} f_1(\tau) \cdot f_2(t - \tau)\, d\tau \qquad (2.5.3)$$

stellt sich die Frage, welche Beziehung zwischen den Fourier-Transformierten $F(j\omega) \bullet\!\!-\!\!\circ f(t)$, $F_1(j\omega) \bullet\!\!-\!\!\circ f_1(t)$ und $F_2(j\omega) \bullet\!\!-\!\!\circ f_2(t)$ der drei Signale besteht. Zur Beantwortung dieser Frage wird das Faltungsintegral (2.5.3) in das Fourier-Integral (2.1.1) eingesetzt:

$$F(j\omega) = \int\limits_{-\infty}^{+\infty} f(t) \cdot e^{-j\omega t}\, dt = \int\limits_{-\infty}^{+\infty} \int\limits_{-\infty}^{+\infty} f_1(\tau) \cdot f_2(t - \tau)\, d\tau \cdot e^{-j\omega t}\, dt. \qquad (2.5.4)$$

Wenn die Funktionen $f_1(t)$ und $f_2(t)$ quadratisch integrierbar sind, dann kann die Reihenfolge der Integration vertauscht werden.

$$F(j\omega) = \int\limits_{-\infty}^{+\infty} f_1(\tau) \underbrace{\int\limits_{-\infty}^{+\infty} f_2(t - \tau) \cdot e^{-j\omega t}\, dt}_{F_2(j\omega)\cdot\exp(-j\omega\tau)}\, d\tau = \underbrace{\int\limits_{-\infty}^{+\infty} f_1(\tau) \cdot e^{-j\omega\tau}\, d\tau}_{F_1(j\omega)} \cdot F_2(j\omega).$$

$$(2.5.5)$$

Das Ergebnis lautet

$$\boxed{\; F(j\omega) = F_1(j\omega) \cdot F_2(j\omega) \bullet\!\!-\!\!\circ f_1(t) * f_2(t) = f(t) \;} \qquad (2.5.6)$$

Die Fourier-Transformierte eines Faltungsproduktes $f_1(t) * f_2(t)$ ist gleich dem Produkt aus den Fourier-Transformierten der beiden Einzelfunktionen $f_1(t)$ und $f_2(t)$. Aus der Faltung zweier Signale im Zeitbereich wird eine Multiplikation dieser Signale im Frequenzbereich. Dieser Zusammenhang wird *Faltungstheorem* genannt und stellt eine grundlegende Beziehung für die Systemtheorie dar.

Aus dem Faltungstheorem geht ein weiteres Mal hervor, daß die Faltung *kommutativ* ist:

$$f_1(t) * f_2(t) = f_2(t) * f_1(t). \qquad (2.5.7)$$

Da die skalare Multiplikation kommutativ ist, können $F_1(j\omega)$ und $F_2(j\omega)$ in (2.5.6) in ihrer Reihenfolge vertauscht werden. Ein formales Zurückrechnen von (2.5.6) auf (2.5.3) zeigt, daß dann auch $f_1(t)$ und $f_2(t)$ unter dem Faltungsintegral in (2.5.3) ihre Rollen vertauschen.

Aus der Assoziativität der skalaren Multiplikation folgt auch das *Assoziativgesetz* für die Faltung:

$$[f_1(t) * f_2(t)] * f_3(t) = f_1(t) * [f_2(t) * f_3(t)]. \qquad (2.5.8)$$

Wegen der Linearität der Integral-Operation ist die Faltung bezüglich der Addition von Funktionen *distributiv*:

$$f_1(t) * [f_2(t) + f_3(t)] = f_1(t) * f_2(t) + f_1(t) * f_3(t). \qquad (2.5.9)$$

Beispiel 2.5.1

Im folgenden Beispiel wird mit Hilfe des Faltungstheorems die Fourier-Transformierte der Dreiecksfunktion $\text{tri}(t)$ hergeleitet. Durch Faltung der Rechteckfunktion $\text{rect}(t)$ mit sich selbst erhält man eine Dreiecksfunktion

$$\text{rect}(t) * \text{rect}(t) = \text{tri}(t) \qquad (2.5.10)$$

Dieses läßt sich unmittelbar durch eine geometrische Deutung der Faltungsoperation erklären, siehe Bild 2.5.1. Sind beide Rechteckfunktionen um mehr als 1 gegeneinander verschoben, so ergibt die Multiplikation unter dem Faltungsintegral Null für alle Werte von τ. Ab einer Verschiebung von $t = -1$ nimmt das Faltungsintegral linear mit der weiteren Verschiebung zu und erreicht sein Maximum bei $t = 0$, wenn beide Rechtecke zur Deckung kommen. Danach nimmt das Faltungsintegral wieder linear ab. Bild 2.5.3 veranschaulicht die Faltung der Rechteckfunktion mit sich selbst.

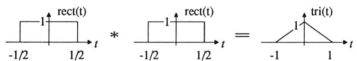

Bild 2.5.3: Faltung der Rechteckfunktion $\text{rect}(t)$ mit sich selbst

Dieses Beispiel zeigt, daß die Breite des durch die Faltung entstandenen Signals gleich der Summe der Breiten der Einzelsignale ist. (Unter Breite soll hier der von Null verschiedene Teil der Funktionen verstanden werden.) Dieses läßt sich ebenfall geometrisch verdeutlichen und gilt allgemein für die Faltung endlich langer Funktionen.

Da die Rechteckfunktion $\text{rect}(t)$ eine si-Funktion als Fourier-Transformierte besitzt, siehe Bild 2.1.2, und die Korrespondenz (2.1.9)

$$\text{rect}(t) \circ\!\!-\!\!\bullet \text{si}\left(\frac{\omega}{2}\right)$$

gilt, folgt mit Hilfe des Faltungstheorems (2.5.6) aus (2.5.10)

$$\text{tri}(t) = \text{rect}(t) * \text{rect}(t) \circ\!\!-\!\!\bullet \text{si}\left(\frac{\omega}{2}\right) \cdot \text{si}\left(\frac{\omega}{2}\right) = \text{si}^2\left(\frac{\omega}{2}\right) \qquad (2.5.11)$$

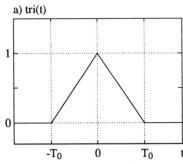 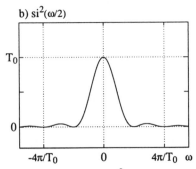

Bild 2.5.4: Die Fourier-Korrespondenz $\text{tri}(t)$ und $\text{si}^2(\omega/2)$

In (2.5.11) ist eine neue Fourier-Korrespondenz formuliert, die die Dreieckfunktion $\text{tri}(t)$ im Zeitbereich mit der Funktion $\text{si}^2(\omega/2)$ im Frequenzbereich verbindet. Diese Korrespondenz wird auch in Bild 2.5.4 gezeigt.

2.5.3 Faltung mit dem Dirac-Impuls

Die Faltung einer Zeitfunktion $f(t)$ mit dem Dirac-Impuls $\delta(t)$ läßt sich mit dem Faltungstheorem wie folgt begründen. Wegen

$$f(t) * \delta(t) \circ\!\!-\!\!\bullet F(j\omega) \cdot 1 = F(j\omega) \qquad (2.5.12)$$

bleibt die Funktion $f(t)$ unverändert:

$$f(t) * \delta(t) = f(t). \qquad (2.5.13)$$

Diese Beziehung lautet ausgeschrieben:

$$f(t) * \delta(t) = \int\limits_{-\infty}^{+\infty} f(\tau) \cdot \delta(t - \tau)\, d\tau = f(t). \qquad (2.5.14)$$

Dieses Ergebnis ist identisch mit der Beziehung (1.1.33), die zur Herleitung der Impulsantwort im Zeitbereich entwickelt wurde.

Die Faltung einer Funktion mit dem verschobenem Dirac-Impuls ließe sich mit einer Variablensubstitution ebenfalls aus der Abtasteigenschaft des Dirac-Impulses ableiten. Alternativ kann die Begründung mit dem Faltungstheorem und dem Verschiebungssatz (2.2.32) erfolgen:

$$f(t) * \delta(t - t_0) \circ\!\!-\!\!\bullet F(j\omega) \cdot 1 \cdot e^{-j\omega t_0} = F(j\omega) \cdot e^{-j\omega t_0} \bullet\!\!-\!\!\circ f(t - t_0). \quad (2.5.15)$$

Aus dieser Betrachtung im Frequenzbereich wird deutlich, wie der Dirac-Impuls seine zeitliche Verschiebung an die Funktion $f(t)$ "übergibt". Bild 2.5.5 verdeutlicht die Verschiebung einer Rechteckfunktion um die Zeit t_0 durch Faltung mit einem entsprechend verschobenen Dirac-Impuls.

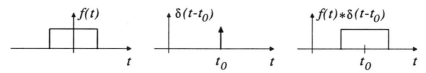

Bild 2.5.5: Faltung mit verschobenem Dirac-Impuls

Wird eine Funktion $f_1(t)$ mit einer Funktion $f_2(t)$ gefaltet, die aus mehreren Dirac-Impulsen besteht, so tritt die Funktion f_1 mit entsprechenden Verschiebungen so oft im Faltungsprodukt auf, wie die Funktion f_2 Dirac-Impulse enthält, siehe Bild 2.5.6.

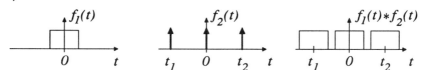

Bild 2.5.6: Faltung mit mehreren Dirac-Impulsen

Die Funktion $f_2(t)$ ist die Summe verschieden verschobener Dirac-Impulse. Nach dem Distributivgesetz der Faltung (2.5.9) wird die Faltung mit jedem Dirac-Impuls getrennt durchgeführt und die Ergebnisse aufsummiert. Für die in Bild 2.5.6 gezeigten Verhältnisse gilt beispielsweise

$$f_1(t) * [\delta(t - t_1) + \delta(t) + \delta(t - t_2)]$$
$$= f_1(t) * \delta(t - t_1) + f_1(t) * \delta(t) + f_1(t) * \delta(t - t_2) \qquad (2.5.16)$$
$$= f_1(t - t_1) + f_1(t) + f_1(t - t_2)$$

Zum gleichen Ergebnis kommt die geometrische Deutung nach Bild 2.5.2. Spiegelt man die Funktion $f_1(t)$ an der Ordinate und verschiebt sie kontinuierlich von links nach rechts, so entstehen durch die Abtasteigenschaft der Dirac-Impulse nacheinander die drei verschobenen Rechteckfunktionen in Bild 2.5.6.

2.5.4 Integrationssatz

Mit den bisher erlangten Kenntnissen kann nun der *Integrationssatz* hergeleitet werden, der zu den in Abschnitt 2.2 behandelten wichtigen Regeln der Fourier-Transformation gehört. Betrachtet sei eine Funktion $f(t)$ mit der Fourier-Transformierten $F(j\omega)$, die für $\omega = 0$ einen endlichen Wert habe und an dieser Stelle keinen Dirac-Impuls besitze. Das Integral

$$g(t) = \int_{-\infty}^{t} f(\tau)\, d\tau \qquad (2.5.17)$$

läßt sich als Faltungsprodukt schreiben:

$$g(t) = \int_{-\infty}^{\infty} f(\tau) \cdot \epsilon(t - \tau)\, d\tau = f(t) * \epsilon(t). \qquad (2.5.18)$$

Mit der Korrespondenz $\epsilon(t)\; \circ\!\!-\!\!\bullet\; \pi\,\delta(\omega) + 1/j\omega$, siehe (2.3.17), und dem Faltungstheorem läßt sich die Fourier-Transformierte $G(j\omega)$ des Integrals $g(t)$ wie folgt angeben:

$$G(j\omega) = F(j\omega)\cdot \mathcal{F}\{\epsilon(t)\} = \frac{1}{j\omega}F(j\omega) + \pi\cdot F(j\omega)\cdot\delta(\omega). \qquad (2.5.19)$$

Dieses Ergebnis ist in dem folgenden *Integrationssatz* zusammengefaßt:

$$\mathcal{F}\{\int\limits_{-\infty}^{t} f(\tau)\,d\tau\} = \frac{1}{j\omega}F(j\omega) + \pi\,F(j0)\,\delta(\omega). \qquad (2.5.20)$$

Wird auf die Fourier-Transformierte $F(j\omega)$ nach dem Integrationssatz der *Differentiationssatz* (2.2.48) angewendet, so kommt wieder $F(j\omega)$ heraus:

$$f(t) = \frac{d}{dt}g(t) \;\circ\!\!-\!\!\bullet\; j\omega G(j\omega) = j\omega\frac{1}{j\omega}F(j\omega) + \underbrace{j\omega\pi\,F(j0)\,\delta(\omega)}_{\omega\cdot\delta(\omega)=0} = F(j\omega). \quad (2.5.21)$$

Anders sieht es aus, wenn erst die Differentiation und dann die Integration durchgeführt wird. Bei der Differentiation geht der *Gleichanteil* des Signals verloren. Wird die Ableitung wieder integriert, entsteht ein davon verschiedener Gleichanteil, der nur von der Gestalt der Ableitung abhängt und sich in der Fourier-Transformierten in Form des zweiten Terms $\pi\,F(j0)\,\delta(\omega)$ niederschlägt.

Beispiel 2.5.2

Betrachtet sei die Rechteckfunktion $f(t) = \mathrm{rect}(t)$ mit ihrer Fourier-Transformierten $\mathrm{si}(\omega/2)$, siehe (2.1.9) und Bild 2.1.2. Das Integral $g(t)$ über die Rechteckfunktion ist in Bild 2.5.7 gezeigt. Die Anwendung des Integrationssatzes auf die Fourier-Transformierte $F(j\omega) = \mathrm{si}(\omega/2)$ ergibt

$$g(t) \;\circ\!\!-\!\!\bullet\; G(j\omega) = \frac{1}{j\omega}\cdot\mathrm{si}(\frac{\omega}{2}) + \pi\delta(\omega). \qquad (2.5.22)$$

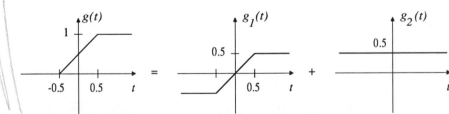

Bild 2.5.7:   Zur Integration der Rechteckfunktion $\mathrm{rect}(t)$

Der erste Term in $G(j\omega)$ entspricht dem *"Wechselanteil"* $g_1(t)$ in Bild 2.5.7, der zweite Term dem Gleichanteil $g_2(t)$. Aus diesem Beispiel ist auch ersichtlich, daß der Wert $F(j0)$ gleich dem doppelten Gleichanteil ist. Dieses ist mit (2.4.11) und (2.4.13) begründbar. Mit $1/2 \circ\!\!-\!\!\bullet \pi\delta(\omega)$, siehe (2.2.10), ist somit der Zusammenhang zwischen dem Gleichanteil des Integrals und dem zweiten Term im Integrationssatz (2.5.20) gezeigt.

Auf eine Fourier-Transformierte mit einem Dirac-Impuls bei $\omega = 0$ ist der Integrationssatz nicht anwendbar. Solch ein Fall würde in (2.5.20) auf das Produkt zweier Dirac-Impulse führen, das keinen Sinn ergibt und auch nicht definiert ist.

2.5.5 Faltung im Frequenzbereich

Die Dualität der Fourier-Transformation legt es nahe, auch im Frequenzbereich ein Faltungsprodukt zu definieren. Es lautet

$$F(j\omega) = F_1(j\omega) * F_2(j\omega) = \int\limits_{-\infty}^{+\infty} F_1(j\nu) \cdot F_2(j\omega - j\nu)\, d\nu. \qquad (2.5.23)$$

Im folgenden wird die Frage nach der Verknüpfung der beiden Zeitfunktionen $f_1(t)$ und $f_2(t)$ für den Fall untersucht, daß ihre Fourier-Transformierten $F_1(j\omega)$ und $F_2(j\omega)$ gemäß (2.5.23) gefaltet werden. Dazu wird die inverse Fourier-Transformierte $f(t)$ des Faltungsproduktes $F(j\omega)$ mit Hilfe des Umkehrintegrals (2.2.2) dargestellt und $F(j\omega)$ durch das Faltungsintegral in (2.5.23) ersetzt:

$$F(j\omega) \bullet\!\!-\!\!\circ f(t) = \frac{1}{2\pi} \int\limits_{-\infty}^{+\infty} \int\limits_{-\infty}^{+\infty} F_1(j\nu)\, F_2(j\omega - j\nu)\, d\nu\, e^{j\omega t}\, d\omega$$

$$= \int\limits_{-\infty}^{+\infty} F_1(j\nu) \cdot \underbrace{\frac{1}{2\pi} \int\limits_{-\infty}^{+\infty} F_2(j\omega - j\nu) e^{j\omega t}\, d\omega}_{f_2(t)\,\exp(j\nu t)}\, d\nu = \underbrace{\int\limits_{-\infty}^{+\infty} F_1(j\nu) e^{j\nu t}\, d\nu}_{2\pi \cdot f_1(t)} \cdot f_2(t).$$

Das Ergebnis lautet

$$F_1(j\omega) * F_2(j\omega) \bullet\!\!-\!\!\circ 2\pi \cdot f_1(t) \cdot f_2(t). \qquad (2.5.24)$$

Die Faltung der Fourier-Transformierten entspricht der Multiplikation der zugehörigen Zeitfunktionen im Zeitbereich. Allerdings ist das Produkt im Zeitbereich noch mit dem konstanten Faktor 2π zu multiplizieren. Dieser Zusammenhang wird *Faltungstheorem im Frequenzbereich* genannt.

Beispiel 2.5.3

Die Fourier-Transformierte einer symmetrisch auf $\pm T_1/2$ zeitbegrenzten Kosinusfunktion kann mit Hilfe des Faltungstheorems berechnet werden. Dazu stellt man sich die Kosinusfunktion mit einer Rechteckfunktion der Breite T_1 multipliziert vor. Die Fourier-Transformierte der Kosinusfunktion und die Fourier-Transformierte der Rechteckfunktion sind dann zu falten. Diese Vorgehensweise ist in Bild 2.5.8 bildlich und formelmäßig dargestellt.

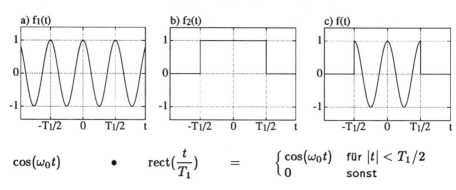

$$\cos(\omega_0 t) \qquad \bullet \qquad \text{rect}\left(\frac{t}{T_1}\right) \qquad = \qquad \begin{cases} \cos(\omega_0 t) & \text{für } |t| < T_1/2 \\ 0 & \text{sonst} \end{cases}$$

$$\frac{1}{2\pi}\left[\pi\big(\delta(\omega-\omega_0)+\delta(\omega+\omega_0)\big)*T_1\text{si}\big(\omega\frac{T_1}{2}\big)\right] = \frac{T_1}{2}\left[\text{si}\big((\omega-\omega_0)\frac{T_1}{2}\big)+\text{si}\big((\omega+\omega_0)\frac{T_1}{2}\big)\right]$$

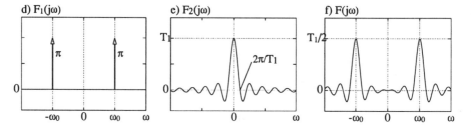

Bild 2.5.8: Zur Fourier-Transformation der zeitbegrenzten cos-Funktion

Mit den beiden Funktionen $f_1(t) = \cos(\omega_0 t)$ und $f_2(t) = \text{rect}\left(\frac{t}{T_1}\right)$ lautet die Fourier-Transformierte von $f(t) = f_1(t) \cdot f_2(t)$

$$F(j\omega) = \frac{T_1}{2}\left[\text{si}\big((\omega - \omega_0)\frac{T_1}{2}\big) + \text{si}\big((\omega + \omega_0)\frac{T_1}{2}\big)\right]. \qquad (2.5.25)$$

Das Ergebnis ist in Bild 2.5.8f dargestellt.

2.5.6 Parsevalsches Theorem

Das *Parsevalsche Theorem* stellt einen Zusammenhang zwischen *Signalenergien* im Zeitbereich und Signalenergien im Frequenzbereich her und ist daher eine nützliche und häufig gebrauchte Beziehung für Leistungsbilanzen. Im folgenden wird gezeigt, daß das Parsevalsche Theorem als Spezialfall des Faltungstheorems im Frequenzbereich aufgefaßt werden kann. Gleichung (2.5.24) lautet ausgeschrieben

$$\int_{-\infty}^{+\infty} f_1(t) \cdot f_2(t) \cdot e^{-j\omega t}\, dt = \frac{1}{2\pi} \int_{-\infty}^{+\infty} F_1(j\nu) \cdot F_2(j\omega - j\nu)\, d\nu. \qquad (2.5.26)$$

Diese Gleichung werde speziell bei $\omega = 0$ und mit den Zeitfunktionen $f_1(t) = f(t) = f_2^*(t)$ betrachtet. Unter Berücksichtigung der in (2.2.46) gezeigten Beziehung $f^*(t) \circ\!\!-\!\!\bullet\, F^*(-j\omega)$ lautet (2.5.26)

$$\int_{-\infty}^{+\infty} f(t) \cdot f^*(t)\, dt = \frac{1}{2\pi} \int_{-\infty}^{+\infty} F(j\nu) \cdot F^*(j\nu)\, d\nu. \qquad (2.5.27)$$

Daraus folgt unmittelbar das Parsevalsche Theorem:

$$\boxed{\int_{-\infty}^{+\infty} |f(t)|^2\, dt = \frac{1}{2\pi} \int_{-\infty}^{+\infty} |F(j\omega)|^2\, d\omega} \qquad (2.5.28)$$

Stellt man sich unter $f(t)$ die elektrische Spannung als Funktion der Zeit vor, die an einem 1Ω-Widerstand anliegt, dann ist $|f(t)|^2$ die elektrische Leistung, die der Widerstand aufnimmt. Wird diese über alle Zeiten integriert, so erhält man die Gesamtenergie des Signals. Das Parsevalsche Theorem sagt aus, daß diese Energie identisch ist mit dem Integral über das Betragsquadrat des Spektrums.

Bei der Herleitung des Parsevalschen Theorems wurde die Existenz der beiden Integrale vorausgesetzt. Aus dem links stehenden Integral erkennt man, daß dieses zunächst nur für *Energiesignale* gilt, siehe auch (1.1.43).

Im Falle von reellen Signalen $f_1(t) = f_2(t) = f(t)$ ist unter dem rechts stehenden Integral in (2.5.26) das Produkt $F_1(j\nu) \cdot F_2(-j\nu) = F(j\nu) \cdot F(-j\nu)$ auszuwerten. Aus dem Fourier-Integral in (2.1.1) ist ersichtlich, daß für reelle Zeitfunktionen $f(t)$ die Beziehung $F(-j\omega) = F^*(j\omega)$ gilt. Ein Vorzeichenwechsel im Argument der Exponentialfunktion in (2.1.1) führt auf das konjugiert komplexe Fourier-Integral. Die Gleichungen (2.5.27) und (2.5.28) gelten daher unverändert auch für reelle Signale.

komplexe Fourier-Integral. Die Gleichungen (2.5.27) und (2.5.28) gelten daher unverändert auch für reelle Signale.

2.5.7 Korrelation von Energiesignalen

Die *Korrelationsfunktion* r_{fg}^E stellt einen Zusammenhang zwischen zwei determinierten Energiesignalen $f(t)$ und $g(t)$ her und zeigt die *Ähnlichkeit* (Verwandtschaft) beider Signale an. Dazu kann das eine Signal gegenüber dem anderen um eine Zeit τ verschoben werden. Die Korrelationsfunktion ist folgendermaßen definiert:

$$r_{fg}^E(\tau) = \int\limits_{-\infty}^{+\infty} f(t)g(t+\tau)\,dt. \qquad (2.5.29)$$

Die Korrelation ist in ihrer ursprünglichen Bedeutung nur auf stochastische Signale anwendbar. Die formale Erweiterung auf determinierte Energiesignale soll einem Vorschlag in [Lük 75] folgend mit einem hochgestellten E gekennzeichnet werden. Die Korrelationsfunktion wird häufig auch *Korrelationsprodukt* oder nur *Korrelation* genannt.

Zwischen der Korrelationsfunktion zweier Energiesignale und dem Faltungsprodukt dieser Signale besteht ein einfacher Zusammenhang. Gleichung (2.5.29) lautet mit der Substitution $t \to -\vartheta$

$$r_{fg}^E(\tau) = \int\limits_{+\infty}^{-\infty} f(-\vartheta)g(\tau-\vartheta)\,(-d\vartheta) = \int\limits_{-\infty}^{+\infty} f(-\vartheta)g(\tau-\vartheta)\,d\vartheta = f(-\tau)*g(\tau).$$
$$(2.5.30)$$

Für die Korrelationsfunktion gilt also

$$r_{fg}^E(\tau) = f(-\tau)*g(\tau). \qquad (2.5.31)$$

Ist $f(t)$ eine gerade Funktion, gilt also $f(t) = f(-t)$, so ist das Korrelationsprodukt mit dem Faltungsprodukt identisch.

Wegen der engen Beziehung zwischen der Korrelation und der Faltung zweier Funktionen liegt die Frage nahe, ob die Korrelation ebenso wie die Faltung kommutativ ist. Unter Ausnutzung der Kommutativität der Faltung erhält man aus (2.5.31)

$$r_{fg}^E(\tau) = f(-\tau)*g(\tau) = g(\tau)*f(-\tau) = r_{gf}^E(-\tau). \qquad (2.5.32)$$

Die Korrelation ist also nicht kommutativ.

Wird in einer Korrelationsfunktion eine Funktion $f(t)$ mit sich selbst verknüpft, gilt also $f(t) = g(t)$, so spricht man von der *Autokorrelationsfunktion* (AKF) $r^E_{ff}(\tau)$. Werden dagegen zwei verschiedene Funktionen $f(t)$ und $g(t)$ verknüpft, so spricht man von einer *Kreuzkorrelationsfunktion* (KKF) $r^E_{fg}(\tau)$.

Die Autokorrelationsfunktion $r^E_{ff}(\tau)$ ist für beliebige Energiesignale $f(t)$ stets eine gerade Funktion:

$$r^E_{ff}(\tau) = r^E_{ff}(-\tau). \tag{2.5.33}$$

Diese Eigenschaft ist sofort aus (2.5.32) ablesbar, wenn man die Größe g durch f ersetzt.

Ebenso wie die Faltung kann auch die Korrelation im Frequenzbereich ausgedrückt werden. Betrachtet man die reelle Zeitfunktion $f(t)$, für die nach (2.2.17) die Beziehung $f(-t) \circ\!\!-\!\!\bullet F^*(j\omega)$ gilt, so erhält man mit (2.5.31) aus dem Faltungstheorem (2.5.3) und (2.5.6) die folgende Aussage:

$$r^E_{fg}(\tau) = f(-\tau) * g(\tau) \circ\!\!-\!\!\bullet F^*(j\omega) \cdot G(j\omega). \tag{2.5.34}$$

Diese Beziehung wird *Korrelations-Theorem* genannt.

2.5.8 Wiener-Khintchine-Theorem

Das Korrelations-Theorem nach (2.5.34) liefert speziell für die Autokorrelierte $r^E_{ff}(\tau)$ den folgenden Ausdruck:

$$r^E_{ff}(\tau) \circ\!\!-\!\!\bullet |F(j\omega)|^2 \tag{2.5.35}$$

Setzt man für die Autokorrelationsfunktion $r^E_{ff}(\tau)$ die Definition in (2.5.29) ein und schreibt sie außerdem als Umkehrintegral mit $|F(j\omega)|^2$, so erhält man das *Wiener-Khintchine-Theorem* für determinierte Energiesignale:

$$\boxed{r^E_{ff}(\tau) = \int\limits_{-\infty}^{+\infty} f(t)f(t+\tau)\,dt = \frac{1}{2\pi} \int\limits_{-\infty}^{+\infty} |F(j\omega)|^2\, e^{j\omega\tau}\,d\omega} \tag{2.5.36}$$

Ebenso wie die Korrelationsfunktion wird das Wiener-Khintchine-Theorem in seiner ursprünglichen Bedeutung auf stochastische Signale angewendet. Gleichung (2.5.36) ist eine formale Erweiterung dieses Theorems auf determinierte

Energiesignale. Die Größe $S(j\omega) = |F(j\omega)|^2$ wird *Energiedichtespektrum* genannt. Das Energiedichtespektrum eines Signals $f(t)$ ist nach (2.5.36) die Fourier-Transformierte der Autokorrelationsfunktion $r_{ff}^E(\tau)$ dieses Signals.

Für $\tau = 0$ folgt aus(2.5.36) eine spezielle Form des Parsevalschen Theorems:

$$\mathcal{E}_f = r_{ff}^E(0) = \int\limits_{-\infty}^{+\infty} f^2(t)\, dt = \frac{1}{2\pi} \int\limits_{-\infty}^{+\infty} |F(j\omega)|^2\, d\omega. \qquad (2.5.37)$$

Die Energie eines reellen Energiesignals $f(t)$ kann neben der Integration über der zeitlich verteilten Momentanleistung und neben der Integration über der spektral verteilten Leistung auch aus der Autokorrelationsfunktion an der Stelle $\tau = 0$ entnommen werden. Wie im folgenden gezeigt wird, hat die AKF an dieser Stelle ihr Maximum. Da $r_{ff}^E(\tau)$ und $|F(j\omega)|^2$ gerade und reelle Funktionen sind, gilt mit (2.4.11)

$$r_{ff}^E(\tau) = \frac{1}{2\pi} \int\limits_{-\infty}^{+\infty} |F(j\omega)|^2 \cdot \cos(\omega\tau)\, d\omega. \qquad (2.5.38)$$

Aus dem Maximum der cos-Funktion bei $\tau = 0$ folgt schließlich

$$r_{ff}^E(0) \geq r_{ff}^E(\tau). \qquad (2.5.39)$$

Beispiel 2.5.4

Im folgenden Beispiel wird die Impulsantwort und die Übertragungsfunktion eines RC-Gliedes betrachtet. Im ersten Teil wird das Energiedichtespektrum am Ausgang des RC-Gliedes bei Impulserregung mit Hilfe der Übertragungsfunktion berechnet. Alternativ dazu wird im zweiten Teil das Energiedichtespektrum mit Hilfe der AKF der Impulsantwort ermittelt. In einem dritten Teil wird die Energie des Ausgangssignals aus der Zeitfunktion, aus dem Spektrum und aus der AKF bestimmt.

Die Impulsantwort des RC-Gliedes lautet nach (1.3.21)

$$h(t) = \frac{1}{T} \exp(-\frac{t}{T})\epsilon(t) \qquad (2.5.40)$$

mit $T = RC$. Die zugehörige Fourier-Transformierte kann (2.2.27) entnommen werden:

$$H(j\omega) = \frac{1}{j\omega T + 1}. \qquad (2.5.41)$$

Energiedichtespektrum aus der Übertragungsfunktion

Das Energiedichtespektrum $S(j\omega)$ läßt sich direkt aus der Fourier-Transformierten des Ausgangssignals berechnen. Wegen der Impulserregung ist die Ausgangs-Fourier-Transformierte gleich der Übertragungsfunktion $H(j\omega)$, siehe dazu (2.5.6) und (2.1.12).

$$S(j\omega) = H(j\omega) \cdot H^*(j\omega) = \frac{1}{1+j\omega T} \cdot \frac{1}{1-j\omega T} = \frac{1}{1+\omega^2 T^2}. \qquad (2.5.42)$$

Bild 2.5.9 zeigt die Impulsantwort, den Betrag der Übertragungsfunktion und das Leistungsdichtespektrum am Ausgang.

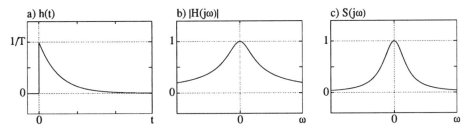

Bild 2.5.9: Impulsantwort $h(t)$ des RC-Gliedes mit Spektren

Autokorrelationsfunktion

Zur direkten Berechnung der AKF $r_{hh}^E(\tau)$ wird für $f(t)$ in (2.5.36) die Impulsantwort $h(t)$ nach (2.5.40) eingesetzt:

$$r_{hh}^E(\tau) = \int\limits_{-\infty}^{+\infty} \frac{1}{T} e^{-t/T} \epsilon(t) \cdot \frac{1}{T} e^{-(t+\tau)/T} \epsilon(t+\tau)\, dt$$

$$= \frac{1}{T^2} e^{-\tau/T} \int\limits_{-\infty}^{+\infty} e^{-2t/T} \epsilon(t)\epsilon(t+\tau)\, dt. \qquad (2.5.43)$$

Des weiteren wird eine Fallunterscheidung zwischen $\tau > 0$ und $\tau < 0$ vorgenommen. Die Produkte der beiden Sprungfunktionen in (2.5.43) lauten für die beiden Fälle

$$\begin{aligned} \tau > 0 \qquad & \epsilon(t)\epsilon(t+\tau) = 0 \quad falls \quad t < 0, \\ \tau < 0 \qquad & \epsilon(t)\epsilon(t+\tau) = 0 \quad falls \quad t < -\tau. \end{aligned} \qquad (2.5.44)$$

Für positive Werte von τ können die beiden Sprungfunktionen dadurch berücksichtigt werden, daß die untere Integrationsgrenze in (2.5.43) auf den Wert Null zurückgezogen wird:

$$r_{hh}^E(\tau) = \frac{1}{T^2} e^{-\tau/T} \int\limits_{0}^{\infty} e^{-2t/T}\, dt = \frac{1}{T^2} e^{-\tau/T} \cdot \frac{T}{-2} e^{-2t/T} \Big|_{0}^{\infty}$$

$$= \frac{1}{2T} e^{-\tau/T}. \qquad (2.5.45)$$

Entsprechend kann die untere Integrationsgrenze für negative Werte von τ auf den Wert $-\tau$ zurückgezogen werden:

$$r_{hh}^E(\tau) = \frac{1}{T^2} e^{-\tau/T} \int\limits_{-\tau}^{\infty} e^{-2t/T}\, dt = \frac{1}{T^2} e^{-\tau/T} \cdot \frac{T}{-2} e^{-2t/T}\Big|_{-\tau}^{\infty} = \frac{1}{2T} e^{\tau/T}. \quad (2.5.46)$$

Durch Zusammenfassen der beiden Ergebnisse in (2.5.45) und (2.5.46) erhält man schließlich die gesuchte Autokorrelationsfunktion:

$$r_{hh}^E(\tau) = \frac{1}{2T} e^{-|\tau|/T}. \quad (2.5.47)$$

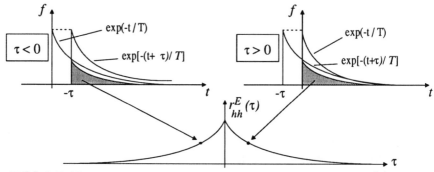

Bild 2.5.10: Zur Berechnung der Autokorrelationsfunktion $r_{hh}(\tau)$

Bild 2.5.10 macht die Symmetrie der Autokorrelationsfunktion deutlich. Eine Verschiebung der Impulsantwort $h(t)$ um eine negative Zeit $\tau < 0$ führt auf den gleichen Wert des Korrelationsintegrals (schraffierte Flächen in Bild 2.5.10) wie die Verschiebung um eine positive Zeit $\tau > 0$ gleichen Betrages.

Energiedichtespektrum aus der AKF

Im folgenden wird die Energiedichtefunktion $S(j\omega) = |F(j\omega)|^2$ als Fourier-Transformierte der AKF in (2.5.47) berechnet. Dazu wird (2.5.47) in das Fourier-Integral (2.1.1) eingesetzt:

$$\mathcal{F}\{r_{hh}^E(\tau)\} = \int\limits_{-\infty}^{+\infty} \frac{1}{2T} e^{-|\tau|/T} e^{-j\omega\tau}\, d\tau$$

$$= \frac{1}{2T} \int\limits_{-\infty}^{0} e^{\tau/T} e^{-j\omega\tau}\, d\tau + \frac{1}{2T} \int\limits_{0}^{\infty} e^{-\tau/T} e^{-j\omega\tau}\, d\tau$$

$$= \frac{1}{2T} \frac{1}{\frac{1}{T} - j\omega} e^{\tau((1/T)-j\omega)}\Big|_{-\infty}^{0} + \frac{1}{2T} \frac{1}{-\frac{1}{T} - j\omega} e^{\tau(-(1/T)-j\omega)}\Big|_{0}^{\infty}$$

$$= \frac{1}{2} \frac{1}{1 - j\omega T} + \frac{1}{2} \frac{1}{1 + j\omega T} = \frac{1}{1 + \omega^2 T^2}.$$

$$(2.5.48)$$

Die identischen Ergebnisse in (2.5.48) und (2.5.42) bestätigen das Wiener-Khintchine-Theorem für determinierte Energiesignale.

Signalenergie aus der Zeitfunktion

Abschließend soll die Energie $\mathcal{E}_h$ des Ausgangssignales am RC-Glied ermittelt werden. Dieses kann nach (2.5.37) auf dreierlei Weise geschehen. Als erstes wird das Zeitsignal bzw. die Impulsantwort ausgewertet:

$$\mathcal{E}_h = \int\limits_{-\infty}^{+\infty} f^2(t)\, dt = \frac{1}{T^2} \int\limits_{0}^{\infty} e^{-2t/T}\, dt = \frac{1}{2T}. \qquad (2.5.49)$$

Signalenergie aus dem Energiedichtespektrum

Eine Auswertung des Energiedichtespektrums in (2.5.42) mit (2.5.37) ergibt

$$\mathcal{E}_h = \frac{1}{2\pi} \int\limits_{-\infty}^{+\infty} \frac{1}{1+\omega^2 T^2}\, d\omega = \frac{1}{2\pi T^2} \int\limits_{-\infty}^{+\infty} \frac{1}{\frac{1}{T^2}+\omega^2}\, d\omega$$

$$= \underbrace{\frac{1}{2\pi T^2} \cdot T}_{(1/2\pi T)} \cdot \underbrace{\left. \operatorname{arctg}(\omega T) \right|_{-\infty}^{\infty}}_{(\pi/2)-(-\pi/2)} = \frac{1}{2T}. \qquad (2.5.50)$$

Hierbei wurde von der Beziehung

$$\int \frac{dx}{a^2+x^2} = \frac{1}{a}\operatorname{arctg}\frac{x}{a}$$

Gebrauch gemacht.

Signalenergie aus der AKF

Die dritte Möglichkeit zur Bestimmung der Signalenergie liefert die Autokorrelationsfunktion:

$$\mathcal{E}_h = r_{hh}^E(\tau = 0) = \frac{1}{2T} e^{-|0|/T} = \frac{1}{2T}. \qquad (2.5.51)$$

Ein Vergleich von (2.5.49), (2.5.50) und (2.5.51) zeigt, daß alle drei Wege zur Bestimmung der Signalenergie wie erwartet zum gleichen Ergebnis führen.

2.6 Rücktransformation

Im folgenden wird der noch ausstehende Beweis für die Richtigkeit des in (2.2.2) aufgeführten Umkehrintegrals gebracht. Ferner werden einige Besonderheiten betrachtet, die bei der Rücktransformation an Sprungstellen der Originalfunktion im Zeitbereich auftreten.

2.6.1 Das Fourier-Umkehrintegral

Das bereits in (2.2.2) angesprochene *Fourier-Umkehrintegral*

$$\boxed{f(t) = \frac{1}{2\pi} \int\limits_{-\infty}^{+\infty} F(j\omega) \exp(j\omega t)\, d\omega} \qquad (2.6.1)$$

ermöglicht es, aus einer bekannten Fourier-Transformierten $F(j\omega)$ wieder die ursprüngliche Zeitfunktion $f(t)$ zurückzurechnen. Die Richtigkeit des Umkehrintegrals läßt sich durch Einsetzen des Fourier-Integrals (2.1.1) in (2.6.1) zeigen:

$$f(t) = \frac{1}{2\pi} \int\limits_{-\infty}^{+\infty} \underbrace{\int\limits_{-\infty}^{+\infty} f(\tau) \exp(-j\omega\tau)\, d\tau}_{F(j\omega)} \exp(j\omega t)\, d\omega$$

$$= \frac{1}{2\pi} \int\limits_{-\infty}^{+\infty} f(\tau) \int\limits_{-\infty}^{+\infty} \exp[j\omega(t-\tau)]\, d\omega\, d\tau. \qquad (2.6.2)$$

Den Schlüssel zum Beweis liefert wieder die Beziehung (A1.13.2)

$$\int\limits_{-\infty}^{+\infty} \exp(j\omega t)\, d\omega = 2\pi\delta(t)$$

aus der Distributionentheorie. Damit und mit der Substitution $t \to t - \tau$ lautet das innere Integral in (2.6.2) $2\pi\delta(t-\tau)$. Daher kann (2.6.2) wie folgt geschrieben werden:

$$f(t) = \frac{1}{2\pi} \int\limits_{-\infty}^{+\infty} f(\tau) \cdot 2\pi\delta(t - \tau)\, d\tau = f(t). \qquad (2.6.3)$$

Im letzten Schritt wurde die Abtasteigenschaft des Dirac-Impulses ausgenutzt. Der Dirac-Impuls $\delta(t - \tau)$ tastet aus der Funktion $f(\tau)$ den Wert an der Stelle $\tau = t$ ab. Damit ist gezeigt, daß das Umkehrintegral wieder die Zeitfunktion $f(t)$ liefert.

2.6.2 Rücktransformation mit Bandbegrenzung

Die Fourier-Transformierte $F(j\omega)$ einer Zeitfunktion $f(t)$ möge durch Multiplikation mit der Funktion $\text{rect}(\omega/2\omega_{gr})$ auf ω_{gr} bandbegrenzt werden. Nach dem Faltungstheorem (2.5.6) ist dann $f(t)$ mit der Zeitfunktion zu falten, die als inverse Fourier-Transformierte zur Rechteckfunktion gehört. Diese ist nach (2.2.20) die si-Funktion

$$\frac{\omega_{gr}}{\pi}\text{si}(\omega_{gr}t) = \frac{\sin(\omega_{gr}t)}{\pi t} \circ\!\!-\!\!\bullet \text{rect}(\frac{\omega}{2\omega_{gr}}). \tag{2.6.4}$$

Die *bandbegrenzte Zeitfunktion* $f_{gr}(t)$ lautet daher als Faltungsintegral geschrieben

$$f_{gr}(t) = \int\limits_{-\infty}^{+\infty} f(\tau) \cdot \frac{\sin(\omega_{gr}(t - \tau))}{\pi(t - \tau)} \, d\tau. \tag{2.6.5}$$

Wächst die Grenzfrequenz ω_{gr} über alle Grenzen, so kann wegen der Beziehung (A1.12.17)

$$\lim_{\omega \to \infty} \frac{\sin(\omega t)}{\pi t} = \delta(t)$$

aus der Distributionentheorie der folgende Ausdruck für die bandbegrenzte Zeitfunktion angegeben werden:

$$\lim_{\omega_{gr} \to \infty} f_{gr}(t) = \int\limits_{-\infty}^{+\infty} f(\tau) \cdot \delta(t - \tau) \, d\tau. \tag{2.6.6}$$

Ist f(t) für alle betrachteten Zeiten t stetig, so tastet der Dirac-Impuls in (2.6.6) aus $f(\tau)$ den Wert an der Stelle $\tau = t$ ab. Es gilt dann

$$\lim_{\omega_{gr} \to \infty} f_{gr}(t) = f(t). \tag{2.6.7}$$

Im Falle einer stetigen Funktion $f(t)$ strebt die zugehörige bandbegrenzte Funktion $f_{gr}(t)$ mit zunehmender Grenzfrequenz ω_{gr} für alle Werte von t gegen die ursprüngliche Funktion $f(t)$.

2.6.3 Gibbs'sches Phänomen

Im folgenden soll der Einfluß der Bandbegrenzung auf Funktionen untersucht werden, die Sprungstellen besitzen. Solche Funktionen lassen sich immer wie in Bild 1.1.4 dargestellt in eine stetige und in eine oder mehrere Sprungfunktionen zerlegen. Da der Einfluß der Bandbegrenzung auf stetige Funktionen bereits im letzten Unterabschnitt behandelt wurde, konzentrieren sich die folgenden Betrachtungen auf Sprungfunktionen. Durch entsprechende Variablensubstitutionen lassen sich alle Sprungfunktionen auf die Sprunghöhe 1 und die Sprungstelle $t = 0$ bringen, so daß als Prototyp die Sprungfunktion $\epsilon(t)$ untersucht wird. Gleichung (2.6.5) lautet mit $f(t) = \epsilon(t)$

$$\epsilon_{gr}(t) = \int\limits_{-\infty}^{+\infty} \epsilon(\tau) \cdot \frac{\sin(\omega_{gr}(t-\tau))}{\pi(t-\tau)} \, d\tau = \int\limits_{0}^{\infty} \frac{\sin(\omega_{gr}(t-\tau))}{\pi(t-\tau)} \, d\tau. \qquad (2.6.8)$$

Mit der Substitution $\omega_{gr}(t-\tau) \to x$ und damit $d\tau = -dx/\omega_{gr}$ und $x = \omega_{gr}t$ für $\tau = 0$ wird aus (2.6.8)

$$\epsilon_{gr}(t) = \int\limits_{\omega_{gr}t}^{-\infty} \frac{\sin x}{\pi \cdot x}(-dx) = \frac{1}{\pi} \int\limits_{-\infty}^{\omega_{gr}t} \frac{\sin x}{x} \, dx. \qquad (2.6.9)$$

Das Ergebnis ist in Bild 2.6.1 aufgezeichnet.

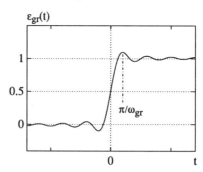

Bild 2.6.1: Bandbegrenzte Sprungfunktion $\epsilon_{gr}(t)$

Die *bandbegrenzte Sprungfunktion* ergibt sich als Integral über die si-Funktion. Das Integral hat sein Maximum an der Stelle, an der die si-Funktion den ersten Nulldurchgang hat, d.h. bei $x = \pi$ bzw. $t = \pi/\omega_{gr}$. Bei Erhöhung der Bandgrenze ω_{gr} wird der Übergang steiler, Maximum und Minimum rücken näher aneinander. Die Höhe des Überschwingens bleibt jedoch auch für $\omega_{gr} \to \infty$

konstant. Dieser Sachverhalt ist in der Literatur als *Gibbs'sches Phänomen* bekannt.

Die bandbegrenzte Sprungfunktion $\epsilon_{gr}(t)$ kann man sich durch Fourier-Transformation der idealen Sprungfunktion $\epsilon(t)$, Bandbegrenzung und anschließender Rücktransformation entstanden denken. Im Gegensatz zu stetigen Funktionen nähert sie sich bei wachsender Grenzfrequenz nicht für alle Werte von t beliebig nahe der ursprünglichen Sprungfunktion. Es läßt sich aber zeigen, daß der quadratische Fehler, d.h. das Integral über die quadrierte Abweichung, mit wachsender Grenzfrequenz ω_{gr} beliebig klein gemacht werden kann.

Aus Bild 2.6.1 ist ferner ersichtlich, daß die rücktransformierte bandbegrenzte Sprungfunktion an der Stelle $t = 0$ den Wert $1/2$ hat. Dieser Sachverhalt wird im nächsten Unterabschnitt noch etwas allgemeiner betrachtet.

2.6.4 Rücktransformation der Sprungfunktion

Die Sprungfunktion $\epsilon(t)$ kann gemäß (2.3.17) getrennt nach geradem und ungeradem Anteil in den Frequenzbereich transformiert werden:

$$\mathcal{F}\{\epsilon(t)\} = \mathcal{F}\{\frac{1}{2}\} + \mathcal{F}\{\frac{1}{2}\mathrm{sgn}(t)\} = \pi\delta(\omega) + \frac{1}{j\omega} = F'(j\omega) + jF''(j\omega).$$

Da die Sprungfunktion reell ist, kann das Umkehrintegral folgendermaßen geschrieben werden:

$$\epsilon(t) = \frac{1}{2\pi} \int\limits_{-\infty}^{+\infty} \left(F'(j\omega)\cos(\omega t) - F''(j\omega)\sin(\omega t) \right) d\omega. \qquad (2.6.10)$$

Diese Beziehung gilt für alle Werte von t. Speziell für $t = 0$ erhält man mit $F'(j\omega) = \pi\delta(\omega)$

$$\epsilon(0) = \frac{1}{2\pi} \int\limits_{-\infty}^{+\infty} F'(j\omega)\, d\omega = \frac{1}{2}. \qquad (2.6.11)$$

Die ideale, nicht bandbegrenzte Sprungfunktion hat nach der Rücktransformation an der Sprungstelle $t = 0$ den Wert $1/2$. In unmittelbarer Nähe, bei $t = 0^+$, hat sie den Wert 1. Dieses läßt sich durch eine Betrachtung des geraden Anteils erklären. Der gerade Anteil von reellen Funktionen ist nach (2.4.9) mit dem Realteil der Fourier-Transformierten verknüpft:

$$\epsilon_g(t) = \frac{1}{2\pi} \int\limits_{-\infty}^{+\infty} F'(j\omega) \cdot e^{j\omega t}\, d\omega = \frac{1}{2}. \qquad (2.6.12)$$

Da die Sprungfunktion $\epsilon(t)$ für positive Werte von t doppelt so groß ist wie ihr gerader Anteil $\epsilon_g(t)$, siehe (1.1.17) und (2.3.16), hat auch die mit (2.6.12) *rücktransformierte Sprungfunktion* für alle $t > 0$, insbesondere für $t = 0^+$, den Wert 1.

Die ideale Sprungfunktion nach (1.1.17) wird nach der Fourier-Transformation und der Rücktransformation wieder zu einer idealen Sprungfunktion. Sie weist dann allerdings einen Unterschied zu (1.1.17) auf: Der Wert an der Sprungstelle ist mit 1/2 festgelegt. Einige Autoren definieren daher die Sprungfunktion von vornherein mit dem Wert 1/2 an der Sprungstelle. Im übrigen stimmt dieser Wert mit dem Wert der rücktransformierten bandbegrenzten Sprungfunktion (auch für $\omega_{gr} \to \infty$) überein.

3. Laplace-Transformation

Die Laplace-Transformation kann als eine Erweiterung der Fourier-Transformation aufgefaßt werden. Während die Fourier-Transformation eine Funktion als kontinuierliche Summe von komplexen Exponentialfunktionen der Form $\exp(j\omega t)$ darstellt, verwendet die Laplace-Transformation komplexe Exponentialfunktionen der Form $\exp(\sigma t + j\omega t)$. Abhängig vom Wert des Parameters σ sind dieses abklingende, konstante oder anklingende sinusförmige Funktionen. Die Laplace-Transformierte einer Funktion ist daher eine analytische Fortsetzung der Fourier-Transformierten von der Achse der imaginären Frequenzparameter $j\omega$ hinein in die Ebene der komplexen Parameter $\sigma + j\omega$.

Das Motiv dieser Erweiterung ist die Erschließung funktionentheoretischer Konzepte zur Beschreibung der Signale und Systeme. Mit Hilfe der Laplace-Transformation kann eine größere Klasse von Zeitfunktionen erfaßt werden als mit der Fourier-Transformation. Wichtige Systemeigenschaften wie Kausalität und Stabilität drücken sich unmittelbar in der Laplace-Transformierten der Impulsantwort aus. Die Rücktransformation erfolgt mit einem Konturintegral, das mit Hilfe des Residuensatzes ausgewertet werden kann.

Die Laplace-Transformation wird in diesem Kapitel nur soweit behandelt wie sie zur Beschreibung der wichtigsten Systemeigenschaften nötig ist. Neben den Rechenregeln werden Aspekte der praktischen Rücktransformation behandelt. Schwerpunkt der Betrachtungen ist die Beziehung der Laplace-Transformation zur Fourier-Transformation. Es werden die Voraussetzungen geklärt, unter denen ein Übergang von der einen Transformierten zur anderen durch eine einfache Frequenzvariablensubstitution erfolgen kann.

3.1 Definitionen und Korrespondenzen

In dem vorliegenden Abschnitt werden die Definitionen der zweiseitigen und der einseitigen Laplace-Transformation und die Laplace-Transformation gebräuchlicher Funktionen behandelt.

3.1.1 Definition der zweiseitigen Laplace-Transformation

Die *zweiseitige Laplace-Transformation* ist ähnlich wie die Fourier-Transformation als Integraltransformation mit einer komplexen Exponentialfunktion als Kern definiert. Der einzige Unterschied besteht im Frequenzparameter der Exponentialfunktion. Während die Fourier-Transformation die imaginäre Frequenzvariable $j\omega$ verwendet, arbeitet die Laplace-Transformation mit einer *komplexen Frequenzvariablen* $s = \sigma + j\omega$. Die zweiseitige Laplace-Transformierte $F(s)$ einer Funktion $f(t)$ lautet

$$F(s) = \int\limits_{-\infty}^{+\infty} f(t)\exp(-st)\,dt \qquad (3.1.1)$$

Neben der ausführlichen Schreibweise in (3.1.1) werden die beiden folgenden Abkürzungen gebraucht:

$$F(s) = \mathcal{L}_{II}\{f(t)\}, \qquad (3.1.2)$$

$$F(s) \;\bullet\!\!-\!\!\circ\; f(t). \qquad (3.1.3)$$

Das Symbol "$\bullet\!\!-\!\!\circ$" soll nicht auf die Fourier- und die Laplace-Transformation beschränkt sein, sondern für jede Transformation vom *Originalbereich* (Zeitbereich) in den *Bildbereich* (Frequenzbereich) verwendet werden.

Schreibt man die komplexe Frequenzvariable s in dem Laplace-Integral (3.1.1) ausführlich als $s = \sigma + j\omega$, so erhält man das folgende Integral:

$$F(s) = \int\limits_{-\infty}^{+\infty} f(t)\cdot\exp(-\sigma t)\cdot\exp(-j\omega t)\,dt. \qquad (3.1.4)$$

Dieses ist ein Fourier-Integral zur Transformation der Funktion $f(t)\exp(-\sigma t)$. Für $\sigma = 0$ stimmen beide Transformierten, sofern sie existieren, überein. Da die Fourier-Transformierte jeder absolut integrierbaren Funktion konvergiert (hinreichende Bedingung), ergibt sich aus (3.1.4) die folgende hinreichende Bedingung für die *Existenz* der Laplace-Transformierten einer Funktion $f(t)$:

$$\int\limits_{-\infty}^{+\infty} |f(t)\cdot\exp(-\sigma t)|\, dt < \infty. \tag{3.1.5}$$

Bei einer vorgegebenen Funktion $f(t)$ kann mit Hilfe der Exponentialfunktion $\exp(-\sigma t)$, insbesondere mit Hilfe des Frequenzparameters σ, die *Konvergenz* des Laplace-Integrals beeinflußt werden. Es gibt Funktionen, so beispielsweise die Sprungfunktion $\epsilon(t)$, für die das Fourier-Integral nicht konvergiert, wohl aber durch geeignete Wahl des Wertes von σ das Laplace-Integral.

3.1.2 Definition der einseitigen Laplace-Transformation

Wie später gezeigt wird, ist es im Falle von kausalen Funktionen $f(t)$ sinnvoll, die *einseitige Laplace-Transformierte* $\mathcal{L}_I$ zu verwenden. Sie ist folgendermaßen definiert:

$$F(s) = \mathcal{L}_I\{f(t)\} = \int\limits_{0^-}^{\infty} f(t)\exp(-st)\, dt. \tag{3.1.6}$$

Die untere Integrationsgrenze hat einen negativen Wert 0^-, der einen infinitesimal kleinen Abstand zum Wert 0 hat. Dadurch werden Dirac-Impulse bei $t = 0$ berücksichtigt.

Im Falle von kausalen Funktionen $f(t)$ sind einseitige und zweiseitige Laplace-Transformierte gleich. Praktische technische Systeme sind in aller Regel durch kausale Signale und Impulsantworten gekennzeichnet. Hier findet die einseitige Laplace-Transformation überwiegend Anwendung.

3.1.3 Transformation des Dirac-Impulses

Die zweiseitige Laplace-Transformierte des Dirac-Impulses $\delta(t)$ läßt sich auf einfache Weise ermitteln. Der Dirac-Impuls tastet im Laplace-Integral den Wert 1 aus der Exponentialfunktion $\exp(-st)$ ab:

$$\mathcal{L}_{II}\{\delta(t)\} = \int\limits_{-\infty}^{+\infty} \delta(t)\exp(-st)\, dt = 1. \tag{3.1.7}$$

Dieses Ergebnis stimmt mit dem der Fourier-Transformation überein. Es ist leicht einzusehen, daß auch die einseitige Laplace-Transformation zum gleichen Ergebnis kommt.

3.1.4 Transformation der Sprungfunktion

Bei der Transformation der Sprungfunktion $\epsilon(t)$ kann die untere Grenze des Laplace-Integrals auf 0 zurückgezogen werden, da der Integrand für negative Zeiten keinen Beitrag zum Integral leistet. Da die Sprungfunktion $\epsilon(t)$ für positive Zeiten konstant 1 ist, kann sie unter dem Integral als Faktor weggelassen werden.

$$\mathcal{L}_{II}\{\epsilon(t)\} = \int_{-\infty}^{+\infty} \epsilon(t) \exp(-st)\, dt = \int_{0}^{\infty} \exp(-st)\, dt$$

$$= -\frac{1}{s} \exp(-st)\Big|_{0}^{\infty} = -\frac{1}{s}[0-1] = \frac{1}{s}. \tag{3.1.8}$$

Da die einseitige Laplace-Transformation von vornherein die untere Integrationsgrenze 0 hat, führt sie im Falle der Sprungfunktion auf das gleiche Ergebnis.

Bei der Auswertung des Ausdruckes $\exp(-st)\big|^{t=\infty}$ wurden positive Werte von σ vorausgesetzt. Für nicht positive Werte von σ wächst das Integral in (3.1.8) über alle Grenzen. Die Laplace-Transformierte $\mathcal{L}_{II}\{\epsilon(t)\}$ konvergiert daher nur in der rechten Hälfte der komplexen s-Ebene. Allerdings kann das Ergebnis in (3.1.8) mit Ausnahme von $s = 0$ durch analytische Fortsetzung auch in der linken s-Halbebene und auf der $j\omega$-Achse ausgewertet werden.

3.1.5 Kausale Exponentialfunktion

Für die weiteren Überlegungen ist die Laplace-Transformierte der kausalen Exponentialfunktion $\exp(at) \cdot \epsilon(t)$ wichtig. Zunächst sei nicht festgelegt, ob der Parameter a in der Exponentialfunktion reell oder komplex ist. Die Laplace-Transformierte dieser Funktion lautet

$$\mathcal{L}_{II}\{\exp(at) \cdot \epsilon(t)\} = \int_{0}^{\infty} \exp(at) \exp(-st)\, dt = \int_{0}^{\infty} \exp[(a-s)t]\, dt$$

$$= \frac{1}{a-s} \exp[(a-s)t]\Big|_{0}^{\infty} = \frac{1}{a-s}[0-1] = \frac{1}{s-a}. \tag{3.1.9}$$

Bei der Auswertung der oberen Integrationsgrenze wurde vorausgesetzt, daß der Realteil von s größer ist als der Realteil des Parameters a. Die Laplace-Transformierte der kausalen Exponentialfunktion konvergiert daher nur für solche Werte von s, für die $\Re\{s\} > \Re\{a\}$ gilt. Durch analytische Fortsetzung können aber bis auf $s = a$ auch alle anderen Werte von s ausgewertet werden.

3.1.6 Kausale cos- und sin-Funktionen

Betrachtet man das Ergebnis in (3.1.9) für imaginäre Parameter $a = j\omega_0$, so erhält man nach einer Skalierung mit dem Faktor 1/2 die Korrespondenz

$$\frac{1}{2}\epsilon(t) \cdot \exp(j\omega_0 t) \circ\!\!-\!\!\bullet \frac{1}{2}\frac{1}{s - j\omega_0}. \qquad (3.1.10)$$

Entsprechend erhält man für $a = -j\omega_0$ die Korrespondenz

$$\frac{1}{2}\epsilon(t) \cdot \exp(-j\omega_0 t) \circ\!\!-\!\!\bullet \frac{1}{2}\frac{1}{s + j\omega_0}. \qquad (3.1.11)$$

Summiert man (3.1.10) und (3.1.11) auf beiden Seiten, so erhält man nach Anwendung der Eulerschen Gleichung eine Korrespondenz für die kausale cos-Funktion:

$$\epsilon(t) \cdot \cos(\omega_0 t) \circ\!\!-\!\!\bullet \frac{1}{2}\left(\frac{1}{s - j\omega_0} + \frac{1}{s + j\omega_0}\right) = \frac{s}{s^2 + \omega_0{}^2}. \qquad (3.1.12)$$

Subtrahiert man (3.1.11) auf beiden Seiten von (3.1.10), so erhält man eine Korrespondenz für die kausale sin-Funktion:

$$\epsilon(t) \cdot \sin(\omega_0 t) \circ\!\!-\!\!\bullet \frac{1}{2j}\left(\frac{1}{s - j\omega_0} - \frac{1}{s + j\omega_0}\right) = \frac{\omega_0}{s^2 + \omega_0{}^2}. \qquad (3.1.13)$$

Da in (3.1.10) und (3.1.11) der Realteil des Parameters a jeweils Null ist, konvergieren die Laplace-Transformierten der kausalen cos- und sin-Funktionen in der gesamten rechten s-Halbebene. Eine analytische Fortsetzung ist bis auf die Punkte $s = \pm j\omega_0$ auf die übrige s-Ebene möglich.

3.2 Konvergenz, Kausalität und Stabilität

3.2.1 Rationale Laplace-Transformierte

Die folgenden Betrachtungen beschränken sich auf Signale und Systeme, die mit einer *rationalen* Laplace-Transformierten beschrieben werden. Solche Laplace-Transformierte lassen sich als Quotient zweier Polynome in s schreiben. Im letzten Abschnitt wurden einige Beispiele dafür gezeigt. Die Beschränkung auf rationale Funktionen ist insofern nicht gravierend, als der überwiegende und wichtigste Teil der in der Technik betrachteten Signale und Systeme dieser Klasse angehört. Eine derartige Laplace-Transformierte läßt sich wie folgt schreiben:

$$F(s) = \frac{N(s)}{D(s)} = \frac{\sum\limits_{j=0}^{m} a_j s^j}{\sum\limits_{i=0}^{n} b_i s^i} = \frac{a_m s^m + a_{m-1} s^{m-1} + \ldots + a_2 s^2 + a_1 s + a_0}{b_n s^n + b_{n-1} s^{n-1} + \ldots + b_2 s^2 + b_1 s + b_0}$$

$$= F_0 \frac{\prod\limits_{j=1}^{m} (s - s_{0j})}{\prod\limits_{i=1}^{n} (s - s_{\infty i})} = F_0 \frac{(s - s_{01})(s - s_{02}) \cdots (s - s_{0m})}{(s - s_{\infty 1})(s - s_{\infty 2}) \cdots (s - s_{\infty n})}.$$

$$(3.2.1)$$

In der ersten Zeile von (3.2.1) steht die *Summendarstellung* der rationalen Funktion $F(s)$. Das Zählerpolynom $N(s)$ besitzt die Zählerkoeffizienten a_j, $j = 0, 1, ..., m$, das Nennerpolynom $D(s)$ die Nennerkoeffizienten b_i, $i = 0, 1, ..., n$. Die *Produktdarstellung* in der zweiten Zeile besteht aus Linearfaktoren, wobei die Nullstellen s_{0j} die Wurzeln des Zählerpolynoms und die Pole $s_{\infty i}$ die Wurzeln des Nennerpolynoms sind. Der Vorfaktor $F_0 = a_m/b_n$ wird *Skalierungsfaktor* genannt.

Ist der Zählergrad m nicht größer als der Nennergrad n und liegen nur einfache Pole vor, so gilt die folgende *Partialbruchschreibweise*, siehe Anhang A2:

$$F(s) = A_0 + \sum_{i=1}^{n} \frac{A_i}{s - s_{\infty i}}.$$

$$(3.2.2)$$

Da die Laplace-Transformation wie die Fourier-Transformation linear ist, können in einem Summenausdruck alle Summanden getrennt transformiert werden.

Die Korrespondenzen (3.1.7) und (3.1.9) zeigen, daß zu der Laplace-Transformierten in (3.2.2) die Zeitfunktion

$$f(t) = A_0\delta(t) + \sum_{i=1}^{n} A_i \exp(s_{\infty i}t)\epsilon(t) \qquad (3.2.3)$$

gehört. Setzt man diese Zeitfunktion wieder in das ursprüngliche Laplace-Integral (3.1.1) ein, so bekommt man die folgende Darstellung der Laplace-Transformierten:

$$
\begin{aligned}
F(s) &= A_0 + \int_{-\infty}^{+\infty} \sum_{i=1}^{n} A_i \exp(s_{\infty i}t)\epsilon(t) \exp(-st)\, dt \\
&= A_0 + \sum_{i=1}^{n} A_i \int_{0}^{\infty} \exp[(s_{\infty i} - s)t]\, dt.
\end{aligned}
\qquad (3.2.4)
$$

Gl. (3.2.4) ist die allgemeine Darstellung einer *rationalen* Laplace-Transformation mit einfachen Polen. Bei mehrfachen Polen treten noch Potenzen von t vor den Exponentialfunktionen auf.

3.2.2 Konvergenz rechtsseitiger Funktionen

Das *Konvergenzverhalten* von rationalen Laplace-Transformierten wird allein durch die Exponentialfunktionen unter den Integralen in (3.2.4) bestimmt. Das i. Integral lautet:

$$\int_{0}^{\infty} \exp[(s_{\infty i} - s)t]\, dt = \frac{1}{s_{\infty i} - s} \exp[(s_{\infty i} - s)t]\Big|_{t=0}^{t=\infty}. \qquad (3.2.5)$$

Die Konvergenzfrage tritt bei der Auswertung des Teilausdruckes

$$\frac{1}{s_{\infty i} - s} \exp[(s_{\infty i} - s)t]\Big|^{t=\infty} \qquad (3.2.6)$$

auf. Die Exponentialfunktion $\exp[(s_{\infty i}-s)t]$ bleibt für $t \to \infty$ nur dann endlich, nämlich gleich Null, wenn

$$\Re\{s_{\infty i} - s\} < 0 \qquad (3.2.7)$$

ist, bzw. wenn $\sigma_{\infty i} < \sigma$ mit $\sigma_{\infty i} = \Re\{s_{\infty i}\}$ und $\sigma = \Re\{s\}$ gilt.

Die Laplace-Transformierte $F(s)$ in (3.2.4) konvergiert nur dann, wenn alle n Integrale konvergieren. Dieses gilt im Falle von $\sigma_{\infty i} < \sigma$, $\quad i = 1, 2, 3 \ldots n$.

Am kritischsten ist der Pol mit dem maximalen Realteil (in der s-Ebene am weitesten rechts liegend). Wenn dieses Integral konvergiert, dann konvergieren alle anderen auch. Die Konvergenzbedingung für die Laplace-Transformierte in (3.2.4) lautet daher

$$\max_{i=1}^{n} \sigma_{\infty i} < \sigma. \tag{3.2.8}$$

Die Zeitfunktion in (3.2.3) gehört zur Klasse der *rechtsseitigen Funktionen*, die von einer Zeit $t = t_0$ bis $t = \infty$ von Null verschieden, sonst aber Null sind.

Zusammenfassend kann festgestellt werden, daß eine rationale Laplace-Transformierte $F(s)$ einer rechtsseitigen Funktion $f(t)$ für alle Werte von s konvergiert , die rechts von einer Parallelen zur $j\omega$-Achse liegen. Diese Parallele wird *Konvergenzabszisse* genannt. Die Konvergenzabszisse ist durch den Pol mit dem größten Realteil gegeben. Das Teilgebiet der s-Ebene, in dem die Laplace-Transformierte konvergiert, wird *Konvergenzgebiet* genannt. Bild 3.2.1 veranschaulicht diese Verhältnisse.

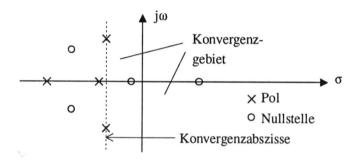

Bild 3.2.1: Konvergenzabszisse und Konvergenzgebiet
in der komplexen s-Ebene

Beispiel 3.2.1

Die kausale Exponentialfunktion

$$f(t) = \exp(at) \cdot \epsilon(t) \tag{3.2.9}$$

ist eine rechtsseitige Funktion mit der Laplace-Transformierten (3.1.9):

$$F(s) = \frac{1}{s - a}. \tag{3.2.10}$$

Die Laplace-Transformierte $F(s)$ hat einen Pol bei $s = a$. Ist der Parameter a eine negative reelle Zahl, so verläuft die Konvergenzabszisse in der linken s-Halbebene parallel zur $j\omega$-Achse durch den Punkt $\sigma = a$.

3.2.3 Konvergenz linksseitiger Funktionen

Linksseitige Funktionen sind von $t = -\infty$ bis zu einer endlichen Zeit t_0 von Null verschieden, sonst aber Null. Laplace-Integrale über linksseitige Funktionen sind daher zwischen den Integrationsgrenzen $-\infty$ und t_0 auszuwerten. Für das i. Teilintegral gilt

$$\int\limits_{-\infty}^{t_0} \exp[(s_{\infty i} - s)t]\,dt = \frac{1}{s_{\infty i} - s}\,\exp[(s_{\infty i} - s)t]\Big|_{t=-\infty}^{t=t_0}. \qquad (3.2.11)$$

Die Konvergenz dieses Integrals wird von dem Teilausdruck

$$\frac{1}{s_{\infty i} - s}\,\exp[(s_{\infty i} - s)t]\Big|_{t=-\infty} \qquad (3.2.12)$$

bestimmt. Die Exponentialfunktion $\exp[(s_{\infty i} - s)t]$ bleibt für $t \to -\infty$ nur dann endlich, nämlich gleich Null, wenn

$$\Re\{s_{\infty i} - s\} > 0 \qquad (3.2.13)$$

ist, bzw. $\sigma_{\infty i} > \sigma$ gilt.

Zusammenfassend läßt sich feststellen, daß die rationale Laplace-Transformierte einer linksseitigen Funktion links von einer Konvergenzabszisse parallel zur $j\omega$-Achse konvergiert, die durch den am weitesten links liegenden Pol gegeben ist.

Beispiel 3.2.2

Die Funktion
$$g(t) = -\exp(at) \cdot \epsilon(-t) \qquad (3.2.14)$$

ist eine linksseitige Funktion. Ihre Laplace-Transformierte lautet

$$G(s) = \int\limits_{-\infty}^{0} -\exp(at)\exp(-st)\,dt = -\int\limits_{-\infty}^{0} \exp[(a-s)t]\,dt \qquad (3.2.15)$$

$$= -\frac{1}{a-s}\,\exp[(a-s)t]\Big|_{t=-\infty}^{t=0} = \frac{1}{s-a}[1-0] = \frac{1}{s-a}$$

Dieses Integral existiert wegen der unteren Integrationsgrenze $-\infty$ nur dann, wenn der Realteil σ von s negativer ist als der Realteil von a.

Ein Vergleich der Ergebnisse in (3.2.10) und (3.2.15) zeigt, daß zwei verschiedene Zeitfunktionen die gleiche zweiseitige Laplace-Transformierte besitzen. Wegen dieser Mehrdeutigkeit muß das Konvergenzgebiet der zweiseitigen Laplace-Transformation mit angegeben werden.

3.2.4 Zweiseitige Funktionen

Zeitfunktionen können aus einer Summe mehrerer rechtsseitiger Funktionen, aus einer Summe mehrerer linksseitiger Funktionen oder aus einer gemischten Summe rechtsseitiger und linksseitiger Funktionen bestehen. Letztere Summe wird als *zweiseitige Funktion* bezeichnet. Gleichung (3.2.3) zeigt, daß im Falle von rationalen Laplace-Transformierten die Teilfunktionen Exponentialfunktionen sind. Ihr Konvergenzverhalten wird durch einen Pol $s_{\infty i}$ gekennzeichnet. (Von dem potentiellen Dirac-Impuls bei $t = 0$ soll hier abgesehen werden, da er keinen Einfluß auf die Konvergenz hat.) Jeder rechtsseitigen Exponentialfunktion gemäß (3.2.9) jeweils und jeder linksseitigen Exponentialfunktion gemäß (3.2.14) kann ein Pol zugeordnet werden.

Eine zweiseitige Funktion $f(t)$ konvergiert nur dann, wenn ihre links- und rechtsseitigen Anteile gleichzeitig konvergieren. Daher muß die Konvergenzabszisse des rechtsseitigen Anteils in der s-Ebene links von der Konvergenzabszisse des linksseitigen Anteils liegen. Beide Konvergenzgebiete müssen sich in einem gemeinsamen Konvergenzgebiet für die Gesamtfunktion überdecken.

Sind umgekehrt die Pole einer rationalen Laplace-Transformierten bekannt, so kann die gesamte s-Ebene in verschiedene Konvergenzgebiete aufgeteilt werden. In den verschiedenen Konvergenzgebieten gilt eine unterschiedliche Zuordnung der Pole zu entsprechenden links- und rechtsseitigen Exponentialfunktionen. Dises soll das folgende Beispiel verdeutlichen.

Beispiel 3.2.3

Es werde die zweiseitige Laplace-Transformierte

$$F(s) = \frac{1}{s+1} + \frac{1}{s-1} = \frac{2s}{(s+1)(s-1)} \qquad (3.2.16)$$

mit Polen bei $s_{\infty 1} = -1$ und $s_{\infty 2} = 1$ betrachtet. Bild 3.2.2 zeigt den Polplan. Die s-Ebene in Bild 3.2.2 ist in drei verschiedene Konvergenzgebiete aufgegliedert. Das erste Konvergenzgebiet kennzeichnet eine linksseitige Funktion, die aus zwei Exponentialfunktionen besteht. Ein Vergleich der Laplace-Transformierten in (3.2.16) mit der Korrespondenz (3.2.14-15) zeigt, daß diese Funktion

$$f_1(t) = -\exp(-t) \cdot \epsilon(-t) - \exp(t) \cdot \epsilon(-t) \qquad (3.2.17)$$

lautet.

Das zweite Konvergenzgebiet zwischen $\sigma = -1$ und $\sigma = 1$ kennzeichnet eine zweiseitige Funktion. Der Pol $s_{\infty 1} = -1$ ist einer rechtsseitigen Exponentialfunktion zuzuordnen, der Pol $s_{\infty 2} = 1$ einer linksseitigen Exponentialfunktion. Die zweiseitige Funktion lautet daher

$$f_2(t) = \exp(-t) \cdot \epsilon(t) - \exp(t) \cdot \epsilon(-t). \tag{3.2.18}$$

Schließlich kennzeichnet das dritte Konvergenzgebiet die rechtsseitige Funktion

$$f_3(t) = \exp(-t) \cdot \epsilon(t) + \exp(t) \cdot \epsilon(t). \tag{3.2.19}$$

Um von der zweiseitigen Laplace-Transformierten in (3.2.15) auf eine der drei Zeitfunktionen in (3.2.17-19) schließen zu können, muß das Konvergenzgebiet angegeben werden.

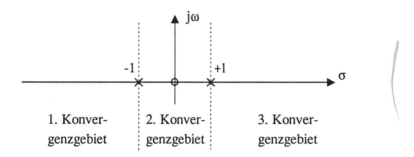

Bild 3.2.2: Polplan der Laplace-Transformierten in (3.2.16) mit drei verschiedenen Konvergenzgebieten

3.2.5 Kausale und stabile Signale

Die Mehrdeutigkeit der zweiseitigen Laplace-Transformation kann durch eine Beschränkung auf *kausale Signale* bzw. Funktionen und auf die *einseitige Laplace-Transformation* umgangen werden. Kausale Signale sind rechtsseitige Signale, da sie für negative Zeiten den Wert Null haben, siehe (1.1.34). Die Pole der Laplace-Transformierten eines kausalen Signals liegen links von einer Konvergenzabszisse oder auf ihr. Die Laplace-Transformierte konvergiert rechts von der Konvergenzabszisse.

Beschränkt man sich auf kausale Signale, so kann das Laplace-Integral auf den Integrationsbereich 0^- bis ∞ beschränkt werden. Man kann dann die zweiseitige Laplace-Transformierte durch die einseitige ersetzen.

Ein Signal $f(t)$ wird in Anlehnung an die Impulsantwort von LTI-Systemen, siehe Abschnitt 4.4, als *stabil* bezeichnet, wenn es absolut integrierbar ist:

$$\int\limits_{-\infty}^{+\infty} |f(t)| \, dt < M < \infty. \tag{3.2.20}$$

Hierin ist M eine endliche obere Schranke. Ein Vergleich von (3.2.20) mit
(3.1.5) zeigt, daß die Laplace-Transformierte eines stabilen Signals auch für
$\sigma = 0$ existiert. Die $j\omega$-Achse der s-Ebene gehört mit zum Konvergenzgebiet.
Da die $j\omega$-Achse das Konvergenzgebiet der Fourier-Transformierten ist, siehe
(2.1.5) und (3.1.5), ist die Laplace-Transformation für $s = j\omega$ identisch mit der
Fourier-Transformation. Bei der Fourier-Transformation wird die Funktion

$$F(j\omega) = \int\limits_{-\infty}^{+\infty} f(t) \exp(-j\omega t)\, dt \qquad (2.1.1)$$

betrachtet, bei der Laplace-Transformation die Funktion

$$F(s) = \int\limits_{-\infty}^{+\infty} f(t) \exp(-st)\, dt. \qquad (3.1.1)$$

Es handelt sich um die gleiche Funktion $F(\cdot)$. Im Falle stabiler Signale kann
durch die Substitution

$$s \leftrightarrow j\omega \qquad (3.2.21)$$

von einer Transformation zur anderen übergegangen werden.

Die Laplace-Transformierte eines *kausalen und stabilen Signals* konvergiert
in der rechten s-Halbebene und auf der $j\omega$-Achse. Die Pole liegen in der offenen linken s-Halbebene. In diesem für viele technische Systeme zutreffenden
Fall kann durch die in (3.2.21) beschriebenen Substitution von der Fourier-
Transformation zur einseitigen Laplace-Transformation übergegangen werden
und umgekehrt.

Beispiel 3.2.4

Das in (3.2.17) beschriebene Signal $f_1(t)$ ist weder kausal noch stabil. Das
Signal in (3.2.18) ist stabil, aber nicht kausal. Die zugehörige Fourier-Transformierte kann aus (3.2.16) mit der Substitution $s \rightarrow j\omega$ gewonnen werden. Das
Signal in (3.2.19) ist kausal, aber nicht stabil. Bei diesem Signal stimmen
einseitige und zweiseitige Laplace-Transformation überein.

Das Signal in (3.2.9) ist kausal und stabil. Daher steht in (3.2.10) die
einseitige und zweiseitige Laplace-Transformierte gleichermaßen. Durch eine
Substitution $s \rightarrow j\omega$ erhält man aus (3.2.10) die Fourier-Transformierte der
Funktion in (3.2.9).

Die einseitige Laplace-Transformierte ist in beiden Richtungen eindeutig. Da
im vorliegenden Band überwiegend kausale und stabile Signale und Systeme betrachtet werden, soll sie als die "normale" Laplace-Transformation verstanden
und mit $\mathcal{L}\{f(t)\}$ bezeichnet werden.

3.3 Eigenschaften und Rechenregeln

Die Laplace-Transformierte eines Zeitsignals wird in der Regel nicht mit dem Integral in (3.1.1) berechnet, sondern mit Hilfe einiger Rechenregeln aus Standardkorrespondenzen entnommen. Im folgenden werden die wichtigsten Rechenregeln und einige Beispiele für die genannte Vorgehensweise aufgezählt. Da die Fourier-Transformierte und die Laplace-Transformierte einer Funktion durch eine zumindest formale Substitution $j\omega \leftrightarrow s$ ineinander übergehen, sind auch einige der Rechenregeln für beide Transformationen gleich. Diese werden im folgenden ohne Beweis genannt. Darüber hinaus gibt es einige Eigenschaften, die für die Laplace-Transformation spezifisch sind.

3.3.1 Linearität

Die *Linearität* der Laplace-Transformation ist wie die der Fourier-Transformation durch die Linearität der Integraloperation gegeben. Für beliebige Laplace-transformierbare Funktionen $f_1(t)$ und $f_2(t)$ und beliebige endliche Skalare k_1 und k_2 gilt

$$\mathcal{L}\{k_1 f_1(t) + k_2 f_2(t)\} = k_1 \mathcal{L}\{f_1(t)\} + k_2 \mathcal{L}\{f_2(t)\} \qquad (3.3.1)$$

Von der Linearität der Laplace-Transformation wurde bereits verschiedene Male Gebrauch gemacht, so in (3.1.12-13) und (3.2.3-4). Der Nutzen dieser Eigenschaft soll auch im folgenden Beispiel demonstriert werden.

Beispiel 3.3.1

Wie lautet die Laplace-Transformierte einer kausalen sin-Funktion der Frequenz ω_0 mit einem Nullphasenwinkel φ_0? Mit Hilfe der Additionstheoreme für trigonometrische Funktionen, Anhang A2, erhält man

$$f(t) = \sin(\omega_0 t + \varphi_0) \cdot \epsilon(t) = \sin(\omega_0 t) \cdot \cos \varphi_0 \cdot \epsilon(t) + \cos(\omega_0 t) \cdot \sin \varphi_0 \cdot \epsilon(t). \quad (3.3.2)$$

Die Terme $\cos \varphi_0$ und $\sin \varphi_0$ sind Skalare wie k_1 und k_2 in (3.3.1). Mit den Korrespondenzen (3.1.12) und (3.1.13) und der Linearitätsbeziehung in (3.3.1) gilt daher

$$\mathcal{L}\{f(t)\} = \frac{\omega_0}{s^2 + \omega_0^2} \cdot \cos \varphi_0 + \frac{s}{s^2 + \omega_0^2} \cdot \sin \varphi_0 = \frac{\omega_0 \cos \varphi_0 + s \sin \varphi_0}{s^2 + \omega_0^2}. \quad (3.3.3)$$

Es ist beachtenswert, daß die Laplace-Transformierte in (3.3.3) das gleiche Nennerpolynom wie die sin- und cos-Funktionen in (3.1.12-13) besitzt. Der Nullphasenwinkel φ_0 wirkt sich nur auf die Zählerkoeffizienten aus.

3.3.2 Verschiebung im Zeitbereich

Ausgehend von einer Korrespondenz $f(t) \circ\!\!-\!\!\bullet F(s)$ gilt für die Laplace-Transformierte der um t_0 zeitverschobenen Funktion

$$\mathcal{L}\{f(t - t_0)\} = F(s) \cdot \exp(-st_0), \tag{3.3.4}$$

siehe auch (2.2.32). Durch eine konstante *Zeitverschiebung* bzw. Totzeit t_0 wird aus einer rationalen Laplace-Transformierten eine transzendente Funktion. Kann man umgekehrt eine transzendente Laplace-Transformierte in eine rationale Funktion und einen Faktor $\exp(-st_0)$ zerlegen, so kann die zugehörige Zeitfunktion über Korrespondenzen mit rationalen Laplace-Transformierten gefunden werden.

Beispiel 3.3.2

Wie lautet die Zeitfunktion zu der Laplace-Transformierten

$$F(s) = \frac{A + B \cdot \exp(-sT)}{s + a}? \tag{3.3.5}$$

Ignoriert man den Exponentialfaktor im Zähler, so lautet die zugehörige Zeitfunktion mit (3.1.9)

$$\tilde{f}(t) = A \cdot \exp(-at) \cdot \epsilon(t) + B \cdot \exp(-at) \cdot \epsilon(t). \tag{3.3.6}$$

Berücksichtigt man den Exponentialfaktor mit Hilfe der Zeitverschiebungsregel (3.3.4), so erhält man die gesuchte Zeitfunktion:

$$f(t) = A \cdot \exp(-at) \cdot \epsilon(t) + B \cdot \exp\big(-a(t - T)\big) \cdot \epsilon(t - T). \tag{3.3.7}$$

3.3.3 Verschiebung im Frequenzbereich

Wird in einer Laplace-Transformierten $F(s) \bullet\!\!-\!\!\circ f(t)$ die Frequenzvariable s durch den Ausdruck $s - a$ ersetzt, so erhält man die zugehörige Zeitfunktion, indem man die ursprüngliche Zeitfunktion $f(t)$ mit dem Exponentialfaktor $\exp(at)$ multipliziert:

$$F(s - a) \bullet\!\!-\!\!\circ f(t) \cdot \exp(at). \tag{3.3.8}$$

Dieses entspricht dem *Modulationssatz* (2.2.38) der Fourier-Transformation.

Beispiel 3.3.3

Die getrennt ermittelten Ergebnisse in (3.1.8) und (3.1.9) lassen sich mit Hilfe des Frequenzverschiebungssatzes (3.3.8) ineinander überführen. Eine Substitution $s \to s - a$ in (3.1.8) führt mit (3.3.8) auf

$$\epsilon(t) \cdot \exp(at) \circ\!\!-\!\!\bullet \frac{1}{s - a} \qquad (3.3.9)$$

Dieses Ergebnis stimmt mit (3.1.9) überein.

Beispiel 3.3.4

Die Korrespondenz in (3.1.13) beschreibt die ungedämpfte sin-Funktion. Durch Multiplikation der Zeitfunktion mit einem reellen Exponentialfaktor $\exp(at)$ gelangt man zum gedämpften ($a < 0$) bzw. anklingend ($a > 0$) Sinus-Signal. Die zugehörige Laplace-Transformierte kann mit dem Frequenzverschiebungssatz (3.3.8) ermittelt werden:

$$\sin(\omega_0 t) \cdot \exp(at) \cdot \epsilon(t) \circ\!\!-\!\!\bullet \frac{\omega_0}{(s - a)^2 + \omega_0{}^2} = \frac{\omega_0}{s^2 - 2as + a^2 + \omega_0{}^2}. \qquad (3.3.10)$$

3.3.4 Ähnlichkeitssatz

Multipliziert man die Zeitvariable t einer Funktion $f(t) \circ\!\!-\!\!\bullet F(s)$ mit einer positiven reellen Skalierungskonstanten a, so läßt sich die zugehörige Laplace-Transformierte mit Hilfe des *Ähnlichkeitssatzes* (3.3.11) aus der ursprünglichen Laplace-Transformierten $F(s)$ bestimmen:

$$\mathcal{L}\{f(at)\} = \frac{1}{a} F(\frac{s}{a}), \ a > 0. \qquad (3.3.11)$$

Gleichung (3.3.11) entspricht dem Ähnlichkeitssatz (2.2.11) der Fourier-Transformation, so daß sich der Beweis erübrigt. Mit (3.3.11) ist gleichzeitig die Wirkung der Frequenzskalierung beschrieben. Beide Skalierungen sind miteinander verknüpft, siehe auch (2.2.23-25).

Der Ähnlichkeitssatz der einseitigen Laplace-Transformation in (3.3.11) gilt nur für positive Skalierungsfaktoren a. Ein negativer Faktor a würde die Zeitfunktion an der Ordinate spiegeln. Damit würden die Teile von $f(t)$, die vorher zum Laplace-Integral beigetragen haben, außerhalb der Integrationsgrenzen liegen. Bei der zweiseitigen Laplace-Transformation gibt dagegen ein negativer Skalierungsfaktor einen Sinn. In diesem Fall ist der Vorfaktor $1/a$ durch $1/|a|$ zu ersetzen. Insbesondere gilt die Regel (2.2.16) für die Negierung der Zeitvariablen sinngemäß auch für die zweiseitige Laplace-Transformation.

3.3.5 Differentiation im Zeitbereich

Die Laplace-Transformierte $F(s) = \mathcal{L}\{f(t)\}$ sei bekannt. Wie lautet dann die Laplace-Transformierte $\mathcal{L}\{df(t)/dt\}$ der *zeitlichen Ableitung*? Wendet man die Regel zur partiellen Integration

$$\int\limits_a^b \frac{du(t)}{dt} \cdot v(t)\, dt = u(t) \cdot v(t)\Big|_a^b - \int\limits_a^b u(t) \cdot \frac{dv(t)}{dt}\, dt \qquad (A1.32)$$

auf das einseitige Laplace-Integral der Ableitung an, so ergibt sich der folgende Ausdruck

$$\begin{aligned}
\mathcal{L}\{\frac{df(t)}{dt}\} &= \int\limits_{0^-}^{\infty} \frac{df(t)}{dt} \exp(-st)\, dt \\
&= f(t) \cdot \exp(-st)\Big|_{0^-}^{\infty} - \int\limits_{0^-}^{\infty} f(t) \cdot (-s) \cdot \exp(-st)\, dt.
\end{aligned} \qquad (3.3.12)$$

Da die Laplace-Transformierte von $f(t)$ existiert, muß der konvergenzbestimmende Term $f(t) \cdot \exp(-st)|^{\infty}$ verschwinden. Es bleiben daher die folgenden Terme übrig:

$$\mathcal{L}\{\frac{df}{dt}\} = f(t) \cdot \exp(-st)\Big|_{0^-} + s \int\limits_{0^-}^{\infty} f(t) \exp(-st)\, dt. \qquad (3.3.13)$$

Das rechts stehende Integral läßt sich als Laplace-Transformierte $F(s)$ identifizieren. Die links stehende Exponentialfunktion $\exp(-st)$ nimmt für $t = 0^-$ den Wert 1 an. Somit lautet die gesuchte Laplace-Transformierte der Ableitung $df(t)/dt$

$$\mathcal{L}\{\frac{df(t)}{dt}\} = s \cdot F(s) - f(0^-). \qquad (3.3.14)$$

Diese Beziehung wird *Differentiationssatz* der Laplace-Transformation genannt.

Beispiel 3.3.5

Betrachtet sei die kausale Exponentialfunktion $f(t) = \epsilon(t) \cdot \exp(at)$. Wegen der Kausalität verschwindet sie für $t = 0^-$: $f(0^-) = 0$. Ihre zeitliche Ableitung kann mit der verallgemeinerten Ableitung der Sprungfunktion nach (A1.11.12) wie folgt angegeben werden:

$$\frac{d}{dt} f(t) = \delta(t) \cdot \exp(at) + \epsilon(t) \cdot a \cdot \exp(at). \tag{3.3.15}$$

Eine direkte Laplace-Transformation dieses Ausdruckes ergibt

$$\int\limits_{0^-}^{\infty} \Big(\delta(t) \exp(at) + \epsilon(t) \cdot a \cdot \exp(at)\Big) \exp(-st)\, dt \tag{3.3.16}$$

$$= 1 + a \frac{1}{s-a} = \frac{s}{s-a}.$$

Alternativ zu dieser Vorgehensweise kann der Differentiationssatz (3.3.14) auf die Laplace-Transformierte der kausalen Exponentialfunktion in (3.1.9) angewendet werden:

$$\mathcal{L}\{\frac{df(t)}{dt}\} = s \cdot \frac{1}{s-a} - 0 = \frac{s}{s-a}. \tag{3.3.17}$$

Das Ergebnis stimmt mit dem in (3.3.16) überein.

Beispiel 3.3.6

Für den Dirac-Impuls $f(t) = \delta(t)$ gilt $f(0^-) = 0$ und $F(s) = 1$. Damit kann die Laplace-Transformierte der Ableitung des Dirac-Impulses mit (3.3.14) wie folgt angegeben werden:

$$\mathcal{L}\{\frac{d\delta(t)}{dt}\} = \mathcal{L}\{\dot{\delta}(t)\} = s \cdot 1 - 0 = s. \tag{3.3.18}$$

Da die zweite Ableitung $\ddot{f}(t)$ gleich der Ableitung der ersten Ableitung $\dot{f}(t)$ ist, gilt für die wiederholte Anwendung des Differentiationssatzes

$$\mathcal{L}\{\ddot{f}(t)\} = s \cdot \Big(sF(s) - f(0^-)\Big) - \dot{f}(0^-) = s^2 F(s) - sf(0^-) - \dot{f}(0^-). \tag{3.3.19}$$

Durch fortgesetztes Anwenden des Differentiationssatzes lassen sich die Laplace-Transformierten beliebig hoher Ableitungen angeben.

3.3.6 Differentiation im Frequenzbereich

Differenziert man das Laplace-Integral auf beiden Seiten nach der Frequenzvariablen s, so erhält man

$$\frac{d}{ds}F(s) = \int\limits_{0^-}^{\infty} f(t) \cdot (-t)\exp(-st)dt = \mathcal{L}\{(-t)f(t)\}. \tag{3.3.20}$$

Durch ein n-faches fortgesetztes Differenzieren nach s kommt man zu der verallgemeinerten Beziehung

$$\frac{d^n}{ds^n}F(s) \circ\!\!-\!\!\bullet (-t)^n \cdot f(t), \quad n = 0, 1, 2, \ldots \tag{3.3.21}$$

Beispiel 3.3.7

Betrachtet sei die Korrespondenz $\epsilon(t) \bullet\!\!-\!\!\circ 1/s$. Die n-fache Ableitung der Laplace-Transformierten $1/s$ nach s ergibt

$$\frac{d^n}{ds^n}\frac{1}{s} = (-1)^n \frac{n!}{s^{n+1}}, \quad n = 0, 1, 2, \ldots \tag{3.3.22}$$

Ein Einsetzen dieses Zwischenergebnisses in (3.3.21) führt auf die Korrespondenz

$$t^n \epsilon(t) \circ\!\!-\!\!\bullet \frac{n!}{s^{n+1}}, \quad n = 0, 1, 2, \ldots \tag{3.3.23}$$

Durch zusätzliche Anwendung des Frequenzverschiebungssatzes (3.3.8) bekommt man eine Korrespondenz

$$t^n \exp(at)\epsilon(t) \circ\!\!-\!\!\bullet \frac{n!}{(s-a)^{n+1}}, \quad n = 0, 1, 2, .. \tag{3.3.24}$$

die einen Zusammenhang herstellt zwischen den Termen mit mehrfachen Polen einer rationalen Laplace-Transformierten und den zugehörigen Zeitfunktionen.

3.3.7 Integration im Zeitbereich

Es sei $f(t) \circ\!\!-\!\!\bullet F(s)$ eine bekannte Korrespondenz der einseitigen Laplace-Transformation. Wie lautet dann die Laplace-Transformierte

$$G(s) \bullet\!\!-\!\!\circ g(t) = \int\limits_{0^-}^{t} f(\tau)\,d\tau \tag{3.3.25}$$

des Integrals über $f(t)$ von 0^- bis t? Diese Frage kann durch einen Rückschluß auf den Differentiationssatz beantwortet werden. Aus (3.3.25) ist ersichtlich, daß das Integral $g(t)$ zur Zeit $t = 0^-$ den Wert Null hat:

$$g(0^-) = 0. \tag{3.3.26}$$

Der Integrand $f(t)$ ist im Bereich $0^- < t < \infty$ gleich der Ableitung des Integrals $g(t)$:

$$f(t) = \frac{dg(t)}{dt}. \tag{3.3.27}$$

Durch eine Laplace-Transformation beider Seiten dieser Gleichung erhält man unter Anwendung des Differentiationssatzes (3.3.14) auf die Ableitung von $g(t)$

$$F(s) = s \cdot G(s) - g(0^-). \tag{3.3.28}$$

Diese Beziehung läßt sich unter Berücksichtigung von (3.3.26) nach der gesuchten Laplace-Transformierten des Integrals auflösen: $G(s) = F(s)/s$. Mit (3.3.25) gilt daher

$$\int\limits_{0^-}^{t} f(\tau)\,d\tau \; \circ\!\!-\!\!\bullet \; \frac{1}{s}F(s). \tag{3.3.29}$$

Diese Beziehung wird *Integrationssatz* der Laplace-Transformation genannt. Wird eine Funktion von 0^- bis t integriert, so entsteht eine neue Zeitfunktion, deren Laplace-Transformierte aus der Laplace-Transformierten $F(s)$ der ursprünglichen Funktion $f(t)$ durch Multiplikation mit $1/s$ hervorgeht.

Beispiel 3.3.8

Das Integral von 0^- bis $t > 0$ über die Ableitung $\dot\delta(t)$ ergibt den Dirac-Impuls $\delta(t)$. Dieses wird durch die Anwendung des Integrationssatzes und Nutzung des Ergebnisses in (3.3.18) bestätigt:

$$\mathcal{L}\{\delta(t)\} = \frac{1}{s} \cdot \mathcal{L}\{\dot\delta(t)\} = \frac{1}{s} \cdot s = 1. \tag{3.3.30}$$

Das Integral über den Dirac-Impuls $\delta(t)$ ist gleich der Sprungfunktion $\epsilon(t)$:

$$\epsilon(t) = \int\limits_{0^-}^{t} \delta(\tau)\,d\tau, \; t > 0. \tag{3.3.31}$$

Die zugehörige Beziehung der Laplace-Transformierten ist durch den Integrationssatz gegeben:

$$\mathcal{L}\{\epsilon(t)\} = \frac{1}{s}\mathcal{L}\{\delta(t)\} = \frac{1}{s} \cdot 1 = \frac{1}{s}. \tag{3.3.32}$$

Eine weitere Integration der Sprungfunktion führt auf die Rampenfunktion

$$\rho(t) = \int\limits_{0^-}^{t} \epsilon(t)\, dt = t \cdot \epsilon(t). \qquad (3.3.33)$$

Die Laplace-Transformierte der Rampenfunktion $\rho(t)$ kann mit Hilfe des Integrationssatzes aus der Laplace-Transformierten $1/s$ der Sprungfunktion abgeleitet werden:

$$\rho(t) \; \circ\!\!-\!\!\bullet \; \frac{1}{s}\mathcal{L}\{\epsilon(t)\} = \frac{1}{s} \cdot \frac{1}{s} = \frac{1}{s^2}.$$

Für die Rampenfunktion gilt daher die folgende Korrespondenz:

$$\rho(t) \; \circ\!\!-\!\!\bullet \; \frac{1}{s^2} \qquad (3.3.34)$$

Aus dem bisherigen ist erkennbar, daß die Laplace-Transformierten von Funktionen bzw. verallgemeinerten Funktionen, die durch einfache oder wiederholte Integration oder Differentiation aus dem Dirac-Impuls hervorgehen, Potenzen der Frequenzvariablen s sind.

Die Laplace-Transformierte eines Integrals mit einer negativen unteren Integrationsgrenze kann ebenfalls mit Hilfe des Integrationssatzes angegeben werden. Allerdings kommt in diesem Fall noch ein Korrekturterm hinzu. Ein solches Integral läßt sich immer als Summe eines entsprechenden Integrals mit der unteren Integrationsgrenze 0^- und einer Integrationskonstanten C_0 schreiben. Eine Konstante wird aber bei der einseitigen Laplace-Transformation wie eine Sprungfunktion behandelt, denn es gilt

$$\mathcal{L}_{II}\{\epsilon(t)\} = \mathcal{L}_I\{\epsilon(t)\} = \mathcal{L}_I\{1\} = \frac{1}{s}. \qquad (3.3.35)$$

Der Korrekturterm im Integrationssatz (3.3.29) lautet daher im Falle einer endlichen Integrationkonstanten C_0/s.

3.3.8 Erster Anfangswertsatz

Die *Anfangswertsätze* und der *Endwertsatz* gehören zu den sogenannten *Grenzwertsätzen* der Laplace-Transformation. Der erste Anfangswertsatz gestattet aus der Betrachtung der Laplace-Transformierten heraus eine Aussage über den Wert der Zeitfunktion bei $t = 0$. Die Herleitung erfolgt mit dem Differentiationssatz (3.3.14)

$$\int\limits_{0^-}^{\infty} \frac{df(t)}{dt}\exp(-st)\, dt = s \cdot F(s) - f(0^-). \qquad (3.3.36)$$

Das links stehende Integral verschwindet bei positiven Zeiten t für $s \to \infty$, sofern die Ableitung df/dt keinen Dirac-Impuls bei $t = 0$ enthält, $f(t)$ also bei $t = 0$ stetig ist. Ein Dirac-Impuls bei $t > 0$ leistet wegen $s \to \infty$ keinen Beitrag zum Integral. Ist $f(t)$ jedoch bei $t = 0$ unstetig, dann besitzt die Ableitung $df(t)/dt$ bei $t = 0$ einen Dirac-Impuls mit dem Gewicht der Sprunghöhe $\left(f(0^+) - f(0^-)\right)$. Aus dem links stehenden Integral in (3.3.36) wird dann die Konstante $\left(f(0^+) - f(0^-)\right)$ abgetastet. Der Grenzwert beider Seiten von (3.3.36) für $s \to \infty$ lautet daher

$$\left(f(0^+) - f(0^-)\right) = \lim_{s \to \infty} \left(s \cdot F(s) - f(0^-)\right). \qquad (3.3.37)$$

Daraus ist unmittelbar der erste Anfangswertsatz ablesbar:

$$f(0^+) = \lim_{s \to \infty} s \cdot F(s). \qquad (3.3.38)$$

Der Übergang von (3.3.37) nach (3.3.38) gilt in gleicher Weise für im Ursprung stetige Funktionen $f(t)$ mit $f(0^-) = f(0^+)$.

Beispiel 3.3.9

Für die kausale Exponentialfunktion gilt nach (3.1.9)

$$f(t) = \epsilon(t) \cdot \exp(at) \circ\!\!-\!\!\bullet \frac{1}{s - a}. \qquad (3.3.39)$$

Sie ist im Ursprung unstetig und hat die Grenzwerte $f(0^-) = 0$ und $f(0^+) = 1$. Wendet man den Anfangswertsatz auf die in (3.3.39) rechts stehende Laplace-Transformierte an, so bestätigt sich der rechtsseitige Grenzwert $f(0^+)$:

$$f(0^+) = \lim_{s \to \infty} s \cdot \frac{1}{s - a} = 1. \qquad (3.3.40)$$

3.3.9 Zweiter Anfangswertsatz

Der zweite Anfangswertsatz beschreibt die Steigung einer Funktion $f(t)$ im Ursprung mit Hilfe ihrer Laplace-Transformierten. Er wird im folgenden mit Hilfe der Beziehung (3.3.19) hergeleitet. Die Funktion $f(t)$ möge im Ursprung unstetig sein und eine Steigungsänderung (einen Knick) im Ursprung haben. Die zweite Ableitung $\ddot{f}(t)$ enthält daher die folgenden Terme:

$$\ddot{f}(t) = \left(\dot{f}(0^+) - \dot{f}(0^-)\right)\delta(t) + \left(f(0^+) - f(0^-)\right)\dot{\delta}(t) + \ddot{f}_{rest}(t). \qquad (3.3.41)$$

Der Grenzwert der Laplace-Transformierten von $\ddot{f}(t)$ verschwindet für $s \to \infty$ bis auf die Terme, die von $\delta(t)$ und $\dot{\delta}(t)$ abhängen. Mit Hilfe von (3.3.18) errechnet sich dieser Grenzwert zu

$$\lim_{s \to \infty} \int_{0^-}^{\infty} \ddot{f}(t) \exp(-st)dt = \left(\dot{f}(0^+) - \dot{f}(0^-) \right) + \lim_{s \to \infty} s \cdot \left(f(0^+) - f(0^-) \right). \quad (3.3.42)$$

Der gleiche Grenzwert, auf die rechte Seite von (3.3.19) angewendet, lautet

$$\lim_{s \to \infty} \left(s^2 F(s) - s f(0^-) - \dot{f}(0^-) \right). \quad (3.3.43)$$

Ein Gleichsetzen von (3.3.42) und (3.3.43) führt auf den zweiten Anfangswertsatz:

$$\dot{f}(0^+) = \lim_{s \to \infty} \left(s^2 F(s) - s \cdot f(0^+) \right). \quad (3.3.44)$$

Beispiel 3.3.10

Wie im letzten Beispiel sei die kausale Exponentialfunktion mit der Korrespondenz (3.1.9) und dem Anfangswert $f(0^+) = 1$ betrachtet. Mit Hilfe des zweiten Anfangswertsatzes (3.3.44) kann ihre Steigung im Ursprung wie folgt ermittelt werden:

$$\dot{f}(0^+) = \lim_{s \to \infty} \left(s^2 \frac{1}{s-a} - s \cdot 1 \right) = \lim_{s \to \infty} \frac{as}{s-a} = a. \quad (3.3.45)$$

Dieses Ergebnis läßt sich in dem einfachen Beispiel durch Betrachtung der Ableitung $\dot{f}(t) = a \exp(at)$ an der Stelle $t = 0$ verifizieren.

Aus dem ersten und zweiten Anfangswertsatz folgt im übrigen, daß eine Laplace-Transformierte, deren Nennergrad den Zählergrad um mehr als 1 übersteigt, eine Zeitfunktion mit einer waagerechten Tangente im Ursprung besitzt. Der Beweis sei dem Leser überlassen.

3.3.10 Endwertsatz

Der *Endwertsatz* liefert eine Aussage über den Wert einer Funktion $f(t)$ für $t \to \infty$. Zur Herleitung dieser Aussage wird wieder der Differentiationssatz (3.3.14)

$$\int_{0^-}^{\infty} \frac{df(t)}{dt} \exp(-st) \, dt = s \cdot F(s) - f(0^-) \quad (3.3.46)$$

verwendet. Die linke Seite dieser Gleichung lautet für $s \to 0$

$$\lim_{s \to 0} \int_{0^-}^{\infty} \frac{df(t)}{dt} \exp(-st) \, dt = \int_{0^-}^{\infty} \frac{df(t)}{dt} \, dt = f(t)\Big|_{0^-}^{\infty} = \left(\lim_{t \to \infty} f(t) \right) - f(0^-).$$

$$(3.3.47)$$

Der gleiche Grenzwert lautet auf der rechten Seite von (3.3.46)

$$\left(\lim_{s \to 0} s \cdot F(s) \right) - f(0^-). \qquad (3.3.48)$$

Ein Vergleich von (3.3.47) mit (3.3.48) führt auf den Endwertsatz

$$\lim_{s \to 0} s \cdot F(s) = \lim_{t \to \infty} f(t). \qquad (3.3.49)$$

Beispiel 3.3.11

Wendet man den Endwertsatz (3.3.49) auf die kausale und stabile Exponentialfunktion

$$f(t) = \epsilon(t) \cdot \exp(at) \circ\!\!-\!\!\bullet \frac{1}{s-a} \qquad , a < 0$$

an, so erhält man auf beiden Seiten den Grenzwert Null:

$$\lim_{s \to 0} \frac{s}{s-a} = 0 = \lim_{t \to \infty} \epsilon(t) \cdot \exp(at). \qquad (3.3.50)$$

Die gleichen Überlegungen führen bei der Sprungfunktion

$$f(t) = \epsilon(t) \circ\!\!-\!\!\bullet \frac{1}{s}$$

auf beiden Seiten auf den Grenzwert Eins:

$$\lim_{s \to 0} s \cdot \frac{1}{s} = 1 = \lim_{t \to \infty} \epsilon(t). \qquad (3.3.51)$$

3.4 Rücktransformation

3.4.1 Das Umkehrintegral

Zur *Rücktransformation* einer Laplace-Transformierten in den Zeitbereich kann das folgende *Umkehrintegral* verwendet werden:

$$f(t) = \frac{1}{2\pi j} \int\limits_{\sigma-j\infty}^{\sigma+j\infty} F(s)\exp(st)ds \qquad (3.4.1)$$

Die Kontur der Integration muß im Konvergenzbereich der Laplace-Transformierten $F(s)$ verlaufen, wie im folgenden gezeigt wird. Gilt für $F(s)$ die Partialbruchdarstellung in (3.2.2), so läßt sich $F(s) \cdot \exp(st)$ wie folgt schreiben:

$$F(s) \cdot \exp(st) = A_0 \exp(st) + \sum_{i=1}^{n} \frac{A_i \exp(s_{\infty i} t)}{s - s_{\infty i}}. \qquad (3.4.2)$$

Betrachtet man die allgemeine zweiseitige Laplace-Transformation, so ist zwischen n_1 Polen $s_{\infty i}$ links vom Konvergenzgebiet und n_2 Polen $s_{\infty i}$ rechts davon mit $n = n_1 + n_2$ zu unterscheiden:

$$F_S(s) = \sum_{i=1}^{n_1} \frac{A_i \exp(s_{\infty i} t)}{s - s_{\infty i}} + \sum_{i=n_1+1}^{n} \frac{A_i \exp(s_{\infty i} t)}{s - s_{\infty i}}. \qquad (3.4.3)$$

Für den Summenanteil $F_S(s)$ in (3.4.3) gilt $F_S(s) \to 0$ für $s \to \infty$. Das Integral über diesen Anteil läßt sich mit dem Residuensatz von Cauchy berechnen. Das Integral über die linke Summe in (3.4.3) existiert nur für positive Zeiten t und ist als

$$2\pi j \sum_{i=1}^{n_1} Res_i, \quad Res_i = A_i \exp(s_{\infty i} t), \ t > 0 \qquad (3.4.4)$$

gegeben. Die Residuen der Pole sind mit Res_i bezeichnet. Zur Ermittlung des Integrals über die rechte Summe in (3.4.3) sind die Integrationsrichtung und das Vorzeichen des Integranden umzukehren. Die Anwendung des Residuensatzes führt auf die Zeitfunktionen

$$2\pi j \sum_{i=n_1+1}^{n} Res_i, \quad Res_i = -A_i \exp(s_{\infty i} t), \ t < 0. \qquad (3.4.5)$$

Berücksichtigt man, daß der erste Term in (3.4.2) bei der Integration auf den Dirac-Impuls $2\pi j A_o \delta(t)$ führt, siehe auch (3.2.2-3), und daß sich der Vorfaktor $1/2\pi j$ in (3.4.1) in allen Termen herauskürzt, so läßt sich die zurücktransformierte Zeitfunktion $f(t)$ wie folgt angeben:

$$f(t) = A_0\delta(t) + \sum_{i=1}^{n_1} A_i \exp(s_{\infty i}t)\epsilon(t) - \sum_{i=n_1+1}^{n} A_i \exp(s_{\infty i}t)\epsilon(-t). \quad (3.4.6)$$

Dieses ist wieder die im allgemeinen nichtkausale Zeitfunktion, die einer rationalen zweiseitigen Laplace-Transformierten zugeordnet ist. Hierbei wurde vorausgesetzt, daß der Zählergrad den Nennergrad nicht übersteigt. Falls der Zählergrad höher ist als der Nennergrad, treten noch Terme mit Ableitungen des Dirac-Impulses auf.

Beispiel 3.4.1

Die zweiseitige Laplace-Transformierte (3.2.16) Im Beispiel 3.2.3 soll für das zweite Konvergenzgebiet mit Hilfe des Umkehrintegrals rücktransformiert werden. Die zugehörige Zeitfunktion lautet

$$f(t) = \frac{1}{2\pi j} \int_{\sigma-j\infty}^{\sigma+j\infty} \frac{2s\exp(st)}{(s+1)(s-1)} ds \qquad (3.4.7)$$

mit $-1 < \sigma < +1$. Eine Partialbruchentwicklung des Integranden ergibt

$$\begin{aligned}
f(t) &= \frac{1}{2\pi j} \int_{\sigma-j\infty}^{\sigma+j\infty} \left(\frac{\exp(-t)}{s+1} + \frac{\exp(t)}{s-1} ds\right) \\[2mm]
&= \frac{1}{2\pi j} \left[2\pi j \cdot \exp(-t) \cdot \epsilon(t) - 2\pi j \cdot \exp(t) \cdot \epsilon(-t)\right] \\[2mm]
&= \exp(-t) \cdot \epsilon(t) - \exp(t) \cdot \epsilon(-t),
\end{aligned} \qquad (3.4.8)$$

was mit dem Ergebnis in (3.2.18) übereinstimmt.

Im Falle einer stabilen Zeitfunktion, wenn also das Konvergenzgebiet der zweiseitigen Laplace-Transformation die $j\omega$-Achse einschließt, kann das Umkehrintegral in (3.4.1) durch eine Substitution $s \rightarrow j\omega$ in das Umkehrintegral (2.6.1) der Fourier-Transformation überführt werden. Mit $\sigma = 0$ und $s = j\omega$ wird aus (3.4.1)

$$f(t) = \frac{1}{2\pi j} \int_{-j\infty}^{+j\infty} F(j\omega) \exp(j\omega t) dj\omega = \frac{1}{2\pi} \int_{-\infty}^{\infty} F(j\omega) \exp(j\omega t) d\omega, \qquad (3.4.9)$$

was mit dem Ausdruck in (2.6.1) übereinstimmt.

3.4.2 Kausale stabile Funktionen

Die folgenden Betrachtungen werden auf die technisch wichtige Klasse der rationalen Laplace-Transformierten von *kausalen stabilen Zeitfunktionen* beschränkt. Sieht man von endlichen zeitlichen Verschiebungen ab, die mit dem Verschiebungssatz (3.3.4) berücksichtigt werden können, so sind alle Funktionen für $t < 0$ gleich Null und beginnen bei $t = 0$ von Null verschieden zu sein.

Wie in Abschnitt 3.4.1 gezeigt wurde, ist jedem Pol links vom Konvergenzgebiet, im vorliegenden Fall also in der linken s-Halbebene, eine kausale stabile Exponentialfunktion zugeordnet. Die Rücktransformation kann daher durch eine Partialbruchzerlegung und unter Ausnutzung der Linearität der Laplace-Transformation durch Zuweisen von Exponentialfunktionen zu den Partialbrüchen erfolgen. Die Rücktransformation soll zunächst an einfachen Polen demonstriert werden. Basis für die Zuordnung von Exponentialfunktionen ist die Korrespondenz (3.1.9).

Beispiel 3.4.2

Gegeben sei die Laplace-Transformierte

$$F(s) = \frac{s}{s^2 + 3s + 2}. \tag{3.4.10}$$

Wie lautet die zugehörige Zeitfunktion $f(t)$? Zunächst wird eine Partialbruchzerlegung von $F(s)$ durchgeführt. Da $F(s)$ Pole bei $s_{\infty 1} = -1$ und $s_{\infty 2} = -2$ besitzt, lautet sie

$$F(s) = \frac{A_1}{s+1} + \frac{A_2}{s+2}. \tag{3.4.11}$$

Die Residuen A_1 und A_2 berechnen sich zu

$$A_1 = (s+1)F(s)|_{s=-1} = \frac{s}{s+2}\Big|_{s=-1} = -1, \tag{3.4.12}$$

$$A_2 = (s+2)F(s)|_{s=-2} = \frac{s}{s+1}\Big|_{s=-2} = 2. \tag{3.4.13}$$

Daher gilt

$$F(s) = \frac{-1}{s+1} + \frac{2}{s+2}. \tag{3.4.14}$$

Eine gliedweise Rücktransformation führt auf das gesuchte Ergebnis:

$$f(t) = (-1 \cdot e^{-t} + 2 \cdot e^{-2t})\epsilon(t). \tag{3.4.15}$$

Die gliedweise Rücktransformation der Partialbrüche und die Darstellung des Ergebnisses als Summe aller Zeitfunktionen beruht auf der in (3.3.1) formulierten Linearität der Laplace-Transformation. Hierbei sind die Skalare k_1 und k_2 durch die Residuen A_1 und A_2 und Zeitfunktionen $f_1(t)$ und $f_2(t)$ durch die kausalen Exponentialfunktionen gegeben.

3.4.3 Potenzen von s

Die Partialbruchzerlegung einer Laplace-Transformierten ist nur dann durchführbar, wenn der Zählergrad kleiner ist als der Nennergrad. Ist dieses nicht der Fall, so sind zunächst Potenzen von s abzuspalten. Die dadurch additiv hinzukommenden Glieder mit $s^0, s^1, s^2 \dots$ können ebenfalls einzeln in den Zeitbereich zurücktransformiert werden.

Beispiel 3.4.3

Gegeben ist das elektrische Netzwerk in Bild 3.4.1. Alle Größen sind normiert und dimensionslos.

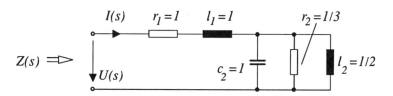

Bild 3.4.1: RLC-Netzwerk

Unter der Voraussetzung, daß das Netzwerk zur Zeit $t = 0^-$ strom- und spannungslos ist, lautet die Impedanz $Z(s)$ als Quotient der Laplace-Transformierten $U(s)$ und $I(s)$

$$Z(s) = \frac{U(s)}{I(s)} = \frac{s^3 + 4s^2 + 6s + 2}{s^2 + 3s + 2}. \tag{3.4.16}$$

Das Netzwerk werde mit einem Stromimpuls $i(t) = \delta(t)$ erregt. Daher gilt $I(s) = 1$, siehe (3.1.7). Wie lautet die Impulsantwort $h(t) = u(t)$ dieser Impedanz? Zur Rücktransformation der Laplace-Transformierten aus (3.4.16) in den Zeitbereich müssen zunächst Potenzen von s abgespalten werden, damit der Zählergrad kleiner wird als der Nennergrad:

$$U(s) = s + 1 + \frac{S}{s^2 + 3s + 2}. \tag{3.4.17}$$

Die Rücktransformation der Glieder s und 1 erfolgt mit (3.3.18) und (3.1.7). Der restliche Bruch ist identisch mit (3.4.10), so daß das Ergebnis in (3.4.15) übernommen werden kann:

$$u(t) = \dot{\delta}(t) + \delta(t) + (2e^{-2t} - e^{-t})\epsilon(t). \tag{3.4.18}$$

Ein Glied proportional zu s zeigt eine differenzierende Wirkung an, (siehe 3.3.14). Im Zeitbereich wird dieses durch die Ableitung $\dot{\delta}(t)$ des Dirac-Impulses ausgedrückt, siehe (A1.11.5). Nach (3.4.16) läßt sich die Laplace-Transformierte der Klemmenspannung als Produkt

$$U(s) = Z(s) \cdot I(s) \tag{3.4.19}$$

schreiben. Der Klemmenstrom $I(s)$ wird daher gemäß (3.4.17) mit s multipliziert, so daß (3.3.14) anwendbar ist. Nach dem Faltungstheorem gilt mit (3.4.19) im Zeitbereich

$$u(t) = z(t) * i(t). \tag{3.4.20}$$

Im Zeitbereich steht daher die Ableitung $\dot{\delta}(t)$ zusammen mit $i(t)$ unter dem Faltungsintegral und bewirkt gemäß (A 1.11.5) die Differentiation von $i(t)$. Es läßt sich zeigen, daß der Anteil von $u(t)$, der durch Differentiation von $i(t)$ entsteht, von der Induktivität ℓ_1 herrührt.

3.4.4 Mehrfache Pole

Enthält eine rationale Funktion $F(s)$ neben anderen einfachen und *mehrfachen Polen* einen r_i-fachen Pol bei $s_{\infty i}$, so liefert dieser Pol folgende Beiträge zur Partialbruchzerlegung:

$$F(s) = \ldots + \underbrace{\frac{A_{i1}}{s - s_{\infty i}} + \frac{A_{i2}}{(s - s_{\infty i})^2} + \ldots + \frac{A_{ir_i}}{(s - s_{\infty i})^{r_i}}}_{Beitrag\ des\ r_i-fachen\ Poles\ bei\ s_{\infty i}} + \ldots \tag{3.4.21}$$

Die Partialbruchkoeffizienten A_{ik}, $k = 1, 2 \ldots r_i$, werden wie folgt bestimmt (siehe Anhang A2):

$$A_{ik} = \frac{1}{\nu!} \frac{d^\nu}{ds^\nu} \left(F(s) \cdot (s - s_{\infty i})^{r_i} \right) \Big|_{s = s_{\infty i}}, \quad \nu = r_i - k. \tag{3.4.22}$$

Beispiel 3.4.4

Betrachtet sei die folgende Laplace-Transformierte

$$F(s) = \frac{s^2 + 2}{(s - 1)^3}, \tag{3.4.23}$$

die einen dreifachen Pol bei $s_{\infty 1} = 1$ besitzt. Mit den Parametern $i = 1$ und $r_i = r_1 = 3$ folgt aus (3.4.21) die Partialbruchzerlegung

$$F(s) = \frac{A_{11}}{s-1} + \frac{A_{12}}{(s-1)^2} + \frac{A_{13}}{(s-1)^3} \qquad (3.4.24)$$

Zur Bestimmung der der Partialbruchkoeffizienten ist der Ausdruck

$$F(s) \cdot (s - s_{\infty 1})^3 = s^2 + 2$$

ν mal abzuleiten. Es gilt für $k = 3$ und $\nu = 0$

$$A_{13} = \underbrace{\frac{1}{0!}}_{1} \cdot (s^2 + 2)\Big|_{s=1} = 3.$$

Für $k = 2$ und $\nu = 1$ gilt

$$A_{12} = \frac{1}{1!} \frac{d}{ds}(s^2 + 2)\Big|_{s=1} = 2s\Big|_{s=1} = 2.$$

Für $k = 1$ und $\nu = 2$ gilt

$$A_{11} = \frac{1}{2!} \frac{d^2}{ds^2}(s^2 + 2)\Big|_{s=1} = \frac{1}{2}\frac{d}{ds}2s = \frac{1}{2} \cdot 2 = 1.$$

Damit lautet die gesuchte Partialbruchzerlegung

$$F(s) = \frac{s^2 + 2}{(s-1)^3} = \frac{1}{s-1} + \frac{2}{(s-1)^2} + \frac{3}{(s-1)^3}. \qquad (3.4.25)$$

Die r_i Beiträge eines r_i-fachen Poles zur Partialbruchentwicklung können wieder gliedweise in den Zeitbereich transformiert werden. Aus (3.4.21) ist ersichtlich, daß in den Partialbrüchen Potenzen von Linearfaktoren $(s-s_{\infty i})$ auftreten. Den Schlüssel zur Rücktransformation liefert die Korrespondenz (3.3.24) im Beispiel 3.3.7. Mit den Substitutionen $n \to k - 1$ und $a \to s_{\infty i}$ folgt aus (3.3.24)

$$\frac{1}{(s - s_{\infty i})^k} \quad \bullet\!\!-\!\!\circ \quad \frac{1}{(k-1)!} \cdot t^{k-1} \cdot \exp(s_{\infty i}\, t) \cdot \epsilon(t). \qquad (3.4.26)$$

Eine Skalierung dieses Ausdruckes mit den Partialbruchkoeffizienten A_{ik} führt dann auf die Zeitfunktion des k-ten Partialbruches:

$$\frac{A_{ik}}{(s - s_{\infty i})^k} \quad \bullet\!\!-\!\!\circ \quad \frac{A_{ik}}{(k-1)!} \cdot t^{k-1} \cdot \exp(s_{\infty i}\, t) \cdot \epsilon(t). \qquad (3.4.27)$$

Berücksichtigt man alle Pole der Laplace-Transformierten und alle Partialbrüche der mehrfachen Pole, so gelangt man mit (3.4.27) zu der folgenden allgemeinen Rücktransformationsformel:

$$f(t) = \sum_{i=1}^{n} \sum_{k=1}^{r_i} \frac{A_{ik}}{(k-1)!} \cdot t^{k-1} \cdot \exp(s_{\infty i} t) \cdot \epsilon(t). \qquad (3.4.28)$$

Darin ist n die Anzahl der Pole und r_i die Vielfachheit des i-ten Poles.

Beispiel 3.4.5

Wie lautet die Zeitfunktion

$$f(t) \circ\!\!-\!\!\bullet \frac{s^2 + 2}{(s-1)^3} = F(s)$$

der im Beispiel 3.4.4 zerlegten Laplace-Transformierten? Aus der Partialbruchzerlegung (3.4.25)

$$F(s) = \frac{1}{s-1} + \frac{2}{(s-1)^2} + \frac{3}{(s-1)^3}$$

folgt mit (3.4.28) und den Parametern $n = i = 1$ und $r_i = 3$ die rücktransformierte Zeitfunktion

$$\begin{aligned} f(t) &= \left(\exp(t) + 2 \cdot t \cdot \exp(t) + 3 \cdot \frac{1}{2} \cdot t^2 \cdot \exp(t)\right) \cdot \epsilon(t) \\ &= (\frac{3}{2}t^2 + 2t + 1) \cdot \exp(t) \cdot \epsilon(t) \end{aligned} \qquad (3.4.29)$$

3.4.5 Konjugiert komplexe Pole

Die Laplace-Transformierten von Signalen in technischen Systemen besitzen in der Regel reelle Koeffizienten. Dieses gilt beispielsweise für elektrische Netzwerke, siehe (3.4.16). Komplexe Pole treten dann nur in *konjugiert komplexen* Paaren auf. Die beiden zugehörigen Partialbrüche lauten

$$F(s) = \ldots + \frac{A_i}{s - s_{\infty i}} + \frac{A_i^*}{s - s_{\infty i}^*} + \ldots \qquad (3.4.30)$$

mit dem Pol $s_{\infty i} = \sigma_{\infty i} + j\omega_{\infty i}$. Es ist bekannt und auch leicht einzusehen, daß die beiden Residuen auch konjugiert komplex zueinander sein müssen. Das komplexe Residuum

$$A_i = A_i' + jA'' \qquad (3.4.31)$$

errechnet sich aus der Laplace-Transformierten $F(s)$ mit folgender Beziehung

$$A_i = F(s) \cdot (s - s_{\infty i})\Big|_{s = s_{\infty i}}. \tag{3.4.32}$$

Die beiden konjugiert komplexen Partalbrüche in (3.4.30) leisten einen reellen Beitrag zur Zeitfunktion:

$$f(t) = \ldots + \Big(A_i \exp(s_{\infty i}t) + A_i^* \exp(s_{\infty i}^* t)\Big)\epsilon(t) + \ldots \tag{3.4.33}$$

Multipliziert man die Real- und Imaginärteile dieser Beiträge aus, so erhält man schließlich mit Hilfe der Eulerschen Gleichung

$$f(t) = \ldots + 2\exp(\sigma_{\infty i}t)\Big(A_i' \cos\omega_{\infty i}t - A_i'' \sin\omega_{\infty i}t\Big)\epsilon(t) + \ldots \tag{3.4.34}$$

Der Beitrag des Polpaares zur Zeitfunktion läßt sich also mit Hilfe der Polparameter $\sigma_{\infty i}$ und $\omega_{\infty i}$ und der Residuenparameter A_i' und A_i'' nach (3.4.31-32) gemäß (3.4.34) zusammengefaßt ausdrücken.

Beispiel 3.4.6

Vergrößert man den Widerstand r_2 in Bild 3.4.1 von 1/3 auf 1/2, so treten in der Funktion $U(s)$ in (3.4.17) konjugiert komplexe Pole auf:

$$\begin{aligned} U(s) &= s + 1 + \frac{s}{s^2 + 2s + 2} \\ &= s + 1 + \frac{s}{(s - s_{\infty 1})(s - s_{\infty 1}^*)}, \end{aligned} \tag{3.4.35}$$

mit $s_{\infty 1} = -1 + j$ und $s_{\infty 1}^* = -1 - j$. Der echt gebrochen rationale Anteil in (3.4.35) kann daher mit zwei konjugiert komplexen Partialbrüchen dargestellt werden:

$$\frac{s}{s^2 + 2s + 2} = \frac{A_1}{s - s_{\infty 1}} + \frac{A_1^*}{s - s_{\infty 1}^*}. \tag{3.4.36}$$

Das Residuum A_1 errechnet sich mit (3.4.32) zu

$$\begin{aligned} A_1 &= \frac{s}{s^2 + 2s + 2} \cdot (s - s_{\infty 1})\Big|_{s = s_{\infty 1}} \\ &= \frac{s}{s + 1 + j}\Big|_{s = -1 + j} = \frac{1}{2} + \frac{j}{2}. \end{aligned} \tag{3.4.37}$$

Mit den Parametern $\sigma_{\infty 1} = -1, \omega_{\infty 1} = 1, A_1' = 1/2$ und $A_1'' = 1/2$ lautet die Zeitfunktion

$$u(t) = \dot{\delta}(t) + \delta(t) + e^{-t}(\cos t - \sin t)\epsilon(t). \tag{3.4.38}$$

Die Anteile $\dot{\delta}(t)$ und $\delta(t)$ stammen wie in (3.4.17-18) aus den abgespaltenen Potenzen $s + 1$ der Laplace-Transformierten.

4. Kontinuierliche LTI-Systeme

Die kontinuierlichen LTI-Systeme sind die klassischen Systeme, zu denen unter anderen die Kirchhoff'schen Netzwerke oder die mechanischen Schwingungssysteme gehören. Das Attribut *kontinuierlich* ist durch den Umstand begründet, daß alle Zeitfunktionen in solchen Systemen über der kontinuierlichen Zeitachse, d.h. für jeden Wert der reellen Zeitvariablen t, definiert sind. Die Beschränkung auf LTI-Systeme, also lineare zeitinvariante Systeme, wurde bereits im ersten Kapitel eingeführt.

Wichtige Eigenschaften der LTI-Systeme sind bereits durch die Eigenschaften der Fourier- und der Laplace-Transformation vorweggenommen. Da Zeitfunktionen zur Beschreibung von Signalen und Impulsantworten zur Beschreibung von LTI-Systemen in ihrer Rolle vertauschbar sind, können Aussagen wie beispielsweise das konstante Zeit-Bandbreite-Produkt, das Faltungstheorem oder das Parseval'sche Theorem sofort auf die betrachteten Systeme angewendet werden.

Das vorliegende Kapitel behandelt die LTI-Systeme im Zeit- und im Frequenzbereich. Aus der Übertragungsfunktion abgeleitete Größen wie Dämpfung, Phase und Gruppenlaufzeit werden ausführlich dargestellt. Neben grundlegenden Aussagen über die Kausalität und Stabilität von LTI-Systemen werden praktische Testmethoden angegeben. Breiten Raum nehmen LTI-Systeme mit stochastischer Erregung und die Systembeschreibung mit Zustandsgleichungen ein.

4.1 Systemantwort im Zeitbereich

Im einführenden Abschnitt 1.4 wurde das Zeitverhalten *eines kontinuier-lichen LTI-Systems* bereits angesprochen und grundlegende Zusammenhänge aufgezeigt. Im folgenden werden die Begriffe Impulsantwort und Faltungsinte-gral noch einmal aufgegriffen und ein Zusammenhang zu der Systembeschrei-bung mit Differentialgleichungen hergestellt.

4.1.1 Impulsantwort und Faltungsintegral

Alle folgenden Betrachtungen beschränken sich auf lineare und zeitinvari-ante Systeme (LTI-Systeme), siehe Abschnitt 1.4. Die Linearität eines Systems ist in (1.4.1-4) beschrieben, die Zeitinvarianz in (1.4.9). Bild 1.4.2a und b zeigen die *Erregung* $\delta(t)$ eines Systems und die *Impulsantwort* $h(t)$. Ist dieses System zeitinvariant, so antwortet es auf einen zeitverschobenen Dirac-Impuls $\delta(t - \tau)$, Bild 1.4.2c, mit der entsprechend verschobenen Impulsantwort $h(t - \tau)$, Bild 1.4.2d. Für ein LTI-System mit der Impulsantwort $h(t)$, Bild 4.1.1a, gilt

$$\delta(t - \tau) \to h(t - \tau) \tag{4.1.1}$$

für beliebige Verzögerungszeiten τ.

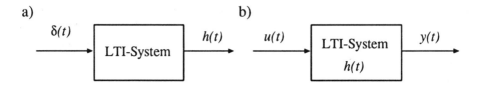

Bild 4.1.1: LTI-System mit Impulserregung $\delta(t)$ (a)
und beliebiger Erregung $u(t)$ (b)

Im Abschnitt 1.4 ist ferner gezeigt worden, daß die Impulsantwort $h(t)$ das Übertragungsverhalten eines LTI-Systems vollständig beschreibt. In Bild 4.1.1b ist daher das LTI-System durch die Impulsantwort $h(t)$ gekennzeichnet. Die Antwort $y(t)$ des LTI-Systems auf eine beliebige Erregung $u(t)$ kann mit dem *Faltungsintegral*

$$y(t) = u(t) * h(t) = \int_{-\infty}^{+\infty} u(\tau) \cdot h(t - \tau) \, d\tau \tag{4.1.2}$$

berechnet werden, siehe auch (1.4.10).

Die *Faltungsoperation* ist *kommutativ*, d.h. es gilt

$$u(t) * h(t) = h(t) * u(t) \, , \tag{4.1.3}$$

siehe (1.4.16). Da $u(t)$ ein Signal und $h(t)$ das Übertragungsverhalten eines LTI-Systems beschreibt und da nach (4.1.3) beide ihre Rolle vertauschen können, kann man zwischen den Beschreibungen der Signale und der Systeme nicht unterscheiden. Ein System mit der Impulsantwort $h(t)$ und der Erregung $u(t)$ zeigt die gleiche Antwort $y(t)$ wie ein System mit der Impulsantwort $u(t)$ und der Erregung $h(t)$, siehe auch Bild 1.4.4.

4.1.2 Impulsantwort aus Differentialgleichung

Als Alternative zur Systembeschreibung mit Impulsantwort und Faltungsintegral kann im Zeitbereich die *klassische Systemanalyse* durch Lösung der linearen *Differentialgleichung* verwendet werden. Hierbei wird die partikuläre Lösung der inhomogenen Differentialgleichung ermittelt. Als unabhängige Variable der Diffentialgleichung wird die Ausgangsgröße des Systems gewählt. Die Erregung stellt den inhomogenen Anteil der Differentialgleichung dar.

Zwischen beiden Methoden existieren Querverbindungen. Im folgenden wird gezeigt, wie aus der partikulären Lösung die Impulsantwort abgeleitet werden kann. Dazu ist im inhomogenen Anteil der Differentialgleichung der Dirac-Impuls einzusetzen.

Diese Vorgehensweise soll wieder am Beispiel des RC-Netzwerks in Bild 1.3.1b erläutert werden. Die beschreibende Differentialgleichung (1.3.3) ist mit der Ausgangsspannung $u_2(t)$ als unabhängige Variable formuliert. Für den inhomogenen Anteil $u_1(t)$ ist der Dirac-Impuls $\delta(t)$ einzusetzen. Die partikuläre Lösung in (1.3.12) lautet dann

$$u_2(t) = \frac{1}{T} e^{-t/T} \int\limits_{-\infty}^{t} e^{\tau/T} \, \delta(\tau) \, d\tau = \frac{1}{T} e^{-t/T} \cdot \epsilon(t). \tag{4.1.4}$$

Der Dirac-Impuls tastet aus der Exponentialfunktion den Wert 1 ab, solange die obere Integrationsgrenze $t > 0$ ist. Das Integral hat im Sinne der Distributionentheorie den Wert 0, wenn die Integrationsgrenze $t < 0$ ist, siehe dazu Abschnitt A1.10. Zusammenfassend kann dieses Integral daher als Sprungfunktion $\epsilon(t)$ identifiziert werden. Das Ergebnis in (4.1.4) stimmt mit dem in (1.3.21) überein.

4.2 Frequenzgang und Übertragungsfunktion

Im Abschnitt 1.4 wurden die Exponentialfunktionen als *Eigenfunktionen* von LTI-Systemen und in diesem Zusammenhang der Frequenzgang $H(j\omega)$ von LTI-Systemen eingeführt. Diese Größen werden im folgenden wieder aufgegriffen und um den allgemeinen Begriff der Übertragungsfunktion erweitert.

4.2.1 Frequenzgang

Im Abschnitt 1.4 wurde gezeigt, daß ein LTI-System mit der Impulsantwort $h(t)$ auf eine Erregung mit der Exponentialfunktion

$$u(t) = U \cdot \exp(j\omega t) \tag{4.2.1}$$

am Ausgang mit der Exponentialfunktion

$$y(t) = Y \cdot \exp(j\omega t) \tag{4.2.2}$$

antwortet. Beide Exponentialfunktionen haben den gleichen Frequenzparameter ω. Die im allgemeinen komplexen Amplituden U und Y sind über den Frequenzgang verknüpft:

$$Y = H(j\omega) \cdot U. \tag{4.2.3}$$

Wie bereits in (1.4.20) dargestellt, ist der *Frequenzgang* $H(j\omega)$ die Fourier-Transformierte der Impulsantwort $h(t)$:

$$H(j\omega) = \int\limits_{-\infty}^{+\infty} h(t)\exp(-j\omega t)\,dt. \tag{4.2.4}$$

Die Impulsantwort beschreibt das Übertragungsverhalten eines LTI-Systems vollständig, da mit Hilfe des Faltungsintegrals die Systemantwort $y(t)$ auf eine beliebige Erregung $u(t)$ berechnet werden kann. Da der Frequenzgang über die Fourier-Transformation eindeutig mit der Impulsantwort verknüpft ist, bietet er auch eine vollständige Beschreibung des Übertragungsverhaltens. Trotzdem wird er zunächst nur zur Transformation von komplexen Amplituden nach (4.2.3) beim Durchgang von komplexen Exponentialfunktionen durch LTI-Systeme herangezogen.

Beispiel 4.2.1

Wie sieht der Frequenzgang $H(j\omega)$ eines RC-Netzwerkes mit der Zeitkonstanten $T = RC$ aus? Die Impulsantwort $h(t)$ dieses Netzwerkes lautet nach (1.4.12)

$$h(t) = \frac{1}{T}\exp(-\frac{t}{T}) \cdot \epsilon(t). \tag{4.2.5}$$

Setzt man diese Impulsantwort in (4.2.4) ein, so erhält man den gesuchten Frequenzgang als

$$
\begin{aligned}
H(j\omega) &= \int\limits_{-\infty}^{+\infty} \frac{1}{T}\exp(-\frac{t}{T}) \cdot \epsilon(t) \cdot \exp(-j\omega t)\, dt \\
&= \frac{1}{T}\int\limits_{0}^{\infty} \exp\left(-(\frac{1}{RC} + j\omega)t\right) dt \\
&= \frac{-1}{1 + j\omega T}\exp\left(-(\frac{1}{T} + j\omega)t\right)\Big|_0^\infty \\
&= \frac{1}{1 + j\omega T}.
\end{aligned}
\tag{4.2.6}
$$

Da die Zeitkonstante T reell ist, ist der Frequenzgang $H(j\omega)$ eine komplexwertige Funktion.

Das RC-Netzwerk werde mit einem Eingangssignal

$$u(t) = A\cos(\omega_0 t) = \frac{A}{2}\exp(j\omega_0 t) + \frac{A}{2}\exp(-j\omega_0 t) \tag{4.2.7}$$

mit der Frequenz $\omega_0 = 1/T$ erregt. Das Ausgangssignal $y(t)$ nach (4.2.2) kann mit Hilfe von (4.2.3) und (4.2.6) wie folgt ermittelt werden:

$$
\begin{aligned}
y(t) &= \frac{A}{2} \cdot H(j\omega_0) \cdot \exp(j\omega_0 t) + \frac{A}{2} \cdot H(-j\omega_0) \cdot \exp(-j\omega_0 t) \\
&= \frac{A}{2}\left(\frac{1}{2} - j\frac{1}{2}\right) \cdot \exp(j\omega_0 t) + \frac{A}{2}\left(\frac{1}{2} + j\frac{1}{2}\right) \cdot \exp(-j\omega_0 t) \\
&= \frac{A}{2}\left(\cos(\omega_0 t) + \sin(\omega_0 t)\right) = \frac{A}{\sqrt{2}}\sin\left(\omega_0 t + \frac{\pi}{4}\right).
\end{aligned}
\tag{4.2.8}
$$

Dieses Beispiel zeigt, daß sich die komplexe Amplitude des Ausgangssignals in eine reelle Amplitude und einen Nullphasenwinkel umrechnen läßt. Eine direkte Berechnung dieser Größen wird in späteren Abschnitten im Zusammenhang mit der Dämpfung und Phase eines Systems noch ausführlich betrachtet.

4.2.2 Übertragungsfunktion

Im folgenden wird die Beschränkung auf komplexe Exponentialfunktionen fallengelassen und das Übertragungsverhalten von LTI-Systemen bei beliebiger Erregung mit Hilfe der Fourier-Transformierten $H(j\omega)$ der Impulsantwort beschrieben. Den Schlüssel dazu liefert das Faltungstheorem (2.5.6). Verbindet man in (2.5.3) mit $f_1(t)$ die Erregung $u(t)$, mit $f_2(t)$ die Impulsantwort $h(t)$ und mit $f(t)$ die Systemantwort $y(t)$, so kann die allgemeine Faltungsbeziehung (1.4.10) mit Hilfe des Faltungstheorems (2.5.6) wie folgt im Frequenzbereich ausgedrückt werden:

$$Y(j\omega) = U(j\omega) \cdot H(j\omega) \tag{4.2.9}$$

mit den Fourier-Transformierten $U(j\omega) \bullet\!\!-\!\!\circ u(t)$, $H(j\omega) \bullet\!\!-\!\!\circ h(t)$ und $Y(j\omega) \bullet\!\!-\!\!\circ y(t)$. Die Faltung der Funktionen $u(t)$ und $h(t)$ im Zeitbereich ist einer Multiplikation der Fouriertransformierten $U(j\omega)$ und $H(j\omega)$ im Frequenzbereich äquivalent. Da $u(t)$ und $y(t)$ im allgemeinen keine Exponentialfunktionen sind, kann man $H(j\omega)$ nicht mehr als Frequenzgang auffassen. $H(j\omega)$ hat hier eine allgemeinere Bedeutung und wird *Systemfunktion* oder *Übertragungsfunktion* genannt. Bild 4.2.1 verdeutlicht die Äquivalenz der beiden Beschreibungsformen des Übertragungsverhaltens im Zeit- und Frequenzbereich.

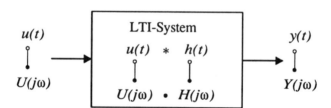

Bild 4.2.1: Zur Beschreibung der Übertragungseigenschaften eines LTI-Systems mit Fourier-Transformierten.

Das Faltungstheorem in (2.5.6) kann in formal gleicher Weise auch für die zweiseitige Laplace-Transformierten der Zeitsignale hergeleitet werden. Dazu sind in (2.5.4-5) die Terme $\exp(-j\omega t)$ durch $\exp(-st)$ zu ersetzen und dafür Sorge zu tragen, daß die Funktionen $f_1(t)\exp(-\sigma t)$ und $f_2(t)\exp(-\sigma t)$ quadratisch integrierbar sind. Mit den Laplace-Transformierten $U(s) \bullet\!\!-\!\!\circ u(t)$, $H(s) \bullet\!\!-\!\!\circ h(t)$ und $Y(s) \bullet\!\!-\!\!\circ y(t)$ gilt dann für das *Übertragungsverhalten* des LTI-Systems

$$Y(s) = U(s) \cdot H(s) \tag{4.2.10}$$

Die Laplace-Transformierte $H(s)$ wird ebenfalls *Übertragungsfunktion* oder *Systemfunktion* genannt. Bild 4.2.2 verdeutlicht die Behandlung von Signalen in LTI-Systemen mit Hilfe der Laplace-Transformierten.

Konvergieren die drei Laplace-Transformierten $U(s)$, $H(s)$ und $Y(s)$ auch auf der $j\omega$-Achse, so kann von der Beziehung (4.2.10) durch eine Substitution $s \to j\omega$ zu der Beziehung (4.2.9) übergegangen werden und umgekehrt.

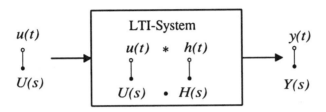

Bild 4.2.2: Zur Beschreibung der Übertragungseigenschaften eines LTI-Systems mit Laplace-Transformierten.

Beispiel 4.2.2

Die Übertragungsfunktion des im Beispiel 4.2.1 betrachteten RC-Netzwerkes lautet

$$H(s) = \frac{1}{1 + sT}. \tag{4.2.11}$$

Da die Zeitkonstante $T = RC$ positiv ist, liegt der Pol $s_{\infty 1} = -1/T$ in der linken s-Halbebene. Die Übertragungsfunktion $H(s)$ konvergiert auch auf der $j\omega$-Achse und geht durch eine Substitution $j\omega \to s$ aus (4.2.6) hervor.

Das RC-Netzwerk werde mit einer Sprungfunktion $\epsilon(t) \circ\!\!-\!\!\bullet\, 1/s$ erregt. Zunächst läßt sich die Laplace-Transformierte der Systemantwort mit Hilfe von (4.2.10) angeben:

$$Y(s) = U(s) \cdot H(s) = \frac{1}{s} \cdot \frac{1}{1 + sT} = \frac{1}{s} - \frac{1}{s + \frac{1}{T}}. \tag{4.2.12}$$

Die Systemantwort im Zeitbereich, in diesem Fall auch Sprungantwort genannt, errechnet sich aus (4.2.12) durch gliedweise Rücktransformation:

$$
\begin{aligned}
y(t) &= \epsilon(t) - \exp(-t/T) \cdot \epsilon(t) \\
&= \left(1 - \exp(-t/T)\right) \cdot \epsilon(t).
\end{aligned} \tag{4.2.13}
$$

Abgesehen von der Tatsache, daß mit der Laplace-Transformation auch einige Funktionen transformiert werden können, die keine Fourier-Transformierte besitzen, wird die Berechnung der Systemantwort mit der Beziehung (4.2.10) häufig wegen ihrer einfacheren Formelausdrücke gegenüber (4.2.9) bevorzugt. Geht man im Falle kausaler Signale und Systeme zu der einseitigen Laplace-Transformation über, so hat man überdies den Vorteil, die Anfangswerte der Signale bei $t = 0^-$ berücksichtigen zu können.

4.2.3 Systemanalyse im Frequenzbereich

Bei technischen Problemen ist häufig nicht die Impulsantwort der Ausgangspunkt der Überlegungen. Vielmehr analysiert man das System im Frequenzbereich, indem man nicht die Signale selbst, sondern ihre Laplace-Transformierten betrachtet. Dieses gilt insbesondere für *elektrische Netzwerke* mit linearen Bauelementen. Für letztere gilt ein linearer Zusammenhang zwischen der Spannung und dem Strom des Bauelements. Wegen der Linearität der Laplace-Transformation gelten das *Ohmsche Gesetz* und die *Kirchhoffschen Regeln* auch für die Laplace-Transformierten der Ströme und Spannungen.

Verwendet man bei der Systemanalyse die einseitigen Laplace-Transformierten, so werden die Anfangswerte der Signale zur Zeit $t = 0^-$ mit erfaßt, im Falle der elektrischen Netzwerke die Anfangswerte der Ströme und Spannungen.

Beispiel 4.2.3

Die *Systemanalyse* mit Laplace-Transformierten soll anhand des RC-Netzwerkes in Bild 4.2.3 demonstriert werden. Das RC-Netzwerk wird mit einer Spannungsquelle $u_0(t)$ erregt. Bild 4.2.3a zeigt die zeitlichen Größen, Bild 4.2.3b die zugehörigen Laplace-Transformierten. Gefragt sei nach dem Strom $I(s)$, der in dem Stromkreis fließt.

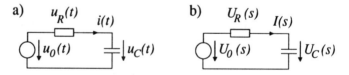

Bild 4.2.3: Zur Analyse des RC-Gliedes

Zwischen dem Strom $i(t)$ und der Spannung $u_C(t)$ an der Kapazität C gilt der folgende Zusammenhang:

$$i(t) = C \cdot \frac{d}{dt} u_C(t). \tag{4.2.14}$$

Die Laplace-Transformationen dieser Beziehung führt unter Berücksichtigung des Differentiationssatzes (3.3.14) auf

$$I(s) = C \cdot \mathcal{L}\{\frac{d}{dt} u_C(t)\} = C \cdot \left(s \cdot U_C(s) - u_C(0^-) \right). \tag{4.2.15}$$

Diese Gleichung lautet nach der Spannung $U_C(s)$ aufgelöst

$$U_C(s) = \frac{I(s)}{sC} + \frac{u_C(0^-)}{s}. \tag{4.2.16}$$

Für den ohmschen Widerstand gilt

$$U_R(s) = R \cdot I(s). \tag{4.2.17}$$

Die Spannungsquelle möge eine Sprungfunktion $\hat{U}_0 \cdot \epsilon(t)$ mit der Sprunghöhe $\hat{U}_0$ liefern. Die Laplace-Transformierte lautet

$$U_0(s) = \hat{U}_0 \cdot \frac{1}{s}. \tag{4.2.18}$$

Aus Bild 4.2.3b ist mit Hilfe der Kirchhoffschen Spannungsregel unmittelbar die folgende Beziehung ablesbar:

$$U_0(s) = U_R(s) + U_C(s). \tag{4.2.19}$$

Setzt man (4.2.16-18) in (4.2.19) ein, so erhält man

$$\frac{\hat{U}_0}{s} = I(s)\left(R + \frac{1}{sC}\right) + \frac{u_C(0^-)}{s}. \tag{4.2.20}$$

Diese Gleichung läßt sich schließlich nach dem gesuchten Strom $I(s)$ auflösen:

$$I(s) = \frac{\hat{U}_0 - u_C(0^-)}{sR + \frac{1}{C}}. \tag{4.2.21}$$

In diesem Analyseergebnis sind sowohl die Erregung als auch der Anfangszustand des Netzwerkes berücksichtigt. Der Strom $I(s)$ zeigt von beiden Größen eine lineare Abhängigkeit.

4.2.4 Auswertung im Zeit- und Frequenzbereich

Aus dem Ergebnis der im letzten Abschnitt behandelten Systemanalyse im Frequenzbereich kann die *Systemantwort* im Zeit- und im Frequenzbereich sowie das Übertragungsverhalten des Systems in Form der Impulsantwort oder der Übertragungsfunktion abgeleitet werden. Die zeitliche Antwort $y(t)$ wird durch direkte Rücktransformation der durch eine Analyse gewonnenen Laplace-Transformierten $Y(s)$ errechnet. Zur Ermittlung der Übertragungsfunktion und der Impulsantwort sind die Anfangswerte in Form der Anfangsspannungen an den Kapazitäten und der Anfangsströme in den Induktivitäten Null zu setzen.

Beispiel 4.2.4

Den Strom $i(t)$ in Bild 4.2.3a erhält man durch eine Rücktransformation der Laplace-Transformierten $I(s)$ in (4.2.21). Dazu kann die Korrespondenz (3.1.9) verwendet werden. Ein Vergleich mit (4.2.21) zeigt, daß $a = -1/RC$ ist, und daß eine Skalierungskonstante $[\hat{U}_0 - u_C(0^-)]/R$ abzuspalten ist. Das Ergebnis der Rücktransformation lautet dann

$$i(t) = \frac{1}{R}[\hat{U}_0 - u_C(0^-)] \cdot \exp(-\frac{t}{RC}) \cdot \epsilon(t). \qquad (4.2.22)$$

Um die Übertragungsfunktion als Quotient von $I(s)$ und der Erregung $U_0(s)$ aus dem Analyseergebnis abzuleiten, sind in (4.2.20) der Anfangswert $u_C(0^-) = 0$ zu setzen, statt der speziellen Erregung $\hat{U}_0/s$ die allgemeine Erregung $U_0(s)$ zu verwenden und die Gleichung nach $I(s)$ aufzulösen:

$$I(s) = \frac{sC}{sCR + 1} \cdot U_0(s). \qquad (4.2.23)$$

Ein Vergleich mit (4.2.10) zeigt, daß die Übertragungsfunktion durch den Ausdruck

$$H(s) = \frac{I(s)}{U_0(s)} = \frac{sC}{sCR + 1} \qquad (4.2.24)$$

gegeben ist.

Durch eine Rücktransformation erhält man aus der Übertragungsfunktion in (4.2.24) die Impulsantwort des Systems, d.h. den Strom $i(t) = h(t)$ als Antwort auf eine impulsförmige Erregung $u_0(t) = \delta(t)$. Zuerst wird eine Konstante $1/R$ abgespalten,

$$H(s) = \frac{1}{R} - \frac{1}{R} \cdot \frac{1}{sCR + 1}, \qquad (4.2.25)$$

und dann gliedweise rücktransformiert:

$$h(t) = \frac{1}{R}\delta(t) - \frac{1}{R^2C} \exp(-\frac{t}{RC}) \cdot \epsilon(t). \qquad (4.2.26)$$

Ist die erregende Spannung $u_0(t)$ sehr viel größer als die Spannung $u_C(t)$, so wird der Strom $i(t)$ nach dem Ohmschen Gesetz von $u_0(t)$ und dem Widerstand R bestimmt. Dieses veranschaulicht den Dirac-Impuls in der Impulsantwort. Nach dem Aufladen der Kapazität C zur Zeit $t = 0$ auf den Wert $u_C(0) = 1/RC$ fließt ein exponentiell abklingender Entladungsstrom in Gegenrichtung des Strompfeiles in Bild 4.2.3a.

4.3 Dämpfung, Phase und Gruppenlaufzeit

In der Regel wird nicht mit dem komplexwertigen Frequenzgang $H(j\omega)$ gerechnet, sondern mit davon abgeleiteten *Frequenzgängen* wie der Dämpfung, der Phase und der Gruppenlaufzeit in Abhängigkeit von der Frequenz ω. Diese werden im folgenden hergeleitet. Dazu wird ähnlich wie in (3.2.1) von einer gebrochen rationalen Übertragungsfunktion $H(s)$ eines LTI-Systems ausgegangen:

$$H(s) = \frac{N(s)}{D(s)} = \frac{\sum\limits_{j=0}^{m} a_j s^j}{\sum\limits_{i=0}^{n} b_i s^i} = H_0 \cdot \frac{\prod\limits_{j=1}^{m} (s - s_{0j})}{\prod\limits_{i=1}^{n} (s - s_{\infty i})}. \tag{4.3.1}$$

Das Zählerpolynom $N(s)$ hat die Zählerkoeffizienten a_j, $j = 0 \ldots m$, und die Wurzeln bzw. *Nullstellen* s_{0j}, $j = 1 \ldots m$, wobei m der Grad des Zählerpolynoms ist. Das Nennerpolynom $D(s)$ ist vom Grade n und hat die Nennerkoeffizienten b_i, $i = 0 \ldots n$. Die Wurzeln $s_{\infty i}$, $i = 1 \ldots n$ werden *Pole* der Übertragungsfunktion genannt. Die Konstante

$$H_0 = \frac{a_m}{b_n} \tag{4.3.2}$$

wird im folgenden mit *Skalierungskonstante* der Übertragungsfunktion $H(s)$ bezeichnet.

4.3.1 Real- und Imaginärteil

Die komplexwertige Übertragungsfunktion $H(j\omega)$ läßt sich in einen *Realteil* $H'(j\omega)$ und einen *Imaginärteil* $H''(j\omega)$ zerlegen. Dazu wird ausgenutzt, daß ein Polynom $F_g(s)$, das nur gerade Potenzen von s enthält, für $s = j\omega$ reell ist, und ein Polynom $F_u(s)$, das nur ungerade Potenzen von s enthält, für $s = j\omega$ imaginär ist. Eine Zerlegung von Zähler- und Nennerpolynom in die geraden und ungeraden Anteile ergibt

$$
H(j\omega) = H'(j\omega) + jH''(j\omega) = \frac{N(j\omega)}{D(j\omega)} = \frac{N_g(s) + N_u(s)}{D_g(s) + D_u(s)}\bigg|_{s=j\omega}
$$

$$
= \frac{[N_g(j\omega) + N_u(j\omega)][D_g(j\omega) - D_u(j\omega)]}{[D_g(j\omega) + D_u(j\omega)][D_g(j\omega) - D_u(j\omega)]}
$$

$$
= \frac{N_g(j\omega)D_g(j\omega) - N_u(j\omega)D_u(j\omega) - N_g(j\omega)D_u(j\omega) + N_u(j\omega)D_g(j\omega)}{D_g^2(j\omega) - D_u^2(j\omega)}.
$$

$$(4.3.3)$$

Der Nennerausdruck in (4.3.3) ist reell, ebenso die beiden ersten Zählerterme. Die beiden rechten Terme im Zähler sind imaginär. Daher lautet der *Realteil* der Übertragungsfunktion

$$
H'(j\omega) = \frac{N_g(j\omega)D_g(j\omega) - N_u(j\omega)D_u(j\omega)}{D_g^2(j\omega) - D_u^2(j\omega)}
\tag{4.3.4}
$$

und der *Imaginärteil*

$$
H''(j\omega) = \frac{1}{j} \cdot \frac{N_u(j\omega)D_g(j\omega) - N_g(j\omega)D_u(j\omega)}{D_g^2(j\omega) - D_u^2(j\omega)}.
\tag{4.3.5}
$$

Für $s = j\omega$ ist der Realteil $H'(j\omega)$ immer eine gerade Funktion und der Imaginärteil $H''(j\omega)$ immer eine ungerade Funktion von ω.

Beispiel 4.3.1

Gegeben sei die Übertragungsfunktion

$$
H(s) = \frac{N(s)}{D(s)} = \frac{s^2 + 4}{s^3 + 3s^2 + 4s + 2}.
\tag{4.3.6}
$$

Aus dem Nennerpolynom $D(s) = (s+1)(s^2 + 2s + 2)$ und dem Zählerpolynom $N(s)$ ergibt sich der Pol-Nullstellenplan nach Bild 4.3.1.

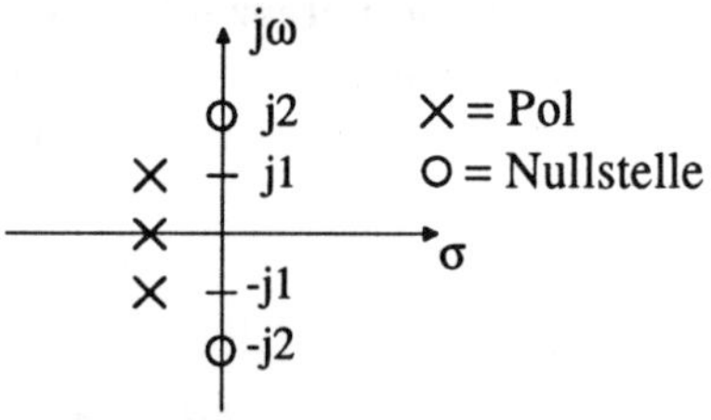

Bild 4.3.1: Pol-Nullstellen-Plan der Übertragungsfunktion nach (4.3.6)

Die Zerlegung des Zähler- und Nennerpolynoms in die geraden und ungeraden Anteile lautet

$$N_g(s) = s^2 + 4, \qquad N_u(s) = 0, \tag{4.3.7}$$

$$D_g(s) = 3s^2 + 2, \qquad D_u(s) = s^3 + 4s. \tag{4.3.8}$$

Daraus folgt mit (4.3.4-5) der Realteil

$$
\begin{aligned}
H'(j\omega) &= \frac{(s^2+4)(3s^2+2)}{(3s^2+2)^2 - (s^3+4s)^2}\bigg|_{s=j\omega} = \frac{3s^4 + 14s^2 + 8}{-s^6 + s^4 - 4s^2 + 4}\bigg|_{s=j\omega} \\
&= \frac{3\omega^4 - 14\omega^2 + 8}{\omega^6 + \omega^4 + 4\omega^2 + 4}
\end{aligned}
\tag{4.3.9}
$$

und der Imaginärteil

$$
\begin{aligned}
H''(j\omega) &= \frac{1}{j}\frac{-(s^2+4)(s^3+4s)}{(3s^2+2)^2 - (s^3+4s)^2}\bigg|_{s=j\omega} = \frac{1}{j}\frac{-s^5 - 8s^3 - 16s}{-s^6 + s^4 - 4s^2 + 4}\bigg|_{s=j\omega} \\
&= \frac{-\omega^5 + 8\omega^3 - 16\omega}{\omega^6 + \omega^4 + 4\omega^2 + 4}
\end{aligned}
$$

$$\tag{4.3.10}$$

der Übertragungsfunktion.

4.3.2 Betrag und Phasenwinkel

Die Aufspaltung einer komplexen Größe in Real- und Imaginärteil entspricht einer Zerlegung in kartesische Koordinaten. Alternativ dazu führt die Darstellung in Polarkoordinaten auf den *Betrag* und den *Phasenwinkel* der Übertragungsfunktion:

$$H(j\omega) = |H(j\omega)| \cdot \exp\big(j \arc H(j\omega)\big). \tag{4.3.11}$$

$|H(j\omega)|$ ist der *Betrag* der Übertragungsfunktion, $\arc H(j\omega)$ der *Phasenwinkel*, häufig auch nur *Winkel* genannt.

Das Betragsquadrat läßt sich mit Hilfe der konjugiert komplexen Übertragungsfunktion $H^*(j\omega)$ wie folgt angeben:

$$
\begin{aligned}
|H(j\omega)|^2 &= H(j\omega) \cdot H^*(j\omega) = H(j\omega) \cdot H(-j\omega) \\
&= \frac{[N_g(s) + N_u(s)][N_g(s) - N_u(s)]}{[D_g(s) + D_u(s)][D_g(s) - D_u(s)]}\bigg|_{s=j\omega} \\
&= \frac{N_g^2(j\omega) - N_u^2(j\omega)}{D_g^2(j\omega) - D_u^2(j\omega)}.
\end{aligned}
\tag{4.3.12}
$$

Der Tangens des Winkels arc $H(j\omega)$ ist gleich dem Quotienten aus Imaginär- und Realteil. Daher folgt aus (4.3.4-5)

$$
\begin{aligned}
arc\, H(j\omega) &= \arctan\left(\frac{H''(j\omega)}{H'(j\omega)}\right) \\
&= \arctan\left(\frac{1}{j}\frac{N_u(j\omega)D_g(j\omega) - N_g(j\omega)D_u(j\omega)}{N_g(j\omega)D_g(j\omega) - N_u(i\omega)D_u(j\omega)}\right).
\end{aligned}
\tag{4.3.13}
$$

Aus (4.3.12) und (4.3.13) ist ersichtlich, daß der Betrag $|H(j\omega)|$ immer eine gerade Funktion und der Phasenwinkel arc $H(j\omega)$ immer eine ungerade Funktion ist.

Beispiel 4.3.2

Den Betrag der Übertragungsfunktion $H(s)$ in (4.3.6) berechnet man mit Hilfe von (4.3.12) und den Teilpolynomen in (4.3.7-8) zu

$$
|H(j\omega)|^2 = \frac{(s^2+4)^2}{-s^6+s^4-4s^2+4}\bigg|_{s=j\omega} = \frac{\omega^4-8\omega^2+16}{\omega^6+\omega^4+4\omega^2+4}.
\tag{4.3.14}
$$

Zum gleichen Ergebnis kommt man, wenn man die Quadrate von Real- und Imaginärteil summiert:

$$
|H(j\omega)|^2 = H'^2(j\omega) + H''^2(j\omega).
\tag{4.3.15}
$$

4.3.3 Übertragungsmaß, Dämpfung und Phase

Zur besseren Überschaubarkeit der Zahlenwerte verwendet man neben der komplexen Übertragungsfunktion $H(j\omega)$ das ebenfalls komplexwertige logarithmische *Übertragungsmaß* $g(\omega)$:

$$
H(j\omega) = e^{-g(\omega)}.
\tag{4.3.16}
$$

Das negative Vorzeichen im Ansatz des Exponenten hat historische Gründe. Im deutschen Schrifttum wurde der Exponent ursprünglich positiv angesetzt, die Übertragungsfunktion aber als Quotient von Erregung zur Systemantwort definiert. Zwischenzeitlich hat sich weltweit der Reziprokwert dieser Definition als Übertragungsfunktion durchgesetzt. Um dieser Entwicklung Rechnung zu tragen und gleichzeitig die ursprüngliche Definition des Übertragungsmaßes $g(\omega)$ beizubehalten, wird der Exponent in (4.3.16) negativ angesetzt.

Das komplexe Übertragungsmaß

$$g(\omega) = a(\omega) + jb(\omega) \qquad (4.3.17)$$

besteht im Realteil aus dem *Dämpfungsmaß* oder der *Dämpfung* $a(\omega)$ und im Imaginärteil aus dem *Phasenmaß* oder der *Phase* $b(\omega)$. Ein Vergleich von (4.3.16-17) mit der Darstellung der Übertragungsfunktion $H(j\omega)$ in (4.3.11) zeigt, daß die Dämpfung in Np (Neper) durch den Ausdruck

$$a(\omega) = -\ln|H(j\omega)| \qquad (4.3.18)$$

gegeben ist und die Phase in rad (Radiant) durch den Ausdruck

$$b(\omega) = -\mathrm{arc}\, H(j\omega). \qquad (4.3.19)$$

Gebräuchlicher ist heute eine Dämpfungsangabe

$$a(\omega) = -20\,\mathrm{lg}|H(j\omega)| \qquad (4.3.20)$$

in dB (Dezibel). Die Umrechnung beider Pseudoeinheiten erfolgt in guter Näherung durch die Beziehungen

$$1 dB = 0.115\, Np, \qquad (4.3.21)$$

$$1 Np = 8.686\, dB. \qquad (4.3.22)$$

Im englischsprachigem Schrifttum ist neben der Dämpfung ("attenuation" oder "loss") besonders die negierte Dämpfung ("gain") gebräuchlich.

Neben der Phase in rad wird alternativ die Phase in Grad angegeben:

$$b(\omega) = -\frac{180^\circ}{\pi}\,\mathrm{arc}\, H(j\omega). \qquad (4.3.23)$$

Es ist besonders zu beachten, daß im englischsprachigen Schrifttum der Phasenwinkel als "phase" bezeichnet wird. Hier wird auch der Ansatz (4.3.16) nicht verwendet.

Beispiel 4.3.3

Die Übertragungsfunktion des RC-Gliedes wurde im Beispiel 4.2.1 ermittelt. Sie lautet nach (4.2.6)

$$H(j\omega) = \frac{1}{1 + j\omega T}. \qquad (4.3.24)$$

Daraus errechnet sich mit (4.3.12) der Betrag zu

$$|H(j\omega)| = \frac{1}{\sqrt{1 + (\omega T)^2}} \qquad (4.3.25)$$

und mit (4.3.13) der Phasenwinkel zu

$$\text{arc}\, H(j\omega) = \arctan(-\omega T). \qquad (4.3.26)$$

Mit Hilfe von (4.3.20) erhält man aus dem Betrag den Dämpfungsverlauf in dB

$$a(\omega) = 20\, \lg \sqrt{1 + (\omega T)^2} = 10\, \lg\left(1 + (\omega T)^2\right) \qquad (4.3.27)$$

und mit Hilfe von (4.3.19) den Phasenverlauf in rad in Abhängigkeit von der Frequenz:

$$b(\omega) = -\arctan(-\omega T) = \arctan(\omega T). \qquad (4.3.28)$$

Bild 4.3.2 zeigt den Dämpfungsverlauf des RC-Gliedes über der Frequenz.

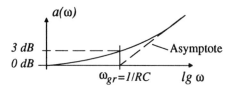

Bild 4.3.2: Dämpfungsverlauf des RC-Gliedes

Die sogenannte 3 dB-Grenzfrequenz liegt bei $\omega = \omega_{gr} = 1/T = 1/RC$, denn aus (4.3.27) folgt für $\omega = \omega_{gr}$ die spezielle Dämpfung von 3 dB:

$$a(\omega_{gr}) = 10\, \lg(1 + 1) = 3.010\, dB \approx 3\, dB. \qquad (4.3.29)$$

Aus (4.3.27) folgt weiterhin, daß die Dämpfung bei tiefen Frequenzen $\omega \to 0$ gegen 0 dB strebt. Für hohe Frequenzen $\omega \gg 1/T$ kann eine Asymptote angegeben werden. Durch Vernachlässigung des Beitrages 1 gegenüber der Größe $(\omega T)^2$ im Klammerausdruck in (4.3.27) erhält man die folgende Näherung:

$$a(\omega) \approx 10\, \lg(\omega T)^2 = 20\, \lg(\omega T) \qquad (4.3.30)$$

in dB. Bei hohen Frequenzen steigt die Dämpfung linear über der logarithmisch dargestellten Frequenzachse an. Die Steigung beträgt 6 dB/Oktave bzw. 20 dB/Dekade.

4.3.4 Ermittlung des Betragsfrequenzganges

Die Produktdarstellung der Übertragungsfunktion $H(s)$ in (4.3.1) liefert einen leichten Zugang zur Ermittlung des *Betragsfrequenzganges* $|H(j\omega)|$. Da der Betrag eines Produktes von Faktoren gleich dem Produkt der Beträge der Faktoren ist, gilt mit (4.3.1)

$$|H(j\omega)| = |H_0| \cdot \frac{\prod\limits_{j=1}^{m} |j\omega - s_{0j}|}{\prod\limits_{i=1}^{n} |j\omega - s_{\infty i}|}. \qquad (4.3.31)$$

Die multiplikativ verknüpften Beträge der *Linearfaktoren* in Zähler und Nenner können dem Pol-Nullstellenplan als Abstände vom betrachteten Frequenzpunkt auf der $j\omega$-Achse zu den Polen und Nullstellen entnommen werden. Bild 4.3.3 zeigt den Pol-Nullstellenplan eines Systems mit einem komplexen Polpaar in der linken s-Halbebene und einer Nullstelle im Ursprung.

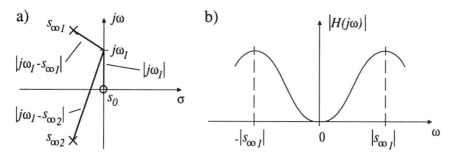

Bild 4.3.3: Beträge der Linearfaktoren im Pol-Nullstellenplan (a) und daraus erstellter Betragsfrequenzgang (b)

Für jeden Punkt auf der $j\omega$-Achse ist der Abstand zum Ursprung zu ermitteln und durch die Abstände zu den beiden Polen zu dividieren. Das Ergebnis ist noch mit dem Betrag $|H_0|$ zu multiplizieren. In Bild 4.3.3b ist der resultierende Betragsfrequenzgang aus dem danebenstehenden Pol-Nullstellenplan dargestellt.

Nullstellen in der Nähe der $j\omega$-Achse verursachen ein lokales Minimum im Betragsfrequenzgang, Pole ein lokales Maximum. Die Wirkung der Pole und Nullstellen auf den Betragsfrequenzgang wird mit zunehmender Nähe zur $j\omega$-Achse stärker. Pole und Nullstellen auf der $j\omega$-Achse werden zu Polen und Nullstellen des Betragsfrequenzganges.

Die Auswertung des Betrages der Übertragungsfunktion mit (4.3.31) beschränkt sich nicht auf Punkte auf der $j\omega$-Achse. Vielmehr kann der Betrag der Übertragungsfunktion gleichsam wie ein Gebirge über der s-Ebene ausgerechnet werden. Bild 4.3.4 zeigt dieses Gebirge für das in Bild 4.3.3 betrachtete System.

a)   b)

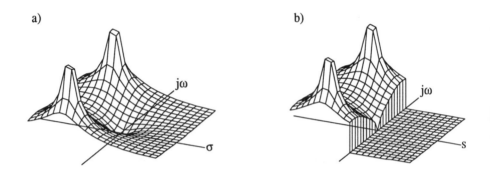

Bild 4.3.4:   Betrag der Übertragungsfunktion über der s-Ebene (a) und Schnitt durch diesen Betrag längs der $j\omega$-Achse (b)

Die Minima des Betrages über der s-Ebene sind identisch mit den Nullstellen der Übertragungsfunktion und haben exakt den Wert Null. Bei den Polstellen wächst der Betrag über alle Grenzen. In der Nähe eines Poles wird der Betrag von diesem Pol bestimmt. Liegt der betrachtete Wert von s im Abstand δ vom einem einfachen Pol $s_{\infty i}$, so hat der Betrag an dieser Stelle in guter Näherung den Wert $A_i\delta$, wobei A_i das Residuum dieses Poles ist.

Vollzieht man längs der $j\omega$-Achse einen Schnitt durch das Gebirge, so erhält man wieder den Betragsfrequenzgang, siehe Bild 4.3.4b und Bild 4.3.3b.

4.3.5 Bode-Diagramme für die Dämpfung

Zur Abschätzung von Dämpfungsverläufen meist einfacher Systeme werden *Bode-Diagramme* erstellt. Dazu wird die Übertragungsfunktion in einfache Elementarterme zerlegt, deren Dämpfungsverläufe leicht anzugeben sind. Am Ende werden die Dämpfungsbeiträge aller Elementarterme summiert.

Ausgangspunkt für die folgenden Betrachtungen ist die Darstellung der Übertragungsfunktion in (4.3.1). Es werde angenommen, daß die Übertragungsfunktion m_0 Nullstellen bei $s = 0$, m_1 reelle von Null verschiedene Nullstellen und m_2 komplexe Nullstellenpaare besitze. Die Gesamtzahl der Nullstellen ist dann $m = m_0 + m_1 + 2m_2$. Ferner seien n_0 Pole bei $s = 0, n_1$ reelle von

Null verschiedene Pole und n_2 komplexe Polpaare vorhanden, insgesamt also $n = n_0 + n_1 + 2n_2$ Pole. Dann läßt sich $H(s)$ in (4.3.1) wie folgt schreiben:

$$H(s) = H_0 \frac{s^{m_0} \cdot \prod\limits_{j=1}^{m_1} (s - s_{0j}) \cdot \prod\limits_{j=m_1+1}^{m_1+m_2} \left(s^2 + s\frac{|s_{0j}|}{Q_{0j}} + |s_{0i}|^2\right)}{s^{n_0} \cdot \prod\limits_{i=1}^{n_1} (s - s_{\infty i}) \cdot \prod\limits_{i=n_1+1}^{n_1+n_2} \left(s^2 + s\frac{|s_{\infty i}|}{Q_{\infty i}} + |s_{\infty i}|^2\right)}. \tag{4.3.32}$$

In den Polynomen zweiten Grades im Zähler und Nenner sind jeweils Wurzelpaare zusammengefaßt. Die Parameter Q_{0j} werden *Nullstellengüten*, die Parameter $Q_{\infty i}$ werden *Polgüten* genannt.

Klammert man alle Pole und Nullstellen aus den linearen und quadratischen Termen aus und faßt man die Pole und Nullstellen im Ursprung zusammen, so erhält man aus (4.3.32) den folgenden Betrag der Übertragungsfunktion:

$$|H(s)| = \left|\tilde{H}_0\right| \cdot \left|s^{m_0 - n_0}\right| \cdot \frac{\prod\limits_{j=1}^{m_1} \left|\frac{s}{s_{0j}} - 1\right| \cdot \prod\limits_{j=m_1+1}^{m_1+m_2} \left|\frac{s^2}{|s_{0j}|^2} + \frac{s}{Q_{0j}|s_{0j}|} + 1\right|}{\prod\limits_{i=1}^{n_1} \left|\frac{s}{s_{\infty i}} - 1\right| \cdot \prod\limits_{i=n_1+1}^{n_1+n_2} \left|\frac{s^2}{|s_{\infty i}|^2} + \frac{s}{Q_{\infty i}|s_{\infty i}|} + 1\right|}$$

$$\tag{4.3.33}$$

mit

$$\left|\tilde{H}_0\right| = |H_0| \cdot \frac{\prod\limits_{j=1}^{m_1} |s_{0j}| \cdot \prod\limits_{j=m_1+1}^{m_1+m_2} |s_{0j}|^2}{\prod\limits_{i=1}^{n_1} |s_{\infty i}| \cdot \prod\limits_{i=n_1+1}^{n_1+n_2} |s_{\infty i}|^2}. \tag{4.3.34}$$

Beim Übergang zur Dämpfungsfunktion $a(\omega)$, siehe (4.3.20), wird aus dem Produkt der verschiedenen Terme in (4.3.33) durch das Logarithmieren eine Summe entsprechender Dämpfungsterme:

$$a(\omega) = -20\lg |H(j\omega)|$$

$$= -20\lg \left|\tilde{H}_0\right| + (n_0 - m_0)20\lg |j\omega|$$

$$- \sum_{j=1}^{m_1} 20\lg \left|\frac{j\omega}{s_{0j}} - 1\right| - \sum_{j=m_1+1}^{m_1+m_2} 20\lg \left|\frac{-\omega^2}{|s_{0j}|^2} + \frac{j\omega}{Q_{0j}|s_{0j}|} + 1\right| \tag{4.3.35}$$

$$+ \sum_{i=1}^{n_1} 20\lg \left|\frac{j\omega}{s_{\infty i}} - 1\right| + \sum_{j=n_1+1}^{n_1+n_2} 20\lg \left|\frac{-\omega^2}{|s_{\infty i}|^2} + \frac{j\omega}{Q_{\infty i}|s_{\infty i}|} + 1\right|.$$

In (4.3.35) treten sechs in ihrer Art verschiedene *Elementardämpfungsterme* auf, die im folgenden diskutiert werden. Der Term $-20\lg \left|\tilde{H}_0\right|$ beschreibt eine konstante Dämpfung über der Frequenz und wird *Grunddämpfung* genannt, siehe Bild 4.3.5a.

Der Term $(n_0 - m_0) 20 \lg |j\omega|$ rührt von den Polen und Nullstellen im Ursprung her und bewirkt eine Dämpfung mit konstanter Steigung über der logarithmisch skalierten Frequenzachse, siehe Bild 4.3.5b. Die Steigung beträgt pro Gradüberschuß des Nenners 6 dB/Oktave bzw. 20 dB/Dekade.

Elementarterme von *reellen Nullstellen* leisten den folgenden Beitrag zur Gesamtdämpfung:

$$-20 \lg \left| \frac{j\omega}{s_{0j}} - 1 \right| . \tag{4.3.36}$$

Dieser Beitrag strebt für $\omega \to 0$ gegen den Wert 0 dB. Für hohe Frequenzen $\omega \gg |s_{0j}|$ strebt die Dämpfung gegen eine Asymptote mit der Steigung -6 dB/Oktave bzw. -20 dB/Dekade, die bei $\omega = |s_{0j}|$ die 0 dB-Achse schneidet, siehe Bild 4.3.5c.

Der Dämpfungsbeitrag von *reellen Polen*

$$20 \lg \left| \frac{j\omega}{s_{\infty i}} - 1 \right| \tag{4.3.37}$$

hat prinzipiell die gleiche Gestalt und unterscheidet sich nur im Vorzeichen der Dämpfung, siehe Bild 4.3.5e.

Elementarterme von *komplexen Nullstellenpaaren* leisten den folgenden Beitrag zur Gesamtdämpfung:

$$-20 \lg \left| 1 + \frac{j\omega}{Q_{0j}|s_{0j}|} - \frac{\omega^2}{|s_{0j}|^2} \right| . \tag{4.3.38}$$

Dieser Beitrag strebt für $\omega \to 0$ ebenfalls gegen den Wert 0 dB. Für hohe Frequenzen $\omega \gg |s_{0j}|$ strebt die Dämpfung gegen eine Asymptote mit der Steigerung -12 dB/Oktave bzw. -40 dB/Dekade, die bei $\omega = |s_{0j}|$ die 0 dB-Achse schneidet, siehe Bild 4.3.5d. Das Übergangsverhalten des Dämpfungsbeitrages in der Nähe der Frequenz $\omega = |s_{0j}|$ hängt stark von der Nullstellengüte ab. Mit steigender Güte entsteht eine zunehmende Überhöhung, siehe Bild 4.3.5d. Bei hohen Güten tritt das Maximum etwa bei $\omega = |s_{0j}|$ auf und hat den Wert

$$a_i(\omega) = 20 \lg Q_{0j}. \tag{4.3.39}$$

Dieses geht unmittelbar aus (4.3.38) hervor.

Elementardämpfungen von *komplexen Polpaaren* haben prinzipiell die gleiche Gestalt wie die von komplexen Nullstellenpaaren, siehe Bild 4.3.5f. Sie unterscheiden sich lediglich im Vorzeichen der Dämpfung.

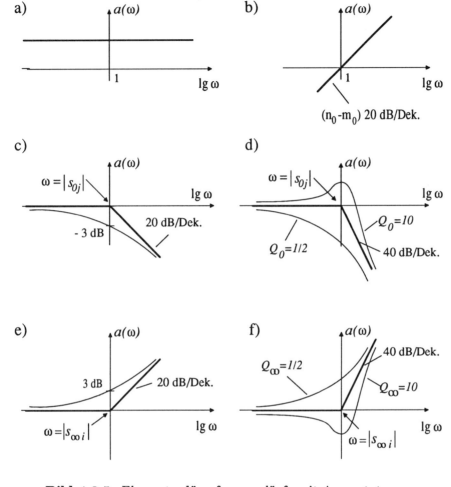

Bild 4.3.5: Elementardämpfungsverläufe mit Asymptoten:
Grunddämpfung (a), Pole und Nullstellen im Ursprung (b),
reelle (c) und komplexe (d) Nullstellen, reelle (e) und komplexe (f) Pole

In den Bode-Diagrammen werden als Näherung nur die Asymptoten eingetragen. In der Regel beschränken sich Betrachtungen mit Bode-Diagrammen auf Systeme mit reellen Polen und Nullstellen. Im Falle komplexer Pol- oder Nullstellenpaare werden neben den Asymptoten auch die Dämpfungsübergänge mit einer Abschätzung nach (4.3.39) eingetragen.

Beispiel 4.3.4

Betrachtet sei die Übertragungsfunktion

$$H(s) = \frac{20s}{(s+1)(s+10)}. \tag{4.3.40}$$

Sie besitzt eine Nullstelle im Ursprung und zwei reelle Pole $s_{\infty 1} = -1$ und $s_{\infty 2} = -10$. Die Konstante $\tilde{H}_0$ nach (4.3.34) beträgt 2, die Grunddämpfung -6 dB. Bild 4.3.6 zeigt näherungsweise mit Asymptoten die verschiedenen Dämpfungsbeiträge und die daraus resultierende Gesamtdämpfung.

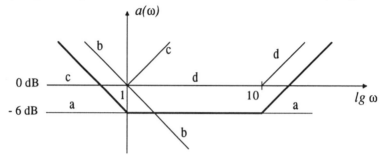

Bild 4.3.6: Bode-Diagramm für die Übertragungsfunktion in (4.3.40)

Die Grunddämpfung ist in der Kurve a festgehalten. Die Nullstelle im Ursprung trägt die Dämpfungskurve b mit konstanter Steigung -20 dB/Dekade bei. Die beiden reellen Pole führen auf die Kurven c und d.

Der gesamte Dämpfungsverlauf charakterisiert einen Bandpaß mit den 3dB-Frequenzen $\omega_{gr1} = -1$ und $\omega_{gr2} = 10$, einer Steigung von -20 dB/Dekade bei tiefen Frequenzen und +20 dB/Dekade bei hohen Frequenzen und einer Grunddämpfung von -6 dB.

4.3.6 Ermittlung des Phasenfrequenzganges

Das Phasenmaß b in Abhängigkeit von der Frequenz ω, kurz *Phasenfrequenzgang* genannt, kann in ähnlicher Weise wie der Betragsfrequenzgang direkt aus dem Pol-Nullstellenplan abgelesen werden. Dieses geht aus der Produktdarstellung der Übertragungsfunktion hervor:

$$b(\omega) = -\mathrm{arc}\left(H_0 \frac{\prod_{j=1}^{m} (s - s_{0j})}{\prod_{i=1}^{n} (s - s_{\infty i})} \right) = -\mathrm{arc}\left(H_0 \frac{\prod_{j=1}^{m} |s - s_{0j}| \exp(j\varphi_j)}{\prod_{i=1}^{n} |s - s_{\infty i}| \exp(j\psi_i)} \right)$$

$$= -\mathrm{arc}\, H_0 + \sum_{i=1}^{n} \psi_i - \sum_{j=1}^{m} \varphi_j.$$

$$(4.3.41)$$

Die Winkel ψ_i und φ_j können aus dem Pol-Nullstellenplan entnommen werden. Zur Veranschaulichung sei wieder der in Bild 4.3.3 betrachtete Pol-Nullstellenplan aufgegriffen. Bild 4.3.7a zeigt, wie für eine gerade betrachtete Frequenz ω_1 aus den Polen $s_{\infty 1}$ und $s_{\infty 2}$ die Phasenbeiträge ψ_1 und ψ_2 und aus der

Nullstelle s_0 der Phasenbeitrag φ_1 entnommen werden kann. Setzt man gemäß (4.3.41) für alle Frequnzen ω die Phasenbeiträge zusammen, so erhält man den in Bild 4.3.7b gezeigten Phasenfrequenzgang. Hierbei wurde ein positiver, reeller Skalierungsfaktor H_0 vorausgesetzt.

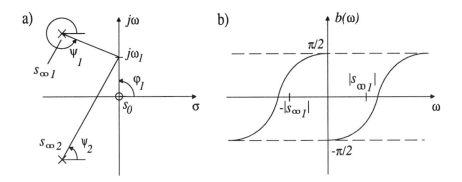

Bild 4.3.7: Phasenbeiträge der Linearfaktoren im Pol-Nullstellenplan (a) und daraus erstellter Phasenfrequenzgang (b)

Einfache Nullstellen auf der $j\omega$-Achse verursachen einen *Phasensprung* von π. Wegen der Vieldeutigkeit der Phase in 2π, kann dieser Phasensprung als $+\pi$ oder $-\pi$ gedeutet werden.

Der Phasenwinkel bzw. das Phasenmaß von LTI-Systemen steht im Einklang mit dem *Nullphasenwinkel* φ_0 von Sinus- und Kosinussignalen, siehe (1.1.14), definiert. Dieses geht unmittelbar aus (1.4.18) hervor, wenn man zwei komplexe Exponentialfunktionen zu einer Sinus- oder Kosinusfunktion zusammenfaßt:

$$u(t) = \sin(\omega_0 t) = \frac{1}{2j}\left[e^{j\omega_0 t} - e^{-j\omega_0 t}\right]. \tag{4.3.42}$$

Da die Erregung $u(t)$ eine Eigenfunktion des LTI-Systems ist, gilt für die Antwort

$$y(t) = \frac{1}{2j}\left(H(j\omega_0) \cdot e^{j\omega_0 t} - H(-j\omega_0) \cdot e^{-j\omega_0 t}\right). \tag{4.3.43}$$

Im Falle eines Systems mit einer reellen Impulsantwort hat der Frequenzgang einen konjugiert symmetrischen Verlauf über der Frequenz, siehe (2.4.9), d.h. es gilt:

$$H(j\omega_0) = |H(j\omega_0)| \cdot e^{-jb(\omega_0)} \tag{4.3.44}$$

und

$$H(-j\omega_0) = |H(j\omega_0)| \cdot e^{+jb(\omega_0)}. \tag{4.3.45}$$

Damit lautet die Systemantwort

$$y(t) = \frac{|H(j\omega_0)|}{2j} \left[e^{j(\omega_0 t - b(\omega_0))} - e^{-j(\omega_0 t - b(\omega_0))} \right]$$

$$= |H(j\omega_0)| \cdot \sin(\omega_0 t - b(\omega_0)).$$

(4.3.46)

Beispiel 4.3.5

Das RC-Glied in Bild 4.3.8a wird mit einem Sinussignal der Amplitude $U = 1$ erregt. Der Phasenverlauf des RC-Gliedes geht aus Bild 4.3.8b hervor. Für eine positive Frequenz ω_0 ist das Phasenmaß $b(\omega_0)$ positiv.

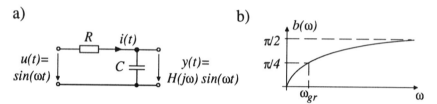

a)   b)

Bild 4.3.8: RC-Glied mit sinusförmiger Erregung (a) und Phasenfrequenzgang des RC-Gliedes (b)

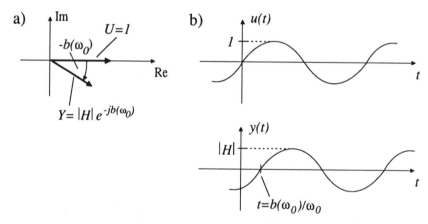

a)   b)

Bild 4.3.9: Zeigerdarstellung der Phasendifferenz zwischen $u(t)$ und $y(t)$ (a) und zeitliche Darstellung beider Signale (b)

Aus (4.3.46) ist ersichtlich, daß der Nullphasenwinkel des Ausgangssignals $y(t)$ bezogen auf das Eingangssignal $u(t)$ um das Phasenmaß $b(\omega_0)$ vermindert ist:

$$\varphi_0 = -b(\omega_0).$$

(4.3.47)

In Bild 4.3.9a sind die Zeiger (komplexen Amplituden) des Eingangs- und Ausgangssignals dargestellt. Diese Darstellung ist eine Brücke zur komplexen

Wechselstromlehre. Bild 4.3.9b zeigt den zeitlichen Verlauf des Eingangs- und Ausgangssignals. Das positive Phasenmaß $b(\omega_0)$ des Systems verursacht einen negativen Nullphasenwinkel beim Ausgangssignal. Dieses äußert sich in einem um Zeit $t = b(\omega_0)/\omega_0$ nacheilenden Ausgangssignal gegenüber dem Eingangssignal.

4.3.7 Bode-Diagramme für die Phase

Das Bode-Diagramm ist in seiner ursprünglichen Fassung auf Dämpfungsbetrachtungen beschränkt. Für den Phasenfrequenzgang lassen sich jedoch, wie im folgenden gezeigt wird, ähnliche Näherungen angeben. Diese Diagramme sollen daher ebenfalls als Bode-Diagramme bezeichnet werden.

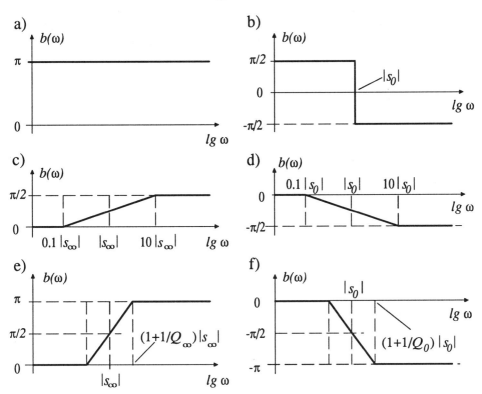

Bild 4.3.10: Näherungen für Elementarphasenverläufe:
negativer Skalierungsfaktor (a), Nullstellen auf der $j\omega$-Achse (b),
reelle (c) und komplexe (e) Pole, reelle (d) und komplexe (f) Nullstellen

Bild 4.3.10 zeigt Näherungen für die sechs *elementaren Phasenbeiträge*, die der Produktdarstellung (4.3.32) der Übertragungsfunktion entnommen werden können. Im Falle eines negativen Skalierungsfaktors H_0 entsteht ein frequenzunabhängiger Phasenbeitrag der Höhe π, Bild 4.3.10a.

Eine einzelne Nullstelle auf der $j\omega$-Achse verursacht an dieser Stelle einen Phasensprung von $\pi/2$ nach $-\pi/2$, Bild 4.3.10b. Ist diese Nullstelle im Ursprung, so ist der Phasenbeitrag für alle positiven Frequenzen $-\pi/2$. Bild 4.3.10b zeigt lediglich die Wirkung einer einzigen Nullstelle. Ein Nullstellenpaar auf der $j\omega$-Achse leistet im Bereich der positiven Frequenzen einen Phasenbeitrag 0 für $\omega < |s_0|$ und einen Beitrag $-\pi$ für $\omega > |s_0|$. Dieser Beitrag ist ähnlich dem in Bild 4.3.10f gezeigten. Nur findet anstelle des stetigen Phasenüberganges von 0 nach $-\pi$ ein Phasensprung statt.

Bild 4.3.10c und d zeigen eine Näherung für den Phasenbeitrag einfacher reeller Pole und Nullstellen. Die maximale Abweichung vom tatsächlichen Verlauf tritt bei $\omega = 0,1|s_\infty|$ und $\omega = 10|s_\infty|$ auf und beträgt $5,7°$.

Eine ähnliche Näherung läßt sich auch für einfache komplexe Pol- und Nullstellenpaare angeben, Bild 4.3.10e und f. Diese Näherung wird mit zunehmendem Gütefaktor Q_0 bzw. Q_∞ besser.

Beispiel 4.3.6

Es sei noch einmal die Übertragungsfunktion $H(s)$ in (4.3.40) aus dem Beispiel 4.3.4 betrachtet:

$$H(s) = \frac{20s}{(s+1)(s+10)}. \qquad (4.3.48)$$

Da der Skalierungsfaktor $H_0 = 20$ positiv ist, leistet er keinen von Null verschiedenen Beitrag zum Phasenverlauf. Die übrigen Phasenbeiträge sind in Bild 4.3.11 skizziert.

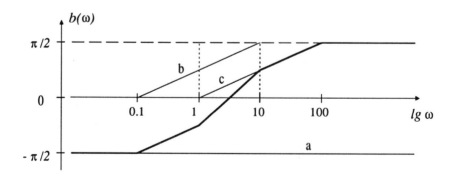

Bild 4.3.11: Bode-Diagramm für die Phase der Übertragungsfunktion (4.3.48)

Die Nullstelle liefert den konstanten Beitrag $-\pi/2$, Kurve a. Die Beiträge der beiden Pole $s_{\infty 1} = -1$ und $s_{\infty 2} = -10$ sind durch die Kurven b und c angenähert. Die Näherung für den Gesamtphasenverlauf ist stark gezeichnet.

Die bisherigen Betrachtungen beschränkten sich auf einfache Pole und Nullstellen. Im Falle von mehrfachen Polen und Nullstellen sind die Phasenbeiträge mit der jeweiligen Vielfachheit zu multiplizieren.

Phasenabschätzungen wie die in Bild 4.3.7 zeigen, daß Pole und Nullstellen in der linken s-Halbebene und imaginäre Nullstellenpaare für tiefe Frequenzen $\omega \to 0$ keinen Phasenbeitrag liefern. Die Phase ist hier in guter Näherung durch die Differenz der Anzahl der Pole und Nullstellen im Ursprung multipliziert mit $\pi/2$ plus der Anzahl der Nullstellen in der rechten s-Halbebene multipliziert mit π gegeben. Für $\omega \to \infty$ strebt die Phase gegen einen Wert, der durch Differenz der Anzahl von Polen und Nullstellen multipliziert mi $\pi/2$ gegeben ist.

4.3.8 Gruppenlaufzeit

Die *Gruppenlaufzeit* ist ein wichtiges Kennzeichen von LTI-Systemen. Sie wird besonders in der Nachrichtentechnik verwendet und ist als Ableitung der Phase nach der Kreisfrequenz definiert:

$$t_g = \frac{d\,b(\omega)}{d\omega}. \qquad (4.3.49)$$

Aus dem negierten Übertragungsmaß nach (4.3.16-17)

$$\ln H(j\omega) = -a(\omega) - jb(\omega) \qquad (4.3.50)$$

läßt sich eine Beziehung zur Berechnung der Gruppenlaufzeit angeben. Dazu ist (4.3.50) auf beiden Seiten nach $j\omega$ abzuleiten:

$$\frac{d}{d(s)} \ln H(s) \Big|_{s=j\omega} = \frac{dH(s)/ds}{H(s)} \Big|_{s=j\omega} = -\frac{d}{d(j\omega)}a(\omega) - j\underbrace{\frac{d}{d(j\omega)}b(\omega)}_{t_g}. \qquad (4.3.51)$$

Im rechts stehenden Term auf der rechten Seite kürzt sich die Größe j heraus und es bleibt gemäß (3.4.49) die Gruppenlaufzeit übrig. Da dieser Term gleichzeitig der Realteil des Ausdruckes auf der rechten Seite ist, gilt für die Gruppenlaufzeit

$$t_g = \Re\{-\frac{dH(s)/ds}{H(s)}\} \Big|_{s=j\omega}. \qquad (4.3.52)$$

Da der Ausdruck in den geschweiften Klammern eine gebrochen rationale Funktion in s ist, kann die Realteilbildung mit der Beziehung (4.3.4) durchgeführt werden.

Beispiel 4.3.7

Wie lautet die Gruppenlaufzeit eines Systems mit der Übertragungsfunktion

$$H(s) = \frac{s - s_0}{s + s_0}?$$ (4.3.53)

Zur Beantwortung dieser Frage wird die Übertragungsfunktion $H(s)$ zunächst nach s abgeleitet

$$\frac{d}{ds} H(s) = \frac{(s + s_0) - (s - s_0)}{(s + s_0)^2} = \frac{2s_0}{(s + s_0)^2}$$ (4.3.54)

und durch $H(s)$ dividiert:

$$\frac{dH(s)/ds}{H(s)} = \frac{2s_0}{(s + s_0)(s - s_0)} = \frac{2s_0}{s^2 - s_0^2}.$$ (4.3.55)

Die Realteilbildung erfolgt mit (4.3.4):

$$\Re\{\frac{-2s_0}{s^2 - s_0^2}\} = \frac{(-2s_0)(s^2 - s_0^2)}{(s^2 - s_0^2)^2} = \frac{-2s_0}{s^2 - s_0^2}.$$ (4.3.56)

Für $s = j\omega$ rehält man daraus die gesuchte Gruppenlaufzeit

$$t_g(\omega) = \frac{-2s_0}{-\omega^2 - s_0^2} = \frac{2s_0}{\omega^2 + s_0^2}.$$ (4.3.57)

Ein System mit einer Übertragungsfunktion nach (4.3.53) wird ein Allpaß 1. Ordnung genannt. Die Gruppenlaufzeit dieses Allpasses ist in Bild 4.3.12 aufgezeichnet.

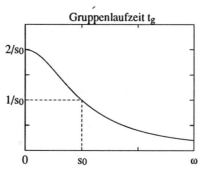

Bild 4.3.12:   Gruppenlaufzeit des Allpasses 1. Ordnung

Zur Interpretation der Gruppenlaufzeit seien speziell die Frequenzen $\omega = 0$

$$t_g(0) = \frac{2}{s_0}$$ (4.3.58)

und $\omega = s_0$

$$t_g(s_0) = \frac{1}{s_0} \qquad (4.3.59)$$

betrachtet. Die Frequenz $\omega = s_0$ kann daher als Halbwertsfrequenz bezeichnet werden, siehe Bild 4.3.12.

4.3.9 Allpässe und minimalphasige Systeme

Stabile Systeme, die spiegelbildlich zu jedem Pol in der linken s-Halbebene eine Nullstelle in der rechten s-Halbebene besitzen, heißen *Allpässe*. Bild 4.3.13 zeigt die Pol-Nullstellenpläne von Allpässen 1., 2. und 3. Ordnung.

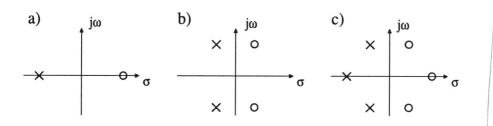

Bild 4.3.13: Pol-Nullstellenpläne von Allpässen 1. Ordnung (a), 2. Ordnung (b) und 3. Ordnung (c)

Aus der Produktdarstellung des Betrages der Übertragungsfunktion

$$|H(j\omega)| = |H_0| \frac{\prod\limits_{i=1}^{n} |j\omega - s_{0i}|}{\prod\limits_{i=1}^{n} |j\omega - s_{\infty i}|} \qquad (4.3.60)$$

folgt wegen des Herauskürzens der korrespondierenden Linearterme, daß der Betrag $|H(j\omega)|$ der Übertragungsfunktion für alle Frequenzen ω gleich dem Betrag der Skalierungskonstanten $|H_0|$ ist. Ein Allpaß zeigt über der Frequenz eine konstante Dämpfung. Von daher rührt die Bezeichnung Allpaß.

Ein System mit Nullstellen in der rechten s-Halbebene heißt *allpaßhaltig*. Aus einem allpaßhaltigen System läßt sich stets ein Allpaß so abspalten, daß ein restliches System ohne Nullstellen in der rechten s-Halbebene übrigbleibt. Unter Abspaltung wird dabei eine Zerlegung der Übertragungsfunktion in Faktoren verstanden, die als Kaskade zweier Systeme mit den entsprechenden Teilübertragungsfunktionen realisiert werden kann. Ein System ohne Nullstellen in der rechten s-Halbebene wird ein *minimalphasiges System* genannt.

Beispiel 4.3.8

Bild 4.3.14 zeigt die Aufspaltung eines allpaßhaltigen Systems in einen Allpaß 3. Ordnung und ein minimalphasiges System.

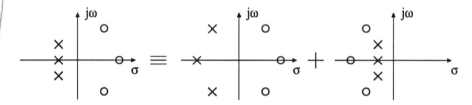

Bild 4.3.14: Zerlegung eines allpaßhaltigen Systems

Vor der Zerlegung dieses Systems ist die Übertragungsfunktion mit je drei Linearfaktoren im Zähler und Nenner zu erweitern. Diese Linearfaktoren entsprechen den drei an der $j\omega$-Achse gespiegelten Nullstellen in der rechten s-Halbebene. Nach der Zerlegung stellen die erweiterten Linearfaktoren im Nenner die Pole des Allpasses dar und die Linearfaktoren im Zähler die Nullstellen des minimalphasigen Systems, Bild 4.3.14.

Da sich der Betrag einer Übertragungsfunktion nicht ändert, wenn eine oder mehrere Nullstellen an der $j\omega$-Achse gespiegelt werden, gibt es für eine Übertragungsfunktion mit mehreren Nullstellen mehrere Pol-Nullstellenpläne mit dem gleichen Betragsfrequenzgang. Mit dem Spiegeln der Nullstellen ändert sich aber der Phasenfrequenzgang. Der Begriff "minimalphasig" rührt von der Tatsache her, daß die Phase bei der Variation der Frequenz von $\omega = 0$ bis $\omega \to \infty$ den kleinsten Wertebereich durchläuft, wenn alle Nullstellen in der linken s-Halbebene liegen.

Beispiel 4.3.9

Das vorliegende Beispiel soll verdeutlichen, daß der Phasenfrequenzgang eines Systems wesentlich stärker variiert, wenn eine Nullstelle aus der linken s-Halbebene in die rechte gespiegelt wird. Bild 4.3.15 zeigt die Pol-Nullstellenpläne der zu vergleichenden Systeme.

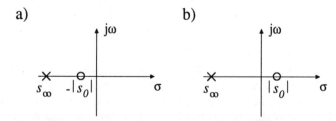

Bild 4.3.15: Minimalphasiges (a) und allpaßhaltiges (b) System

Beide Systeme haben den gleichen Dämpfungsverlauf, denn es gilt

$$|H_a(j\omega)| = H_0 \frac{|s + |s_0||}{|s - s_\infty|} = H_0 \frac{|s - |s_0||}{|s - s_\infty|} = |H_b(j\omega)|. \qquad (4.3.61)$$

Bild 4.3.16 zeigt die Phasenbeiträge des Poles und der Nullstelle zum Phasenfrequenzgang des minimalphasigen Systems. Da die Phasenbeiträge der Pole und Nullstellen zunächst verschiedene Vorzeichen haben, siehe (4.3.41), kompensieren sie einander, wenn die Pole und Nullstellen in der gleichen s-Halbebene liegen. In Bild 4.3.16 sind bei einer betrachteten Frequenz ω (durch einen Punkt auf der $j\omega$-Achse angedeutet) die Winkel ψ zu dem Pol und φ_1 zu der Nullstelle etwa gleich groß. Da der Winkel φ_1 negativ gezählt wird, ergibt sich der Gesamtphasenverlauf $b(\omega)$ aus der Differenz bzw. Abweichung beider Teilphasenverläufe.

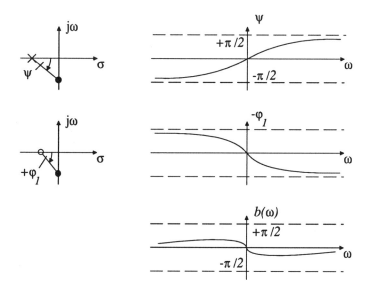

Bild 4.3.16: Phasenverlauf des minimalphasigen Systems
mit dem Pol-Nullstellenplan nach Bild 4.3.15a

Bild 4.3.17 zeigt die entsprechenden Phasenverläufe des allpaßhaltigen Systems. Die Nullstelle in der rechten s-Halbebene zeigt einen ähnlichen Phasenverlauf wie der in der linken s-Halbebene liegende Pol, allerdings mit einem Versatz um den Wert π. Wegen der Vieldeutigkeit der Phase in 2π könnte man den Phasenbeitrag von φ_2 auch zwischen $+\pi/2$ und $+3\pi/2$ zeichnen. Entscheidend für den Gesamtphasenverlauf ist die Tatsache, daß sich beide Phasenbeiträge in ihrer Variation ergänzen. Dieses führt auf einen Gesamtphasenverlauf mit einer Phasenvariation von 2π im Frequenzbereich von $\omega = -\infty$ bis $\omega = +\infty$.

Ein Vergleich der beiden Bilder zeigt, daß sich die Beiträge von Pol und Nullstelle im Falle des minimalphasigen Systems weitgehend kompensieren, während sie sich im Falle des allpaßhaltigen Systems ergänzen. Dieses führt auf den großen Unterschied der beiden resultierenden Phasenfrequenzgänge.

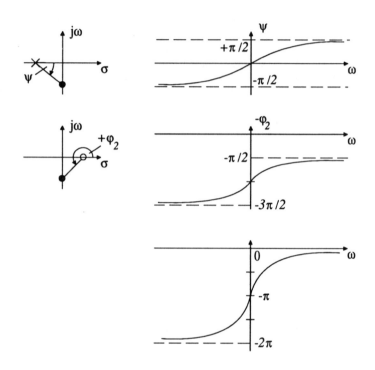

Bild 4.3.17: Phasenverlauf des allpaßhaltigen Systems mit dem Pol-Nullstellenplan nach Bild 4.3.15b

4.4 Kausalität und Stabilität

Im Vorgriff auf die Eigenschaften von Impulsantworten kausaler und stabiler LTI-Systeme wurden bereits im Abschnitt 3.2.5 wichtige Aussagen über die Laplace-Transformierten kausaler und stabiler Signale gemacht. Im folgenden werden die Definitionen der Kausalität und Stabilität von LTI-Systemen nachgeholt und die sich daraus ergebenden Eigenschaften der Impulsantwort und der Übertragungsfunktion behandelt.

4.4.1 Kausale LTI-Systeme

Definition: Ein LTI-System ist *kausal*, wenn es für beliebige Zeitpunkte t_1 auf eine Eingangsfunktion, die für $t < t_1$ gleich Null ist, mit einer Ausgangsfunktion reagiert, die ebenfalls für $t < t_1$ gleich Null ist.

Die Kausalität eines LTI-Systems läßt sich unmittelbar aus seiner Impulsantwort ablesen. Dazu dient der folgende

Satz: Ein System ist dann und nur dann *kausal*, wenn seine Impulsantwort für alle negativen Zeiten verschwindet:

$$h(t) = 0, \quad t < 0. \tag{4.4.1}$$

Anstelle eines formalen Beweises soll dieser Satz mit Hilfe des Faltungsintegrals

$$y(t) = \int\limits_{-\infty}^{+\infty} u(\tau)h(t - \tau)\,d\tau \tag{4.4.2}$$

plausibel gemacht werden. Bild 4.4.1 zeigt die Impulsantwort $h(t)$, die für negative Zeiten $t < 0$ verschwindet. Ferner ist eine Erregung $u(t)$ gezeigt, die erst von einer beliebig herausgegriffenen Zeit t_1 an von Null verschieden ist. Zur Berechnung der Systemantwort $y(t)$ ist $u(\tau)$ im Faltungsintegral (4.4.2) mit $h(t - \tau)$ zu multiplizieren. Bild 4.4.1 zeigt $h(t - \tau)$ für drei verschiedene Zeiten t. Solange der betrachtete Zeitpunkt t kleiner ist als t_1, überlappen sich $h(t - \tau)$ und $u(\tau)$ gar nicht, so daß das Faltungsintegral und damit die Systemantwort $y(t)$ Null sind. Eine von Null verschiedene Systemantwort erhält man erst ab $t = t_1$. Für $t > t_1$ überlappen sich $h(t - \tau)$ und $u(\tau)$. Diese Aussage gilt dann und nur dann, wenn die Impulsantwort $h(t)$ für negative Zeiten t verschwindet.

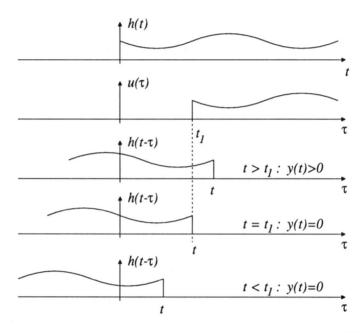

Bild 4.4.1:　Faltung mit einer kausalen Impulsantwort $h(t)$

Bei der Faltung eines Eingangssignals $u(t)$ mit der Impulsantwort eines kausalen Systems können wegen (4.4.1) die Integrationsgrenzen des Faltungsintegrals enger gefaßt werden. Da $h(t - \tau)$ für $\tau > t$ Null ist und ebenso $h(\tau)$ für $\tau < 0$ Null ist, lautet das Faltungsprodukt eines kausalen LTI-Systems

$$y(t) = \int\limits_{-\infty}^{t} u(\tau) \cdot h(t - \tau)\, d\tau = \int\limits_{0}^{\infty} u(t - \tau) \cdot h(\tau)\, d\tau. \qquad (4.4.3)$$

Ist zudem das Eingangssignal $u(t)$ kausal, d.h. $u(t) = 0$ für $t < 0$, so gilt:

$$y(t) = \int\limits_{0}^{t} u(\tau) \cdot h(t - \tau)\, d\tau = \int\limits_{0}^{t} u(t - \tau) \cdot h(\tau)\, d\tau. \qquad (4.4.4)$$

4.4.2 Stabile LTI-Systeme

Die Stabilität eines LTI-Systems wird im folgenden zunächst sehr allgemein, aber plausibel definiert. Dabei orientiert sich die Stabilitätsbetrachtung an der Beschränktheit von Funktionen. Später folgt dann die Spezialisierung auf LTI-Systeme mit einer rationalen Übertragungsfunktion. Zunächst werden beschränkte Funktionen definiert:

Definition: Eine Funktion $u(t)$ heißt *beschränkt*, wenn sie dem Betrage nach stets kleiner ist als eine endliche Konstante M_1:

$$|u(t)| < M_1 < \infty, \ \forall t. \tag{4.4.5}$$

Der triviale Fall einer Funktion $u(t) \equiv 0$ soll ausgeschlossen werden, so daß die Konstante M_1 stets von Null verschieden ist.

Definition: Ein LTI-System heißt *stabil*, wenn es auf jede beschränkte Eingangsfunktion $u(t)$ mit einer beschränkten Ausgangsfunktion $y(t)$ reagiert.

Die Frage, ob ein LTI-System stabil ist oder nicht, kann mit der absoluten Integrierbarkeit der Impulsantwort des Systems beantwortet werden. Dazu dient der folgende

Satz: Ein System ist dann und nur dann *stabil*, wenn seine Impulsantwort absolut integrierbar ist:

$$\int_{-\infty}^{+\infty} |h(t)| \, dt < M_2 < \infty. \tag{4.4.6}$$

Zum Beweis dieses Satzes sei angenommen, daß das Eingangssignal $u(t)$ beschränkt sei. Dann gilt für den Betrag der Systemantwort

$$
\begin{aligned}
|y(t)| &= \left| \int_{-\infty}^{+\infty} u(\tau) h(t-\tau) \, d\tau \right| \leq \int_{-\infty}^{+\infty} |u(\tau)| \, |h(t-\tau)| \, d\tau \\
&< \int_{-\infty}^{+\infty} M_1 |h(t-\tau)| \, d\tau = M_1 \int_{-\infty}^{+\infty} |h(t)| \, dt.
\end{aligned}
\tag{4.4.7}
$$

Wenn die Impulsantwort $h(t)$ absolut integrierbar ist, siehe (4.4.6), dann lautet der Betrag der Systemantwort

$$|y(t)| < M_1 \cdot M_2 < \infty. \tag{4.4.8}$$

Die Systemantwort ist dann beschränkt. Wenn die Impulsantwort $h(t)$ absolut integrierbar ist, dann ist das LTI-System stabil.

Umgekehrt läßt sich zeigen [Pap 62, S. 85], daß sich im Falle einer nicht absolut integrierbaren Impulsantwort $h(t)$ stets eine beschränkte Erregung

$$u(-t) = \frac{h(t)}{|h(t)|} \tag{4.4.9}$$

mit $|u(t)| = 1$ finden läßt, so daß die Systemantwort $y(t)$ für $t = 0$ über alle Grenzen wächst. Mit dem Faltungsintegral (4.4.2) gilt

$$y(0) = \int\limits_{-\infty}^{+\infty} u(\tau) h(-\tau)\, d\tau = \int\limits_{-\infty}^{+\infty} \frac{h^2(\tau)}{|h(\tau)|}\, d\tau = \int\limits_{-\infty}^{+\infty} |h(\tau)|\, d\tau. \tag{4.4.10}$$

Ist die Impulsantwort $h(t)$ nicht absolut integrierbar, so ist die Systemantwort bei der oben gewählten beschränkten Erregung nicht beschränkt, das System also nicht stabil. Damit ist der Beweis erbracht.

4.4.3 Test auf Hurwitzpolynom

Die folgenden Betrachtungen konzentrieren sich wieder auf LTI-Systeme mit einer gebrochen rationalen Übertragungsfunktion. Hierzu können die Ergebnisse für kausale und stabile Signale aus dem Abschnitt 3.2.5 übernommen werden. Betrachtet man die Impulsantwort $h(t)$ von kausalen und stabilen LTI-Systemen, so hat die Laplace-Transformierte der Impulsantwort, nämlich die Übertragungsfunktion $H(s)$, nur Pole in der offenen linken s-Halbebene. Die Frage nach der *Stabilität* eines LTI-Systems reduziert sich daher auf die Frage, ob die Übertragungsfunktion ausschließlich Pole in der offenen linken s-Halbebene hat.

Ein Polynom

$$Q(s) = s^n + a_{n-1}s^{n-1} + \ldots + a_1 s + a_0, \tag{4.4.11}$$

das nur Wurzeln in der linken s-Halbebene besitzt, heißt *Hurwitz-Polynom*. Beim *Stabilitätstest* wird daher untersucht, ob das Nennerpolynom der Übertragungsfunktion ein Hurwitzpolynom ist oder nicht. Dazu wird zweckmäßigerweise zuerst gefragt, ob die notwendigen Bedingungen eines Hurwitzpolynoms erfüllt sind: Alle Koeffizienten eines Hurwitzpolynoms sind reell und haben gleiches Vorzeichen. Zwischen dem Term mit niedrigster Potenz von s und dem Glied höchster Potenz sind alle Potenzen vorhanden.

Wenn die *notwendigen* Bedingungen erfüllt sind, erfolgt eine Prüfung auf die *notwendigen und hinreichenden* Bedingungen. Dazu wird $Q(s)$ in den geraden und ungeraden Anteil zerlegt:

$$Q(s) = Q_g(s) + Q_u(s). \tag{4.4.12}$$

Beide Teilpolynome werden nach fallenden Potenzen von s angeordnet. Dann wird der Quotient beider Teilpolynome so gebildet, daß das Teilpolynom, das den Term s^n enthält, im Zähler steht. Die *Kettenbruchentwicklung* des Quotienten darf nur positive *Entwicklungskoeffizienten* haben, sonst liegt kein Hurwitz-Polynom vor. Sind alle Entwicklungskoeffizienten positiv, dann ist $Q(s)$ ein Hurwitz-Polynom.

Beispiel 4.4.1

Betrachtet sei ein LTI-System mit einem Pol-Nullstellenplan nach Bild 4.4.2. Da alle Pole in der linken s-Halbebene liegen, ist von vornherein ersichtlich, daß das Nennerpolynom ein Hurwitzpolynom sein muß.

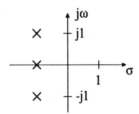

Bild 4.4.2: Polplan eines stabilen Systems

Das Nennerpolynom erhält man durch ausmultiplizieren der Linearterme mit den Polen:

$$Q(s) = (s - s_{\infty 1})(s - s_{\infty 2})(s - s_{\infty 3}) = (s+1)(s+1-j)(s+1+j)$$
$$= (s+1)(s^2 + 2s + 2) = s^3 + 3s^2 + 4s + 2.$$

$$(4.4.13)$$

Die Zerlegung in den geraden und ungeraden Teil

$$Q(s) = Q_u(s) + Q_g(s) = (s^3 + 4s) + (3s^2 + 2) \qquad (4.4.14)$$

führt auf den folgenden Quotienten der Teilpolynome

$$\frac{Q_u(s)}{Q_g(s)} = \frac{s^3 + 4s}{3s^2 + 2}. \qquad (4.4.15)$$

Die Kettenbruchkoeffizienten erhält man durch fortgesetzte Division der Teilpolynome:

$$(s^3 + 4s) : (3s^2 + 2) = \frac{1}{3}s + \frac{\frac{10}{3}s}{3s^2 + 2}$$

$$(3s^2 + 2) : (\frac{10}{3}s) = \frac{9}{10}s + \frac{2}{\frac{10}{3}s} = \frac{9}{10}s + \frac{1}{\frac{5}{3}s}.$$

Das Ergebnis lautet schließlich

$$\frac{Q_u(s)}{Q_g(s)} = \frac{1}{3}s + \frac{1}{\frac{9}{10}s + \frac{1}{s5/3}}. \tag{4.4.16}$$

Da die drei Kettenbruchentwicklungskoeffizienten $\frac{1}{3}$, $\frac{9}{10}$ und $\frac{5}{3}$ positiv sind, ist $Q(s)$ ein Hurwitz-Polynom.

Beispiel 4.4.2

Im Gegensatz zum vorhergehenden Beispiel soll ein System mit einem Pol in der rechten Halbebene betrachtet werden. Dazu wird der reelle Pol in Bild 4.4.2 an der $j\omega$-Achse gespiegelt, siehe Bild 4.4.3.

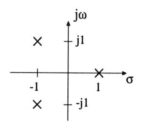

Bild 4.4.3: Polplan eines instabilen Systems

Ein Ausmultiplizieren der Linearterme ergibt das folgende Nennerpolynom:

$$\begin{aligned}
Q(s) &= (s - s_{\infty 1})(s - s_{\infty 2})(s - s_{\infty 3}) = (s - 1)(s^2 + 2s + 2) \\
&= s^3 + 2s^2 + 2s - s^2 - 2s - 2 = s^3 + s^2 - 2.
\end{aligned} \tag{4.4.17}$$

Aus den Vorzeichen der Koeffizienten ist sofort ersichtlich, daß eine notwendige Bedingung für Hurwitz-Polynome verletzt ist. Ferner fehlt ein Glied mit der Potenz s^1 im Polynom. Daher ist $Q(s)$ kein Hurwitz-Polynom.

4.4.4 Quasistabile Systeme

Systeme mit Übertragungsfunktionen, die neben Polen in der linken s-Halbebene auch einfache Pole auf der $j\omega$-Achse besitzen, werden *quasistabil* genannt. Die den imaginären Polen entsprechenden Terme der Partialbruch-entwicklung der Übertragungsfunktion lauten

$$\begin{aligned}
H(s) &= \ldots + \frac{A_0}{s - j\omega_0} + \frac{A_0^*}{s + j\omega_0} + \ldots \\
&= \ldots \frac{2\Re\{A_0\}s - 2\Im\{A_0\}\omega_0}{s^2 + \omega_0^2}
\end{aligned} \tag{4.4.18}$$

$$\bullet\!-\!\circ\ h(t) = \ldots 2\Re\{A_0\}\cos(\omega_0 t) \cdot \epsilon(t) - 2\Im\{A_0\}\sin(\omega_0 t) \cdot \epsilon(t).$$

Die zugehörige Impulsantwort besteht aus einer Kombination von Sinus- und Kosinussignalen der Frequenz ω_0. Da die Impulsantwort nicht absolut integrierbar ist, ist solch ein System nicht stabil im Sinne der Definition in Abschnitt 4.4.2. Andererseits bleibt die Antwort $y(t)$ für eine Reihe von Erregungssignalen $u(t)$ beschränkt, so beispielsweise bei der Erregung mit dem Dirac-Impuls $\delta(t)$.

Wird ein quasistabiles System mit zwei einfachen imaginären Polen bei $s = \pm j\omega_0$ mit einem Sinus- oder Kosinussignal der Frequenz ω_0 erregt, siehe (3.1.12-13), so besitzt die Systemantwort $Y(s)$ einen doppelten Pol bei $s = j\omega_0$. Das zugehörige Zeitsignal $y(t)$ ist in diesem Fall unbeschränkt, siehe (3.4.28).

Ein Polynom $Q(s)$, das keine Wurzeln in der rechten s-Halbebene, aber einfache Wurzeln auf der $j\omega$-Achse besitzt, wird *modifiziertes Hurwitz-Polynom* genannt. Zur Prüfung auf *Quasistabilität* wird daher das Nennerpolynom der Übertragungsfunktion dahingehend untersucht, ob es ein modifiziertes Hurwitz-Polynom ist. Zuerst werden die notwendigen Bedingungen überprüft: Alle Koeffizienten von $Q(s)$ sind reell und haben gleiches Vorzeichen. Es sind entweder alle oder alle geraden oder alle ungeraden Potenzen von der niedrigsten bis zur höchsten Potenz vorhanden.

Wenn die *notwendigen* Bedingungen erfüllt sind, werden die *notwendigen und hinreichenden* Bedingungen untersucht: Zuerst ist die Kettenbruchentwicklung von $Q_g(s)/Q_u(s)$ bzw. $Q_u(s)/Q_g(s)$ durchzuführen, bis diese mit einem Restpolynom $P(s)$ abbricht. Die Kettenbruchkoeffizienten müssen bis dahin positiv sein. Dann wird der Quotient $P(s)/P'(s)$ mit $P'(s) = dP(s)/ds$ als Kettenbruch entwickelt. Dieser Kettenbruch muß durchgehend bis zum Ende positive Entwicklungskoeffizienten haben.

Das Restpolynom $P(s)$ ist der größte gemeinsame Teiler von $Q_g(s)$ und $Q_u(s)$. Die Wurzeln von $P(s)$ sind identisch mit den einfachen Wurzeln des modifizierten Hurwitz-Polynoms auf der $j\omega$-Achse.

Beispiel 4.4.3

Bild 4.4.4 zeigt den Pol-Nullstellenplan eines quasistabilen Systems, das zwei einfache Polpaare auf der $j\omega$-Achse besitzt. Das zugehörige Nennerpolynom lautet

$$Q(s) = (s+j)(s-j)(s+2j)(s-2j)(s^2+s+1)$$
$$= (s^2+1)(s^2+4)(s^2+s+1) = (s^4+5s^2+4)(s^2+s+1) \quad (4.4.19)$$
$$= s^6 + s^5 + 6s^4 + 5s^3 + 9s^2 + 4s + 4.$$

Die Kettenbruchentwicklung bricht bereits nach der zweiten Division ab:

$$(s^6 + 6s^4 + 9s^2 + 4) : (s^5 + 5s^3 + 4s) = s + \frac{s^4 + 5s^2 + 4}{s^5 + 5s^3 + 4s},$$

$$(s^5 + 5s^3 + 4s) : (s^4 + 5s^2 + 4) = s.$$

Der gemeinsame Teiler $P(s) = s^4 + 5s^2 + 4$ ist durch die vier imaginären Pole gegeben, siehe (4.4.19).

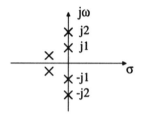

Bild 4.4.4: Polplan eines quasistabilen Systems

Aus dem Quotienten des Restpolynoms

$$P(s) = s^4 + 5s^2 + 4 \qquad\qquad (4.4.20)$$

und seiner Ableitung

$$P'(s) = 4s^3 + 10s \qquad\qquad (4.4.21)$$

folgt die Kettenbruchentwicklung

$$(s^4 + 5s^2 + 4) : (4s^3 + 10s) = \frac{1}{4}s + \frac{\frac{5}{2}s^2 + 4}{4s^3 + 10s},$$

$$(4s^3 + 10s) : (\frac{5}{2}s^2 + 4) = \frac{8}{5}s + \frac{\frac{18}{5}s}{\frac{5}{2}s^2 + 4},$$

$$(\frac{5}{2}s^2 + 4) : (\frac{18}{5}s) = \frac{25}{36}s + \frac{4}{\frac{18}{5}s} = \frac{25}{36}s + \frac{1}{\frac{9}{10}s}.$$

Da alle Entwicklungskoeffizienten positiv sind, ist $Q(s)$ ein modifiziertes Hurwitz-Polynom.

4.5 LTI-Systeme mit stochastischer Erregung

LTI-Systeme sind im praktischen Gebrauch für die Übertragung informationsbehafteter Signale wie *Sprachsignale, Audiosignale, Videosignale* oder *Regelungssignale* bestimmt. Alle diese Signale sind *stochastische Signale* und können als *Musterfunktionen* oder Realisierungen $u_i(t)$ eines *stochastischen Prozesses* $u(t)$ beschrieben werden.

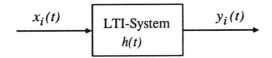

Bild 4.5.1: Übertragung einer Musterfunktion durch ein LTI-System

Bild 4.5.1 zeigt ein LTI-System mit der Impulsantwort $h(t)$, das mit einer Musterfunktion $u_i(t)$ erregt wird und mit einer Musterfunktion $y_i(t)$ des Ausgangsprozesses $y(t)$ antwortet. Jede einzelne Musterfunktion kann als determiniertes Signal aufgefaßt werden. Die Stochastik der Prozesse liegt in der zufälligen Auswahl der Musterfunktionen. Die beiden Musterfunktionen am Eingang und Ausgang des Systems sind über die Impulsantwort miteinander verknüpft:

$$y_i(t) = u_i(t) * h(t) = \int\limits_{-\infty}^{+\infty} u_i(\tau) \cdot h(t - \tau)d\tau. \tag{4.5.1}$$

Zur Beschreibung der beiden Prozesse am Eingang und Ausgang ist es jedoch müßig, alle Musterfunktionen nach (4.5.1) zu transformieren. Die Prozesse werden vielmehr durch ihre *stochastischen Parameter* und *Korrelationsfunktionen* beschrieben und das Übertragungsverhalten der LTI-Systeme durch die Veränderung dieser Parameter und Funktionen.

4.5.1 Linearer Mittelwert

Als einfachster Parameter eines *stationären* stochastischen Prozesses sei der *lineare Mittelwert* $\bar{u}$ des Eingangssignals betrachtet. Wie läßt sich der Mittelwert $\bar{y}$ des Ausgangssignals berechnen, wenn der Mittelwert $\bar{u}$ des Eingangsprozesses $u(t)$ und die Impulsantwort bzw. die Übertragungsfunktion des LTI-Systems bekannt sind? Für den Mittelwert des Ausgangsprozesses gilt

$$\overline{y(t)} = E\{y(t)\} = E\{\int_{-\infty}^{\infty} u(\tau)h(t-\tau)d\tau\}. \qquad (4.5.2)$$

Darin bedeutet $E\{\cdot\}$ die Bildung eines *Erwartungswertes*. Erwartungswertbildung und Integration können vertauscht werden. Da die Impulsantwort $h(t)$ eine determinierte Funktion ist, gilt

$$\overline{y(t)} = \int_{-\infty}^{\infty} E\{u(\tau)\} \cdot h(t-\tau)d\tau. \qquad (4.5.3)$$

Wegen der Stationarität des Eingangsprozesses ist der Erwartungswert $E\{u(\tau)\}$ eine Konstante:

$$E\{u(\tau)\} = \bar{u} = konst.. \qquad (4.5.4)$$

Für den Erwartungswert des Ausgangssignals gilt daher

$$\overline{y(t)} = \bar{y} = \bar{u} \int_{-\infty}^{\infty} h(t-\tau)d\tau = \bar{u} \int_{-\infty}^{\infty} h(\tau)d\tau.$$

Dieses Ergebnis läßt sich wie folgt zusammenfassen:

$$\bar{y} = \bar{u} \cdot H(0) \qquad (4.5.5)$$

mit

$$H(j\omega) = \int_{-\infty}^{+\infty} h(t) \cdot e^{-j\omega t} dt \qquad (4.5.6)$$

als Übertragungsfunktion des LTI-Systems. Der Mittelwert $\overline{y(t)}$ des Ausgangsprozesses $y(t)$ wird aus dem Mittelwert $\overline{u(t)}$ des Eingangsprozesses $u(t)$ durch Multiplikation mit der Übertragungsfunktion an der Stelle $\omega = 0$ berechnet. Der Mittelwert eines stochastischen Signals wird daher wie der Gleichanteil eines determinierten Signals übertragen.

4.5.2 Kreuzkorrelation zwischen Eingang und Ausgang des Systems

Ein LTI-System möge mit Musterfunktionen eines stationären Prozesses $u(t)$ erregt werden und am Ausgang mit Musterfunktionen eines stationären Prozesses $y(t)$ antworten. Der Eingangsprozeß soll eine Autokorrelationsfunktion (AKF) $r_{uu}(\tau)$ und ein *Leistungsdichtespektrum*

$$S_{uu}(j\omega) \; \bullet\!\!-\!\!\circ \; r_{uu}(\tau) \tag{4.5.7}$$

besitzen. Ein Maß für den *"Verwandtschaftsgrad"* beider Prozesse ist durch die *Kreuzkorrelationsfunktion* (KKF) $r_{uy}(\tau)$ gegeben, deren Abhängigkeit von den Eingangs- und Systemgrößen im folgenden hergeleitet wird. Die KKF lautet

$$r_{uy}(\tau) = \overline{u(t)y(t+\tau)} = E\{u(t) \int\limits_{-\infty}^{+\infty} u(\lambda)h(t-\lambda+\tau)d\lambda\}$$

$$= E\{\int\limits_{-\infty}^{+\infty} u(t)u(\lambda)h(t-\lambda+\tau)d\lambda\} = \int\limits_{-\infty}^{+\infty} E\{u(t)u(\lambda)\}h(t-\lambda+\tau)d\lambda.$$

$$\tag{4.5.8}$$

Da der Eingangsprozeß $u(t)$ als stationär angenommen wurde, hängt der Erwartungswert $E\{u(t)u(\lambda)\}$ nur von der Zeitdifferenz $t-\lambda$ ab:

$$E\{u(t)u(\lambda)\} = r_{uu}(t-\lambda) = r_{uu}(\lambda-t). \tag{4.5.9}$$

Hierin wurde ferner ausgenutzt, daß jede Autokorrelationsfunktion eine gerade Funktion ist. Setzt man (4.5.9) in (4.5.8) ein, so erhält man die folgende KKF:

$$r_{uy}(\tau) = \int_{-\infty}^{\infty} r_{uu}(\lambda-t) \cdot h(\tau-\lambda+t)d\lambda. \tag{4.5.10}$$

Durch die Substitutionen $\lambda - t \to k$ und $d\lambda \to dk$ wird daraus

$$r_{uy}(\tau) = \int\limits_{-\infty}^{+\infty} r_{uu}(k)h(\tau-k)dk.$$

Dieses Ergebnis ist als Faltungsintegral interpretierbar und kann daher auch in der Kurzform

$$r_{uy}(\tau) = r_{uu}(\tau) * h(\tau) \tag{4.5.11}$$

geschrieben werden. Die Kreuzkorrelierte zwischen dem Eingangs- und dem Ausgangsprozeß wird aus der Faltung der Eingangs-AKF und der Impulsantwort des LTI-Systems ermittelt.

Diese wichtige Beziehung kann unter Zuhilfenahme des Faltungstheorems auch mit den entsprechenden Fourier-Transformierten ausgedrückt werden:

$$S_{uy}(j\omega) = S_{uu}(j\omega) \cdot H(j\omega). \tag{4.5.12}$$

Die Fourier-Transformierte $S_{uy}(j\omega)$ der Kreuzkorrelierten $r_{uy}(\tau)$ wird *Kreuzleistungsdichtespektrum* genannt. In entsprechender Weise können auch die Laplace-Transformierten verknüpft werden. Da $r_{uy}(\tau)$ eine zweiseitige Funktion ist, ist die zweiseitige Laplace-Transformation zu verwenden:

$$S_{uy}(s) = S_{uu}(s) \cdot H(s). \tag{4.5.13}$$

Die *Kreuzleistungsdichte* $S_{uy}(s)$ konvergiert in einem Konvergenzstreifen um die $j\omega$-Achse und besitzt im allgemeinen Pole in der linken und in der rechten s-Halbebene.

Beispiel 4.5.1

Betrachtet sei ein stationärer weißer Prozeß $u(t)$, der durch eine Konstante K im Frequenzbereich bzw. durch einen Dirac-Impuls im Zeitbereich gekennzeichnet ist:

$$S_{uu}(j\omega) = K \;\bullet\!\!-\!\!\circ\; r_{uu}(\tau) = K \cdot \delta(\tau). \tag{4.5.14}$$

Der Prozeß $u(t)$ werde auf den Eingang eines LTI-Systems mit der Impulsantwort $h(t)$ gegeben. Wie lauten die KKF und das Kreuzleistungsdichtespektrum zwischen den Signalen am Eingang und Ausgang? Mit (4.5.11) ergibt sich

$$r_{uy}(\tau) = r_{uu}(\tau) * h(\tau) = K\delta(\tau) * h(\tau) = K \cdot h(\tau). \tag{4.5.15}$$

Bis auf den konstanten Leistungsfaktor K ist die Kreuzkorrelierte von Eingangs- und Ausgangssignal identisch mit der Impulsantwort des Systems. Ebenso ist das Kreuzleistungsdichtespektrum

$$S_{uy}(j\omega) = S_{uu}(j\omega) \cdot H(j\omega) = K \cdot H(j\omega) \tag{4.5.16}$$

bis auf den Faktor K identisch mit der Übertragungsfunktion des LTI-Systems. Durch Erregung mit einem weißen Prozeß kann über die KKF die Impulsantwort eines Systems bestimmt werden. Diese Beziehung ist Grundlage für eine praktische Methode zur Messung des Übertragungsverhaltens eines Systems, wobei der weiße Prozeß das zu übertragende Nutzsignal sein kann.

4.5.3 Die Autokorrelationsfunktion der Systemantwort

In den Abschnitten 4.1 und 4.2 wurde gezeigt, daß die Übertragung von determinierten Signalen durch LTI-Systeme mit Hilfe der Impulsantwort oder der Übertragungsfunktion des Systems beschrieben wird. Das dynamische Verhalten stochastischer Prozesse wird im wesentlichen durch ihre *Autokorrelationsfunktionen (AKF)* beschrieben. Im folgenden wird gezeigt, daß der Vergleich der Autokorrelationsfunktionen am Eingang und Ausgang des Systems dazu geeignet ist, die Übertragung stochastischer Prozesse über LTI-Systeme zu beschreiben. Aus der Definitionsgleichung

$$r_{yy}(\tau) = E\{y(t)y(t+\tau)\} \tag{4.5.17}$$

und den Faltungsintegralen (Faltung aller Musterfunktionen von u)

$$y(t) = \int\limits_{-\infty}^{+\infty} h(\nu)u(t-\nu)d\nu, \tag{4.5.18}$$

$$y(t+\tau) = \int\limits_{-\infty}^{+\infty} h(\mu)u(t+\tau-\mu)d\mu, \tag{4.5.19}$$

folgt mit dem Produkt

$$y(t)y(t+\tau) = \int\limits_{-\infty}^{+\infty}\int\limits_{-\infty}^{+\infty} u(t-\nu)u(t+\tau-\mu)h(\nu)h(\mu)d\nu d\mu \tag{4.5.20}$$

die Ausgangs-AKF zu

$$r_{yy}(\tau) = \int\limits_{-\infty}^{+\infty}\int\limits_{-\infty}^{+\infty} \underbrace{E\{u(t-\nu)u(t+\tau-\mu)\}}_{r_{uu}(\tau-\mu+\nu)}h(\nu)h(\mu)d\nu d\mu. \tag{4.5.21}$$

Die Erwartungswertbildung ist nur über die Prozesse $u(t-\nu)$ und $u(t+\tau-\mu)$ zu erstrecken, da die Impulsantwort eine determinierte Funktion ist. Dieser

Erwartungswert ist die AKF $r_{uu}(\tau - \mu + \nu)$. Mit der Substitution $\mu - \nu \to \lambda$ und $d\mu \to d\lambda$ lautet die Ausgangs-AKF

$$
\begin{aligned}
r_{yy}(\tau) &= \int\limits_{-\infty}^{+\infty} \int\limits_{-\infty}^{+\infty} r_{uu}(\tau - \lambda) h(\nu) h(\nu + \lambda) d\nu d\lambda \\
&= \int\limits_{-\infty}^{+\infty} r_{uu}(\tau - \lambda) [\underbrace{\int\limits_{-\infty}^{+\infty} h(\nu) h(\nu + \lambda) d\nu}_{r_{hh}^E(\lambda)}] d\lambda \\
&= \int\limits_{-\infty}^{+\infty} r_{uu}(\tau - \lambda) \cdot r_{hh}^E(\lambda) d\lambda.
\end{aligned}
\tag{4.5.22}
$$

Das Ergebnis hat die Form eines Faltungsintegrals und kann daher in der folgenden Kurzschreibweise formuliert werden:

$$
\boxed{r_{yy}(\tau) = r_{uu}(\tau) * r_{hh}^E(\tau)}
\tag{4.5.23}
$$

Dieses Ergebnis beschreibt die Übertragung von stochastischen Prozessen über LTI-Systeme in Form von Autokorrelationsfunktionen und wird *Wiener-Lee-Beziehung* genannt. Darin ist r_{hh}^E die in (2.5.29) definierte determinierte *Energiekorrelationsfunktion* der Impulsantwort, die im folgenden mit *Systemkorrelationsfunktion* bezeichnet werden soll. Die Wiener-Lee-Beziehung stellt das Pendant für stochastische Prozesse zu der in (4.1.2) gezeigten Faltungsbeziehung für determinierte Signale dar. Ist die Impulsantwort $h(t)$ eines Systems bekannt, so ist mit (2.5.29) auch die Systemkorrelationsfunktion r_{hh}^E bekannt.

4.5.4 Das Leistungsdichtespektrum der Systemantwort

Die Wiener-Lee-Beziehung kann mit Hilfe der *Leistungsdichtefunktionen* $S_{uu}(j\omega)$ am Eingang und $S_{yy}(j\omega)$ am Ausgang auch im Frequenzbereich formuliert werden. Hierzu wird zunächst mit der in (2.5.30) beschriebenen Äquivalenz zur Faltung

$$
r_{hh}^E(\tau) = h(-t) * h(t)
\tag{4.5.24}
$$

und mit den Korrespondenzen $h(t) \circ\!\!-\!\!\bullet H(j\omega)$ und $h(-t) \circ\!\!-\!\!\bullet H^*(j\omega)$ die Fourier-Transformierte der Systemkorrelationsfunktion

$$r_{hh}^E(\tau) \circ\!\!-\!\!\bullet H^*(j\omega) \cdot H(j\omega) = |H(j\omega)|^2 \qquad (4.5.25)$$

berechnet. Dann folgt durch Anwendung des Faltungstheorems auf (4.5.23) die Wiener-Lee-Beziehung im Frequenzbereich:

$$\boxed{S_{yy}(j\omega) = S_{uu}(j\omega) \cdot |H(j\omega)|^2} \qquad (4.5.26)$$

Diese Gleichung ist das Pendant zur Gleichung (4.2.9). Während in (4.2.9) die Fourier-Spektren mit der komplexen Übertragungsfunktion verknüpft sind, werden in (4.5.26) die Leistungsdichtespektren mit dem Betragsquadrat der Übertragungsfunktion verknüpft, das im folgenden mit *Leistungsübertragungsfunktion* $T_{hh}(j\omega)$ bezeichnet wird.

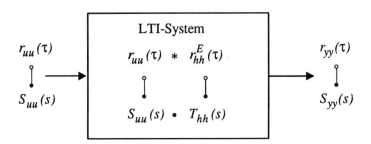

Bild 4.5.2: Zur Übertragung stochastischer Signale durch LTI-Systeme

Der Vollständigkeit wegen sei im Frequenzbereich noch die entsprechende Beziehung für zweiseitige Laplace-Transformierte angegeben. Es gilt

$$S_{yy}(s) = S_{uu}(s) \cdot T_{hh}(s) \qquad (4.5.27)$$

mit

$$T_{hh}(s) = H(s) \cdot H(-s). \qquad (4.5.28)$$

Die von einer stabilen Übertragungsfunktion $H(s)$ abgeleitete Leistungsübertragungsfunktion $T_{hh}(s)$ konvergiert als zweiseitige Laplace-Transformierte auf einem Konvergenzstreifen um die $j\omega$-Achse. Alle Pole sind an der $j\omega$-Achse gespiegelt. Da die zugehörige Zeitfunktion die Faltung aus $h(t)$ und $h(-t)$ ist, siehe (4.5.24), können die Pole in der linken s-Halbebene eindeutig $h(t)$ zugeordnet werden und die Pole in der rechten s-Halbebene $h(-t)$. In Bild 4.5.2 sind die Übertragungsbeziehungen für stochastische Signale im Zeit- und im Frequenzbereich noch einmal zusammengefaßt.

Beispiel 4.5.2

Ein stochastisches Signal u(t) werde auf ein LTI-System mit einer Übertragungsfunktion nach Bild 4.5.3 gegeben. Dieses System ist ein idealer Bandpaß, dessen Bandbreite $\Delta\omega$ sehr viel kleiner sein soll als die Mittenfrequenz ω_0.

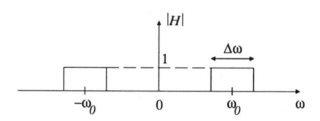

Bild 4.5.3: Schmalbandübertragungssystem

Wie groß ist die mittlere Leistung des Ausgangssignals in Abhängigkeit vom Leistungsdichtespektrum des Eingangssignals? Die mittlere Leistung des Ausgangssignals ist gleich der AKF $r_{yy}(\tau)$ an der Stelle $\tau = 0$, siehe Anhang A3. Durch inverse Fourier-Transformation der Ausgangsleistungsdichtefunktion

$$S_{yy}(j\omega) = S_{uu}(j\omega) \cdot |H(j\omega)|^2 \qquad (4.5.29)$$

erhält man die Ausgangs-AKF. Dieser Ausdruck lautet für $\tau = 0$

$$
\begin{aligned}
r_{yy}(0) &= \frac{1}{2\pi} \int\limits_{-\infty}^{+\infty} S_{uu}(j\omega)|H(j\omega)|^2 d\omega \\
&= \frac{1}{2\pi} \int_{-\omega_0-\Delta\omega/2}^{-\omega_0+\Delta\omega/2} S_{uu}(j\omega)d\omega + \frac{1}{2\pi} \int_{\omega_0-\Delta\omega/2}^{\omega_0+\Delta\omega/2} S_{uu}(j\omega)d\omega \\
&\approx \frac{1}{2\pi} S_{uu}(-j\omega_0) \cdot \Delta\omega + \frac{1}{2\pi} S_{uu}(j\omega_0) \cdot \Delta\omega.
\end{aligned}
\qquad (4.5.30)
$$

Im letzten Schritt wurde eine derart schmale Bandbreite $\Delta\omega$ angenommen, daß das Leistungsdichtespektrum $S_{uu}(j\omega)$ im Durchlaßbereich in guter Näherung als konstant betrachtet werden kann. Da die Ausgangs-AKF $r_{yy}(\tau)$ eine reelle und gerade Funktion ist, ist auch die Fourier-Transformierte $S_{yy}(j\omega)$ reell und gerade. Daher vereinfacht sich der Ausdruck für die Ausgangs-AKF:

$$r_{yy}(0) \approx \frac{\Delta\omega}{\pi} S_{uu}(j\omega_0). \qquad (4.5.31)$$

Die Leistungsdichte $S_{uu}(j\omega_0)$ ist der Leistungsanteil des Signals $u(t)$ pro Bandbreiteneinheit, der im Bereich $\Delta\omega$ um ω_0 herum zur Gesamtleistung beiträgt. Von daher stammt die Bezeichnung Leistungsdichtespektrum für den Ausdruck $S_{uu}(j\omega)$.

Beispiel 4.5.3

In diesem Beispiel wird das it bandbegrenzte thermische Rauschen eines elektrischen Widerstandes betrachtet [Lük 75]. Ein idealer Tiefpaß mit der Übertragungsfunktion

$$H(j\omega) = \text{rect}(\omega/2\omega_{gr}), \quad \omega_{gr} = 2\pi f_{gr},$$

werde eingangsseitig mit einem elektrischen Widerstand der Größe R abgeschlossen, siehe Bild 4.5.4.

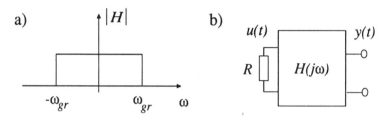

Bild 4.5.4: Bandbegrenzung des Widerstandsrauschens

Der Widerstand gibt ein weißes Rauschsignal mit einem Leistungsdichtespektrum der Form

$$S_{uu}(j\omega) = N_0 = 2kT_{abs} \tag{4.5.32}$$

ab. Darin sind $k = 1,38 \cdot 10^{-23} W s K^{-1}$ die *Boltzmann-Konstante* und T_{abs} die *absolute Temperatur* in K (Kelvin). Das Leistungsdichtespektrum des Ausgangssignals ist nach (4.5.26) gleich

$$S_{yy}(j\omega) = N_0 |H(j\omega)|^2 = N_0 \left| \text{rect} \frac{\omega}{2\omega_{gr}} \right|^2. \tag{4.5.33}$$

Die Ausgangsrauschleistung $r_{yy}(0)$ erhält man, wie im vorhergehenden Beispiel gezeigt wurde, durch Integration des Leistungsdichtespektrums $S_{yy}(j\omega)$:

$$r_{yy}(0) = \frac{1}{2\pi} \int_{-\infty}^{+\infty} S_{yy}(j\omega) d\omega = \frac{1}{2\pi} \cdot 2\omega_{gr} \cdot N_0$$

$$= 2f_{gr} N_0 = 4f_{gr} k T_{abs}. \tag{4.5.34}$$

Andererseits kann die Ausgangsrauschleistung auf einen Effektivwert U_{eff} der Spannung am Widerstand R zurückgerechnet werden:

$$r_{yy}(0) = \frac{U_{\text{eff}}^2}{R}. \tag{4.5.35}$$

Gleichung (4.5.34) in (4.5.35) eingesetzt ergibt die *effektive Rauschspannung*

$$U_{\text{eff}} = 2\sqrt{f_{gr} k T_{abs} R}. \tag{4.5.36}$$

Als Beispiel seien die folgenden Zahlenwerte angenommen: $f_{gr} = 20kHz$, $R = 10k\Omega$ und eine Temperatur von $17°C \triangleq 290K$. Daraus ergibt sich der folgende Spannungswert:

$$U_{\text{eff}} = 2\sqrt{2 \cdot 10^4 \cdot 1,38 \cdot 10^{-23} \cdot 2,9 \cdot 10^2 \cdot 10^4} \, V$$
$$= 1,789 \cdot 10^{-6} \, V = 1,789 \, \mu V. \qquad (4.5.37)$$

Dieser Wert wächst mit der Wurzel der Bandbreite, der Wurzel der absoluten Temperatur und der Wurzel des Widerstandswertes.

4.5.5 Stochastische Nutzsignale im Rauschen

Im folgenden wird das LTI-System in Bild 4.5.5 mit der Impulsantwort $h(t)$ und der Übertragungsfunktion $H(s)$ betrachtet.

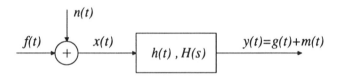

Bild 4.5.5: LTI-System mit Nutzsignal $f(t)$ und Rauschsignal $n(t)$

Bild 4.5.5 zeigt eine häufig auftretende Art von Erregung: Das Eingangssignal $u_i(t)$ ist die Summe aus einem *Nutzsignal* $f_i(t)$ und einem *Stör- oder Rauschsignal* $n_i(t)$. Beide Signale seien Musterfunktionen mittelwertfreier stochastischer Prozesse $f(t)$ und $n(t)$. Ferner sollen beide Prozesse unkorreliert sein, d.h. die Kreuzkovarianzfunktion $c_{fn}(\tau)$ ist für alle Werte von τ Null. Da beide Prozesse mittelwertfrei sind, ist auch die Kreuzkorrelationsfunktion $r_{fn}(\tau)$ gleich Null, siehe Anhang A3. Wie sieht die AKF $r_{yy}(\tau)$ und das Leistungsdichtespektrum $S_{yy}(s)$ am Ausgang des Systems als Antwort auf die spezielle Erregung in Bild 4.5.5 aus? Es gilt:

$$r_{yy}(\tau) = E\{y(t)y(t + \tau)\} = E\{\big(u(t) * h(t)\big)\big([u * h](t + \tau)\big)\}. \qquad (4.5.38)$$

Darin ist $[u * h](t + \tau)$ ein Faltungsprodukt $u(t) * h(t)$, das an der Stelle $t + \tau$ betrachtet wird. Setzt man für den Eingangsprozeß $u(t) = f(t) + n(t)$ ein, so lautet (4.5.38)

$$r_{yy}(\tau) = E\{\big(g(t) + m(t)\big)\big(g(t + \tau) + m(t + \tau)\big)\} \qquad (4.5.39)$$

mit

$$g(t) = f(t) * h(t), \quad m(t) = n(t) * h(t). \qquad (4.5.40)$$

Da die Erwartungswertbildung eine lineare Operation ist, gilt

$$r_{yy}(\tau) = E\{g(t) \cdot g(t+\tau)\} + E\{g(t) \cdot m(t+\tau)\} \\ + E\{m(t) \cdot g(t+\tau)\} + E\{m(t) \cdot m(t+\tau)\}. \tag{4.5.41}$$

Da die Prozesse $f(t)$ und $n(t)$ unkorreliert sind, entfallen der 2. und 3. Term in (4.5.41). Für den zweiten Term gilt beispielsweise

$$E\{g(t) \cdot m(t+\tau)\} = \int\limits_{-\infty}^{+\infty} \int\limits_{-\infty}^{+\infty} \underbrace{E\{f(t-\nu)n(t+\tau-\mu)\}}_{r_{fn}(\tau-\mu+\nu)=0} h(\nu)h(\mu)d\nu d\mu. \tag{4.5.42}$$

Da die Kreuzkorrelierte $r_{fn}(\tau)$ voraussetzungsgemäß Null ist, entfällt dieser Ausdruck. Der 1. und 4. Term in (4.5.41) lassen sich mit (4.5.17) identifizieren. Unter Berücksichtigung von (4.5.40) gilt daher das Ergebnis in (4.5.23) sinngemäß:

$$r_{yy}(\tau) = r_{uu}(\tau) * r_{hh}^{E}(\tau) + r_{nn}(\tau) * r_{hh}^{E}(\tau). \tag{4.5.43}$$

Sind Nutz- und Störprozeß am Eingang des LTI-Systems unkorreliert, so können beide unabhängig mit der Wiener-Lee-Beziehung (4.5.23) transformiert werden. Für die Leistungsdichtespektren der Nutz- und Störspektren gilt entsprechend

$$S_{yy}(s) = S_{uu}(s) \cdot T_{hh}(s) + S_{nn}(s) \cdot T_{hh}(s). \tag{4.5.44}$$

Darin ist $T_{hh}(s)$ die Leistungsübertragungsfunktion nach (4.5.28).

4.5.6 Determinierte Nutzsignale im Rauschen

Im Falle determinierter Eingangsnutzsignale lautet das Ausgangssignal bei der Betrachtung einzelner Musterfunktionen des Eingangsrauschprozesses

$$y(t) = f(t) * h(t) + n_i(t) * h(t) = g(t) + m_i(t). \tag{4.5.45}$$

Die Funktion $g(t)$ gibt die Antwort auf die determinierte Erregung $f(t)$ wieder.

Die Betrachtung einzelner Musterfunktionen $m_i(t)$ des Ausgangsrauschprozesses ist nicht informativ. Es erscheint vorteilhafter, den gesamten Ausgangsrauschprozeß mit seiner AKF zu bewerten. Dazu sei wieder die AKF $r_{yy}(\tau)$ in (4.5.41) des gesamten Ausgangssignals betrachtet. Der erste Term ist eine determinierte Energiekorrelationsfunktion $r_{gg}^{E}(\tau)$, wenn $f(t)$ ein determiniertes Energiesignal ist. Ist $f(t)$ ein determiniertes Leistungssignal, müßte eine entsprechende determinierte Leistungskorrelationsfunktion definiert werden. Die Betrachtung einer determinierten Korrelationsfunktion ist in beiden

Fällen nicht sinnvoll, da die Systemantwort $g(t)$ in (4.5.45) mehr Information trägt.

Der 2. und 3. Term in (4.5.41) hat unter den gegebenen Voraussetzungen den Wert Null. Dieses sei wieder anhand des 2. Terms gezeigt. Gleichung (4.5.42) lautet im Falle eines determinierten Nutzsignals $f(t)$ sinngemäß

$$E\{g(t) \cdot m(t + \tau)\} = \int\limits_{-\infty}^{+\infty} \int\limits_{-\infty}^{+\infty} f(t - \nu)\underbrace{E\{n(t + \tau - \mu)\}}_{E\{n(t)\}=0}h(\nu)h(\mu)d\nu d\mu. \quad (4.5.46)$$

Die Erwartungswertbildung erstreckt sich über die einzige stochastische Funktion im Integranden, nämlich über den Eingangsrauschprozeß. Da dieser voraussetzungsgemäß mittelwertfrei ist, ist der Erwartungswert Null.

Es bleibt der 4. Term in (4.5.41), der wie in (4.5.43) mit der Wiener-Lee-Beziehung berechnet werden kann. Insgesamt erscheint es zweckmäßig, den determinierten und den stochastischen Anteil getrennt zu behandeln, den determinierten Anteil durch Faltung mit der Impulsantwort $h(t)$ und den stochastischen Anteil durch Faltung der AKF mit der Systemkorrelationsfunktion $r_{hh}^E(\tau)$.

Häufig wird das sogenannte *Signal-Rausch-Verhältnis* oder *S/N-Verhältnis* am Eingang und Ausgang eines Systems angegeben und es wird verglichen, ob sich dieses Verhältnis am Ausgang gegenüber dem Eingang verbessert oder verschlechtert hat. Das S/N-Verhältnis ist als Verhältnis der mittleren Leistungen

$$\frac{S}{N} = \frac{\overline{f^2(t)}}{\overline{n^2(t)}} \quad (4.5.47)$$

definiert. Im Falle eines stochastischen Signals kann die mittlere Leistung aus der AKF oder dem Leistungsdichtespektrum ermittelt werden. Für das Rauschsignal $n(t)$ gilt beispielsweise

$$\overline{n^2(t)} = r_{nn}(0) = \frac{1}{2\pi} \int_{-\infty}^{\infty} S_{nn}(j\omega)d\omega. \quad (4.5.48)$$

Beispiel 4.5.4

Gegeben sei ein Tiefpaß 1. Ordnung mit einer Übertragungsfunktion

$$H(s) = \frac{2}{s + 2} \quad (4.5.49)$$

und einer Erregung

$$u(t) = 10\sin 2t + n(t). \quad (4.5.50)$$

Darin sei $n(t)$ ein weißer bandbegrenzter Rauschprozeß mit einem Leistungs-dichtespektrum

$$S_{nn}(j\omega) = \begin{cases} 0.1 & \text{für } |\omega| \leq 50 \cdot 2\pi \\ 0 & \text{sonst.} \end{cases} \qquad (4.5.51)$$

Wie sieht der Signal-Rausch-Abstand am Eingang und Ausgang des Systems aus? Am Eingang hat das Nutzsignal

$$f(t) = 10 \sin 2t \qquad (4.5.52)$$

eine mittlere Leistung von 50, was durch Integration über eine Periode des quadrierten Sinussignals ersichtlich ist:

$$\overline{f^2(t)} = \frac{1}{2} \cdot 100 = 50. \qquad (4.5.53)$$

Die mittlere Leistung des Rauschsignals erhält man aus der Integration über das Leistungsdichtespektrum:

$$\begin{aligned} \overline{n^2(t)} &= \frac{1}{2\pi} \int_{-\infty}^{\infty} S_{nn}(j\omega)\, d\omega \\ &= \frac{1}{2\pi} \int_{-50\cdot 2\pi}^{50\cdot 2\pi} 0.1\, d\omega = \frac{0.1}{2\pi} \cdot 100 \cdot 2\pi = 10. \end{aligned} \qquad (4.5.54)$$

Am Eingang des LTI-Systems ergibt sich daher ein S/N-Verhältnis von

$$\frac{S}{N} = \frac{\overline{f^2(t)}}{\overline{n^2(t)}} = \frac{50}{10} = 5. \qquad (4.5.55)$$

Zur Berechnung des S/N-Verhältnisses am Ausgang werden zunächst das determinierte Ausgangssignal $g(t)$ und das Leistungsdichtespektrum des Ausgangsrauschprozesses berechnet. Für das Sinussignal ist mit Hilfe des Frequenzganges an der Stelle $\omega = 2$ die veränderte Amplitude zu bestimmen. Aus dem Frequenzgang

$$H(j\omega)|_{\omega=2} = \frac{2}{j\omega + 2}\Big|_{\omega=2} = \frac{2}{j2 + 2} \qquad (4.5.56)$$

und dem Betrag bei $\omega = 2$

$$|H(j2)| = \frac{2}{2\sqrt{2}} = \frac{1}{\sqrt{2}} \qquad (4.5.57)$$

folgt das Ausgangssinussignal

$$g(t) = \frac{10}{\sqrt{2}} \cdot \sin(2t + \varphi) \qquad (4.5.58)$$

mit der mittleren Leistung

$$\overline{g^2(t)} = \frac{1}{2}(\frac{10}{\sqrt{2}})^2 = \frac{50}{2} = 25. \tag{4.5.59}$$

Das Leistungsdichtespektrum des Ausgangsrauschprozesses wird mit Hilfe von (4.5.27-28) bestimmt:

$$S_{mm}(s) = S_{nn}(s) \cdot H(s)H(-s)$$
$$\approx 0.1 \cdot \frac{2}{s+2} \cdot \frac{2}{-s+2}. \tag{4.5.60}$$

Dabei wird die Tatsache ausgenutzt, daß das Leistungsdichtespektrum S_{nn} des Eingangsrauschprozesses innerhalb des Durchlaßbereiches des Systems in guter Näherung konstant ist. Die mittlere Rauschleistung am Ausgang erhält man durch Integration über das Leistungsdichtespektrum S_{mm}:

$$\overline{m^2(t)} = \frac{1}{2\pi j} \int_{\sigma-j\infty}^{\sigma+j\infty} \frac{-0.4}{(s+2)(s-2)} ds, \quad -2 < \sigma < +2. \tag{4.5.61}$$

Dieses Integral kann mit Hilfe des Residuensatzes ausgewertet werden. Da nur der Pol $s_{\infty 1} = -2$ links vom Konvergenzstreifen liegt, ist dessen Residuum zu berechnen:

$$Res_1 = \frac{-0.4}{(s-2)}\Big|_{s=-2} = \frac{-0.4}{-4} = 0.1. \tag{4.5.62}$$

Insgesamt lautet daher das S/N-Verhältnis am Ausgang:

$$\frac{S}{N} = \frac{\overline{g^2(t)}}{\overline{m^2(t)}} = \frac{25}{0.1} = 250. \tag{4.5.63}$$

Das System halbiert die Nutzsignalleistung, läßt aber nur $1/100$ der Rauschleistung durch. Daher verbessert sich das Signal-Rausch-Verhältnis um den Faktor 50.

4.6 Systembeschreibung mit Zustandsgleichungen

4.6.1 Das Zustandskonzept

Die Beschreibung von Systemen mit Hilfe von *Zustandsgleichungen* findet insbesondere in der Regelungstechnik, in der Nachrichtentechnik und in der allgemeinen Schwingungslehre Anwendung [DeR 65, Unb 90, Sch 90]. Im Mittelpunkt dieser Beschreibung steht der *Zustand* eines Systems. Mit dem Zustand liegt zusätzliche Information über interne Größen des Systems vor.

Der Zustand eines Systems wird so definiert, daß für jeden beliebigen Zeitpunkt t_0 die Kenntnis des Zustandes zu dem Zeitpunkt t_0 zusammen mit der Kenntnis der Erregung für alle Zeiten $t \geq t_0$ ausreicht, die Antwort des Systems für alle Zeiten $t \geq t_0$ zu bestimmen. Dabei spielt es keine Rolle, wie der Zustand in der Vergangenheit, d.h. zu Zeiten $t \leq t_0$, entstanden ist. Im allgemeinen gibt es unendlich viele Erregungen, die zu dem Zustand geführt haben können.

In der Regel wird der Zustand eines Systems durch mehrere Größen beschrieben. Ebenso werden häufig Systeme mit mehreren Eingängen und mehreren Ausgängen betrachtet.

Beispiel 4.6.1

Das Zustandskonzept wird am Beispiel des gedämpften LC-Kreises in Bild 4.6.1 erläutert. Dieses elektrische System wird mit dem Strom $i_0(t)$ erregt und antwortet mit der Ausgangsspannung $u_C(t)$.

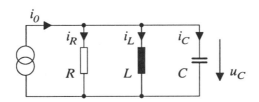

Bild 4.6.1:   Gedämpfter LC-Kreis

Als Zustandsgrößen kommen der Strom $i_L(t)$ durch die Induktivität L und die Spannung $u_C(t)$ an der Kapazität in Frage. Da diese beiden Größen Funktionen der Zeit t sind, spricht man auch von *Zustandsvariablen*. Die Kenntnis dieser beiden Zustandsvariablen zu einem beliebigen Zeitpunkt t_0 reicht aus, zusammen mit der Kenntnis des erregenden Stromes $i_0(t)$, $t \geq t_0$, die Antwort $u_C(t)$, $t \geq t_0$, anzugeben. Dabei speichert die Kapazität " C" die gesamte Vergangenheit in Form der Spannung $u_C(t_0)$ und die Induktivität "L" in Form des Stroms $i_L(t_0)$. Für die Spannung $u_C(t)$ und dem Strom $i_C(t)$ der Kapazität gilt

$$u_C(t) = \frac{1}{C} \int\limits_{-\infty}^{t} i_C(\tau)d\tau = \frac{1}{C} \int\limits_{-\infty}^{t_0} i_C(\tau)d\tau + \frac{1}{C} \int\limits_{t_0}^{t} i_C(\tau)d\tau$$

$$= u_C(t_0) + \frac{1}{C} \int\limits_{t_0}^{t} i_C(\tau)d\tau. \tag{4.6.1}$$

Für den Strom $i_L(t)$ und der Spannung $u_L(t)$ der Induktivität gilt

$$i_L(t) = \frac{1}{L} \int\limits_{-\infty}^{t} u_L(\tau)d\tau = \frac{1}{L} \int\limits_{-\infty}^{t_0} u_L(\tau)d\tau + \frac{1}{L} \int\limits_{t_0}^{t} u_L(\tau)d\tau$$

$$= i_L(t_0) + \frac{1}{L} \int\limits_{t_0}^{t} u_L(\tau)d\tau. \tag{4.6.2}$$

Die Größen $u_C(t_0)$ und $i_L(t_0)$ kennzeichnen den Zustand des Netzwerks zur Zeit $t = t_0$. Ist zudem die Erregung $i_0(t)$ für $t \geq t_0$ bekannt, so können alle elektrischen Größen des Netzwerks für $t \geq t_0$ angegeben werden.

Die beiden Zustandsvariablen $u_C(t)$ und $i_L(t)$ beschreiben den Zustand des Netzwerks vollständig. Es ist zweckmäßig, aber nicht zwingend, diese Größen zu verwenden. Auch linear unabhängige Linearkombinationen aus beiden sind geeignet.

4.6.2 Darstellung der Zustandsgleichungen

Die hier betrachteten LTI-Systeme können mit gewöhnlichen linearen Differentialgleichungen beschrieben werden. Im allgemeinen Fall liegt ein System solcher Differentialgleichungen vor. Darin läßt sich jede Differentialgleichung höherer Ordnung in ein System von Differentialgleichungen 1.Ordnung zerlegen. Aus einer Differentialgleichung

$$x^{(n)} + \alpha_n x^{(n-1)} + \cdots + \alpha_3 \ddot{x} + \alpha_2 \dot{x} + \alpha_1 x = u \tag{4.6.3}$$

entsteht durch die Substitutionen

$$
\begin{aligned}
x_1 &= x \\
x_2 &= \dot{x} \\
x_3 &= \dot{x}_2 = \ddot{x} \\
x_{n-1} &= \dot{x}_{n-2} = x^{(n-2)} \\
x_n &= \dot{x}_{n-1} = x^{(n-1)}
\end{aligned}
\tag{4.6.4}
$$

das Differentialgleichungssystem

$$
\begin{aligned}
\dot{x}_1 &= x_2 \\
\dot{x}_2 &= x_3 \\
\ldots &= \ldots \\
\dot{x}_{n-1} &= x_n \\
\dot{x}_n &= -\alpha_n x_n - \ldots - \alpha_3 x_3 - \alpha_2 x_2 - \alpha_1 x_1 + u.
\end{aligned}
\tag{4.6.5}
$$

Die Größen x_1, $x_2 \ldots x_n$ stellen einen geeigneten Satz von *Zustandsvariablen* dar. Im folgenden wird nicht nur eine einzige *Eingangsgröße* u angenommen, sondern p Eingangsgrößen u_1, $u_2 \ldots u_p$. Im allgemeinen Fall können alle Ableitungen $\dot{x}_1$, $\dot{x}_2 \ldots \dot{x}_n$ von allen Eingangsgrößen u_1, $u_2 \ldots u_p$ und allen Zustandsgrößen x_1, $x_2 \ldots x_n$ abhängen. Insgesamt läßt sich ein LTI-System durch ein System von Differentialgleichungen 1. Ordnung beschreiben, wobei genau jede Zustandsvariable die unabhängige Variable einer Differentialgleichung ist. Dieses Gleichungssystem nennt man die Zustandsgleichungen des LTI-Systems.

Darüber hinaus möge das LTI-System durch q *Ausgangsgrößen* y_1, $y_2 \ldots y_q$ gekennzeichnet sein, die sich als Linearkombinationen aus den Zustandsgrößen x_1, $x_2 \ldots x_n$ und den Eingangsgrößen u_1, $u_2 \ldots u_p$ darstellen lassen. Die Gleichungen dieser Linearkombinationen nennt man Ausgangsgleichungen.

Faßt man die Eingangsvariablen zu einem *Eingangsvektor* mit p Elementen

$$
\mathbf{u}(t) = [u_1, u_2 \ldots u_p]^T
\tag{4.6.6}
$$

zusammen, die Zustandsvariablen zu einem *Zustandsvektor* mit n Elementen

$$
\mathbf{x}(t) = [x_1, x_2 \ldots x_n]^T
\tag{4.6.7}
$$

und die Ausgangsvariablen zu einem *Ausgangsvektor* mit q Elementen

$$
\mathbf{y}(t) = [y_1, y_2 \ldots y_q]^T,
\tag{4.6.8}
$$

so lassen sich die Zustands- und Ausgangsgleichungen in einer kompakten Matrixschreibweise angeben:

$$\dot{\mathbf{x}}(t) = \mathbf{A} \cdot \mathbf{x}(t) + \mathbf{B} \cdot \mathbf{u}(t), \tag{4.6.9}$$

$$\mathbf{y}(t) = \mathbf{C} \cdot \mathbf{x}(t) + \mathbf{D} \cdot \mathbf{u}(t). \tag{4.6.10}$$

Die vier Matrizen $\mathbf{A}$, $\mathbf{B}$, $\mathbf{C}$ und $\mathbf{D}$ werden in ihrer Gesamtheit *Zustandsmatrizen* genannt. Ihre einzelnen Bezeichnungen und ihre Formate gehen aus folgender Aufstellung hervor:

$\mathbf{A}$	*Systemmatrix*	(n Zeilen × n Spalten),
$\mathbf{B}$	*Eingangsmatrix*	(n Zeilen × p Spalten),
$\mathbf{C}$	*Ausgangsmatrix*	(q Zeilen × n Spalten),
$\mathbf{D}$	*Durchgangsmatrix*	(q Zeilen × p Spalten).

Die vektorielle Darstellung des gesamten Gleichungssystems läßt sich durch den *vektoriellen Signalflußgraphen* in Bild 4.6.2 veranschaulichen. Der Eingangsvektor $\mathbf{u}(t)$ wird über die *Eingangsmatrix* $\mathbf{B}$ einer Rückkopplungsschleife zugeführt, die aus einem Satz von Integratoren und der *Systemmatrix* $\mathbf{A}$ im Rückführungszweig besteht. An den Ausgängen der Integratoren entsteht der Zustandsvektor $\mathbf{x}(t)$, der über die *Ausgangsmatrix* $\mathbf{C}$ auf den Ausgangsvektor $\mathbf{y}(t)$ abgebildet wird. Parallel zu der gesamten Anordnung wird der Eingangsvektor über die *Durchgangsmatrix* $\mathbf{D}$ direkt zu dem Ausgangsvektor summiert. Von daher stammt auch die Bezeichnung Durchgangsmatrix.

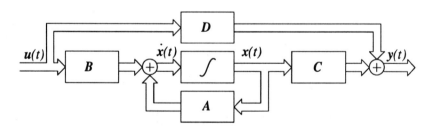

Bild 4.6.2: Vektorieller Signalflußgraph der Zustandsgleichungen

Der Spezialfall $p = 1$ und $q = 1$ beschreibt eine Anordnung mit einer einzigen Eingangs- und einer einzigen Ausgangsgröße. Damit liegt wieder, wie in den früheren Abschnitten, ein System mit einem Eingang und einem Ausgang vor. Die Eingangsmatrix $\mathbf{B}$ degeneriert dann zu einem Spaltenvektor mit n Elementen und die Ausgangsmatrix $\mathbf{C}$ zu einem Zeilenvektor mit n Elementen. Aus der Durchgangsmatrix wird ein Skalar.

Beispiel 4.6.2

Es sei noch einmal der gedämpfte LC-Kreis in Bild 4.6.1 betrachtet. Durch eine einfache Analyse kann daraus ein Zustandsgleichungssystem abgeleitet werden. Zunächst kann nach dem Kirchhoff'schen Gesetz die folgende Strombilanz gezogen werden:

$$i_0(t) = i_R(t) + i_L(t) + i_C(t). \qquad (4.6.11)$$

Ersetzt man darin den Strom durch die Kapazität

$$i_C(t) = C \cdot \dot{u}_C(t) \qquad (4.6.12)$$

und den Strom durch den Widerstand

$$i_R(t) = \frac{u_C(t)}{R}, \qquad (4.6.13)$$

so lautet (4.6.11)

$$i_0(t) = \frac{1}{R} u_C(t) + i_L(t) + C\dot{u}_C(t). \qquad (4.6.14)$$

Diese Gleichung kann nach der Ableitung $\dot{u}_C(t)$ aufgelöst werden:

$$\dot{u}_C(t) = -\frac{1}{RC} u_C(t) - \frac{1}{C} i_L(t) + \frac{1}{C} i_0(t). \qquad (4.6.15)$$

Ferner kann die Ableitung des Stroms $i_L(t)$ durch die an der Induktivität liegenden Spannung $u_C(t)$ ausgedrückt werden:

$$\dot{i}_L(t) = \frac{1}{L} u_C(t). \qquad (4.6.16)$$

Die beiden Gleichungen (4.6.15-16) stellen die Zustandsgleichungen des elektrischen Netzwerks in Bild 4.6.1 dar. Da der Strom $i_0(t)$ die Erregung und die Spannung $u_C(t)$ die Antwort des Systems sind, können die Zustands- und Ausgangsgleichungen in der folgenden Matrixschreibweise angegeben werden:

$$\begin{bmatrix} \dot{u}_C(t) \\ \dot{i}_L(t) \end{bmatrix} = \begin{bmatrix} -1/RC & -1/C \\ 1/L & 0 \end{bmatrix} \cdot \begin{bmatrix} u_C(t) \\ i_L(t) \end{bmatrix} + \begin{bmatrix} 1/C \\ 0 \end{bmatrix} \cdot i_0(t).$$

$$u_C(t) = \begin{bmatrix} 1 & 0 \end{bmatrix} \cdot \begin{bmatrix} u_C(t) \\ i_L(t) \end{bmatrix} + 0 \cdot i_0(t). \qquad (4.6.17)$$

In diesem Beispiel liegen nur eine Eingangs- und eine Ausgangsvariable vor. Daher degenerieren die Eingangs- und die Ausgangsmatrizen zu Vektoren. Die Durchgangsmatrix wird zur Zahl Null.

4.6.3 Lösung der Zustandsgleichungen im Zeitbereich

Im folgenden wird eine Lösung der Zustandsgleichungen (4.6.9) hergeleitet. Bei gegebenen Matrizen **A** und **B** und gegebenem Eingangsvektor $u(t)$ wird der Zustandsvektor $\mathbf{x}(t)$ berechnet. Diese Lösung wird dann zur Berechnung des Ausgangsvektors $\mathbf{y}(t)$ in die Ausgangsgleichungen (4.6.10) eingesetzt.

Lösung des homogenen Differentialgleichungssystems

Die Lösung der Zustandsgleichungen

$$\dot{\mathbf{x}}(t) = \mathbf{A}\mathbf{x}(t) + \mathbf{B}u(t) \qquad (4.6.18)$$

erfolgt formal wie die Lösung einer *gewöhnlichen Differentialgleichung 1. Ordnung*. Allerdings werden anstelle einfacher Variablen und Koeffizienten Vektoren und Matrizen betrachtet. Zuerst ist der *homogene* Anteil

$$\dot{\mathbf{x}}_h(t) = \mathbf{A}\,\mathbf{x}_h(t) \qquad (4.6.19)$$

der Zustandsgleichungen zu lösen. Dazu wird der folgende Lösungsansatz gemacht:

$$\mathbf{x}_h(t) = \exp(\mathbf{A}t) \cdot \mathbf{k}, \qquad (4.6.20)$$

wobei **k** ein konstanter Spaltenvektor ist. Darin wird die sogenannte *Transitionsmatrix* $\boldsymbol{\Phi}(t) = \exp(\mathbf{A}t)$ verwendet, die im Anhang A5 näher erläutert ist. Eine Möglichkeit zur Berechnung der Transitionsmatrix wird später in diesem Kapitel gezeigt. Die Ableitung des Lösungsansatzes (4.6.20) ergibt

$$\dot{\mathbf{x}}_h(t) = \mathbf{A} \cdot \exp(\mathbf{A}t) \cdot \mathbf{k}. \qquad (4.6.21)$$

Ein Einsetzen des Lösungsansatzes (4.6.20) und der Ableitung (4.6.21) in die homogene Differentialgleichung (4.6.19) bestätigt die Richtigkeit des Ansatzes.

Statt des Vektors **k** kann im Lösungsansatz (4.6.20) auch eine beliebige Rechteckmatrix mit n Zeilen stehen. Beispielsweise führt die $n \times n$-Einheitsmatrix **I** auf die Lösung

$$x_{h1}(t) = \exp(\mathbf{A}t) \cdot \mathbf{I} = \exp(\mathbf{A}t) = \boldsymbol{\Phi}(t). \qquad (4.6.22)$$

Die Transitionsmatrix $\boldsymbol{\Phi}(t)$ erfüllt selbst das homogene Gleichungssystem. Es läßt sich zeigen, daß die n Spalten der Transitionsmatrix ein Satz von n linear unabhängigen Lösungen sind.

Gesamtlösung des Differentialgleichungssystems

Zur Lösung der Differentialgleichung

$$\dot{\mathbf{x}}(t) - \mathbf{A}\mathbf{x}(t) = \mathbf{B}\mathbf{u}(t) \qquad (4.6.23)$$

wird der folgende Lösungsansatz (Variation der Konstanten) gemacht:

$$\mathbf{x}(t) = \exp(\mathbf{A}t) \cdot \mathbf{k}(t) = \mathbf{x}_{h1}(t) \cdot \mathbf{k}(t), \qquad (4.6.24)$$

wobei $\mathbf{k}(t)$ ein Spaltenvektor aus n zeitabhängigen Elementen ist. Die zeitliche Ableitung des Lösungsansatzes (4.6.24) ergibt

$$\dot{\mathbf{x}}(t) = \dot{\mathbf{x}}_{h1}(t) \cdot \mathbf{k}(t) + \mathbf{x}_{h1}(t) \cdot \dot{\mathbf{k}}(t). \qquad (4.6.25)$$

Setzt man den Ansatz (4.6.24) und die Ableitung (4.6.25) in das Differentialgleichungssystem (4.6.23) ein, so erhält man

$$\dot{\mathbf{x}}_{h1}(t) \cdot \mathbf{k}(t) + \mathbf{x}_{h1}(t) \cdot \dot{\mathbf{k}}(t) - \mathbf{A} \cdot \mathbf{x}_{h1} \cdot \mathbf{k}(t) = \mathbf{B}\mathbf{u}(t),$$

$$\mathbf{x}_{h1}(t) \cdot \dot{\mathbf{k}}(t) + \underbrace{\left(\dot{\mathbf{x}}_{h1}(t) - \mathbf{A} \cdot \mathbf{x}_{h1}(t) \right)}_{=0,\ siehe(4.6.19)} \cdot \mathbf{k}(t) = \mathbf{B}\mathbf{u}(t). \qquad (4.6.26)$$

In der Klammer steht die homogene Differentialgleichung, die für $\mathbf{x}(t) = \mathbf{x}_{h1}(t)$ verschwindet.

Im nächsten Schritt wird (4.6.26) nach $\dot{\mathbf{k}}(t)$ aufgelöst und der gesuchte Vektor $\mathbf{k}(t)$ durch Integration nach der Zeit ermittelt:

$$\dot{\mathbf{k}}(t) = \mathbf{x}_{h1}^{-1}(t) \cdot \mathbf{B} \cdot \mathbf{u}(t), \qquad (4.6.27)$$

$$\mathbf{k}(t) = \int\limits_{t_0}^{t} \exp(-\mathbf{A}\tau) \cdot \mathbf{B} \cdot \mathbf{u}(\tau) \, d\tau + \mathbf{k}(t_0). \qquad (4.6.28)$$

Damit ist $\mathbf{k}(t)$ bekannt und kann in den Lösungsansatz (4.6.24) eingesetzt werden:

$$\mathbf{x}(t) = \exp(\mathbf{A}t) \cdot \mathbf{k}(t_0) + \exp(\mathbf{A}t) \int\limits_{t_0}^{t} \exp(-\mathbf{A}\tau) \cdot \mathbf{B} \cdot \mathbf{u}(\tau) \, d\tau. \qquad (4.6.29)$$

Speziell für $t = t_0$ folgt aus (4.6.29)

$$\mathbf{x}(t_0) = \exp(\mathbf{A}t_0) \cdot \mathbf{k}(t_0) \qquad (4.6.30)$$

und daraus

$$\mathbf{k}(t_0) = \exp(-\mathbf{A}t_0) \cdot \mathbf{x}(t_0). \tag{4.6.31}$$

Setzt man (4.6.31) in (4.6.29) ein, so erhält man schließlich die *Gesamtlösung* für den Zustandsvektor

$$\mathbf{x}(t) = \exp[\mathbf{A}(t - t_0)] \cdot \mathbf{x}(t_0) + \int\limits_{t_0}^{t} \exp[\mathbf{A}(t - \tau)] \cdot \mathbf{B} \cdot \mathbf{u}(\tau)\, d\tau$$

$$= \mathbf{\Phi}(t - t_0) \cdot \mathbf{x}(t_0) + \int\limits_{t_0}^{t} \mathbf{\Phi}(t - \tau) \cdot \mathbf{B} \cdot \mathbf{u}(\tau)\, d\tau. \tag{4.6.32}$$

Am Ende ist dieses Ergebnis in das Ausgangsgleichungssystem einzusetzen. Damit erhält man den Zusammenhang zwischen dem Ausgangsvektor $\mathbf{y}(t)$, dem Eingangsvektor $\mathbf{u}(t)$ und dem Anfangswert $\mathbf{x}(t_0)$:

$$\boxed{\mathbf{y}(t) = \mathbf{C}\mathbf{\Phi}(t - t_0) \cdot \mathbf{x}(t_0) + \int\limits_{t_0}^{t} \mathbf{C}\mathbf{\Phi}(t - \tau) \cdot \mathbf{B} \cdot \mathbf{u}(\tau)\, d\tau + \mathbf{D} \cdot \mathbf{u}(t)} \tag{4.6.33}$$

Die Antwort eines LTI-Systems läßt sich in die Summe zweier Teilantworten zerlegen. Der erste Teil hängt allein vom Anfangszustand, d.h. vom Zustandsvektor zur Zeit $t = t_0$, ab und der zweite Teil allein von der Erregung $\mathbf{u}(t)$. Gemäß dem Zustandskonzept ist die gesamte Vergangenheit des Systems in der Größe $\mathbf{x}(t_0)$ gespeichert.

4.6.4 Faltung und Impulsantwort

Im folgenden sei angenommen, daß der Anfangszustand eines LTI-Systems zur Zeit $t = t_0$ Null sei:

$$\mathbf{x}(t_0) = \mathbf{0}. \tag{4.6.34}$$

Unter dieser Voraussetzung soll im Zeitbereich ein Zusammenhang zwischen dem Eingangsvektor $\mathbf{u}(t)$ und dem Ausgangsvektor $\mathbf{y}(t)$ hergestellt werden. Der Ausgangsvektor in (4.6.33) reduziert sich mit (4.6.34) auf den rechts stehenden Integralausdruck, nämlich auf den Teil der Systemantwort, der nur von der Erregung bzw. vom Eingangsvektor abhängt. Im Integranden kann man die beiden konstanten Matrizen $\mathbf{C}$ und $\mathbf{B}$ und die zeitabhängige Transitionsmatrix $\mathbf{\Phi}(t - \tau)$ zu einer zeitabhängigen Matrix

$$\mathbf{g}(t - \tau) = \mathbf{C}\,\mathbf{\Phi}(t - \tau)\,\mathbf{B} \tag{4.6.35}$$

zusammenfassen. Die neue Matrix $\mathbf{g}(t - \tau)$ besitzt q Zeilen und p Spalten. Mit dieser Abkürzung lautet der Ausgangsvektor des Systems

$$\mathbf{y}(t) = \int\limits_{t_0}^{t} \mathbf{g}(t - \tau) \cdot \mathbf{u}(\tau) \, d\tau + \mathbf{D} \cdot \mathbf{u}(t). \tag{4.6.36}$$

Das darin enthaltene Integral beschreibt eine Faltung zwischen der kausalen Matrix $\mathbf{g}(t)$ und dem kausalen Vektor $\mathbf{u}(t)$. Diese Faltung ist in ähnlicher Form auszuführen wie die Multiplikation zweier Matrizen. Der einzige Unterschied besteht darin, daß beim Ausmultiplizieren der jeweiligen korrespondierenden Elemente nicht normale Produkte (Multiplikation zweier Zeitfunktionen), sondern Faltungsprodukte zu bilden sind. Gleichung (4.6.36) lautet in Kurzschreibweise

$$\mathbf{y}(t) = \mathbf{g}(t) * \mathbf{u}(t) + \mathbf{D} \cdot \mathbf{u}(t). \tag{4.6.37}$$

Eine im Ursprung stetige Funktion $f(t)$ kann nach (2.5.14) als Faltungsprodukt $f(t) * \delta(t)$ geschrieben werden. Dieses gilt auch für jedes einzelne Element im Vektor $\mathbf{u}(t)$. Es gilt daher die folgende Identität:

$$\mathbf{D} \cdot \mathbf{u}(t) = \mathbf{D} \, \delta(t) * \mathbf{u}(t). \tag{4.6.38}$$

Die Faltung des Dirac-Impulses mit einem Vektor ist wie bei der Multiplikation eines Skalars mit einem Vektor durch elementweise Faltung durchzuführen.

Setzt man (4.6.38) in (4.6.37) ein, so erhält man unter Ausnutzung der Distributivität der Faltung den Ausgangsvektor

$$\begin{aligned} \mathbf{y}(t) &= \mathbf{g}(t) * \mathbf{u}(t) + \mathbf{D} \, \delta(t) * \mathbf{u}(t) \\ &= \Big(\mathbf{g}(t) + \mathbf{D}\delta(t)\Big) * \mathbf{u}(t). \end{aligned} \tag{4.6.39}$$

Damit ist der Zusammenhang zwischen der Vektorerregung $\mathbf{u}(t)$ und der Vektorantwort $\mathbf{y}(t)$ durch ein Faltungsprodukt beschrieben:

$$\boxed{\begin{aligned} \mathbf{y}(t) &= \mathbf{h}(t) * \mathbf{u}(t) & (4.6.40) \\ \mathbf{h}(t) &= \mathbf{C} \, \boldsymbol{\Phi}(t) \, \mathbf{B} + \mathbf{D} \, \delta(t) & (4.6.41) \end{aligned}}$$

Die Impulsantwort eines Systems mit p Eingängen und q Ausgängen ist eine $q \times p$ -Matrix (q Zeilen und p Spalten) $\mathbf{h}(t)$, die aus den Zustandsmatrizen $\mathbf{C}$, $\mathbf{B}$ und $\mathbf{D}$ und aus der Transitionsmatrix $\boldsymbol{\Phi}$ (und damit auch indirekt aus der Systemmatrix $\mathbf{A}$) entsteht. Das Element $h_{ij}(t)$ der Impulsantwort $\mathbf{h}(t)$ ist die Impulsantwort am i-ten Ausgang mit einer Dirac-Impulserregung am j-ten Eingang. Besitzt ein System eine von Null verschiedene Durchgangsmatrix $\mathbf{D}$, so erscheinen auch Dirac-Impulse in der Impulsantwort.

4.6.5 Lösung der Zustandsgleichungen mit Laplace-Transformation

Die Lösung der Zustandsgleichungen mit Hilfe der einseitigen Laplace-Transformation stellt eine Alternative zu der bisher behandelten Lösung im Zeitbereich dar. Bei der Laplace-Transformation der Zustandsgleichungen in (4.6.9-10) bleiben die konstanten Matrizen $\mathbf{A}$, $\mathbf{B}$, $\mathbf{C}$ und $\mathbf{D}$ unverändert. Die Laplace-Transformation der Vektoren und der zeitabhängigen Matrizen wird elementweise vorgenommen. Für die Laplace-Transformation des Vektors $\dot{\mathbf{x}}(t)$ der Ableitungen der Zustandsvariablen gilt

$$\mathcal{L}\{\dot{\mathbf{x}}(t)\} = \left\{ \begin{array}{c} \mathcal{L}\{\dot{x}_1(t)\} \\ \mathcal{L}\{\dot{x}_2(t)\} \\ \vdots \\ \mathcal{L}\{\dot{x}_n(t)\} \end{array} \right\} = \left\{ \begin{array}{c} sX_1(s) - x_1(0) \\ sX_2(s) - x_2(0) \\ \vdots \\ sX_n(s) - x_n(0) \end{array} \right\} = s\mathbf{X}(s) - \mathbf{x}(0). \quad (4.6.42)$$

Damit werden aus den Zustandsgleichungen in (4.6.9) die Laplace-transformierten Gleichungen

$$s\mathbf{X}(s) - \mathbf{x}(0) = \mathbf{A}\mathbf{X}(s) + \mathbf{B}\mathbf{U}(s). \quad (4.6.43)$$

Um dieses Gleichungssystem nach dem Vektor $\mathbf{X}(s)$ der Laplace-transformierten Zustandsvariablen aufzulösen, werden alle Terme mit $\mathbf{X}(s)$ auf die linke Seite gebracht, $\mathbf{X}(s)$ nach rechts ausgeklammert und beide Seiten des Gleichungssystems von links mit der inversen Matrix $(s\mathbf{I} - \mathbf{A})^{-1}$ multipliziert:

$$(s\mathbf{I} - \mathbf{A})\mathbf{X}(s) = \mathbf{B}\mathbf{U}(s) + \mathbf{x}(0)$$
$$\mathbf{X}(s) = (s\mathbf{I} - \mathbf{A})^{-1}\mathbf{B}\mathbf{U}(s) + (s\mathbf{I} - \mathbf{A})^{-1}\mathbf{x}(0). \quad (4.6.44)$$

Eine Laplace-Transformation der Ausgangsgleichungen (4.6.10) ergibt

$$\mathbf{Y}(s) = \mathbf{C}\mathbf{X}(s) + \mathbf{D}\mathbf{U}(s). \quad (4.6.45)$$

Setzt man schließlich (4.6.44) in (4.6.45) ein, so erhält man die Systemantwort im Frequenzbereich

$$\boxed{\mathbf{Y}(s) = [\mathbf{C}(s\mathbf{I} - \mathbf{A})^{-1}\mathbf{B} + \mathbf{D}]\mathbf{U}(s) + \mathbf{C}(s\mathbf{I} - \mathbf{A})^{-1}\mathbf{x}(0)} \quad (4.6.46)$$

Man erkennt aus (4.6.46), daß die Systemantwort $\mathbf{Y}(s)$ zum einen von der Erregung $\mathbf{U}(s)$ abhängt und zum anderen vom Anfangszustand $\mathbf{x}(0)$. Beide Anteile werden zur Gesamtantwort summiert.

Es besteht kein prinzipieller Unterschied zwischen dem Anfangszustand zur Zeit t_0 in (4.6.33) und dem Anfangszustand zur Zeit $t = 0$ in (4.6.46), der durch den Differentiationssatz der einseitigen Laplace-Transformation berücksichtigt wurde. Durch eine Variablentransformation oder durch die Festlegung $t_0 = 0$ können beide Fälle ineinander überführt werden.

4.6.6 Die Transitionsmatrix

Gleichung (4.6.46) ist die allgemeine Lösung der Zustandsgleichungen im Frequenzbereich. Im folgenden wird der Spezialfall betrachtet, daß die Erregung für Zeiten $t \geq t_0 = 0$ Null ist und die Systemantwort nur vom Anfangszustand $\mathbf{x}(0)$ abhängt. Die Systemantwort $Y(s)$ kann für $\mathbf{U}(s) = 0$ wie folgt aus (4.6.46) entnommen werden:

$$\mathbf{Y}(s) = \mathbf{C}\,(s\mathbf{I} - \mathbf{A})^{-1}\mathbf{x}(0). \qquad (4.6.47)$$

Aus der entsprechenden Beziehung (4.6.33) im Zeitbereich kann mit $\mathbf{u}(t) = 0$ die korrespondierende Zeitfunktion angegeben werden. Mit $t_0 = 0$ gilt

$$\mathbf{y}(t) = \mathbf{C} \cdot \boldsymbol{\Phi}(t - t_0) \cdot \mathbf{x}(t_0) = \mathbf{C} \cdot \boldsymbol{\Phi}(t) \cdot \mathbf{x}(0). \qquad (4.6.48)$$

Da $\mathbf{Y}(s)$ in (4.6.47) die Laplace-Transformierte der Zeitfunktion $\mathbf{y}(t)$ in (4.6.48) ist und $\mathbf{C}$ eine konstante Matrix und $\mathbf{x}(0)$ ein konstanter Vektor sind, muß die folgende Beziehung gelten:

$$\mathcal{L}\{\boldsymbol{\Phi}(t)\} = (s\mathbf{I} - \mathbf{A})^{-1}. \qquad (4.6.49)$$

Daraus läßt sich eine wichtige Formel zur Berechnung der Transitionsmatrix ableiten:

$$\boxed{\boldsymbol{\Phi}(t) = \mathcal{L}^{-1}\{(s\mathbf{I} - \mathbf{A})^{-1}\}} \qquad (4.6.50)$$

Es gibt eine Reihe von völlig verschiedenen Verfahren zur Berechnung der Transitionsmatrix. Im Anhang A5 wird ein Verfahren beschrieben, das vom *Cayley-Hamilton-Theorem* Gebrauch macht. Es zeigt sich, daß die in (4.6.50) aufgezeigte Rechenvorschrift im allgemeinen den geringsten Rechenaufwand hervorruft.

Im übrigen ist die Matrizengleichung (4.6.50), die etwas umgeschrieben

$$\exp(\mathbf{A}t) \;\circ\!\!-\!\!\bullet\; (s\mathbf{I} - \mathbf{A})^{-1} \qquad (4.6.51)$$

lautet, das Analogon zur skalaren Beziehung

$$\exp(at) \;\circ\!\!-\!\!\bullet\; \frac{1}{s - a}. \qquad (4.6.52)$$

Danach läßt sich die Transitionsmatrix als Matrixdarstellung der Impulsantwort eines Tiefpaßsystems 1. Ordnung auffassen.

Beispiel 4.6.3

Im Anhang A5 wird die Transitionsmatrix $\Phi(t)$ zu einer Systemmatrix $\mathbf{A}$ mit Hilfe des Cayley-Hamilton-Theorems berechnet. Die gleiche Matrix $\mathbf{A}$ wird auch im folgenden Beispiel betrachtet:

$$\mathbf{A} = \begin{bmatrix} 0 & 1 \\ -2 & -3 \end{bmatrix}, \qquad (s\mathbf{I} - \mathbf{A}) = \begin{bmatrix} s & -1 \\ 2 & s+3 \end{bmatrix}.$$

Daraus errechnet sich die Inverse Matrix

$$(s\mathbf{I} - \mathbf{A})^{-1} = \frac{1}{(s+1)(s+2)} \begin{bmatrix} s+3 & 1 \\ -2 & s \end{bmatrix}$$

$$= \begin{bmatrix} \frac{2}{s+1} - \frac{1}{s+2} & \frac{1}{s+1} - \frac{1}{s+2} \\ -\frac{2}{s+1} + \frac{2}{s+2} & -\frac{1}{s+1} + \frac{2}{s+2} \end{bmatrix}. \tag{4.6.53}$$

Die elementeweise Rücktransformation in den Zeitbereich ergibt

$$\mathcal{L}^{-1}\{(s\mathbf{I} - \mathbf{A})^{-1}\} = \Phi(t)$$
$$= \begin{bmatrix} 2\exp(-t) - \exp(-2t) & \exp(-t) - \exp(-2t) \\ -2\exp(-t) + 2\exp(-2t) & -\exp(-t) + 2\exp(-2t) \end{bmatrix}. \tag{4.6.54}$$

Dieses Ergebnis ist identisch mit dem in Anhang 5.

4.6.7 Die Übertragungsmatrix

Als zweiter wichtiger Spezialfall wird ein System mit verschwindendem Anfangswert $x(0) \equiv 0$ betrachtet. Gleichung (4.6.46) zeigt, daß die Systemantwort $\mathbf{Y}(s)$ in diesem Fall nur von der Erregung $\mathbf{U}(s)$ abhängt. Da beide Größen Vektoren sind, muß der Ausdruck, der beide verbindet, eine Matrix sein:

$$\mathbf{Y}(s) = \mathbf{H}(s) \cdot \mathbf{U}(s). \tag{4.6.55}$$

Die Matrix $\mathbf{H}(s)$ wird *Übertragungsmatrix* des Systems genannt. Ein Vergleich mit (4.6.46) zeigt, wie die Übertragungsmatrix aus den vier Zustandsmatrizen berechnet werden kann:

$$\mathbf{H}(s) = \mathbf{C}(s\mathbf{I} - \mathbf{A})^{-1}\mathbf{B} + \mathbf{D}. \tag{4.6.56}$$

Das Element $H_{ij}(s)$ der Matrix $\mathbf{H}(s)$ ist die Übertragungsfunktion, die sich durch eine Erregung am j-ten Eingang und Beobachtung der Antwort am i-ten Ausgang ergibt.

Da die Matrizen **C**, **B** und **D** konstant sind, läßt sich (4.6.56) mit Hilfe von (4.6.50) durch die inverse Laplace-Transformation leicht in den Zeitbereich transformieren. Als Ergebnis erhält man die Impulsantwort $\mathbf{h}(t)$:

$$\mathbf{h}(t) = \mathbf{C\Phi}(t)\mathbf{B} + \mathbf{D}\delta(t). \tag{4.6.57}$$

Entsprechend lautet (4.6.55) im Zeitbereich

$$\mathbf{y}(t) = \mathbf{h}(t) * \mathbf{u}(t). \tag{4.6.58}$$

Dieses Ergebnis ist identisch mit den in (4.6.40-41) dargestellten Berechnungen im Zeitbereich.

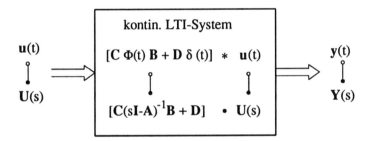

Bild 4.6.3:   Die Beschreibung der Signalübertragung im Zeit- und Frequenzbereich mit Hilfe der Zustandsmatrizen

In Bild 4.6.3 ist das Übertragungsverhalten von kontinuierlichen LTI-Systemen zusammenfassend dargestellt. Im Zeitbereich erfolgt eine Faltung mit der Matrix $\mathbf{h}(t)$ der Impulsantworten, im z-Bereich eine Multiplikation mit der Matrix $\mathbf{H}(s)$ der Übertragungsfunktionen. Beide Matrizen hängen in eindeutiger Weise von den vier Matrizen der Zustandsdarstellung ab.

5. Diskrete Fourier-Transformationen

Der Begriff der *diskreten Fourier-Transformationen* ist nicht eingeführt. Er soll im folgenden als Oberbegriff für alle Transformationen verwendet werden, die einerseits mit der ursprünglichen, im zweiten Kapitel beschriebenen Fourier-Transformation verwandt sind und andererseits mit diskreten Signalen in Verbindung gebracht werden. Dabei ist es unerheblich, ob die Signale im Zeitbereich, im Frequenzbereich oder in beiden diskret sind.

Den breitesten Raum nehmen die Fourier-Reihenentwicklung und die zeitdiskrete Fourier-Transformation ein. Es wird gezeigt, daß beide dual zueinander sind. Sie haben die gleichen Eigenschaften, wenn man den Zeitbereich und den Frequenzbereich jeweils vertauscht. Die Fourier-Reihenentwicklung behandelt Signale, die im Zeitbereich periodisch und im Frequenzbereich diskret sind. Die diskrete Fourier-Transformation behandelt Signale, die im Zeitbereich diskret und im Frequenzbereich periodisch sind.

In Ergänzung dazu werden zwei weitere zueinander duale Transformationen besprochen: die zeitdiskrete Fourier-Reihenentwicklung und die eigentliche diskrete Fourier-Transformation (DFT). Beide behandeln Signale, die im Zeit- und im Frequenzbereich sowohl periodisch als auch diskret sind. Das führt wegen der Dualität dazu, daß beide Transformationen bis auf eine Konstante identisch sind.

5.1 Dirac-Impulsreihen

Eine *Dirac-Impulsreihe* $\delta_T(t)$ besteht aus unendlich vielen äquidistant angeordneten Dirac-Impulsen mit dem Gewicht 1. Um die Dirac-Impulsreihe vom einzelnen Dirac-Impuls abzugrenzen, wird der Index T verwendet. Er gibt den Abstand der Dirac-Impulse an. Die Definition der Dirac-Impulsreihe lautet

$$\delta_T(t) = \sum_{n=-\infty}^{\infty} \delta(t - nT). \tag{5.1.1}$$

Bild 5.1.1 zeigt die Dirac-Impulsreihe $\delta_T(t)$. Es ist zu beachten, daß die Dirac-Impulsreihe in der Definition (5.1.1) den Nullphasenwinkel Null besitzt: Der Dirac-Impuls für den Index $n = 0$ tritt an der Stelle $t = 0$ auf.

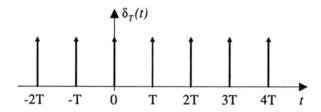

Bild 5.1.1: Dirac-Impulsreihe

Für den Übergang von zeitkontinuierlichen zu zeitdiskreten Systemen und vom Fourier-Integral zu diskreten Fourier-Transformationen sind die folgenden drei Operationen mit Dirac-Impulsreihen von fundamentaler Bedeutung: Faltung mit Dirac-Impulsreihen, Multiplikation mit Dirac-Impulsreihen und Fourier-Transformation der Dirac-Impulsreihen. Sie werden im folgenden nacheinander behandelt.

5.1.1 Faltung mit der Dirac-Impulsreihe

Die Faltung einer aperiodischen Funktion $f(t)$ mit der Dirac-Impulsreihe $\delta_T(t)$ wird durch den Ausdruck

$$f_T(t) = \delta_T(t) * f(t) = \int_{-\infty}^{+\infty} \delta_T(\tau) \cdot f(t - \tau)\, d\tau \tag{5.1.2}$$

beschrieben. Setzt man $\delta_T(t)$ nach (5.1.1) in (5.1.2) ein, so erhält man

$$f_T(t) = \delta_T(t) * f(t) = \int\limits_{-\infty}^{+\infty} \sum_{n=-\infty}^{\infty} \delta(\tau - nT) \cdot f(t - \tau) d\tau$$

$$= \sum_{n=-\infty}^{\infty} \int\limits_{-\infty}^{+\infty} \delta(\tau - nT) \cdot f(t - \tau) d\tau = \sum_{n=-\infty}^{\infty} f(t - nT).$$

(5.1.3)

Das Faltungsintegral zerfällt in eine unendliche Summe von Faltungsintegralen. Für jeden Index n der Summe ist ein Faltungsintegral mit einem entsprechend verschobenen Dirac-Impuls zu berechnen. Dazu kann die Abtasteigenschaft des Dirac-Impulses ausgenutzt werden. Der Dirac-Impuls tastet unter dem Integral für $\tau = nT$ den Wert $f(t - nT)$ ab.

Die Faltung einer aperiodischen Funktion $f(t)$ mit der Dirac-Impulsreihe $\delta_T(t)$ führt auf eine *periodische Überlagerung* der Funktion $f(t)$ mit der Periode T, siehe Bild 5.1.2. Ist die Funktion $f(t)$ nur in einem endlichen Zeitintervall von Null verschieden, und ist dieses Intervall kürzer als T, so entsteht eine *periodische Fortsetzung* von $f(t)$. Andernfalls überlappen sich die periodisch verschobenen Funktionen $f(t - nT)$. Der Index T bei $f_T(t)$ deutet wie bei der Dirac-Impulsreihe darauf hin, daß diese Funktion periodisch mit der Periode T ist.

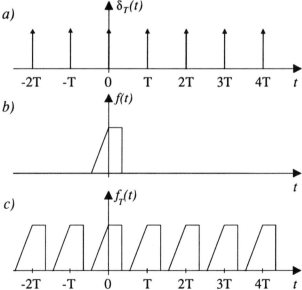

Bild 5.1.2: Zur Faltung der Dirac-Impulsreihe mit einer aperiodischen Funktion $f(t)$

Das Ergebnis in (5.1.3) und Bild 5.1.2 steht in Einklang mit früheren Ergebnissen im Abschnitt 2.5.3, siehe (2.5.15-16) und Bild 2.5.6. Die Verschiebung einer Funktion $f(t)$ durch Faltung mit einem entsprechend verschobenen Dirac-Impuls wird hier von endlich auf unendlich viele Verschiebungen erweitert.

5.1.2 Multiplikation mit der Dirac-Impulsreihe

Zur Multiplikation einer aperiodischen Funktion $g(t)$ mit der Dirac-Impulsreihe $\delta_T(t)$ wird zunächst das Distributivgesetz und dann die Regel (A1.8.4) zur Multiplikation einer Distribution mit einer Funktion ausgenutzt:

$$\delta_T(t) \cdot g(t) = \sum_{n=-\infty}^{\infty} \delta(t - nT) \cdot g(t) = \sum_{n=-\infty}^{\infty} \delta(t - nT) \cdot g(nT) = g_T^{\#}(t). \quad (5.1.4)$$

Die Funktion $g(t)$ kann im Produkt mit dem verschobenen Dirac-Impuls durch den Funktionswert an der Stelle von t ersetzt werden, an der das Argument des Dirac-Impulses Null wird, nämlich an der Stelle $t = nT$. Bild 5.1.3 zeigt die Dirac-Impulsreihe $\delta_T(t)$, eine aperiodische Funktion $g(t)$ und das Produkt beider.

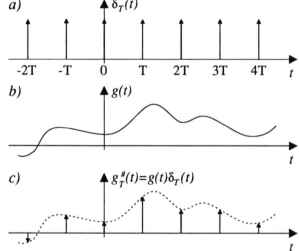

Bild 5.1.3: Zur Multiplikation einer Funktion $g(t)$ mit der Dirac-Impulsreihe $\delta_T(t)$

Das Ergebnis der Multiplikation ist eine Reihe aus Dirac-Impulsen an den Stellen nT mit den Gewichten $g(nT)$, wobei n alle ganzzahligen Werte annimmt. Die Reihe $g_T^{\#}(t)$ hat ihre Dirac-Impulse an den gleichen Stellen wie auch die

Reihe $\delta_T(t)$, siehe Bild 5.1.3. Der Index T weist wieder auf den Abstand der Dirac-Impulse hin.

Im Kapitel 7 wird gezeigt, daß der Übergang von der Funktion $g(t)$ zur (verallgemeinerten) Funktion $g_T^{\#}(t)$ mit *idealer Abtastung* bezeichnet wird. Die Multiplikation einer Funktion $g(t)$ mit der Dirac-Impulsreihe $\delta_T(t)$ kommt der idealen Abtastung der Funktion $g(t)$ im Abtastabstand T gleich.

Bei der bildlichen Darstellung von Dirac-Impulsen wird das Gewicht als Zahl neben den Impulspfeil angegeben. In Bild 5.1.3c wird davon abgewichen. Um anzudeuten, daß die Funktion $g(t)$ eine Einhüllende der Gewichte $g(nT)$ ist, werden die Gewichte durch die Länge der Dirac-Impulse angegeben.

5.1.3 Fourier-Transformation der Dirac-Impulsreihe

Im folgenden wird gezeigt, daß die *Fourier-Transformierte der Dirac-Impulsreihe* $\delta_T(t)$ wieder eine Dirac-Impulsreihe im Bildbereich ist:

$$\delta_T(t) \circ\!\!-\!\!\bullet \ \omega_0 \, \delta_{\omega_0}(\omega), \qquad \omega_0 = 2\pi/T \qquad (5.1.5)$$

Diese Gleichung ist, wie sich später zeigen wird, der Schlüssel zum Übergang von kontinuierlichen zu diskreten Systemen und vom Fourier-Integral zu den Fourier-Reihen, der zeitdiskreten Fourier-Transformation und der diskreten Fourier-Transformation. Sie ist das Bindeglied zwischen der Theorie der kontinuierlichen und der Theorie der diskreten Systeme und ermöglicht es, die Gemeinsamkeiten beider Arten von Systemen herauszustellen.

Bild 5.1.4 zeigt die Fourier-Transformierte der Dirac-Impulsreihe $\delta_T(t)$. Sie ist wieder eine Dirac-Impulsreihe mit äquidistanten Dirac-Impulsen im Abstand ω_0 und mit dem Gewicht ω_0.

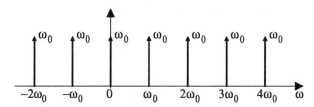

Bild 5.1.4: Die Fourier-Transformierte der Dirac-Impulsreihe

Zum Beweis von (5.1.5) wird die Fourier-Transformierte $\omega_0 \, \delta_{\omega_0}(\omega)$ in den Zeitbereich transformiert und gezeigt, daß die Zeitfunktion gleich der Dirac-Impulsreihe $\delta_T(t)$ ist. Wendet man auf die Korrespondenz $\delta(\omega) \bullet\!\!-\!\!\circ 1/2\pi$ aus

(2.2.10) den Frequenzverschiebungssatz der Fourier-Transformation mit einer Frequenzverschiebung $n\omega_0$ an, so erhält man

$$\delta(\omega - n\omega_0) \;\bullet\!\!-\!\!\circ\; \frac{1}{2\pi} e^{jn\omega_0 t}. \tag{5.1.6}$$

Mit der Korrespondenz (5.1.6) kann nun die Dirac-Impulsreihe aus (5.1.5) gliedweise in den Zeitbereich transformiert werden:

$$\omega_0\, \delta_{\omega_0}(\omega) = \frac{2\pi}{T} \sum_{n=-\infty}^{\infty} \delta(\omega - n\omega_0) \;\bullet\!\!-\!\!\circ\; \frac{1}{T} \sum_{n=-\infty}^{\infty} e^{jn\omega_0 t} = f(t). \tag{5.1.7}$$

Es ist also zu beweisen, daß die Funktion $f(t)$ in (5.1.7) gleich der Dirac-Impulsreihe $\delta_T(t)$ ist. Dazu wird der folgende Ansatz gemacht:

$$f(t) = \lim_{\nu \to \infty} f_\nu(t) \tag{5.1.8}$$

mit

$$f_\nu(t) = \frac{1}{T} \sum_{n=-\nu}^{\nu} e^{jn\omega_0 t}. \tag{5.1.9}$$

Da $f(t)$ und $f_\nu(t)$ als komplexe Exponentialfunktionen periodisch mit der Periode $T = 2\pi/\omega_0$ sind, braucht nur eine einzige Periode untersucht zu werden. Es ist nachzuweisen, daß die Funktion $f_\nu(t)$ für $\nu \to \infty$ im Intervall $-T/2 < t < T/2$ gegen den Dirac-Impuls $\delta(t)$ strebt. Dieser Grenzwert ist im Sinne der Distributionentheorie durchzuführen, siehe Abschnitt A1.12.

Zunächst wird die Funktion $f_\nu(t)$ in die Summe zweier endlicher geometrischer Reihen von $n = 0$ bis $n = \nu$ und von $n = -1$ bis $n = -\nu$ zerlegt. Mit dem Summenausdruck

$$\sum_{n=0}^{\nu} x^n = \frac{x^{\nu+1} - 1}{x - 1} \tag{5.1.10}$$

für endliche geometrische Reihen, Anhang A2, und der Substitution $n \to -n-1$ in der zweiten der beiden geometrischen Reihen folgt daraus

$$
\begin{aligned}
f_\nu(t) &= \frac{1}{T} \sum_{n=0}^{\nu} e^{jn\omega_0 t} + \frac{1}{T} e^{-j\omega_0 t} \sum_{n=0}^{\nu-1} e^{-jn\omega_0 t} \\
&= \frac{1}{T} \frac{e^{j(\nu+1)\omega_0 t} - 1}{e^{j\omega_0 t} - 1} + \frac{1}{T} e^{-j\omega_0 t} \frac{e^{-j\nu\omega_0 t} - 1}{e^{-j\omega_0 t} - 1} \\
&= \frac{1}{T} \frac{e^{j(\nu+1)\omega_0 t} - e^{-j\nu\omega_0 t}}{e^{j\omega_0 t} - 1} \cdot \frac{e^{-j\omega_0 t/2}}{e^{-j\omega_0 t/2}} \\
&= \frac{1}{T} \frac{2j \sin[(\nu + 1/2)\omega_0 t]}{2j \sin(\omega_0 t/2)} = \frac{\sin(\omega t)}{\pi t} \cdot \frac{\omega_0 t/2}{\sin(\omega_0 t/2)}.
\end{aligned}
\tag{5.1.11}
$$

In der letzten Zeile der Gleichungskette (5.1.11) wurde eine weitere Substitution $(\nu + 1/2)\omega_0 \to \omega$ vorgenommen. Da gemäß (5.1.8) der Grenzwert von $f_\nu(t)$ für $\nu \to \infty$ untersucht werden muß, ist das Ergebnis in (5.1.11) für $\omega \to \infty$ zu betrachten. Da nur der erste Faktor im Ergebnis in (5.1.11) von ω abhängt, kann der Grenzübergang allein in diesem Faktor vorgenommen werden. Mit Hilfe der Distributionentheorie erhält man aus (A1.12.17) den verallgemeinerten Grenzwert

$$\lim_{\omega \to \infty} \frac{\sin(\omega t)}{\pi t} = \delta(t). \qquad (5.1.12)$$

Der erste Faktor im Ergebnis in (5.1.11) kann beim Grenzübergang $\nu \to \infty$ durch den Dirac-Impuls $\delta(t)$ ersetzt werden:

$$f(t) = \lim_{\nu \to \infty} f_\nu(t) = \delta(t) \cdot \frac{\omega_0 t/2}{\sin(\omega_0 t/2)}. \qquad (5.1.13)$$

Berücksichtigt man ferner die Regel (A1.8.4) zur Multiplikation des Dirac-Impulses mit einer Funktion, d.h.

$$\delta(t) \cdot f(t) = \delta(t) \cdot f(0) \qquad (5.1.14)$$

so läßt sich (5.1.13) wie folgt auswerten:

$$f(t) = \delta(t) \cdot \underbrace{\frac{\omega_0 t/2}{\sin(\omega_0 t/2)}}_{=1 \text{ für } t=0} = \delta(t). \qquad (5.1.15)$$

Der zweite Faktor in (5.1.15) ist der Reziprokwert der si-Funktion. Er hat für $t = 0$ den Wert 1. Da das Ergebnis in (5.1.11) periodisch in t mit der Periode $T = 2\pi/\omega_0$ ist, tritt nicht nur bei $t = 0$ ein Dirac-Impuls mit dem Gewicht 1 auf, sondern bei allen Zeiten $t = nT$. Damit ist gezeigt, daß $f(t)$ in (5.1.8) die Dirac-Impulsreihe $\delta_T(t)$ ist. Somit ist die wichtige Beziehung (5.1.5) bewiesen.

Zur Veranschaulichung des hergeleiteten Grenzüberganges wird die Funktion $f_\nu(t)$ nach (5.1.9) folgendermaßen umgeschrieben:

$$f_\nu(t) = \frac{1}{T} \left(1 + \sum_{n=1}^{\nu} 2\cos(n\omega_0 t) \right). \qquad (5.1.16)$$

Bild 5.1.5 zeigt den konstanten Term in (5.1.16), drei Kosinusterme und die resultierende Funktion $f_\nu(t)$ für $\nu = 3$.

Integriert man die Funktion $f_\nu(t)$ im Intervall $(-T/2, T/2)$, so ergibt der konstante Anteil ($n = 0$) den Wert 1. Die Kosinusterme im Summenausdruck leisten keinen Beitrag zum Integral. Unabhängig vom Index ν gilt daher

$$\int_{-T/2}^{T/2} f_\nu(t)\, dt = 1. \qquad (5.1.17)$$

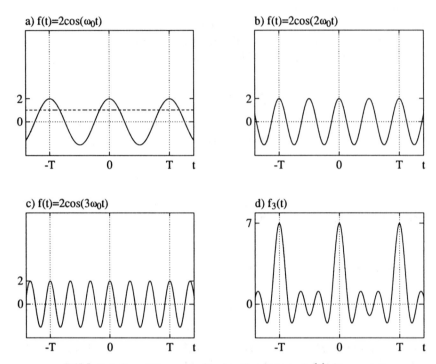

Bild 5.1.5:   Die periodische Funktion $f_\nu(t)$ für $\nu = 3$

Die Maxima zu den Zeiten nT, $n = 0, \pm 1, \pm 2, \ldots$, haben den Wert $2\nu + 1$. Der erste Nulldurchgang hat vom Maximum einen Abstand von $T/(2\nu + 1)$, siehe (5.1.11). Für $\nu \to \infty$ werden die Spitzen von $f_\nu(t)$ immer höher und schmaler. Die Schwankungen dazwischen streben gegen Null. Das Integral im Intervall $(-T/2, T/2)$ hat unabhängig davon den Wert 1. Die Funktion $f_\nu(t)$ strebt gegen die Dirac-Impulsreihe $\delta_T(t)$.

5.2 Fourier-Reihen

Im vorliegenden Abschnitt werden periodische Zeitfunktionen $f_T(t)$ betrachtet. Der Index T deutet auf die Periodenlänge hin. Zunächst wird ein wichtiger Zusammenhang zwischen der periodischen Zeitfunktion $f_T(t)$ und einem aperiodischen Prototypen $f(t)$ hergestellt.

5.2.1 Poissonsche Summenformel

Ausgangspunkt der folgenden Betrachtungen sei eine aperiodische Zeitfunktion $f(t)$, die eine Fourier-Transformierte $F(j\omega)$ besitzt:

$$f(t) \circ\!\!\!-\!\!\bullet F(j\omega). \tag{5.2.1}$$

Faltet man die Funktion $f(t)$ mit der Dirac-Impulsreihe $\delta_T(t)$, so ist nach dem Faltungstheorem (2.5.6) die Fourier-Transformierte $F(j\omega)$ mit der Fourier-Transformierten der Dirac-Impulsfolge zu multiplizieren. Mit der Korrespondenz (5.1.5) für Dirac-Impulsfolgen gilt daher die folgende Beziehung:

$$f(t) * \delta_T(t) \circ\!\!\!-\!\!\bullet F(j\omega) \cdot \omega_0 \, \delta_{\omega_0}(\omega). \tag{5.2.2}$$

Die Faltung von $f(t)$ mit der Dirac-Impulsfolge $\delta_T(t)$ führt nach (5.1.3) auf eine periodische Überlagerung von $f(t)$. Dadurch entsteht eine periodische Funktion

$$f_T(t) = f(t) * \delta_T(t) = \sum_{n=-\infty}^{\infty} f(t - nT) \tag{5.2.3}$$

mit der Periode T.

Auf der rechten Seite von (5.2.2) wird die Funktion $F(j\omega)$ mit einer Dirac-Impulsreihe multipliziert. Dieses entspricht nach Abschnitt 5.1.2 einer idealen Abtastung. Im Gegensatz zu (5.1.4) erfolgt hier jedoch die Abtastung längs der Frequenzvariablen ω. Durch die Variablensubstitutionen $t \to \omega$, $n \to k$ und $T \to \omega_0$ läßt sich das Ergebnis in (5.1.4) auf die rechte Seite von (5.2.2) anwenden:

$$F(j\omega) \cdot \omega_0 \, \delta_{\omega_0}(\omega) = \omega_0 \sum_{k=-\infty}^{\infty} F(jk\omega_0) \, \delta(\omega - k\omega_0). \tag{5.2.4}$$

Die Frequenzabhängigkeit dieser Fourier-Transformierten liegt allein in den verschobenen Dirac-Impulsen $\delta(\omega - k\omega_0)$. Die frequenzunabhängigen Größen $F(jk\omega_0)$ können als skalare Gewichtsfaktoren aufgefaßt werden. Mit der Korrespondenz (5.1.6) für verschobene Dirac-Impulse kann daher zu der Fourier-Transformierten in (5.2.4) eine Zeitfunktion angegeben werden, die aus einer Summe von komplexen Exponentialfunktionen besteht:

$$\omega_0 \sum_{k=-\infty}^{\infty} F(jk\omega_0)\, \delta(\omega - k\omega_0) \,\bullet\!\!-\!\!\circ\, \frac{\omega_0}{2\pi} \sum_{k=-\infty}^{\infty} F(jk\omega_0)\, \exp(jk\omega_0\, t). \qquad (5.2.5)$$

Da die Zeitfunktionen in (5.2.3) und in (5.2.5) dieselbe Fourier-Transformierte (5.2.4) besitzen, können sie gleichgesetzt werden:

$$\sum_{n=-\infty}^{\infty} f(t - nT) = \frac{1}{T} \sum_{k=-\infty}^{\infty} F(jk\omega_0)\, \exp(jk\omega_0\, t), \qquad (5.2.6)$$

mit $\omega_0 = 2\pi/T$. Die Gleichung (5.2.6) wird *Poissonsche Summenformel* genannt. Sie sagt aus, daß eine periodische Funktion $f_T(t)$ mit der Periode T durch eine unendliche Summe von komplexen Exponentialfunktionen mit der Frequenz $k\omega_0$ dargestellt werden kann, wobei die Periode T und die Grundfrequenz ω_0 nach der Beziehung $\omega_0 = 2\pi/T$ verknüpft sind, siehe (5.1.5).

Die Poissonsche Summenformel liefert speziell für $t = 0$ einen Zusammenhang zwischen den Abtastwerten $f(nT)$ der Zeitfunktion und den Abtastwerten $F(jk\omega_0)$ der Fourier-Transformierten:

$$\sum_{n=-\infty}^{\infty} f(nT) = \frac{1}{T} \sum_{k=-\infty}^{\infty} F(jk\omega_0)\,, \qquad \omega_0 = \frac{2\pi}{T}. \qquad (5.2.7)$$

5.2.2 Komplexe Fourier-Reihen

Die *Fourier-Reihen* sind aus historischer Sicht vor dem Fourier-Integral entwickelt worden. Trotzdem sollen sie an dieser Stelle mit Hilfe der Poissonschen Summenformel aus dem Fourier-Integral abgeleitet werden. Aus der Sicht der Signaltheorie stellt die *Fourier-Reihenentwicklung* die Entwicklung von periodischen Funktionen nach Funktionen aus einem vollständigen *orthogonalen Funktionensystem* dar. Das Funktionensystem besteht aus den komplexen Exponentialfunktionen $\exp(jk\omega_0)$, wobei der Parameter k alle ganzzahligen Werte annehmen kann.

Ausgangspunkt für die folgenden Betrachtungen ist eine periodische Funktion $f_T(t)$, aus der im Intervall $(-T/2, +T/2)$ eine zeitbegrenzte, aperiodische Funktion $f(t)$ abgeleitet wird:

$$f(t) = \begin{cases} f_T(t) & \text{für } |t| \le T/2 \\ 0 & \text{sonst.} \end{cases} \qquad (5.2.8)$$

Bei der Faltung dieser Funktion mit der Dirac-Impulsreihe gemäß (5.2.2) wird wegen der speziellen Zeitbegrenzung auf eine Periode aus der periodischen Überlagerung eine periodische Fortsetzung, siehe Bild 5.2.1a-c. Da für die periodische Funktion $f_T(t)$ die Poissonsche Summenformel gilt, kann sie wie folgt geschrieben werden:

$$f_T(t) = \sum_{k=-\infty}^{\infty} F_k \exp(jk\omega_0 t). \qquad (5.2.9)$$

Die darin verwendeten Gewichtsfaktoren bzw. Entwicklungskoeffizienten

$$F_k = \frac{1}{T} F(jk\omega_0) \qquad (5.2.10)$$

heißen *Fourier-Koeffizienten*. Sie lassen sich aus den Frequenzabtastwerten $F(jk\omega_0)$ der Fourier-Transformierten $F(j\omega)$ des aperiodischen Prototypen $f(t)$ berechnen. Da die aperiodische Funktion $f(t)$ auf ein Intervall $(-T/2, +T/2)$ zeitbegrenzt und in diesem Intervall identisch mit $f_T(t)$ ist, siehe (5.2.8), lautet die entsprechende Fourier-Korrespondenz

$$F(j\omega) = \int_{-\infty}^{+\infty} f(t) \exp(-j\omega t)\, dt = \int_{-T/2}^{T/2} f_T(t) \exp(-j\omega t)\, dt. \qquad (5.2.11)$$

Daraus folgen die Fourier-Koeffizienten zu

$$F_k = \frac{1}{T} F(j\omega) \bigg|_{\omega=k\omega_0} = \frac{1}{T} \int_{-T/2}^{T/2} f_T(t) \exp(-jk\omega_0 t)\, dt. \qquad (5.2.12)$$

Die in (5.2.9) gezeigte Darstellung einer periodischen Funktion zusammen mit der Berechnung der Fourier-Koeffizienten nach (5.2.12) wird eine *komplexe Fourier-Reihenentwicklung* genannt. Sie ist im folgenden noch einmal zusammengefaßt:

$$\boxed{\begin{array}{c} f_T(t) = \displaystyle\sum_{k=-\infty}^{\infty} F_k \cdot \exp(jk\omega_0 t) \\[2mm] F_k = \dfrac{1}{T} \displaystyle\int_{-T/2}^{T/2} f_T(t) \cdot \exp(-jk\omega_0 t)\, dt \end{array}} \qquad (5.2.13)$$

Bild 5.2.1 veranschaulicht den Zusammenhang zwischen den verschiedenen Signalen. Das periodische Signal in Bild 5.2.1c entsteht durch Faltung des aperiodischen Prototypen in Bild 5.2.1a und der Dirac-Impulsreihe in Bild 5.2.1b. In Bild 5.2.1d-f sind die zugehörigen Fourier-Transformierten zu sehen. Aus der Faltung mit einer Dirac-Impulsreihe im Zeitbereich wird eine Multiplikation mit einer Dirac-Impulsreihe im Frequenzbereich, die als *ideale Abtastung im Frequenzbereich* aufgefaßt werden kann. Die Frequenzabtastwerte sind, abgesehen von einem konstanten Faktor $1/T$, identisch mit den Fourier-Koeffizienten.

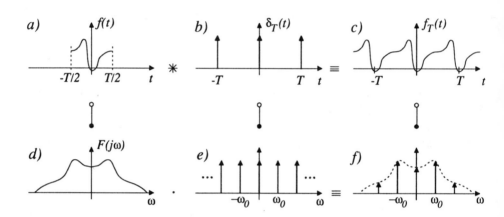

Bild 5.2.1:   Zur Fourier-Transformation periodischer Zeitsignale

Beispiel 5.2.1

Wie lautet die Fourier-Reihenentwicklung der Dirac-Impulsreihe $\delta_T(t)$? Aus (5.2.13) folgt

$$F_k = \frac{1}{T} \int\limits_{-T/2}^{T/2} \delta_T(t) \cdot \exp(-jk\omega_0 t)\, dt$$

$$= \frac{1}{T} \int\limits_{-T/2}^{T/2} \delta(t) \cdot \underbrace{\exp(-jk\omega_0 t)}_{=1\ wenn\ t=0}\, dt = \frac{1}{T}. \qquad (5.2.14)$$

In den Integrationsgrenzen von $-T/2$ bis $+T/2$ liegt nur ein Impuls, nämlich der Impuls $\delta(t)$ bei $t = 0$. Dieser tastet in der Exponentialfunktion bei $t = 0$ den Wert 1 ab. Damit lautet die komplexe Fourier-Reihenentwicklung:

$$\delta_T(t) = \sum_{k=-\infty}^{\infty} F_k \cdot \exp(jk\omega_0 t) = \frac{1}{T} \sum_{k=-\infty}^{\infty} \exp(jk\omega_0 t). \qquad (5.2.15)$$

Die periodische Dirac-Impulsfolge $\delta_T(t)$ besitzt lauter gleiche Fourier-Koeffizienten vom Wert $1/T$.

Im übrigen stimmt die Fourier-Reihenentwicklung in (5.2.15) mit der Aussage überein, die in (5.1.6-15) zu beweisen war, nämlich daß $f(t)$ in (5.1.7) mit der Dirac-Impulsreihe $\delta_T(t)$ übereinstimmt. Allerdings wurden die formelmäßigen Ausdrücke (5.2.13) für die Fourier-Reihenentwicklung erst mit Hilfe von (5.1.5) hergeleitet. Daher konnte der Beweis (5.1.6-15) nicht mit dieser Fourier-Reihenentwicklung geführt werden.

5.2.3 Zusammenhang mit dem Fourier-Integral

Die Fourier-Reihenentwicklung ist nicht die Fourier-Transformierte der periodischen Zeitfunktion, sondern eine Entwicklung nach komplexen Exponentialfunktionen im Zeitbereich. Trotzdem besteht ein enger Zusammenhang mit der Fourier-Transformierten.

Die Fourier-Transformierte der periodischen Zeitfunktion $f_T(t)$ geht aus (5.2.4) hervor. Ersetzt man darin die Frequenzabtastwerte $F(jk\omega_0)$ mit Hilfe von (5.2.10) durch die Fourier-Koeffizienten F_k, so ergibt sich aus (5.2.4)

$$f_T(t) \circ\!\!-\!\!\bullet\ 2\pi \sum_{k=-\infty}^{\infty} F_k \cdot \delta(\omega - k\omega_0). \qquad (5.2.16)$$

Die Fourier-Transformierte einer periodischen Zeitfunktion besteht aus gewichteten Dirac-Impulsen im Abstand ω_0, wobei die Gewichte die mit 2π multiplizierten Fourier-Koeffizienten F_k sind. Dieses ist auch in Bild 5.2.1f durch die Höhe der Dirac-Impulse angedeutet.

Zum Vergleich lautet die Fourier-Reihenentwicklung der periodischen Zeitfunktion

$$f_T(t) = \sum_{k=-\infty}^{\infty} F_k \cdot \exp(jk\omega_0 t). \qquad (5.2.17)$$

Ein Vergleich der beiden Darstellungen in (5.2.16) und (5.2.17) zeigt, daß diese mit Hilfe der Korrespondenz (5.1.6) ineinander übergehen. Abgesehen vom Faktor 2π sind die Fourier-Koeffizienten die Gewichte der Dirac-Impulse in der Fourier-Transformierten.

In beiden Darstellungen liegt die Information über das periodische Zeitsignal in den Fourier-Koeffizienten. Die Fourier-Reihenentwicklung einer periodischen Funktion ist daher äquivalent zur Fourier-Transformierten dieser Funktion. Daher kann auch die Menge der Fourier-Koeffizienten als eine diskrete Fourier-Transformierte der periodischen Zeitfunktion aufgefaßt werden: Zu einer periodischen Zeitfunktion kann mit (5.2.13) jedem Frequenzindex k ein diskreter Wert F_k zugeordnet werden.

5.2.4 Mittlere Leistung periodischer Signale

Ein periodisches Signal ist ein Leistungssignal. Die *mittlere Leistung* P_f kann durch zeitliche Mittelung über eine Periode T

$$P_f = \frac{1}{T} \int\limits_{-T/2}^{T/2} |f_T(t)|^2 \, dt \qquad (5.2.18)$$

berechnet werden, wobei $|f_T(t)|^2$ die *momentane Leistung* ist. Aus der Darstellung der momentanen Leistung

$$|f_T(t)|^2 = f_T(t) \cdot f_T^*(t) \qquad (5.2.19)$$

und der Fourier-Reihenentwicklung der konjugiert komplexen Funktion

$$f_T^*(t) = \sum_{k=-\infty}^{\infty} F_k^* \cdot \exp(-jk\omega_0 t) \qquad (5.2.20)$$

folgt schließlich für die mittlere Leistung

$$\begin{aligned}
P_f &= \frac{1}{T} \int\limits_{-T/2}^{T/2} f_T(t) \cdot \sum_{k=-\infty}^{\infty} F_k^* \exp(-jk\omega_0 t) \, dt \\
&= \sum_{k=-\infty}^{\infty} F_k^* \cdot \left[\frac{1}{T} \int\limits_{-T/2}^{T/2} f_T(t) \exp(-jk\omega_0 t) \, dt \right] \\
&= \sum_{k=-\infty}^{\infty} |F_k|^2.
\end{aligned} \qquad (5.2.21)$$

Der Ausdruck in der eckigen Klammer in (5.2.21) ist identisch mit der Beziehung zur Berechnung der Fourier-Koeffizienten F_k in (5.2.13). Ein Vergleich von (5.2.18) mit (5.2.21) führt auf die wichtige Gleichung

$$\boxed{\frac{1}{T} \int\limits_{-T/2}^{T/2} |f_T(t)|^2 \, dt = \sum_{k=-\infty}^{\infty} |F_k|^2} \qquad (5.2.22)$$

Gleichung (5.2.22) ist die *Parsevalsche Gleichung* für *periodische Leistungssignale* und sagt aus, daß die über eine Periode gemittelte Leistung eines periodischen Signals identisch mit der Summe der Betragsquadrate aller Fourier-Koeffizienten ist.

Beispiel 5.2.2

Gegeben sei das periodische Zeitsignal nach Bild 5.2.2, das aus Rechteckimpulsen der Höhe A und der Breite αT besteht.

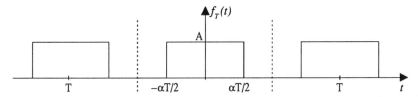

Bild 5.2.2: Periodisches Rechtecksignal

Wie lauten die Fourier-Koeffizienten für $-10 < k < +10$ für den Fall, daß der Parameter α den Wert $1/4$ hat? Wieviele Fourier-Koeffizienten sind nötig, um 90% (95%) der mittleren Signalleistung zu erfassen? Aus (5.2.13) erhält man den folgenden Ausdruck für die Fourier-Koeffizienten:

$$F_k = \frac{1}{T} \int\limits_{-\alpha T/2}^{+\alpha T/2} A \cdot e^{-jk\omega_0 t}\, dt = \frac{A}{T} \frac{e^{-jk\omega_0 t}}{-jk\omega_0} \bigg|_{-\alpha T/2}^{\alpha T/2}$$

$$= \frac{A}{k\omega_0 T} \cdot \frac{e^{-jk\omega_0\, \alpha T/2} - e^{jk\omega_0\, \alpha T/2}}{-j}.$$

Mit $\omega_0 T = 2\pi$ folgt daraus

$$F_k = \frac{A}{k\pi} \cdot \sin(k\alpha\pi) = \alpha A \cdot \frac{\sin(k\alpha\pi)}{k\alpha\pi}. \tag{5.2.23}$$

Da die periodische Zeitfunktion gerade und reell ist, sind auch die Fourier-Koeffizienten gemäß den Symmetrieeigenschaften der Fourier-Transformation reell und zeigen eine gerade Symmetrie, siehe Bild 5.2.3. Abgesehen von einem Skalierungsfaktor sind die Fourier-Koeffizienten die Abtastwerte aus einer si-Funktion. Die si-Funktion ist wiederum die Fourier-Transformierte eines aperiodischen Prototypen, der aus einem einzigen Rechteckimpuls um $t = 0$ herum besteht, siehe Bild 5.2.2.

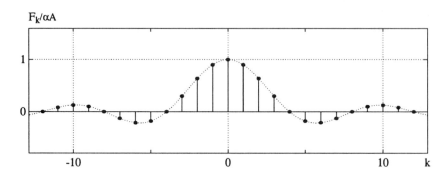

Bild 5.2.3: Fourier-Koeffizienten des Signals aus Bild 5.2.2

Die mittlere Leistung des Signals kann zunächst mit Hilfe der linken Seite der Parsevalschen Gleichung (5.2.22) geschlossen angegeben werden. Sie hat im Falle von $\alpha = 1/4$ den Wert

$$P_f = A^2/4. \tag{5.2.24}$$

In der folgenden Tabelle sind die Indizes k, die Fourier-Koeffizienten F_k und die prozentuale Leistung P_K/P_f mit

$$P_K = \sum_{k=-K}^{K} |F_k|^2 \tag{5.2.25}$$

aufgelistet.

k	$F_k/\alpha A$	P_K/P_f
0	1	25.00%
± 1	0.9003	65.53%
± 2	0.6366	85.79%
± 3	0.3001	90.30%
± 4	0	
± 5	−0.1801	91.92%
± 6	−0.2122	94.17%
± 7	−0.1286	95.00%
± 8	0	
± 9	0.1000	95.49%
±10	0.1273	96.32%

Mit den sieben Koeffizienten von $k = -3$ bis $k = +3$ wird mindestens 90% der mittleren Signalleistung erfaßt. Sollen 95% erfaßt werden, so sind 15 Koeffizienten nötig.

5.2.5 Reelle Fourier-Reihen

Im Falle reellwertiger periodischer Signale $f_T(t)$ können die Symmetrieeigenschaften der Fourier-Transformation ausgenutzt und die Fourier-Koeffizienten zu reellen Koeffizienten zusammengefaßt werden. Die komplexen Fourier-Koeffizienten $F_k = F_k' + jF_k''$ lassen sich dann mit Hilfe der Eulerschen Gleichung in ihren Realteil

$$F_k' = \frac{1}{T} \int_{-T/2}^{T/2} f_T(t)\, \cos(k\omega_0\, t)\, dt, \qquad (5.2.26)$$

und Imaginärteil

$$F_k'' = -\frac{1}{T} \int_{-T/2}^{T/2} f_T(t)\, \sin(k\omega_0\, t)\, dt. \qquad (5.2.27)$$

aufspalten. Wegen der konjugierten Symmetrie der Fourier-Koeffizienten, d.h.

$$F_k' = F_{-k}', \quad F_k'' = -F_{-k}'', \qquad (5.2.28)$$

und der Tatsache, daß die Kosinusfunktion gerade und die Sinusfunktion ungerade ist, ergibt sich folgende Reihenentwicklung für die reellwertige Funktion:

$$
\begin{aligned}
f_T(t) &= \sum_{k=-\infty}^{\infty} (F_k' + jF_k'')\big(\cos(k\omega_0\, t) + j\sin(k\omega_0\, t)\big) \\
&= \sum_{k=-\infty}^{\infty} F_k' \cos(k\omega_0\, t) - F_k'' \sin(k\omega_0\, t).
\end{aligned}
\qquad (5.2.29)
$$

Da die Terme mit einem positiven Index k den gleichen Beitrag liefern wie die Terme mit einem negativen Index k, können jeweils zwei Terme zusammengefaßt werden:

$$f_T(t) = \underbrace{F_0'}_{a_0/2} + \sum_{k=1}^{\infty} \left(\underbrace{2F_k' \cdot \cos(k\omega_0\, t)}_{a_k} \underbrace{-2F_k'' \sin(k\omega_0\, t)}_{b_k} \right). \qquad (5.2.30)$$

Setzt man schließlich für F_k' den Ausdruck in (5.2.26) und für F_k'' den Ausdruck in (5.2.27) ein, so erhält man für die reellwertige periodische Funktion $f_T(t)$ die folgende Fourier-Reihenentwicklung mit reellen Koeffizienten:

$$f_T(t) = \frac{a_0}{2} + \sum_{k=1}^{\infty} a_k \cos(k\omega_0 t) + \sum_{k=1}^{\infty} b_k \sin(k\omega_0 t)$$

$$a_k = \frac{2}{T} \int_{-T/2}^{T/2} f_T(t) \cos(k\omega_0 t)\, dt, \quad k = 0,1,2,3 \ldots$$

$$b_k = \frac{2}{T} \int_{-T/2}^{T/2} f_T(t) \sin(k\omega_0 t)\, dt, \quad k = 1,2,3 \ldots$$

(5.2.31)

Beispiel 5.2.3

Betrachtet werde die periodische Rechteckfunktion $f_T(t)$ in Bild 5.2.2. Da diese Funktion gerade ist, sind die Integranden $f_T(t) \cdot \sin(k\omega_0 t)$ ungerade Funktionen. Die Integrale zur Bestimmung der reellen Fourier-Koeffizienten b_k in (5.2.31) sind daher allesamt Null.

Ein Vergleich von (5.2.31) mit (5.2.13) für $k = 0$ zeigt, daß $a_0/2$ identisch ist mit F_0. Die Koeffizienten a_k sind im vorliegenden Beispiel doppelt so groß wie die Koeffizienten F_k, siehe (5.2.23) und Bild 5.2.3:

$$a_k = 2\alpha A \frac{\sin(k\alpha\pi)}{k\alpha\pi}. \tag{5.2.32}$$

Bild 5.2.4 zeigt die Rekonstruktion der periodischen Rechteckfunktion mit den ersten sechs Fourier-Termen $(k = 0 \ldots 5)$.

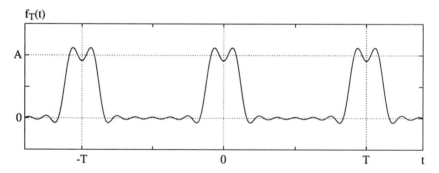

Bild 5.2.4: Darstellung der Rechteckfunktion mit 6 Fourier-Termen

An den Sprungstellen erkennt man die durch das Gibbs'sche Phänomen beschriebenen Vor- und Nachschwinger. Die Beschränkung auf eine endliche Anzahl von Fourier-Koeffizienten kommt einer Bandbegrenzung des Signals gleich.

5.3 Zeitdiskrete Fourier-Transformation

Im folgenden werden die Fourier-Transformierte zeitdiskreter Signale hergeleitet und ihre wichtigsten Eigenschaften aufgezeigt. Um diese Transformation einerseits von der Fourier-Transformation mit dem Fourier-Integral und andererseits von der diskreten Fourier-Transformation (DFT) abzugrenzen, soll sie als *zeitdiskrete Fourier-Transformation* bezeichnet werden. Die zeitdiskrete Fourier-Transformation spielt für zeitdiskrete Signale die gleiche Rolle wie das Fourier-Integral für zeitkontinuierliche Signale. Bei der Herleitung der zeitdiskreten Fourier-Transformation wird eine duale Poissonsche Summenformel verwendet und die Dualität zur Fourier-Reihenentwicklung herausgestellt.

5.3.1 Duale Poissonsche Summenformel

Ausgangspunkt sei wie im letzten Abschnitt eine aperiodische Zeitfunktion $f_a(t)$, die eine Fourier-Transformierte $F_a(j\omega)$ besitzt:

$$f_a(t) \circ\!\!-\!\!\bullet F_a(j\omega). \tag{5.3.1}$$

Multipliziert man die Funktion $f_a(t)$ mit der Dirac-Impulsreihe $\delta_T(t)$, so ist nach dem Faltungstheorem im Frequenzbereich (2.5.24) die Fourier-Transformierte $F_a(j\omega)$ mit der Fourier-Transformierten der Dirac-Impulsfolge zu falten. Mit der Korrespondenz (5.1.5) für Dirac-Impulsfolgen gilt daher die folgende Beziehung:

$$f_a(t) \cdot \delta_T(t) \circ\!\!-\!\!\bullet \frac{1}{2\pi}\Big(F_a(j\omega) * \omega_0\,\delta_{\omega_0}(\omega)\Big). \tag{5.3.2}$$

Die Faltung von $F_a(j\omega)$ mit der Dirac-Impulsfolge $\delta_{\omega_0}(\omega)$ führt auf eine periodische Überlagerung von $F_a(j\omega)$. Dadurch entsteht eine periodische Funktion

$$\frac{1}{2\pi}\Big(F_a(j\omega) * \omega_0\,\delta_{\omega_0}(\omega)\Big) = \frac{\omega_0}{2\pi}\sum_{k=-\infty}^{\infty} F_a(j\omega - jk\omega_0) \tag{5.3.3}$$

mit der Periode ω_0.

Auf der linken Seite von (5.3.2) wird die Funktion $f_a(t)$ mit einer Dirac-Impulsreihe $\delta_T(t)$ multipliziert. Dieses entspricht nach Abschnitt 5.1.2 einer idealen Abtastung:

$$f_a(t) \cdot \delta_T(t) = \sum_{n=-\infty}^{\infty} f_a(nT) \cdot \delta(t - nT). \tag{5.3.4}$$

Unter Verwendung einer zu (5.1.6) dualen Fourier-Korrespondenz

$$\delta(t - nT) \circ\!\!-\!\!\bullet\ e^{-j\omega nT},\qquad(5.3.5)$$

die sich mit der Korrespondenz $\delta(t) \circ\!\!-\!\!\bullet 1$ und dem Zeitverschiebungssatz (2.2.32) begründen läßt, wird aus (5.3.4)

$$\sum_{n=-\infty}^{\infty} f_a(nT) \cdot \delta(t - nT) \circ\!\!-\!\!\bullet\ \sum_{n=-\infty}^{\infty} f_a(nT) \cdot \exp(-j\omega nT).\qquad(5.3.6)$$

Da die Fourier-Transformierten in (5.3.3) und in (5.3.6) dieselbe Zeitfunktion (5.3.4) besitzen, können sie gleichgesetzt werden:

$$F_d(e^{j\omega T}) = \frac{1}{T} \sum_{k=-\infty}^{\infty} F_a(j\omega - jk\omega_0) = \sum_{n=-\infty}^{\infty} f_a(nT) \exp(-j\omega nT).\quad(5.3.7)$$

Aus (5.3.7) ist ersichtlich, daß die Frequenzabhängigkeit der durch periodische Überlagerung entstandenen periodischen Fourier-Transformierten allein über die Funktion $e^{j\omega T}$ gegeben ist. Daher wird eine neue Funktion $F_d(\cdot)$ eingeführt, in deren Argument jeweils der Ausdruck $e^{j\omega T}$ einzusetzen ist.

Die Gleichung (5.3.7) ist die duale Gleichung zur Poissonschen Summenformel (5.2.6): Zeitbereich und Frequenzbereich sind vertauscht. Sie soll daher als *duale Poissonsche Summenformel* bezeichnet werden. Die duale Poissonsche Summenformel (5.3.7) sagt aus, daß die zu den Zeiten nT ideal abgetastete aperiodische Zeitfunktion $f_a(t)$ ein periodisches Spektrum besitzt, das sich durch eine unendliche Summe von komplexen Exponentialfunktionen darstellen läßt. Dabei sind die Entwicklungskoeffizienten dieser Darstellung gerade die Abtastwerte $f_a(nT)$.

Die duale Poissonsche Summenformel liefert speziell für $\omega = 0$ einen Zusammenhang zwischen den Abtastwerten $f_a(nT)$ der Zeitfunktion und den Abtastwerten $F_a(jk\omega_0)$ der Fourier-Transformierten:

$$\frac{1}{T} \sum_{k=-\infty}^{\infty} F_a(jk\omega_0) = \sum_{n=-\infty}^{\infty} f_a(nT),\qquad \omega_0 = \frac{2\pi}{T}.\qquad(5.3.8)$$

Hierin ist der Index k durch $-k$ ersetzt worden und die Reihenfolge der Summation umgedreht worden. Identifiziert man die aperiodische Zeitfunktion $f_a(t)$ in (5.3.1) mit der aperiodischen Zeitfunktion in (5.2.1), so wird (5.3.8) identisch mit (5.2.7). Die Poissonsche Summenformel liefert für $t = 0$ den gleichen Zusammenhang zwischen den Abtastwerten der Zeitfunktion und den Abtastwerten der Fourier-Transformierten wie die duale Poissonsche Summenformel für $\omega = 0$.

5.3.2 Definition der zeitdiskreten Fourier-Transformation

Im folgenden soll einschränkend angenommen werden, daß die aperiodische Zeitfunktion $f_a(t)$ auf das Intervall $(-\omega_0/2, \omega_0/2)$ bandbegrenzt ist:

$$F_a(j\omega) = \begin{cases} F_d(e^{j\omega T}) & \text{für } |\omega| \leq \omega_0/2 \\ 0 & \text{sonst.} \end{cases} \tag{5.3.9}$$

Bei der Faltung der Fourier-Transformierten $F_a(j\omega)$ mit der Dirac-Impulsreihe gemäß (5.3.2) wird wegen der speziellen Bandbegrenzung auf eine Periode aus der periodischen Überlagerung eine periodische Fortsetzung. Da für die periodische Funktion $F_d(e^{j\omega T})$ die Poissonsche Summenformel gilt, kann sie wie folgt geschrieben werden:

$$F_d(e^{j\omega T}) = \sum_{n=-\infty}^{\infty} f_a(nT) \exp(-j\omega nT). \tag{5.3.10}$$

Die darin verwendeten Entwicklungskoeffizienten sind die Abtastwerte aus der aperiodischen Zeitfunktion $f_a(t)$ zu den Zeitpunkten nT. Drückt man die Funktion $f_a(t)$ mit Hilfe der inversen Fourier-Transformation durch $F_a(j\omega)$ aus, so lauten die Abtastwerte

$$f_a(nT) = \frac{1}{2\pi} \int\limits_{-\infty}^{+\infty} F_a(j\omega) \exp(j\omega t)\, d\omega \Big|_{t=nT} = \frac{1}{2\pi} \int\limits_{-\infty}^{+\infty} F_a(j\omega) \exp(j\omega nT)\, d\omega. \tag{5.3.11}$$

Wegen der in (5.3.9) beschriebenen Bandbegrenzung von $F_a(j\omega)$ kann das Integral durch eine Integration im Intervall von $-\omega_0/2$ bis $\omega_0/2$ über $F_d(e^{j\omega T})$ ersetzt werden:

$$f_a(nT) = \frac{1}{2\pi} \int\limits_{-\omega_0/2}^{\omega_0/2} T \cdot F_d(e^{j\omega T}) \exp(j\omega nT)\, d\omega. \tag{5.3.12}$$

Die Gleichungen (5.3.10) und (5.3.12) stellen bereits im Kern die zeitdiskrete Fourier-Transformation dar. Üblicherweise werden aber noch zwei Substitutionen durchgeführt. Einmal ersetzt man den Ausdruck $f_a(nT)$ für die Abtastwerte durch die Kurzform $f(n)$. Zum anderen betrachtet man statt der nichtnormierten Kreisfrequenz ω die normierte Frequenz $\Omega = \omega T$. Daraus folgen $d\omega = d\Omega/T$ und für die halbe Abtastkreisfrequenz $\omega_0/2$ die normierte Größe $\Omega_0 = \pi$. Mit diesen Substitutionen entsteht die endgültige Form der *zeitdiskreten Fourier-Transformation*:

$$F_d(e^{j\Omega}) = \sum_{n=-\infty}^{\infty} f(n)\, e^{-jn\Omega} \qquad (5.3.13)$$

$$f(n) = \frac{1}{2\pi} \int_{-\pi}^{\pi} F_d(e^{j\Omega})\, e^{jn\Omega}\, d\Omega \qquad (5.3.14)$$

Bild 5.3.1 veranschaulicht den Zusammenhang zwischen den verschiedenen Signalen. Bild 5.3.1a zeigt ein aperiodisches Zeitsignal, dessen Spektrum auf $\omega_0/2$ bandbegrenzt ist, siehe Bild 5.3.1d. Das ideal abgetastete Signal in Bild 5.3.1c entsteht durch Multiplikation mit der Dirac-Impulsreihe $\delta_T(t)$ in Bild 5.3.1b. Aus der Multiplikation mit einer Dirac-Impulsreihe im Zeitbereich wird eine Faltung mit einer Dirac-Impulsreihe im Frequenzbereich, die wegen der Bandbegrenzung von $F_a(j\omega)$ zu einer periodischen Fortsetzung des Spektrums führt.

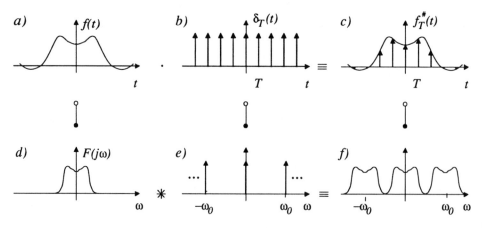

Bild 5.3.1:   Zur Fourier-Transformation diskreter Zeitsignale

Es läßt sich zeigen, daß die zeitdiskrete Fourier-Transformierte in (5.3.13) dann und nur dann konvergiert, wenn der Summenausdruck in (5.3.13) absolut summierbar ist, d.h. wenn

$$\sum_{n=-\infty}^{\infty} |f(n)| < \infty \qquad (5.3.15)$$

gilt. Dieses gilt immer für Energiesignale.

Beispiel 5.3.1

Die in Bild 5.3.2a dargestellte kausale Exponentialfolge ist durch den folgenden Ausdruck gegeben:

$$f(n) = a^n \, \epsilon(n). \qquad (5.3.16)$$

Darin sei die Basis a eine reelle positive Zahl. Die Sprungfolge $\epsilon(n)$, siehe (1.2.15), sorgt für die Kausalität der Folge.

a) f(n)

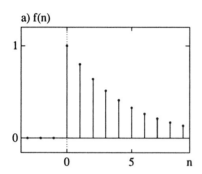

b) |F(exp jΩ)|

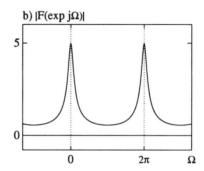

Bild 5.3.2: Kausale reelle Exponentialfolge (a) und zugehörige zeitdiskrete Fourier-Transformierte (b)

Die zeitdiskrete Fourier-Transformierte der Folge in (5.3.16) lautet mit (5.3.13)

$$F\!\left(e^{j\Omega}\right) = \sum_{n=-\infty}^{\infty} a^n \epsilon(n) e^{-jn\Omega} = \sum_{n=0}^{\infty} a^n e^{-jn\Omega} = \sum_{n=0}^{\infty} \left(a\,e^{-j\Omega}\right)^n. \qquad (5.3.17)$$

Da die zeitdiskrete Fourier-Transformierte hier nicht gegen eine ähnlich lautende Funktion abgegrenzt zu werden braucht, kann auf den Index "d" verzichtet werden. Mit der Formel für die Summe einer unendlichen geometrischen Reihe

$$\sum_{n=0}^{\infty} x^n = \frac{1}{1-x}$$

wird aus (5.3.17)

$$F\!\left(e^{j\Omega}\right) = \frac{1}{1 - a\exp(-j\Omega)}. \qquad (5.3.18)$$

Man erkennt aus diesem Ergebnis, daß die Fourier-Transformierte $F\!\left(e^{j\Omega}\right)$ periodisch in Ω mit der Periode $\Omega_0 = 2\pi$ ist. Die Abhängigkeit von der normierten Frequenz Ω ist durch die mittelbare Funktion $\exp(j\Omega)$ gegeben. Durch diese Funktion ist auch die Periodizität der zeitdiskreten Fourier-Transformierten begründet. Für $\Omega = 0 \ldots 2\pi$ durchläuft die Funktion $\exp(j\Omega)$ einmal den Einheitskreis in der komplexen Zahlenebene.

Bild 5.3.2b zeigt den Verlauf des Betrages der Fourier-Transformierten $F\!\left(e^{j\Omega}\right)$ über der normierten Frequenz. Hierbei ist für die Basis a der Wert 0,8 angenommen worden.

5.3.3 Zusammenhang mit Fourier-Integral und Fourier-Reihen

Die Größe $F_d(e^{j\Omega})$ ist nicht die Fourier-Transformierte im Sinne des Fourier-Integrals (2.1.1) der Folge $f(n)$ der Abtastwerte. Ein Integral über eine solche diskrete Folge wäre auch nicht definiert. Vielmehr ist $F_d(e^{j\Omega})$ nach (5.3.13) die Entwicklung einer periodischen Funktion im Frequenzbereich nach komplexen Exponentialfunktionen.

Zu dem periodischen Spektrum $F_d(e^{j\Omega})$ gehört nach (5.3.4) die inverse Fourier-Transformierte

$$F_d(e^{j\Omega}) \bullet\!\!-\!\!\circ \sum_{n=-\infty}^{\infty} f_a(nT) \cdot \delta(t - nT). \qquad (5.3.19)$$

Die inverse Fourier-Transformierte eines periodischen Spektrums besteht aus gewichteten Dirac-Impulsen, wobei die Gewichte $f_a(nT)$ die Abtastwerte der bandbegrenzten Zeitfunktion $f_a(t)$ sind. Diese werden in Bild 5.3.1c durch die Höhe der Dirac-Impulse angedeutet.

Die diskrete Fourier-Transformierte der Abtastwerte lautet zum Vergleich

$$F_d(e^{j\Omega}) = \sum_{n=-\infty}^{\infty} f_a(nT)\, e^{-jn\Omega}. \qquad (5.3.20)$$

Beide Fourier-Transformierte in (5.3.19) und (5.3.20) führen auf das gleiche periodische Spektrum $F_d(e^{j\Omega})$. Während die "normale" Fourier-Transformation dazu von Dirac-Impulsen im Zeitbereich mit den Gewichten $f_a(nT)$ ausgeht, transformiert die zeitdiskrete Fourier-Transformation die Abtastwerte $f_a(nT)$ direkt in den Frequenzbereich.

Die Tatsache, daß beide Transformationen von der gleichen Information, nämlich den Abtastwerten $f_a(nT)$ ausgehen, rechtfertigt die Vorstellung einer äquivalenten Transformation in Form der zeitdiskreten Fourier-Transformation.

Ein Vergleich von (5.3.19-20) mit (5.2.16-17) zeigt, daß die zeitdiskrete Fourier-Transformation die *duale Transformation* zur Fourier-Reihenentwicklung ist. Mit der Fourier-Reihenentwicklung werden periodische Zeitfunktionen und diskrete Spektren (in Form der Fourier-Koeffizienten) behandelt, mit der zeitdiskreten Fourier-Transformation periodische Spektren und diskrete Zeitfunktionen (in Form zeitlicher Abtastwerte). Die Dualität hat zur Folge, daß für jede existierende Fourier-Reihenentwicklung eine entsprechende Korrespondenz der zeitdiskreten Fourier-Transformation existiert und umgekehrt.

5.3.4 Symmetrieeigenschaften

Im folgenden werden die wichtigsten Eigenschaften der zeitdiskreten Fourier-Transformation behandelt. Einige Eigenschaften sind offensichtlich mit den Eigenschaften der ursprünglichen Fourier-Transformation identisch, so zum Beispiel die Linearität. Sie werden nicht mehr wiederholt. Andere Eigenschaften sind ähnlich. Sie werden nur noch kurz angesprochen.

Zeitdiskrete Fourier-Transformierte reeller Folgen besitzen ebenfalls die in Abschnitt 2.4.1 gezeigten *Symmetrieeigenschaften*. Wegen der unterschiedlichen Formelausdrücke werden sie im folgenden noch einmal kurz zusammengestellt. Eine reelle Folge

$$f(n) = f_g(n) + f_u(n), \tag{5.3.21}$$

aufgespalten in den geraden Anteil $f_g(n)$ und den ungeraden Anteil $f_u(n)$, hat die zeitdiskrete Fourier-Transformierte

$$\begin{aligned} F(e^{j\Omega}) = F'(e^{j\Omega}) + jF''(e^{j\Omega}) &= \sum_{n=-\infty}^{\infty} f(n) \cdot \exp(-jn\Omega) \\ &= \sum_{n=-\infty}^{\infty} \Big(f_g(n) + f_u(n)\Big) \cdot \Big(\cos(n\Omega) - j\sin(n\Omega)\Big). \end{aligned} \tag{5.3.22}$$

Da die Kosinusfunktion gerade ist und die Sinusfunktion ungerade, bleiben für den Realteil $F'(e^{j\Omega})$ und für den Imaginärteil $F''(e^{j\Omega})$ nur je ein Term übrig:

$$F'(e^{j\Omega}) = \sum_{n=-\infty}^{\infty} f_g(n) \cdot \cos(n\Omega) \tag{5.3.23}$$

und

$$F''(e^{j\Omega}) = -\sum_{n=-\infty}^{\infty} f_u(n) \cdot \sin(n\Omega). \tag{5.3.24}$$

Die Abhängigkeit des Realteils von der normierten Frequenz Ω ist über die Kosinuskunktion gegeben, die des Imaginärteils über die Sinusfunktion. Der Realteil ist daher eine gerade Funktion der Frequenz

$$F'(e^{-j\Omega}) = F'(e^{j\Omega}) \tag{5.3.25}$$

und der Imaginärteil eine ungerade Funktion der Frequenz

$$F''(e^{-j\Omega}) = -F''(e^{j\Omega}). \tag{5.3.26}$$

Beispiel 5.3.2

Die folgenden Betrachtungen knüpfen wieder an das Beispiel 5.3.1 an. Die reelle Exponentialfolge in (5.3.16) besitzt die Fourier-Transformierte in (5.3.18). Eine Zerlegung dieser komplexen Funktion in den Real- und Imaginärteil ergibt

$$F(e^{j\Omega}) = \frac{1}{1 - a\,\exp(-j\Omega)} = \frac{1 - a\,\exp(j\Omega)}{\Big(1 - a\,\exp(-j\Omega)\Big)\Big(1 - a\,\exp(j\Omega)\Big)}$$

$$= \frac{1 - a\cos\Omega}{1 - 2a\cos\Omega + a^2} + j\frac{-a\sin\Omega}{1 - 2a\cos\Omega + a^2}. \tag{5.3.27}$$

a) $F'(\exp j\Omega)$

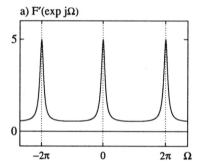

b) $F''(\exp j\Omega)$

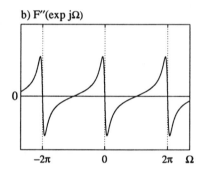

Bild 5.3.3:   Realteil (a) und Imaginärteil (b) der Fourier-Transformierten der reellen kausalen Exponentialfolge

In Bild 5.3.3 sind beide Anteile aufgezeichnet. Daraus ist ersichtlich, daß der Realteil einen geraden und der Imaginärteil einen ungeraden Verlauf über der Frequenz hat.

5.3.5 Zeitverschiebung

Wenn Verwechslungen ausgeschlossen sind, soll im folgenden das Attribut "zeitdiskret" weggelassen werden. Das Symbol "●—○" bzw. "○—●" soll auch für Korrespondenzen der zeitdiskreten Fourier-Transformation verwendet werden.

Ausgehend von einer Fourier-Korrespondenz

$$f(n) \circ\!\!-\!\!\bullet F(e^{j\Omega}) \tag{5.3.28}$$

stellt sich die Frage nach der Fourier-Transformierten der um m Takte verschobenen Folge $f(n - m)$. Die Antwort ist durch die folgende Korrespondenz gegeben:

$$f(n - m) \circ\!\!-\!\!\bullet F(e^{j\Omega}) \cdot e^{-jm\Omega}. \tag{5.3.29}$$

Dieses Ergebnis folgt mit der Substitution $n - m \to \lambda$ aus (5.3.13):

$$\sum_{n=-\infty}^{\infty} f(n-m)\, e^{-jn\Omega} = \sum_{\lambda=-\infty}^{\infty} f(\lambda)\, e^{-j(\lambda+m)\Omega}$$

$$= \left(\sum_{\lambda=-\infty}^{\infty} f(\lambda)\, e^{-j\lambda\Omega} \right) \cdot e^{-jm\Omega} \qquad (5.3.30)$$

$$= F(e^{j\Omega}) \cdot e^{-jm\Omega}.$$

Ist der *Verschiebungsindex* m positiv, so liegt eine *Verzögerung* der Folge vor.

5.3.6 Zeitskalierung und Zeitumkehr

Die *Skalierung der Zeitvariablen* eines zeitdiskreten Signals ist auf verschiedene Art und Weise vorstellbar. Ist das diskrete Signal durch Abtastung aus einem kontinuierlichen Prototypen $f_a(t)$ entstanden, so führt eine Skalierung der Zeitvariablen t mit einer reellen Zahl α auf einen veränderten Prototypen $f_a(\alpha t)$. Verändert man gleichzeitig den Abtastabstand T auf αT, so bleiben die Abtastwerte und damit auch die Fourier-Transformierte des diskreten Signals unverändert. Die Information über die erfolgte Zeitskalierung liegt in der normierten Frequenzvariablen Ω versteckt. Möchte man nämlich Ω mit einer Frequenz f in Hz identifizieren, dann ist die folgende Entnormierung durchzuführen:

$$\Omega = \omega \cdot \alpha T = 2\pi \cdot f \cdot \alpha T. \qquad (5.3.31)$$

Daraus folgt

$$f = \frac{\Omega}{2\pi\alpha T}. \qquad (5.3.32)$$

Eine Skalierung der Zeitvariablen des Prototypen führt auf eine reziproke Skalierung der entnormierten Frequenz f.

Eine Multiplikation des Zeitindex n in einer Zahlenfolge $f(n)$ mit einer beliebigen reellen Zahl ergibt keinen Sinn. Eine Multiplikation des Index n mit einer ganzen Zahl M führt auf einen sinnvollen Ausdruck und kann als *Abtastratenreduktion* gedeutet werden. Die dadurch entstehende Änderung in der Fourier-Transformierten der Folge $f(n)$ ist sehr komplex und soll an dieser Stelle nicht behandelt werden.

Ein Sonderfall, nämlich $M = -1$, kann als *zeitliche Umkehr* gedeutet werden. Für die Fourier-Korrespondenz $f(n) \circ\!\!-\!\!\bullet F(e^{j\Omega})$ gilt

$$f(-n) \circ\!\!-\!\!\bullet F(e^{-j\Omega}). \qquad (5.3.33)$$

Dieses ist aus (5.3.13) ablesbar, wenn man darin n durch $-n$ und Ω durch $-\Omega$ ersetzt. Nimmt man zusätzlich an, daß die Folge $f(n)$ reell ist, so entsteht durch Spiegelung an der Stelle $n = 0$ gemäß (5.3.33) das konjugiert komplexe Spektrum.

5.3.7 Frequenzverschiebung

Für eine Fourier-Korrespondenz $f(n) \circ\!\!-\!\!\bullet F(e^{j\Omega})$ gilt die folgende Beziehung, die eine Verschiebung der Frequenzvariablen Ω um Ω_0 ausdrückt:

$$e^{j\Omega_0 n} f(n) \circ\!\!-\!\!\bullet F(e^{j(\Omega-\Omega_0)}). \qquad (5.3.34)$$

Dieses läßt sich durch Einsetzen der veränderten Folge in die Definitionsgleichung (5.3.13) zeigen:

$$\sum_{n=-\infty}^{\infty} e^{j\Omega_0 n} f(n) e^{-j\Omega n} = \sum_{n=-\infty}^{\infty} f(n) \cdot e^{-j(\Omega-\Omega_0)n}$$
$$= F(e^{j(\Omega-\Omega_0)}). \qquad (5.3.35)$$

Beispiel 5.3.3

Mit dem speziellen Parameter $\Omega_0 = \pi$ erhält man wegen $e^{j\pi} = -1$:

$$(-1)^n f(n) \circ\!\!-\!\!\bullet F(e^{j(\Omega-\pi)}). \qquad (5.3.36)$$

Da $\Omega = \omega T = 2\pi f T$ ist, entspricht $\Omega_0 = \pi$ einer Frequenz $f = 1/2T$, also der halben Taktfrequenz. Zur Verschiebung des Spektrums um die halbe Taktfrequenz muß jeder zweite Wert der Folge negiert werden. Ausgehend von den Signalen in Bild 5.3.2 erhält man die Signale in Bild 5.3.4.

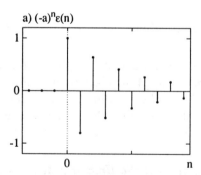
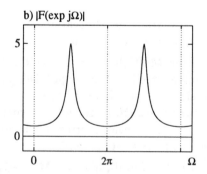

Bild 5.3.4: Alternierende Exponentialfolge (a) mit Fourier-Transformierter (b)

5.3.8 Differentiation im Frequenzbereich

Wieder ausgehend von einer Fourier-Korrespondenz $f(n) \circ\!\!-\!\!\bullet F(e^{j\Omega})$ soll im folgenden die Ableitung der Fourier-Transformierten nach der normierten Frequenz Ω betrachtet werden. Für diese Ableitung gilt die Korrespondenz

$$n \cdot f(n) \circ\!\!-\!\!\bullet j\frac{d}{d\Omega}F(e^{j\Omega}). \qquad (5.3.37)$$

Dieses läßt sich leicht durch Differenzieren der Definitionsgleichung (5.3.13) nach Ω zeigen:

$$\frac{d}{d\Omega}F(e^{j\Omega}) = \sum_{n=-\infty}^{\infty} f(n)\frac{d}{d\Omega}e^{-j\Omega n} = -j\sum_{n=-\infty}^{\infty} n \cdot f(n) \cdot e^{-j\Omega n}. \qquad (5.3.38)$$

Multipliziert man beide Seiten mit j, so erhält man auf der rechten Seite die Transformationsformel (5.3.13) mit der zu transformierenden Folge $n \cdot f(n)$. Damit ist (5.3.37) bestätigt.

5.3.9 Konjugiert komplexe Folgen

Gilt für eine Folge $f(n)$ die Fourier-Korrespondenz $f(n) \circ\!\!-\!\!\bullet F(e^{j\Omega})$, so kann für die dazu *konjugiert komplexe Folge* die folgende Korrespondenz angegeben werden:

$$f^*(n) \circ\!\!-\!\!\bullet F^*(e^{-j\Omega}). \qquad (5.3.39)$$

Um dieses zu zeigen, werden die konjugiert komplexen Ausdrücke auf beiden Seiten von (5.3.14) gebildet:

$$f^*(n) = \frac{1}{2\pi}\left(\int_{-\pi}^{\pi} F(e^{j\Omega})e^{j\Omega n}\,d\Omega\right)^* = \frac{1}{2\pi}\int_{-\pi}^{\pi} F^*(e^{j\Omega})e^{-j\Omega n}\,d\Omega. \qquad (5.3.40)$$

Mit Hilfe der Substitution $\Omega \to -\Lambda$ ergibt sich schließlich

$$f^*(n) = \frac{1}{2\pi}\int_{-\pi}^{\pi} F^*(e^{-j\Lambda}) \cdot e^{j\Lambda n}\,d\Lambda \circ\!\!-\!\!\bullet F^*(e^{-j\Omega}). \qquad (5.3.41)$$

In der letzten Gleichung ist das negative Vorzeichen in $-d\Lambda$ mit dem Vorzeichenwechsel bei der Vertauschung der Integrationsgrenzen verrechnet worden.

5.3.10 Faltungstheorem

Unter der Faltung zweier Folgen $f_1(n) \circ\!\!-\!\!\bullet F_1(e^{j\Omega})$ und $f_2(n) \circ\!\!-\!\!\bullet F_2(e^{j\Omega})$ versteht man den Ausdruck

$$f(n) = f_1(n) * f_2(n) = \sum_{k=-\infty}^{\infty} f_1(k)\, f_2(n-k) = \sum_{k=-\infty}^{\infty} f_1(n-k)\, f_2(k). \quad (5.3.42)$$

Die Frage nach der Fourier-Transformierten des Faltungsproduktes $f(n)$ wird durch das *Faltungstheorem* beantwortet:

$$f(n) = f_1(n) * f_2(n) \circ\!\!-\!\!\bullet F(e^{j\Omega}) = F_1(e^{j\Omega}) \cdot F_2(e^{j\Omega}) \qquad (5.3.43)$$

Obwohl das Faltungstheorem in (5.3.43) aus dem Faltungstheorem für die kontinuierliche Fourier-Transformation in (2.5.6) ableitbar ist, soll hier ein direkter Beweis geführt werden: Mit der Definitionsgleichung (5.3.13) und der Beziehung (5.3.29) für die Zeitverschiebung einer Folge kann die gesuchte Fourier-Transformierte wie folgt berechnet werden.

$$
\begin{aligned}
F(e^{j\Omega}) &= \sum_{n=-\infty}^{\infty} f(n)\, e^{-j\Omega n} = \sum_{n=-\infty}^{\infty} \Big(\sum_{k=-\infty}^{\infty} f_1(k)\, f_2(n-k) \Big) e^{-j\Omega n} \\
&= \sum_{k=-\infty}^{\infty} f_1(k) \Big(\sum_{n=-\infty}^{\infty} f_2(n-k)\, e^{-j\Omega n} \Big) \\
&= \sum_{k=-\infty}^{\infty} f_1(k) \cdot F_2(e^{j\Omega}) \cdot e^{-jk\Omega} \\
&= F_1(e^{j\Omega}) \cdot F_2(e^{j\Omega}).
\end{aligned}
\qquad (5.3.44)
$$

Damit ist die Richtigkeit der Aussage in (5.3.43) gezeigt.

5.3.11 Korrelation von Energiesignalen

Unter der Kreuzkorrelation zweier Folgen $f_1(n)$ und $f_2(n)$ versteht man den Ausdruck

$$r_{f_1 f_2}^{E}(n) = \sum_{k=-\infty}^{\infty} f_1(k)\, f_2(k+n). \qquad (5.3.45)$$

Hierbei wird vorausgesetzt, daß die beiden Folgen $f_1(n)$ und $f_2(n)$ Energiesignale verkörpern. Sowohl die beiden Folgen als auch die *Kreuzkorrelierte*
zwischen beiden sind determinierte Folgen. Die Wahl des Begriffes "Kreuzkorrelation" erfolgt aufgrund der formalen Ähnlichkeit zur Kreuzkorrelation
stochastischer Signale.

Durch eine Substitution $k + n \rightarrow k$ in (5.3.45) erhält man den äquivalenten
Ausdruck

$$r^E_{f_1 f_2}(n) = \sum_{k=-\infty}^{\infty} f_1(k - n)\, f_2(k). \tag{5.3.46}$$

Vertauscht man andererseits in (5.3.45) $f_1(n)$ mit $f_2(n)$, so erhält man die
Kreuzkorrelierte

$$r^E_{f_2 f_1}(n) = \sum_{k=-\infty}^{\infty} f_2(k)\, f_1(k + n). \tag{5.3.47}$$

Ein Vergleich von (5.3.46) mit (5.3.47) zeigt, daß die beiden Kreuzkorrelierten
$r^E_{f_1 f_2}$ und $r^E_{f_2 f_1}$ zeitlich umgekehrt zueinander liegen:

$$r^E_{f_1 f_2}(-n) = r^E_{f_2 f_1}(n). \tag{5.3.48}$$

Ebenso wie bei der kontinuierlichen Korrelation kann auch bei der dis-
kreten Korrelation ein Zusammenhang zur Faltung hergestellt werden. Ein
Vergleich von (5.3.45) mit (5.3.42) zeigt mit der Substitution $k \rightarrow -k$, daß die
Kreuzkorrelation als Faltung geschrieben werden kann:

$$r^E_{f_1 f_2}(n) = f_1(-n) * f_2(n). \tag{5.3.49}$$

Unter Ausnutzung des Faltungstheorems (5.3.43) und des Zeitumkehrsatzes
(5.3.33) erhält man das sogenannte *Korrelationstheorem*:

$$r^E_{f_1 f_2}(n) \circ\!\!\!-\!\!\bullet F_1(e^{-j\Omega}) \cdot F_2(e^{j\Omega}). \tag{5.3.50}$$

Sind beide zu verknüpfenden Folgen gleich, d.h. $f_1(n) = f_2(n) = f(n)$,
so spricht man von der *Autokorrelationsfunktion* (AKF) $r^E_{ff}(n)$. Die AKF ist
immer eine gerade Folge, d.h. es gilt

$$r^E_{ff}(n) = r^E_{ff}(-n). \tag{5.3.51}$$

Dieses ist sofort aus (5.3.48) ersichtlich, wenn man die beiden Folgen $f_1(n)$ und
$f_2(n)$ durch $f(n)$ ersetzt.

5.3.12 Energiedichtefunktion und Wiener-Kintchine-Theorem

Wendet man das Korrelationstheorem (5.3.50) auf die Autokorrelationsfunktion $r_{ff}^E(n)$ an, so erhält man die Korrespondenz

$$r_{ff}(n) \circ\!\!-\!\!\bullet F(e^{-j\Omega}) \cdot F(e^{j\Omega}). \qquad (5.3.52)$$

Setzt man ferner voraus, daß die Folge $f(n)$ reellwertig ist, so gilt $F(e^{-j\Omega}) = F^*(e^{j\Omega})$. In diesem Fall ist das Produkt in (5.3.52) gleich dem Betragsquadrat der Fourier-Transformierten $F(e^{j\Omega})$, das auch als *Energiedichtespektrum*

$$S_{ff}(e^{j\Omega}) = F^*(e^{j\Omega}) \cdot F(e^{j\Omega}) = \left| F(e^{j\Omega}) \right|^2 \qquad (5.3.53)$$

von zeitdiskreten Signalen bezeichnet wird. Setzt man in (5.3.52) das Energiedichtespektrum ein und drückt die rechte Seite durch die inverse Fourier-Transformation aus, so erhält man eine Form des *Wiener-Khintchine-Theorems* für zeitdiskrete Energiesignale.

$$r_{ff}(n) = \frac{1}{2\pi} \int\limits_{-\pi}^{\pi} S_{ff}(e^{j\Omega}) e^{jn\Omega}\, d\Omega \qquad (5.3.54)$$

Das Energiedichtespektrum ist die zeitdiskrete Fourier-Transformierte der Autokorrelationsfolge.

An dieser Stelle gilt das Gleiche wie schon für die kontinuierlichen Signale: Das Wiener-Khintchine-Theorem wird in seiner ursprünglichen Bedeutung auf stochastische Signale angewendet. Gleichung (5.3.54) ist eine formale Erweiterung dieses Theorems auf determinierte Energiesignale.

Beispiel 5.3.4

Im folgenden wird die Berechnung des Energiedichtespektrums der kausalen Exponentialfolge

$$f(n) = a^n\, \epsilon(n)\,, \qquad \text{reelles } a, \ |a| < 1 \qquad (5.3.55)$$

zum einen über die Fourier-Transformierte und zum anderen über die AKF mit Hilfe des Wiener-Khintchine-Theorems durchgeführt. Die Fourier-Transformierte von $f(n)$ lautet nach (5.3.18)

$$F(e^{j\Omega}) = \frac{1}{1 - a \exp(-j\Omega)}. \qquad (5.3.56)$$

Daraus läßt sich durch die Bildung des Betragsquadrats das Energiedichtespektrum ermitteln:

$$
\begin{aligned}
S_{ff}(e^{j\Omega}) &= F(e^{j\Omega}) \cdot F^*(e^{j\Omega}) \\
&= \frac{1}{[1 - a \, \exp(-j\Omega)][1 - a \, \exp(j\Omega)]} \\
&= \frac{1}{1 - 2a \, \cos\Omega + a^2}.
\end{aligned}
\tag{5.3.57}
$$

Als Alternative zu diesem Rechenweg soll das Energiedichtespektrum als Fourier-Transformierte der Autokorrelationsfunktion r_{ff}^E ermittelt werden. Bei der Berechnung der AKF wird eine Fallunterscheidung vorgenommen. Für nichtnegative Indizes $m \geq 0$ gilt mit der Substitution $n - m \to \nu$

$$
\begin{aligned}
r_{ff}^E(m) &= \sum_{n=-\infty}^{\infty} f(n) \, f(n-m) = \sum_{n=m}^{\infty} a^n \, a^{n-m} \\
&= a^m \sum_{n=m}^{\infty} (a^2)^{n-m} = a^m \sum_{\nu=0}^{\infty} (a^2)^{\nu} \\
&= a^m \frac{1}{1 - a^2}, \qquad m \geq 0.
\end{aligned}
\tag{5.3.58}
$$

Für negative Indizes m erhält man

$$
\begin{aligned}
r_{ff}^E(n) &= \sum_{n=0}^{\infty} a^n \, a^{n-m} = a^{-m} \sum_{n=0}^{\infty} (a^2)^n \\
&= a^{-m} \frac{1}{1 - a^2}, \qquad m < 0.
\end{aligned}
\tag{5.3.59}
$$

Unter Berücksichtigung der Vorzeichen der Indizes m können die Ergebnisse in (5.3.58) und (5.3.59) folgendermaßen zusammengefaßt werden:

$$
r_{ff}^E(m) = a^{|m|} \frac{1}{1 - a^2}.
\tag{5.3.60}
$$

Aus (5.3.60) ist unmittelbar ersichtlich, daß die AKF eine gerade Folge in m ist. Bild 5.3.5 zeigt die Originalfolge (a) und die verschobene Folge mit einem positiven (b) und einem negativen Index m (c). Es leuchtet ein, daß beide Verschiebungen den gleichen Wert für die Kreuzkorrelierte nach (5.3.45) ergeben, was schließlich auf die gerade Symmetrie der Kreuzkorrelierten in Bild 5.3.5d führt.

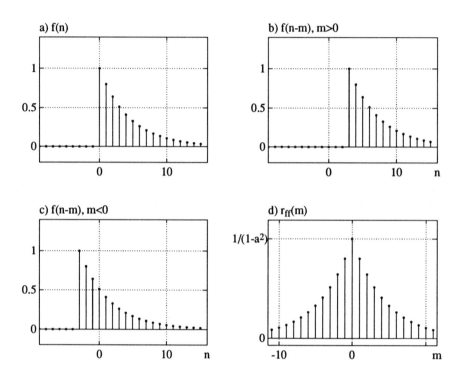

Bild 5.3.5: Zur Berechnung der AKF der kausalen Exponentialfolge

Im zweiten Schritt wird die Fourier-Transformierte der AKF berechnet. Auch dabei werden die nichtnegativen und die negativen Indizes m getrennt zusammengefaßt:

$$
\begin{aligned}
r_{ff}^{E}(m) \; \circ\!\!-\!\!\bullet \; & \frac{1}{1-a^2}\left(\sum_{m=-\infty}^{-1} a^{-m}\, e^{-j\Omega m} + \sum_{m=0}^{\infty} a^{m}\, e^{-j\Omega m} \right) \\
= & \frac{1}{1-a^2}\left(\sum_{k=1}^{\infty} (a\, e^{j\Omega})^{k} + \sum_{m=0}^{\infty} (a\, e^{-j\Omega})^{m} \right) \\
= & \frac{1}{1-a^2}\left(\frac{a\, e^{j\Omega}}{1-a\, e^{j\Omega}} + \frac{1}{1-a\, e^{-j\Omega}} \right) \\
= & \frac{1}{1-2a\,\cos\Omega + a^2}.
\end{aligned}
\tag{5.3.61}
$$

Das Ergebnis in (5.3.61) stimmt mit dem in (5.3.57) überein und demonstriert damit beispielhaft die Richtigkeit des Wiener-Khintchine-Theorems für zeitdiskrete Signale.

5.3.13 Energie diskreter Signale und Parsevalsches Theorem

Geht man von reellwertigen Folgen $f(n)$ aus, so kann aus dem Wiener-Khintchine-Theorem (5.3.54) für $n = 0$ die Signalenergie $\mathcal{E}_f$ entnommen werden. Unter Berücksichtigung von (5.3.45) lautet die AKF für $n = 0$

$$r_{ff}^E(0) = \sum_{k=-\infty}^{\infty} f(k) \, f(k) = \sum_{k=-\infty}^{\infty} |f(k)|^2 = \mathcal{E}_f. \qquad (5.3.62)$$

Aus dem Wiener-Khintchine-Theorem folgt daher speziell für $n = 0$

$$\mathcal{E}_f = r_{ff}^E(0) = \sum_{n=-\infty}^{\infty} |f(n)|^2 = \frac{1}{2\pi} \int_{-\pi}^{\pi} S_{ff}(e^{j\Omega}) \, d\Omega \qquad (5.3.63)$$

Die beiden rechten Terme dieser Gleichungskette stellen eine Form der *Parsevalschen Gleichung für diskrete Signale* dar. Insgesamt zeigt die Gleichung (5.3.63), daß die *Signalenergie* auf dreierlei Weise berechnet werden kann: aus der AKF für $n = 0$, aus der Zeitfolge $f(n)$ und aus dem Energiedichtespektrum.

Beispiel 5.3.5

Es sei noch einmal das vorhergehende Beispiel aufgegriffen. Die Energie des Signals kann zunächst aus der Zeitfolge, d.h. aus der kausalen und reellen Exponentialfolge berechnet werden:

$$\mathcal{E}_f = \sum_{n=-\infty}^{\infty} |f(n)|^2 = \sum_{n=0}^{\infty} a^{2n} = \frac{1}{1 - a^2}. \qquad (5.3.64)$$

Das gleiche Ergebnis muß die AKF für $m = 0$ liefern. Aus (5.3.60) folgt

$$r_{ff}^E(m = 0) = \frac{1}{1 - a^2}. \qquad (5.3.65)$$

Die Integration über die Energiedichtefunktion nach (5.3.63) ist etwas aufwendiger in der Rechnung, führt aber auf das gleiche Ergebnis.

Die bereits in (1.2.22) genannte Definition der *Energie $\mathcal{E}_{f_d}$ eines zeitdiskreten Signals* $f(n) \circ\!\!-\!\!\bullet F_d(e^{j\Omega})$ steht im Einklang mit der in (1.1.43) genannten Definition der *Energie $\mathcal{E}_{f_a}$ eines zeitkontinuierlichen Signals* $f_a(t) \circ\!\!-\!\!\bullet F_a(j\omega)$. Ist das diskrete Signal durch Abtasten eines auf $\omega_0/2$ bandbegrenzten kontinuierlichen Signals entstanden, d.h.

$$f(n) = f_a(nT), \tag{5.3.66}$$

mit $\omega_0 = 2\pi/T$, dann gilt für die beiden Energien

$$\mathcal{E}_{f_d} = \frac{1}{T} \cdot \mathcal{E}_{f_a}. \tag{5.3.67}$$

Dieses kann wie folgt gezeigt werden. Da das kontinuierliche Signal als bandbegrenzt vorausgesetzt wird, können die Integrationsgrenzen bei der Energiebestimmung nach dem Parsevalschen Theorem (2.5.28) auf $\pm\omega_0/2$ zusammengezogen werden:

$$\mathcal{E}_{f_a} = \frac{1}{2\pi} \int\limits_{-\omega_0/2}^{\omega_0/2} |F_a(j\omega)|^2 \, d\omega. \tag{5.3.68}$$

Für das diskrete Signal gilt mit der Definition des Energiedichtespektrums nach (5.3.53) und dem Parsevalschen Theorem (5.3.63)

$$\mathcal{E}_{f_d} = \frac{1}{2\pi} \int\limits_{-\pi}^{\pi} |F_d(e^{j\Omega})|^2 \, d\Omega = \frac{1}{2\pi} \int\limits_{-\omega_0/2}^{\omega_0/2} |F_d(e^{j\omega T})|^2 \, T \cdot d\omega. \tag{5.3.69}$$

Der Zusammenhang zwischen dem periodischen Spektrum $F_d(e^{j\Omega})$ des diskreten Signals und dem aperiodischen Spektrum $F_a(j\omega)$ ist durch die Beziehung (5.3.7) gegeben. Da $F_a(j\omega)$ auf $\pm\omega_0/2$ bandbegrenzt ist und im Integral (5.3.69) nur von $-\omega_0/2$ bis $\omega_0/2$ integriert wird, leistet nur der Index $k = 0$ in (5.3.7) einen Beitrag zum Integral (5.3.69). Das Integral (5.3.69) kann daher folgendermaßen geschrieben werden:

$$\mathcal{E}_{f_d} = \frac{1}{2\pi} \int\limits_{-\omega_0/2}^{\omega_0/2} \frac{1}{T^2} |F_a(j\omega)|^2 \, T \cdot d\omega = \frac{1}{T} \cdot \frac{1}{2\pi} \int\limits_{-\omega_0/2}^{\omega_0/2} |F_a(j\omega)|^2 \, d\omega = \frac{1}{T} \cdot \mathcal{E}_{f_a}.$$
$$\tag{5.3.70}$$

Damit ist (5.3.67) bewiesen.

Es ist stets darauf zu achten, daß (5.3.67) nur dann gilt, wenn das kontinuierliche Signal auf die halbe Abtastfrequenz bandbegrenzt ist.

Beispiel 5.3.6

Das in Bild 5.3.6b gezeigte aperiodische Spektrum eines kontinuierlichen Signals

$$f_a(t) = \frac{1}{2T} \mathrm{si}(\frac{\pi}{2} \frac{t}{T}) \tag{5.3.71}$$

ist auf $\omega_0/4$ bandbegrenzt und hat im Band den Wert 1. Bild 5.3.6 zeigt den zeitlichen Verlauf von $f_a(t)$, siehe auch (2.2.20) und Bild 2.2.4. Die Energie dieses Signals kann mit (2.5.28) direkt aus dem Spektrum entnommen werden:

$$\mathcal{E}_{f_a} = \frac{1}{2\pi} \cdot \frac{\omega_0}{2} = \frac{1}{2T}. \tag{5.3.72}$$

a) $f_a(t)$

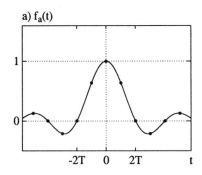

b) Fourier-Transformierte

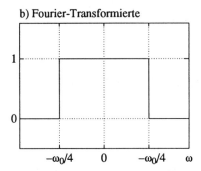

Bild 5.3.6: Kontinuierliches Signal $f_a(t)$ mit Abtastwerten (a) und zugehöriges Spektrum (b)

Durch Abtastung zu den Zeitpunkten nT soll aus dem kontinuierlichen Signal ein diskretes Signal

$$f(n) = f_a(nT) = \frac{1}{2T}\mathrm{si}(n \cdot \frac{\pi}{2}) \tag{5.3.73}$$

abgeleitet werden. Diese Abtastwerte sind in Bild 5.3.6a als Punkte eingezeichnet. Die Berechnung der Energie des diskreten Signals im Zeitbereich ergibt

$$\begin{aligned}
\mathcal{E}_{f_d} &= \sum_{n=-\infty}^{\infty} |f_a(nT)|^2 = \sum_{n=-\infty}^{\infty} \left|\frac{1}{2T}\mathrm{si}(n \cdot \frac{\pi}{2})\right|^2 \\
&= \left(\frac{1}{2T}\right)^2 \left(1^2 + 2\left[(\frac{2}{\pi})^2 + (\frac{2}{3\pi})^2 + (\frac{2}{5\pi})^2 + \ldots\right]\right) \\
&= \left(\frac{1}{2T}\right)^2 \left(1 + \frac{8}{\pi^2} \underbrace{\left[1 + (\frac{1}{3})^2 + (\frac{1}{5})^2 + \ldots\right]}_{\pi^2/8}\right) \\
&= \frac{1}{2T^2} = \frac{1}{T} \cdot \mathcal{E}_{f_a}.
\end{aligned} \tag{5.3.74}$$

Damit ist für das hier als Beispiel herangezogene Signal die Gültigkeit der Beziehung (5.3.67) für die Signalenergien des kontinuierlichen Prototypen und des daraus abgeleiteten diskreten Signals gezeigt.

5.4 Zeitdiskrete Fourier-Reihen

Im Abschnitt 5.2 werden kontinuierliche periodische Zeitsignale betrachtet. Im folgenden werden zeitdiskrete periodische Signale in Fourier-Reihen entwickelt. Diese Entwicklungen werden kurz *zeitdiskrete Fourier-Reihen* genannt.

5.4.1 Reihenentwicklung

Eine *periodische Zahlenfolge*

$$x(n) = x(n + rN), \qquad r = 0, \pm 1, \pm 2, \ldots \qquad (5.4.1)$$

hat die Periode N. In diese Periode paßt gerade eine Periode der komplexen Exponentialfolge

$$e_1(n) = \exp(j\frac{2\pi}{N}n) = W_N^{-n}. \qquad (5.4.2)$$

Darin wird die Abkürzung

$$W_N = \exp(-j2\pi/N) \qquad (5.4.3)$$

verwendet. Die periodische Folge $x(n)$ soll mit Hilfe der Harmonischen

$$e_k(n) = W_N^{-kn}, \qquad k = 1, 2, 3 \ldots N \qquad (5.4.4)$$

der Exponentialfolge in (5.4.2) dargestellt werden. Es gibt nur N verschiedene Harmonische, denn es gilt

$$e_{k+rN}(n) = e_k(n), \qquad r = 0, \pm 1, \pm 2, \ldots \qquad (5.4.5)$$

Die Periodizität der Exponentialfunktionen läßt sich durch folgende einfache Betrachtung begründen:

$$\begin{aligned} e_{k+rN}(n) &= W_N^{-(k+rN)n} = W_N^{-kn} \cdot W_N^{-rNn} \\ &= W_N^{-kn} \cdot \left(e^{j2\pi}\right)^{rn} = W_N^{-kn} = e_k(n). \end{aligned} \qquad (5.4.6)$$

Daher lautet die zeitdiskrete Fourier-Reihenentwicklung

$$x(n) = \sum_{k=1}^{N} X(k) W_N^{-kn} = \sum_{k=0}^{N-1} X(k) W_N^{-kn}. \qquad (5.4.7)$$

Die Entwicklungskoeffizienten $X(k)$ sind die Fourier-Koeffizienten. Zu ihrer Berechnung wird die sogenannte *diskrete Abtastfunktion*

$$w(i) = \sum_{n=0}^{N-1} W_N^{in} = \begin{cases} N & \text{für } i = 0, \pm N, \pm 2N, \ldots \\ 0 & \text{sonst} \end{cases} \tag{5.4.8}$$

verwendet.

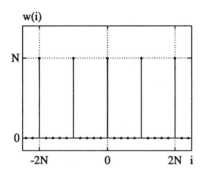

Bild 5.4.1: Diskrete Abtastfunktion $w(i)$

Für die speziellen Indizes $i = 0, \pm N, \pm 2N, \ldots$, d. h. $i = rN$, gilt

$$W_N^{in} = W_N^{rNn} = \left(e^{-j2\pi}\right)^{rn} = 1. \tag{5.4.9}$$

Die Summe in (5.4.8) hat für diese Indizes den Wert N. Für alle anderen Indizes i liegen die Terme W_N^{in} gleichverteilt auf dem Einheitskreis und ergänzen sich in der Summe (5.4.8) zu Null.

Multipliziert man die Fourier-Reihenentwicklung in (5.4.7) auf beiden Seiten mit der diskreten Abtastfunktion $w(i)$, so erhält man

$$\sum_{n=0}^{N-1} x(n) W_N^{in} = \sum_{n=0}^{N-1} \sum_{k=0}^{N-1} X(k) W_N^{-kn} W_N^{in}$$

$$= \sum_{k=0}^{N-1} X(k) \left[\sum_{n=0}^{N-1} W_N^{-(k-i)n} \right]. \tag{5.4.10}$$

Der Ausdruck in eckigen Klammern ist nur für $k = i$ von Null verschieden und hat dann den Wert N, siehe (5.4.8). Daher kann (5.4.10) wie folgt nach den gesuchten Fourier-Koeffizienten $X(k)$ aufgelöst werden:

$$X(k) = \frac{1}{N} \sum_{n=0}^{N-1} x(n) W_N^{kn}. \tag{5.4.11}$$

Die Gleichungen (5.4.7) und (5.4.11) stellen das Transformationspaar der zeitdiskreten Fourier-Reihenentwicklung dar:

$$x(n) = \sum_{k=0}^{N-1} X(k)\, W_N^{-kn} \qquad (5.4.12)$$

$$X(k) = \frac{1}{N} \sum_{n=0}^{N-1} x(n)\, W_N^{kn} \qquad (5.4.13)$$

Die Fourier-Koeffizienten $X(k)$ dieser Entwicklung existieren nicht nur für $0 \le k \le N-1$, sondern auch für alle anderen Indizes k. Wegen der Periodizität des Faktors W_N^{kn} in k mit der Periode N, sind auch die $X(k)$ periodisch mit der Periode N:

$$X(k) = X(k+rN)\,, \qquad r = 0, \pm 1, \pm 2, \ldots \qquad (5.4.14)$$

Aus der diskreten periodischen Folge $x(n)$ entstehen periodische Fourier-Koeffizienten. Ein diskretes periodisches Zeitsignal hat auch ein diskretes periodisches Spektrum.

Man kann sich die Fourier-Reihenentwicklung in (5.4.12-13) auch aus einer kontinuierlichen Fourier-Reihenentwicklung von bandbegrenzten periodischen Zeitfunktionen entstanden denken. Letztere besteht aus höchstens N von Null verschiedenen Fourier-Koeffizienten, wenn die Periode der Zeitfunktion ein N-faches der Abtastperiode ist. Durch die Abtastung wird das Spektrum periodisch fortgesetzt, siehe (5.3.7), und somit auch die Fourier-Koeffizienten, siehe (5.2.16-17).

Beispiel 5.4.1

Gegeben sei die periodische Folge

$$x(n) = \cos(\pi n/4) \qquad (5.4.15)$$

mit der Periode $N = 8$, siehe Bild 5.4.2a. Sie läßt sich mit Hilfe der Eulerschen Beziehung durch komplexe Exponentialfolgen ausdrücken:

$$x(n) = \frac{1}{2}\, e^{j\pi n/4} + \frac{1}{2}\, e^{-j\pi n/4} = \frac{1}{2}\, W_8^{-n} + \frac{1}{2}\, W_8^{n}. \qquad (5.4.16)$$

Wegen der in (5.4.6) gezeigten Periodizität der Exponentialfunktionen kann der Index $k = 1$ im zweiten Term durch $k = 1 - 8 = -7$ ersetzt werden:

$$x(n) = \frac{1}{2}\, W_8^{-n} + \frac{1}{2}\, W_8^{-7n}. \qquad (5.4.17)$$

Ein Vergleich mit (5.4.13) zeigt, daß $X(1) = X(7) = 1/2$ ist und daß die übrigen Fourier-Koeffizienten in der Grundperiode Null sind. In Bild 5.4.2b sind die periodischen Fourier-Koeffizienten dargestellt.

a) x(n)

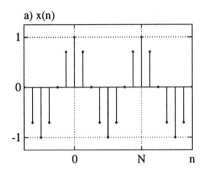

b) X(k)

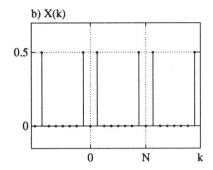

Bild 5.4.2: Zeitdiskrete cos-Funktion (a) und zugehörige Fourier-Koeffizienten (b)

5.4.2 Mittlere Signalleistung

Periodische diskrete Signale sind Leistungssignale. In Anlehnung an die Leistungsdefinition in (1.2.23) kann die mittlere Leistung durch Mittelung über eine Periode angegeben werden:

$$P_x = \frac{1}{N} \sum_{n=0}^{N-1} |x(n)|^2 = \frac{1}{N} \sum_{n=0}^{N-1} x(n) \cdot x^*(n). \tag{5.4.18}$$

Drückt man die konjugiert komplexe Folge $x^*(n)$ mit Hilfe der Fourier-Reihenentwicklung in (5.4.12) aus, so lautet die mittlere Leistung

$$\begin{aligned} P_x &= \frac{1}{N} \sum_{n=0}^{N-1} x(n) \sum_{k=0}^{N-1} X^*(k) W_N^{kn} \\ &= \sum_{k=0}^{N-1} X^*(k) \left[\frac{1}{N} \sum_{n=0}^{N-1} x(n) W_N^{kn} \right]. \end{aligned} \tag{5.4.19}$$

Der Ausdruck in eckigen Klammern ist identisch mit dem Ausdruck für die Fourier-Koeffizienten $X(k)$ in (5.4.13). Ein Einsetzen von (5.4.13) in (5.4.19) ergibt

$$P_x = \sum_{k=0}^{N-1} |X(k)|^2. \tag{5.4.20}$$

Setzt man (5.4.18) mit (5.4.20) gleich, so erhält man eine Form des *Parsevalschen Theorems für diskrete periodische Leistungssignale*:

$$\frac{1}{N} \sum_{n=0}^{N-1} |x(n)|^2 = \sum_{k=0}^{N-1} |X(k)|^2. \tag{5.4.21}$$

Die mittlere Leistung eines diskreten periodischen Signals kann einerseits durch eine quadratische Mittelung in einer Periode des Zeitsignals berechnet werden oder durch ein Aufsummieren der Quadrate der Fourier-Koeffizienten in einer Periode.

Beispiel 5.4.2

Es sei noch einmal das vorhergehende Beispiel aufgegriffen. Das periodische Kosinussignal in (5.4.15) hat acht Werte in einer Periode, von denen zwei Null sind. Die restlichen sechs Werte tragen folgendermaßen zur mittleren Leistung bei:

$$\begin{aligned}
P_x &= \frac{1}{8} \left(\cos^2(0) + \cos^2(\pi) + 2\cos^2(\pi/4) + 2\cos^2(3\pi/4) \right) \\
&= \frac{1}{8} \left(1 + 1 + 2 \cdot \frac{1}{2} + 2 \cdot \frac{1}{2} \right) = \frac{1}{2}.
\end{aligned} \tag{5.4.22}$$

Die Berechnung der mittleren Leistung mit Hilfe der Fourier-Koeffizienten ergibt mit den beiden von Null verschiedenen Koeffizienten $X(1) = 1/2$ und $X(7) = 1/2$

$$P_x = \left(\frac{1}{2}\right)^2 + \left(\frac{1}{2}\right)^2 = \frac{1}{2}. \tag{5.4.23}$$

Dieses Ergebnis stimmt mit dem ersten Ergebnis in (5.4.22) überein.

5.5 Diskrete Fourier-Transformation

Die *diskrete Fourier-Transformation (DFT)* dient der näherungsweisen numerischen Berechnung des Fourier-Integrals. Sie ist besonders in ihrer rechen-effizienten Realisierung als *schnelle Fourier-Transformation* (FFT = Fast Fourier Transform) von fundamentaler Bedeutung für das breite Feld der digitalen Signalverarbeitung. Im folgenden wird die diskrete Fourier-Transformation aus der zeitdiskreten Fourier-Transformation hergeleitet. Bezüglich der detaillierten Eigenschaften und der Anwendungen der DFT wird auf die reichhaltige Literatur der digitalen Signalverarbeitung verwiesen.

Ausgangspunkt sind aperiodische zeitkontinuierliche Signale $f_a(t)$, die in Abständen $T = 2\pi/\omega_0$ äquidistant abgetastet werden. Die Abtastfrequenz ω_0 wird so gewählt, daß die Überlappungseffekte (Aliasing) möglichst gering bleiben, siehe dazu Kapitel 7. Da auf einem Rechner nur eine begrenzte Anzahl von Abtastwerten verarbeitet werden kann, wird ein Zeitfenster in Form von N Abtastwerten gewählt:

$$f_D(n) = \begin{cases} f(n) & \text{für } n = 0, 1, 2, 3 \ldots N-1 \\ 0 & \text{sonst.} \end{cases} \tag{5.5.1}$$

Die endliche zeitdiskrete Funktion $f_D(n)$ stellt nur eine Näherung der unendlich langen Folge von Abtastwerten $f(n) = f_a(nT)$ dar. Daher ist die zeitdiskrete Fourier-Transformierte F_D der Folge $f_D(n)$ auch nur eine Näherung der gesuchten Fourier-Transformierten $F_a(j\omega) \bullet\!\!-\!\!\circ f_a(t)$. Wegen der endlichen Anzahl von Abtastwerten kann die Summation in (5.3.13) auf N Werte beschränkt werden:

$$F_D = \sum_{n=0}^{N-1} f_D(n) \cdot e^{-jn\Omega}, \tag{5.5.2}$$

mit $\Omega = \omega T$.

Auf einem Rechner kann die Fourier-Tranformierte nach (5.5.2) auch nur für eine begrenzte Anzahl von Frequenzen ausgewertet und gespeichert werden. Da F_D periodisch in Ω mit der Periode 2π ist, ist es naheliegend, die Periode äquidistant aufzuteilen. Wählt man eine Anzahl von N Frequenzpunkten, so lauten diese

$$\Omega_k = k \cdot 2\pi/N, \qquad k = 0, 1, 2, 3 \ldots N-1. \tag{5.5.3}$$

Die Fourier-Transformierte F_D in (5.5.2) lautet mit $\Omega = \Omega_k$

$$F_D(k) = \sum_{n=0}^{N-1} f_D(n) \cdot e^{-jn\Omega_k}. \tag{5.5.4}$$

Mit den Frequenzen in (5.5.3) und der Abkürzung (5.4.3) läßt sich die Fourier-Transformierte in (5.5.4) wie folgt schreiben:

$$F_D(k) = \sum_{n=0}^{N-1} f_D(n) \cdot W_N^{kn}. \tag{5.5.5}$$

Umgekehrt lassen sich die N Abtastwerte der Folge $f_D(n)$ in eindeutiger Weise wieder aus den N Werten der Fourier-Transformierten $F_D(k)$ zurückgewinnen. Dazu wird die folgende *Rücktransformationsformel* verwendet.

$$f_D(n) = \frac{1}{N} \sum_{k=0}^{N-1} F_D(k) \cdot W_N^{-kn}. \tag{5.5.6}$$

Die Richtigkeit dieser Formel läßt sich durch Einsetzen von (5.5.6) in (5.5.5) zeigen:

$$F_D(k) = \sum_{n=0}^{N-1} \left[\frac{1}{N} \sum_{i=0}^{N-1} F_D(i) W_N^{-in} \right] W_N^{kn} = \frac{1}{N} \sum_{i=0}^{N-1} F_D(i) \sum_{n=0}^{N-1} W_N^{(k-i)n}. \tag{5.5.7}$$

Die rechtsstehende Summe in (5.5.7) ist die diskrete Abtastfunktion aus (5.4.8). Sie ist nur für $k = i$ von Null verschieden und hat dann den Wert N. Daher lautet (5.5.7)

$$F_D(k) = \frac{1}{N} F_D(i = k) \cdot \underbrace{\sum_{n=0}^{N-1} e^0}_{N} = F_D(k). \tag{5.5.8}$$

Damit ist die Richtigkeit der Rücktransformationsformel (5.5.6) bestätigt.

Die Beziehungen in (5.5.5-6) stellen das Paar der diskreten Fourier-Transformation dar. Die diskrete Fourier-Transformation (DFT) steht in (5.5.5), die *inverse diskrete Fourier-Transformation* (IDFT) in (5.5.6). Beide sind im folgenden noch einmal zusammengefaßt:

$$\text{DFT}: \quad F_D(k) = \sum_{n=0}^{N-1} f_D(n) \cdot W_N^{kn} \tag{5.5.5}$$

$$\text{IDFT}: \quad f_D(n) = \frac{1}{N} \sum_{k=0}^{N-1} F_D(k) \cdot W_N^{-kn} \tag{5.5.6}$$

$$\text{mit} \quad W_N = exp(-j2\pi/N)$$

Bei einem Abtastintervall der Länge T und einer Anzahl von N Abtastwerten liegt im Zeitbereich eine Fensterbreite von NT vor. Bei der Wahl der Frequenzpunkte kann statt N auch eine andere Anzahl, z. B. M, gewählt werden. Die Betrachtung von M diskreten Frequenzpunkten entspricht der Abtastung der Fourier-Transformierten mit einer Dirac-Impulsfolge, wobei die Impulse im Abstand $\Omega_M = 2\pi/M$ bzw. $\omega_M = 2\pi/(MT)$ liegen. Dem entspricht die Faltung des Zeitsignals mit einer Dirac-Impulsfolge mit Impulsen im Abstand $2\pi/\omega_M = MT$ bzw. einer periodischen Überlagerung des Zeitsignals mit einer Periode von MT. Wählt man gerade $M = N$, so wird das diskrete Zeitsignal mit der Fensterbreite NT periodisch fortgesetzt, ohne daß es zu Überlappungen oder zu leeren Zwischenräumen zwischen den fortgesetzten Fenstern kommt.

Sieht man von dem Skalierungsfaktor $1/N$ ab, so ist das Transformationspaar der DFT in (5.5.5-6) identisch mit dem Transformationspaar der zeitdiskreten Fourier-Reihenentwicklung in (5.4.12-13). Insbesondere gilt, daß beide diskreten Funktionen $F_D(k)$ und $f_D(n)$ gleichzeitig periodisch sind. Die Grundperiode von $F_D(k)$ stellt eine Näherung für das Fourier-Integral $F_a(j\omega)$ dar und beinhaltet die folgenden Fehlerquellen:

1. Wegen der Abtastung im Zeitbereich entsteht bei nicht bandbegrenzten Signalen ein Fehler durch *Überlappung* der periodisch fortgesetzten Spektren *(Aliasing)*. Eine Abhilfe kann durch eine hohe Abtastfrequenz geschaffen werden. Bei vorgegebener Fensterbreite erhöht sich damit aber die Anzahl der zu verarbeitenden Abtastwerte.

2. Durch die endliche Länge NT des Zeitfensters entsteht ein *Verschmierungseffekt (Leakage)*: Das Spektrum ist mit einer si-Funktion zu falten, die dem Rechteckfenster im Zeitbereich entspricht. Dieser Effekt kann durch Multiplikation der Zeitfunktion mit einer vom Rechteckfenster verschiedenen Fensterfunktion wie etwa *Hanning-, Hamming-, Kaiser- oder Blackman-Fenster* vermindert werden.

3. Wegen der Abtastung des Spektrums sind nur bestimmte Frequenzen erkennbar, dazwischen liegt keine Information. Diese Informationslücke kann durch Auffüllen der Zeitfunktion mit Nullen verkleinert werden. Dadurch wird die Anzahl N erhöht und die *Frequenzauflösung* gesteigert.

Es ist wichtig, daß der Zeitausschnitt des Signals $f_a(t)$ im Fenster NT repräsentativ für das gesamte Signal ist. Um den Approximationsfehler bei der Spektralschätzung zu reduzieren, werden häufig die DFTs (Periodogramme) mehrerer Zeitfenster gemittelt oder das Spektrum mit Hilfe der DFTs modellgestützt geschätzt (autoregressive Modelle etc.).

6. Z-Transformation

Die Z-Transformation kann als eine Erweiterung der zeitdiskreten Fourier-Transformation aufgefaßt werden. Während die zeitdiskrete Fourier-Transformation ein diskretes Signal in Form einer Zahlenfolge als gewichtete Summe von komplexen Exponentialfunktionen der Form $\exp(j\Omega)$ darstellt, verwendet die Z-Transformation komplexe Exponentialfunktionen $z = r \cdot \exp(j\Omega)$. Die Z-Transformierte einer Folge ist daher eine analytische Fortsetzung der zeitdiskreten Fourier-Transformierten vom Einheitskreis in die komplexe Zahlenebene.

Die Z-Transformation spielt bei zeitdiskreten Signalen die gleiche Rolle wie die Laplace-Transformation bei kontinuierlichen Signalen. Der Schritt von der zeitdiskreten Fourier-Transformation zur Z-Transformation dient ebenso wie bei der Laplace-Transformation zur Erschließung funktionentheoretischer Konzepte für die Beschreibung der Signale und Systeme. Dieses gilt insbesondere für die Rücktransformation mit einem Konturintegral, das mit Hilfe des Residuensatzes ausgewertet werden kann.

Da die Z-Transformation für die Beschreibung von diskreten Systemen von zentraler Bedeutung ist, werden die verschiedenen Aspekte der Z-Transformation im vorliegenden Kapitel ausführlich behandelt. Schwerpunkte der Betrachtungen sind die Zusammenhänge der Z-Transformation zu den anderen bisher behandelten Transformationen, die Abgrenzung zwischen ein- und zweiseitiger Z-Transformation, Fragen der Konvergenz und eine breite Behandlung der Eigenschaften und Rechenregeln einschließlich der praktischen Rücktransformation.

6.1 Definitionen und Korrespondenzen

In dem vorliegenden Abschnitt werden die zweiseitige und die einseitige Z-Transformation definiert und einige der grundlegenden Korrespondenzen für beide Transformationen hergeleitet. Ferner wird der Zusammenhang zwischen der Z-Transformation und der Laplace-Transformation erklärt.

6.1.1 Definition der zweiseitigen Z-Transformation

Die *zweiseitige Z-Transformation* ist ähnlich wie die zeitdiskrete Fourier-Transformation als Summe über die zu transformierende Folge multipliziert mit einer komplexen Exponentialfolge definiert. Der einzige Unterschied besteht im Frequenzparameter der Exponentialfolge. Während die Fourier-Transformation in der Exponentialfolge $\exp(-jn\Omega)$ eine imaginäre Frequenzvariable $j\Omega$ verwendet, arbeitet die Z-Transformation mit einer komplexen Frequenzvariablen, die auf eine komplexe Folge z^{-n} führt. Darin ist die Größe z zunächst eine beliebige komplexe Zahl. Die zweiseitige Z-Transformierte $F(z)$ einer Folge $f(n)$ lautet

$$F(z) = \sum_{n=-\infty}^{\infty} f(n) \cdot z^{-n} \qquad (6.1.1)$$

Neben der ausführlichen Schreibweise in (6.1.1) werden die beiden folgenden Abkürzungen gebraucht:

$$F(z) = Z_{II}\{f(n)\}, \qquad (6.1.2)$$

$$F(z) \bullet\!\!-\!\!\circ f(n). \qquad (6.1.3)$$

Die komplexe Zahl z lautet in Polarkoordinatendarstellung:

$$z = r \cdot e^{j\Omega}. \qquad (6.1.4)$$

Mit dieser Darstellung kann (6.1.1) auch folgendermaßen geschrieben werden:

$$F(z) = \sum_{n=-\infty}^{\infty} [f(n) \cdot r^{-n}]e^{-jn\Omega} = \mathcal{F}\{f(n) \cdot r^{-n}\}. \qquad (6.1.5)$$

Die Z-Transformierte der Folge $f(n)$ ist gleich der zeitdiskreten Fourier-Transformierten der Folge $f(n) \cdot r^{-n}$. Für $r = 1$ stimmen beide Transformierten, sofern sie existieren, überein. Da die Fourier-Transformierte mindestens dann konvergiert, wenn die zu transformierende Folge absolut summierbar ist, ergibt sich aus (6.1.4) die folgende hinreichende Bedingung für die Existenz der Z-Transformierten einer Folge $f(n)$:

$$\sum_{n=-\infty}^{\infty} \left| f(n) \cdot r^{-n} \right| < M < \infty. \tag{6.1.6}$$

Mit dem Betrag r der komplexen Variablen z kann die Konvergenzeigenschaft der Z-Transformierten $Z_{II}\{f(n)\}$ beeinflußt werden.

6.1.2 Definition der einseitigen Z-Transformation

Wie später gezeigt wird, ist es im Falle von kausalen Folgen $f(n)$ sinnvoll, die *einseitige Z-Transformierte* Z_I zu verwenden. Sie ist folgendermaßen definiert:

$$F(z) = Z_I\{f(n)\} = \sum_{n=0}^{\infty} f(n) \cdot z^{-n}. \tag{6.1.7}$$

Im Falle von *kausalen Folgen* $f(n)$ sind einseitige und zweiseitige Z-Transformierte gleich. Praktische technische Systeme sind in aller Regel durch kausale Signale und Impulsantworten gekennzeichnet. Hier findet überwiegend die einseitige Z-Transformation Anwendung.

6.1.3 Transformation der Impulsfolge

Die *Impulsfolge* $\delta(n)$ wurde im ersten Kapitel eingeführt, siehe (1.2.17). Die zweiseitige Z-Transformierte dieser Folge lautet mit (6.1.1):

$$Z_{II}\{\delta(n)\} = \sum_{n=-\infty}^{\infty} \delta(n) \cdot z^{-n} = 1 \cdot z^{-0} = 1. \tag{6.1.8}$$

In dieser Summe ist nur das Glied mit z^0 von Null verschieden. Daher hat die Z-Transformierte der Impulsfolge wie im Fall der zeitdiskreten Fourier-Transformation den Wert 1.

Die einseitige Z-Transformierte der Impulsfolge erfaßt ebenfalls das einzige von Null verschiedene Glied der Folge $\delta(n)$ bei $n = 0$. Sie hat daher genauso wie die zweiseitige Z-Transformierte den Wert 1.

6.1.4 Transformation der Sprungfolge

Für die *Sprungfolge* $\epsilon(n)$, siehe (1.2.15), läßt sich formal die Fourier-Transformierte

$$\mathcal{F}\{\epsilon(n)\} = \sum_{n=-\infty}^{\infty} \epsilon(n) \cdot e^{-jn\Omega} \tag{6.1.9}$$

angeben. Dieser Summenausdruck konvergiert aber nicht. Für gewisse Werte von r existiert aber die Z-Transformierte

$$Z_{II}\{\epsilon(n)\} = \sum_{n=-\infty}^{\infty} \epsilon(n) \cdot z^{-n} = \sum_{n=0}^{\infty} z^{-n}. \tag{6.1.10}$$

Mit der Rechenregel für unendliche geometrische Reihen

$$\sum_{n=0}^{\infty} a^n = \frac{1}{1-a}, \qquad |a| < 1 \tag{6.1.11}$$

lautet (6.1.10)

$$Z_{II}\{\epsilon(n)\} = \frac{1}{1-z^{-1}} = \frac{z}{z-1} \tag{6.1.12}$$

unter der Nebenbedingung

$$\left|z^{-1}\right| < 1 \quad \text{bzw.} \quad r > 1. \tag{6.1.13}$$

Die Z-Transformierte der Sprungfolge $\epsilon(n)$ konvergiert außerhalb des Einheitskreises in der komplexen z-Ebene.

Da die Sprungfolge $\epsilon(n)$ kausal ist, stimmt auch hier die einseitige mit der zweiseitigen Z-Transformierten überein.

6.1.5 Transformation der kausalen Exponentialfolge

Im folgenden werde die *kausale Exponentialfolge*

$$f(n) = a_1^n \cdot \epsilon(n) \tag{6.1.14}$$

betrachtet. Dabei soll die Basis a_1 als komplex angenommen werden. Die zweiseitige Z-Transformierte dieser Folge lautet mit (6.1.1)

$$Z_{II}\{f(n)\} = \sum_{n=0}^{\infty} a_1^n \cdot z^{-n} = \sum_{n=0}^{\infty} \left(\frac{a_1}{z}\right)^n = \frac{1}{1-(a_1/z)} = \frac{z}{z-a_1}. \tag{6.1.15}$$

Die geometrische Reihe in (6.1.15) konvergiert gemäß (6.1.11) aber nur, wenn die Basis (a_1/z) dem Betrage nach kleiner als 1 ist. Die Existenz der Z-Transformierten in (6.1.15) ist daher an die folgende Bedingung geknüpft:

$$\left|\frac{a_1}{z}\right| < 1 \quad \text{bzw.} \quad |z| > |a_1|. \tag{6.1.16}$$

Wegen der Kausalität der betrachteten Folge ist das Ergebnis ebenfalls auf die einseitige Z-Transformierte übertragbar.

6.1.6 Zusammenhang mit der Laplace-Transformation

Im folgenden wird der Zusammenhang zwischen der Z-Transformation und der Laplace-Transformation anhand der *idealen Abtastung* eines kontinuierlichen Signals erklärt. Ein aperiodisches zeitkontinuierliches Signal $f_a(t)$ werde durch Multiplikation mit der Dirac-Impulsfolge $\delta_T(t)$ ideal abgetastet, siehe dazu auch (5.3.4) und Kapitel 7. Dadurch entsteht eine gewichtete Dirac-Impulsfolge $f^\#(t)$. Die Gewichte $f(n) = f_a(nT)$ stellen die Folge der Abtastwerte, kurz *Abtastfolge* genannt, dar, siehe Bild 6.1.1.

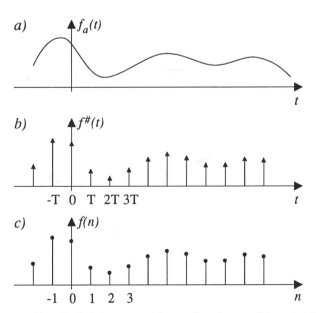

Bild 6.1.1: Zur Definition von Abtastsignalen: zeitkontinuierliche Funktion (a), ideal abgetastete Funktion (b) und Abtastfolge (c)

Die ideal abgetastete Funktion $f^\#(t)$ lautet mit (5.3.4)

$$f^\#(t) = f_a(t) \cdot \delta_T(t) = \sum_{n=-\infty}^{\infty} f_a(nT)\,\delta(t-nT)$$

$$= \sum_{n=-\infty}^{\infty} f(n)\,\delta(t-nT). \tag{6.1.17}$$

Die Laplace-Transformierte dieser Funktion kann direkt mit Hilfe der Definitionsgleichung (3.1.1) angegeben werden. Mit der Abkürzung

$$z = e^{sT} \tag{6.1.18}$$

lautet sie

$$F^\#(s) = \int_{-\infty}^{+\infty} \left(\sum_{n=-\infty}^{\infty} f(n)\,\delta(t-nT) \right) e^{-st}\,dt$$

$$= \sum_{n=-\infty}^{\infty} f(n)\,e^{-snT} = \sum_{n=-\infty}^{\infty} f(n)\,\underbrace{\left(e^{sT}\right)}_{z}{}^{-n} = F_d(z). \tag{6.1.19}$$

Die Laplace-Transformierte $F^\#(s)$ der ideal abgetasteten Funktion $f^\#(t)$ ist also gleich der Z-Transformierten $F_d(z)$ der Abtastfolge $f(n)$:

$$\mathcal{L}\{f^\#(t)\} = Z\{f(n)\}. \tag{6.1.20}$$

Es ist zu beachten, daß die Funktionen $F^\#(\cdot)$ und $F_d(\cdot)$ verschiedene funktionale Abhängigkeiten herstellen, denn es gilt

$$F^\#(s) = F_d(e^{sT}). \tag{6.1.21}$$

Die Gegenüberstellung von Z-Transformation und Laplace-Transformation beschränkt sich auf diskrete Signale. Während die Laplace-Transformation im Zeitbereich von der ideal abgetasteten Funktion $f^\#(t)$ ausgeht, also von Dirac-Impulsen, die mit den Abtastwerten gewichtet sind, transformiert die Z-Transformierte direkt die Abtastwerte in den Bildbereich.

Für den Bereich $z = e^{j\Omega}$ ist der Vergleich zwischen der Laplace-Transformation und der Z-Transformation identisch mit der Gegenüberstellung der Fourier-Transformierten eines Abtastsignales in (5.3.19) und der zeitdiskreten Fourier-Transformierten dieses Signales in (5.3.20).

6.2 Konvergenz, Kausalität und Stabilität

Die Betrachtungen über *Konvergenz, Kausalität* und *Stabilität* im Bereich der Z-Transformation sind sehr ähnlich mit denen der Laplace-Transformation im Abschnitt 3.2. Sie werden daher kurz gefaßt.

6.2.1 Rationale Z-Transformierte

Die folgenden Betrachtungen beschränken sich auf die für die Technik wichtige Klasse von Signalen und Systemen, die mit einer *rationalen* Z-Transformierten beschrieben werden. Im vorhergehenden Abschnitt wurden bereits Beispiele für rationale Z-Transformierte angegeben.

Für rationale Z-Transformierte werden die *Polynomdarstellung*, die *Produktdarstellung* und die *Partialbruchdarstellung* angegeben:

$$F(z) = \frac{N(z)}{D(z)} = \frac{\sum\limits_{j=0}^{M} a_j z^j}{\sum\limits_{i=0}^{N} b_i z^i} = \frac{a_M z^M + a_{M-1} z^{M-1} + \ldots + a_1 z + a_0}{b_N z^N + b_{N-1} z^{N-1} + \ldots + b_1 z + b_0}$$

$$= F_0 \frac{\prod\limits_{j=1}^{M} (z - z_{0j})}{\prod\limits_{j=1}^{N} (z - z_{\infty i})} = F_0 \frac{(z - z_{01})(z - z_{02}) \ldots (z - z_{0M})}{(z - z_{\infty 1})(z - z_{\infty 2}) \ldots (z - z_{\infty N})}$$

$$= A_0 + \left(\sum\limits_{i=1}^{N} \frac{A_i \cdot z}{z - z_{\infty i}} \right) \cdot z^{-1}$$

$$\hspace{10cm} (6.2.1)$$

mit

$$M \leq N \quad , \quad F_0 = a_M / b_N . \hspace{4cm} (6.2.2)$$

Die Beschränkung auf den Zählergrad, der nicht größer ist als der Nennergrad, ist nicht gravierend. Später wird gezeigt, daß man durch Abspalten von Potenzen von z immer auf diese Form kommen kann, und daß die abgespaltenen Potenzen keinen Einfluß auf die Konvergenz der Z-Transformierten haben.

Bei der Partialbruchdarstellung in (6.2.1) werden einfache Pole vorausgesetzt. Dieses schränkt die folgenden Konvergenzbetrachtungen nicht ein.

6.2.2 Konvergenz rechtsseitiger Folgen

Die Partialbrüche in (6.2.1) können in Form von geometrischen Reihen ausgedrückt werden, siehe (6.1.15):

$$F(z) = A_0 + z^{-1} \sum_{i=1}^{N} A_i \sum_{n=0}^{\infty} \left(\frac{z_{\infty i}}{z}\right)^n. \tag{6.2.3}$$

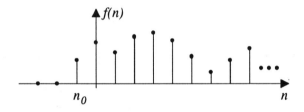

Bild 6.2.1: Beispiel einer rechtsseitigen Folge

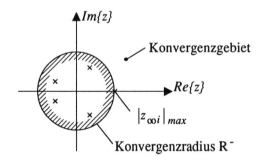

Bild 6.2.2: Zur Konvergenz rechtsseitiger Folgen

Die Z-Transformierte $F(z)$ in (6.2.3) konvergiert dann und nur dann, wenn alle geometrischen Reihen

$$\sum_{n=0}^{\infty} \left(\frac{z_{\infty i}}{z}\right)^n, \quad i = 1, 2, 3 \ldots N \tag{6.2.4}$$

konvergieren. Dieses ist unter den Bedingungen

$$|z| > |z_{\infty i}|, \quad i = 1, 2, 3 \ldots N \tag{6.2.5}$$

bzw.

$$|z| > \max_{i=1}^{N} |z_{\infty i}| \tag{6.2.6}$$

gewährleistet. Aus (6.2.6) ist ersichtlich, daß der Konvergenzbereich durch den betragsmäßig größten Pol festgelegt wird. Grundlage der bisherigen Konvergenzbetrachtungen sind *rechtsseitige geometrische Reihen*, bzw. *rechtsseitige Folgen*, die von $n = n_0$ bis $n = \infty$ von Null verschieden sind. Bild 6.2.1 zeigt ein Beispiel solcher Folgen.

Zusammenfassend kann festgestellt werden, daß eine rationale Z-Transformierte $F(z)$ einer rechtsseitigen Folge $f(n)$ für alle Werte von z konvergiert, die außerhalb eines *Konvergenzkreises* mit dem *Konvergenzradius* R^- liegen. Der Konvergenzradius ist durch den betragsmäßig größten Pol von $F(z)$ gegeben. Das Teilgebiet der z-Ebene, in dem die Z-Transformierte konvergiert, wird *Konvergenzgebiet* genannt. Bild 6.2.2 veranschaulicht diese Verhältnisse.

Beispiel 6.2.1

Die rechtsseitige Folge $f(n) = a_1^n \, \epsilon(n)$ nach (6.1.14) besitzt die rationale Z-Transformierte

$$F(z) = \frac{z}{z - a_1} \tag{6.2.7}$$

mit einem Pol bei $z = a_1$, siehe (6.1.15). Daher lautet der Konvergenzradius

$$R^- = |z_{\infty i}|_{max} = |a_1|. \tag{6.2.8}$$

Die Z-Transformierte konvergiert außerhalb dieses Konvergenzkreises mit dem Radius $R^- = |a_1|$.

6.2.3 Konvergenz linksseitiger Folgen

Linksseitige Folgen verlaufen von $n = n_0$ bis $n = -\infty$. Sie sind rechts von n_0, d.h. für $n > n_0$, gleich Null.

Beispiel 6.2.2

Betrachtet sei die linksseitige, antikausale Exponentialfolge

$$f(n) = -a_2^n \, \epsilon(-n - 1). \tag{6.2.9}$$

Die Sprungfolge $\epsilon(-n - 1)$ sorgt mit ihrem speziellen Argument dafür, daß die Folge $f(n)$ für $n \geq 0$ nur noch die Werte Null annimmt.

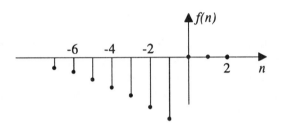

Bild 6.2.3: Linksseitige, antikausale Exponentialfolge

Die zugehörige Z-Transformierte lautet mit der Substitution $n \to -k$

$$F(z) = \sum_{n=-\infty}^{-1} -a_2^n \, z^{-n} = \sum_{k=1}^{\infty} -a_2^{-k} \, z^k = 1 - \sum_{k=0}^{\infty} a_2^{-k} \, z^k$$

$$= 1 - \sum_{k=0}^{\infty} \left(\frac{z}{a_2}\right)^k = 1 - \frac{1}{1-(z/a_2)} = 1 - \frac{a_2}{a_2 - z} = \frac{z}{z - a_2}. \tag{6.2.10}$$

Die geometrische Reihe in (6.2.10) konvergiert nur unter der Bedingung

$$|z/a_2| < 1 \ , \qquad |z| < |a_2| \,. \tag{6.2.11}$$

Ein Vergleich von (6.2.10) mit (6.1.15) zeigt, daß beide Z-Transformierte gleichlautend sind. Der Vergleich von (6.2.11) mit (6.1.16) zeigt jedoch verschiedene Konvergenzbereiche.

Bei linksseitigen Folgen zeigt sich das Konvergenzverhalten für $n \to -\infty$. Die geometrischen Reihen

$$\sum_{n=-\infty}^{-1} \left(\frac{z_{\infty i}}{z}\right)^n = \sum_{n=1}^{\infty} \left(\frac{z}{z_{\infty i}}\right)^n, \qquad i = 1, 2, 3 \ldots N \tag{6.2.12}$$

konvergieren unter den Bedingungen

$$|z| < |z_{\infty i}|, \qquad i = 1, 2, 3 \ldots N \tag{6.2.13}$$

bzw.

$$|z| < \min_{i=1}^{N} |z_{\infty i}| \,. \tag{6.2.14}$$

Der Konvergenzbereich wird durch den betragsmäßig kleinsten Pol festgelegt.

Zusammenfassend läßt sich feststellen, daß die rationale Z-Transformierte einer linksseitigen Folge innerhalb eines Konvergenzkreises mit dem Konvergenzradius R^+ konvergiert. Der Konvergenzradius R^+ ist durch den betragsmäßig kleinsten Pol gegeben.

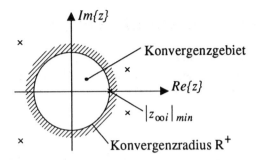

Bild 6.2.4: Zur Konvergenz linksseitiger Folgen

6.2.4 Zweiseitige Folgen

Zweiseitige Folgen sind von $n = -\infty$ bis $n = +\infty$ von Null verschieden. Sie lassen sich in links- und rechtsseitige Folgen zerlegen. Für beide Teilfolgen können Konvergenzgebiete angegeben werden. Nur wenn sich die Konvergenzgebiete überlappen, gibt es ein Konvergenzgebiet in Form eines *Konvergenzringes* für die Gesamtfolge. Zur Konvergenz der Gesamtfolge muß

$$R^+ > R^- \tag{6.2.15}$$

gelten. Dabei ist R^+ der Konvergenzradius der linksseitigen und R^- der Konvergenzradius der rechtsseitigen Teilfolge. Bild 6.2.5 zeigt einen Konvergenzring mit den beiden begrenzenden Konvergenzradien R^- und R^+.

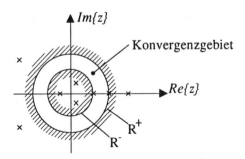

Bild 6.2.5: Zur Konvergenz zweiseitiger Folgen

Folgen mit einer endlichen Anzahl von endlichen, von Null verschiedenen Elementen haben stets eine Z-Transformierte, da die Summe in (6.1.1) in diesem Fall nur einen endlichen Wert annehmen kann.

6.2.5 Kausale und stabile Folgen

Diskrete Signale oder Folgen $f(n)$ werden in Anlehnung an die Eigenschaften der Impulsantwort kausaler Systeme als *kausal* bezeichnet, wenn sie für alle negativen Indizes n den Wert Null haben, siehe auch Abschnitt 8.2:

$$f(n) \equiv 0, \qquad n < 0. \tag{6.2.16}$$

Die Pole der Z-Transformierten eines solchen Signals liegen daher allesamt innerhalb eines Kreises mit dem Konvergenzradius R^- oder auf dem Kreis.

Diskrete Signale $f(n)$ werden ebenfalls in Anlehnung an entsprechende Systeme als *stabil* bezeichnet, wenn sie absolut summierbar sind:

$$\sum_{n=-\infty}^{\infty} |f(n)| < M < \infty. \tag{6.2.17}$$

Ein Vergleich von (6.2.17) mit der allgemeinen Existenzbedingung (6.1.6) zeigt, daß die Z-Transformierte eines stabilen Signals auch für $r = 1$ konvergiert: der Einheitskreis der z-Ebene gehört mit zum Konvergenzgebiet.

Die Z-Transformierte der Impulsantwort eines *stabilen und kausalen LTI-Systems* konvergiert auf dem Einheitskreis und außerhalb von ihm. Die Pole liegen daher allesamt im Innern des Einheitskreises. Bei solchen Systemen ist die Z-Transformierte mit $z = \exp(j\Omega)$ identisch mit der Fourier-Transformierten.

Beschränkt man sich auf kausale Systeme und Signale, so kann die Summierung bei der Berechnung der Z-Transformierten von vornherein auf den Bereich $0 \le n \le \infty$ beschränkt werden. Man spricht dann von der *einseitigen Z-Transformation*, bei der das Konvergenzgebiet eindeutig festgelegt ist. Die Definition der einseitigen Z-Transformierten wird im Abschnitt 6.1 genannt, einige spezifische Eigenschaften werden im Abschnitt 6.4 behandelt.

6.3 Eigenschaften und Rechenregeln

Im folgenden werden die wichtigsten Eigenschaften und Rechenregeln der zweiseitigen Z-Transformation behandelt. Wenn die Aussagen auf die einseitige Z-Transformation übertragbar sind, wird darauf hingewiesen. Spezifische Eigenschaften der einseitigen Z-Transformation werden im nachfolgenden Abschnitt angesprochen.

6.3.1 Linearität

Die *Linearität* folgt unmittelbar aus der Definition der Z-Transformation als Summe. Für zwei Korrespondenzen $F_1(z) \bullet\!\!-\!\!\circ f_1(n)$ und $F_2(z) \bullet\!\!-\!\!\circ f_2(n)$ der Z-Transformation gilt mit beliebigen Skalaren c_1 und c_2:

$$\begin{aligned} Z\{c_1 f_1(n) + c_2 f_2(n)\} &= c_1 Z\{f_1(n)\} + c_2 Z\{f_2(n)\} \\ &= c_1 F_1(z) + c_2 F_2(z). \end{aligned} \tag{6.3.1}$$

Diese Beziehung ist für die einseitige wie auch für die zweiseitige Z-Transformation anwendbar.

Beispiel 6.3.1

Unter Ausnutzung der Linearität lassen sich die Z-Transformierten der kausalen Kosinus- und Sinusfolgen aus der Z-Transformierten der kausalen Exponentialfolge herleiten. Die Kosinusfolge läßt sich mit Hilfe der Eulerschen Gleichung durch zwei Exponentialfolgen ausdrücken:

$$\cos(\Omega_0 n) \cdot \epsilon(n) = \frac{1}{2} \cdot e^{j\Omega_0 n} \cdot \epsilon(n) + \frac{1}{2} \cdot e^{-j\Omega_0 n} \cdot \epsilon(n). \tag{6.3.2}$$

Daraus folgt unter Anwendung der Korrespondenz (6.1.14-15) und Ausnutzung der Linearität die Z-Transformierte der kausalen Kosinusfolge

$$\begin{aligned} Z\{\cos(\Omega_0 n) \cdot \epsilon(n)\} &= \frac{1}{2} \frac{z}{z - e^{j\Omega_0}} + \frac{1}{2} \frac{z}{z - e^{-j\Omega_0}} \\ &= \frac{z^2 - z \cdot \cos \Omega_0}{z^2 - 2z \cdot \cos \Omega_0 + 1}. \end{aligned} \tag{6.3.3}$$

Eine kausale Sinusfolge läßt sich in ähnlicher Weise schreiben:

$$\sin(\Omega_0 n) \cdot \epsilon(n) = \frac{1}{2j} \cdot e^{j\Omega_0 n} \cdot \epsilon(n) - \frac{1}{2j} \cdot e^{-j\Omega_0 n} \cdot \epsilon(n). \tag{6.3.4}$$

Mit (6.1.14-15) folgt daraus

$$Z\{\sin(\Omega_0 n) \cdot \epsilon(n)\} = \frac{1}{2j} \frac{z}{z - e^{j\Omega_0}} - \frac{1}{2j} \frac{z}{z - e^{-j\Omega_0}}$$
$$= \frac{z \cdot \sin \Omega_0}{z^2 - 2z \cdot \cos \Omega_0 + 1}. \tag{6.3.5}$$

Da ausschließlich kausale Folgen betrachtet werden, gelten obige Ergebnisse für die einseitige Z-Transformation gleichermaßen.

6.3.2 Verschiebung im Zeitbereich

Ausgehend von einer bekannten Korrespondenz $f(n) \circ\!\!-\!\!\bullet F(z)$ der zweiseitigen Z-Transformation gilt für die zeitlich verschobene Folge

$$f(n - k) \circ\!\!-\!\!\bullet z^{-k} F(z). \tag{6.3.6}$$

Dieses läßt sich mit einer Substitution $n - k \to m$ wie folgt zeigen:

$$\sum_{n=-\infty}^{\infty} f(n - k)z^{-n} = \sum_{m=-\infty}^{\infty} f(m)z^{-m-k} = z^{-k} \sum_{m=-\infty}^{\infty} f(m)z^{-m}$$
$$= z^{-k} F(z). \tag{6.3.7}$$

Dieses Ergebnis ist nur auf zweiseitige Z-Transformierte anwendbar. Das Konvergenzgebiet der Z-Transformierten $F(z)$ bleibt erhalten, mit Ausnahme der Stellen $z = 0$ wenn $k > 0$ ist und $z = \infty$ wenn $k < 0$ ist.

Beispiel 6.3.2

Gegeben sei die diskrete Rechteckfunktion

$$\text{rect}_N(n) = \begin{cases} 1 & \text{für } |n| \leq (N-1)/2 \\ 0 & \text{sonst.} \end{cases} \tag{6.3.8}$$

Der Parameter N ist eine ungerade Zahl. Die Folge besteht aus $N = 7$ von Null verschiedenen Elementen, die alle den Wert 1 haben, siehe Bild 6.3.1.

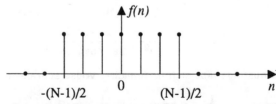

Bild 6.3.1: Diskrete Rechteckfunktion $\text{rect}_N(n)$ mit $N = 7$

Wie lautet die zugehörige zweiseitige Z-Transformierte und die daraus abgeleitete zeitdiskrete Fourier-Transformierte? Zur Beantwortung dieser Frage wird die Rechteckfolge als Differenz zweier Sprungfolgen dargestellt:

$$\text{rect}_N(n) = \epsilon(n + \frac{N-1}{2}) - \epsilon(n - \frac{N-1}{2} - 1). \tag{6.3.9}$$

Mit der Z-Transformierten der Sprungfolge in (6.1.12) und der Formel (6.3.6) für die zeitliche Verzögerung von Folgen erhält man

$$\begin{aligned} \mathcal{Z}\{\text{rect}_N(n)\} &= \frac{1}{1 - z^{-1}} \left(z^{(N-1)/2} - z^{-((N-1)/2)-1}\right) \\ &= \frac{z^{N/2} - z^{-N/2}}{z^{1/2} - z^{-1/2}}. \end{aligned} \tag{6.3.10}$$

Diese Z-Transformierte existiert für alle Werte von z, insbesondere auch auf dem Einheitskreis der z-Ebene. Daher ist die Substitution $z \to e^{j\Omega}$ möglich:

$$\mathcal{Z}\{\text{rect}_N(n)\}\Big|_{z=e^{j\Omega}} = \frac{\sin(N\Omega/2)}{\sin(\Omega/2)} = \text{si}_N(\Omega) \tag{6.3.11}$$

Diese zeitdiskrete Fourier-Transformierte der diskreten Rechteckfunktion ist in Bild 6.3.2 skizziert.

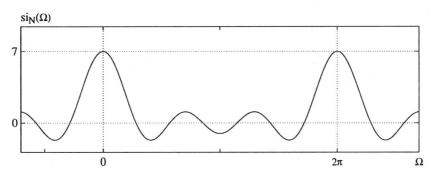

Bild 6.3.2: Fourier-Transformierte der diskreten
Rechteckfunktion in Bild 6.3.1

Die Funktion $\text{si}_N(\Omega)$ dient unter anderem der *Interpolation* von periodischen Spektren mit äquidistanten Stützstellen. Sie spielt bei diskreten Signalen die gleiche Rolle wie die si-Funktion bei kontinuierlichen Signalen. Beim Übergang von der kontinuierlichen zur diskreten Rechteckfunktion wird das siförmige Spektrum gemäß (5.3.3) periodisch überlagert und wird somit zu der periodischen Fourier-Transformierten $\text{si}_N(\Omega)$ in (6.3.11).

6.3.3 Negierung des Zeitindex

Ersetzt man in einer Folge $f(n) \circ\!\!-\!\!\bullet F(z)$ den Zeitindex n durch den negierten Index $-n$, so gilt:

$$f(-n) \circ\!\!-\!\!\bullet F(z^{-1}). \tag{6.3.12}$$

Dieses läßt sich durch Einsetzen von $f(-n)$ in die Definitionsgleichung (6.1.1) zeigen:

$$Z\{f(-n)\} = \sum_{n=-\infty}^{\infty} f(-n)z^{-n} = \sum_{n=-\infty}^{\infty} f(n)z^{n} = F(z^{-1}). \tag{6.3.13}$$

Die *Negierung des Zeitindex* ist nur auf die zweiseitige Z-Transformation anwendbar. Das Konvergenzgebiet der neuen Z-Transformierten liegt komplementär zum ursprünglichen Konvergenzgebiet.

6.3.4 Skalierung der Variablen z

Dividiert man in einer Z-Transformierten $F(z) \bullet\!\!-\!\!\circ f(n)$ die Variable z durch einen im allgemeinen komplexwertigen Skalierungsfaktor a, so gilt für die neue Z-Transformierte

$$F(\frac{z}{a}) \bullet\!\!-\!\!\circ a^{n} f(n). \tag{6.3.14}$$

Der Beweis dazu erfolgt durch Einsetzen der Folge in (6.3.14) in die Definitionsgleichung (6.1.1):

$$\sum_{n=-\infty}^{\infty} a^{n} f(n)z^{-n} = \sum_{n=-\infty}^{\infty} f(n)(\frac{z}{a})^{-n}. \tag{6.3.15}$$

Die Beziehung (6.3.14) gilt für einseitige wie auch zweiseitige Z-Transformierte. Bei der Skalierung der Variablen z sind die ursprünglichen Konvergenzradien R^{-} und R^{+} mit dem Faktor $|a|$ zu multiplizieren.

6.3.5 Differenzieren im z-Bereich

Ausgehend von einer Korrespondenz $f(n) \circ\!\!-\!\!\bullet F(z)$ erhält man durch Differenzieren der Z-Transformierten $F(z)$ nach z und Multiplizieren mit $-z$ die folgende Korrespondenz:

$$n \cdot f(n) \circ\!\!-\!\!\bullet -z\frac{d}{dz}F(z). \qquad (6.3.16)$$

Dieses läßt sich wie folgt zeigen. Im Konvergenzbereich der Z-Transformierten ist ein gliedweises Differenzieren möglich:

$$\frac{d}{dz}F(z) = \frac{d}{dz}\sum_{n=-\infty}^{\infty} f(n)z^{-n} = \sum_{n=-\infty}^{\infty} -n \cdot f(n)z^{-n-1}. \qquad (6.3.17)$$

Multipliziert man diesen Ausdruck auf beiden Seiten mit $-z$, so erhält man

$$-z\frac{d}{dz}F(z) = \sum_{n=-\infty}^{\infty} n \cdot f(n) \cdot z^{-n}. \qquad (6.3.18)$$

Damit ist die Aussage in (6.3.16) nachgewiesen. Sie läßt sich bei der ein- und bei der zweiseitigen Z-Transformation anwenden. Das Konvergenzgebiet bleibt dabei unverändert.

Beispiel 6.3.3

Aus der Korrespondenz für die kausale reelle Exponentialfolge

$$a^n \epsilon(n) \circ\!\!-\!\!\bullet \frac{z}{z-a} \qquad (6.3.19)$$

wird mit (6.3.16) die folgende neue Korrespondenz abgeleitet:

$$n \cdot a^n \epsilon(n) \circ\!\!-\!\!\bullet -z\frac{d}{dz}\frac{z}{z-a} = -z\frac{(z-a)-z}{(z-a)^2} = \frac{az}{(z-a)^2}. \qquad (6.3.20)$$

Diese Korrespondenz wird bei der Rücktransformation einer Z-Transformierten mit einem doppelten Pol verwendet.

Beispiel 6.3.4

Setzt man in (6.3.20) speziell den Skalierungsfaktor $a = 1$ ein, so erhält man eine Korrespondenz für die Rampenfolge $n \cdot \epsilon(n)$:

$$n \cdot \epsilon(n) \circ\!\!-\!\!\bullet \frac{z}{(z-1)^2} \qquad (6.3.21)$$

Die Rampenfolge ist in Bild 6.3.3 dargestellt. Da sie kausal ist, ist die einseitige Z-Transformierte identisch mit der zweiseitigen. Beide konvergieren wie die Z-Transformierte der Sprungfolge außerhalb des Einheitskreises.

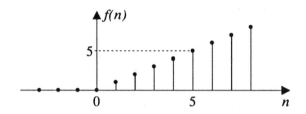

Bild 6.3.3:   Rampenfolge $n \cdot \epsilon(n)$

6.3.6 Konjugiert komplexe Folgen

Ausgehend von einer gegebenen Korrespondenz $f(n) \circ\!\!-\!\!\bullet F(z)$ gilt für die *konjugiert komplexe Folge*

$$f^*(n) \circ\!\!-\!\!\bullet F^*(z^*). \qquad (6.3.22)$$

Zum Beweis wird die Z-Transformierte mit der konjugiert komplexen Variablen f^* betrachtet. Die Definitionsgleichung (6.1.1) lautet in diesem Fall

$$F(z^*) = \sum_{n=-\infty}^{\infty} f(n)(z^*)^{-n} = \sum_{n=-\infty}^{\infty} f(n)(z^{-n})^*. \qquad (6.3.23)$$

Bildet man in dieser Gleichung auf beiden Seiten den konjugiert komplexen Ausdruck, so erhält man die Gleichung

$$F^*(z^*) = \sum_{n=-\infty}^{\infty} f^*(n)z^{-n}. \qquad (6.3.24)$$

Auf der rechten Seite von (6.3.24) steht die Definitionsgleichung zur Z-Transformation einer Folge $f^*(n)$. Damit ist die Aussage in (6.3.22) nachgewiesen. Sie gilt gleichermaßen für ein- und zweiseitige Z-Transformierte. Das Konvergenzgebiet bleibt dabei unverändert.

6.4 Spezifische Eigenschaften der einseitigen Z-Transformation

Der vorhergehende Abschnitt hat gezeigt, daß einige Rechenregeln für die einseitige und zweiseitige Z-Transformation gleichermaßen gelten. Ein wichtiger Unterschied tritt allerdings bei der Behandlung von zeitverschobenen Folgen auf. Die Korrespondenz (6.3.6) gilt nur für zweiseitige Z-Transformierte. Im Falle der einseitigen Z-Transformation ist zwischen einer verzögernden und einer voreilenden Zeitverschiebung zu unterscheiden.

6.4.1 Verzögernde Zeitverschiebung

Aus einer Folge $f(n)$ läßt sich mit einer positiven ganzen Zahl $k > 0$ eine verzögerte Folge $f(n - k)$ ableiten. Aus der ursprünglichen Korrespondenz $F(z) = Z_I\{f(n)\}$ der einseitigen Z-Transformation entsteht dadurch die Korrespondenz

$$Z_I\{f(n-k)\} = z^{-k}\left(Z_I\{f(n)\} + \sum_{n=-1}^{-k} f(n)z^{-n}\right) \qquad (6.4.1)$$

der verzögerten Folge. Um diese Beziehung nachzuweisen, wird die verzögerte Folge $f(n-k)$ in die Definitionsgleichung (6.1.7) der einseitigen Z-Transformation eingesetzt und eine Substitution $n - k \rightarrow m$ vorgenommen:

$$Z_I\{f(n-k)\} = \sum_{n=0}^{\infty} f(n-k)z^{-n} = \sum_{m=-k}^{\infty} f(m)z^{-m-k} = z^{-k}\sum_{m=-k}^{\infty} f(m)z^{-m}$$

$$= z^{-k}\underbrace{\sum_{m=-k}^{-1} f(m)z^{-m}}_{A} + z^{-k}\underbrace{\sum_{m=0}^{\infty} f(m)z^{-m}}_{B}.$$

$$(6.4.2)$$

Ersetzt man in der letzten Zeile den Index m durch n und vertauscht man die Terme A und B in ihrer Reihenfolge, so erhält man die Aussage in (6.4.1).

Bild 6.4.1 verdeutlicht die Verhältnisse der *verzögernden Zeitverschiebung*. Bild 6.4.1a zeigt eine nichtkausale Folge $f(n)$, Bild 6.4.1b die verzögerte (nach rechts verschobene) Folge. Der Term A stellt den Anteil der verschobenen Folge ab $n = 0$ dar, der in der ursprünglichen Folge nichtkausal ist. Geht man von einer kausalen Folge $f(n)$ aus, so ist der Term A gleich Null.

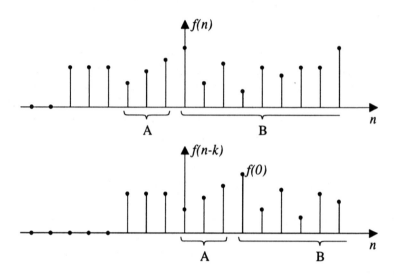

Bild 6.4.1: Zur verzögernden Zeitverschiebung

Beispiel 6.4.1

Betrachtet werde die nichtkausale Exponentialfolge

$$f(n) = a^n \ , \qquad -\infty < n < \infty. \tag{6.4.3}$$

Die einseitige Z-Transformierte dieser Folge ist gleich der zweiseitigen Z-Transformierten der kausalen Exponentialfolge:

$$Z_I\{f(n)\} = F_I(z) = \frac{z}{z-a}. \tag{6.4.4}$$

Wie lautet die einseitige Z-Transformierte der verzögerten Folge $f(n-1)$? Aus (6.4.1) folgt

$$Z_I\{f(n-1)\} = z^{-1}F_I(z) + f(-1) = \frac{1}{z-a} + a^{-1} = a^{-1}\frac{z}{z-a}. \tag{6.4.5}$$

Die Verzögerung der Folge um eine Stelle kommt einer Multiplikation der Folge mit dem Faktor a^{-1} gleich.

6.4.2 Voreilende Zeitverschiebung

Aus der Folge $f(n)$ läßt sich mit der positiven ganzen Zahl $k > 0$ eine voreilende Folge $f(n + k)$ ableiten. Die entsprechende Korrespondenz zu der voreilenden Folge lautet

$$Z_I\{f(n + k)\} = z^k\left(Z_I\{f(n)\} - \sum_{n=0}^{k-1} f(n)z^{-n}\right). \tag{6.4.6}$$

Der Beweis erfolgt wieder durch Einsetzen der Folge $f(n + k)$ in die Definitionsgleichung (6.1.7) und der Substitution $n + k \to m$:

$$Z_I\{f(n + k)\} = \sum_{n=0}^{\infty} f(n + k)z^{-n} = \sum_{m=k}^{\infty} f(m)z^{-m+k}$$

$$= z^k \sum_{m=k}^{\infty} f(m)z^{-m} + z^k \sum_{m=0}^{k-1} f(m)z^{-m} - z^k \sum_{m=0}^{k-1} f(m)z^{-m}$$

$$= \underbrace{z^k \sum_{m=0}^{\infty} f(m)z^{-m}}_{B} - \underbrace{z^k \sum_{m=0}^{k-1} f(m)z^{-m}}_{A}.$$

$$\tag{6.4.7}$$

In der zweiten Zeile wird ein Summenausdruck hinzugefügt und der gleiche Summenausdruck wieder abgezogen. Ersetzt man in der letzten Zeile den Index m durch n, so erhält man die rechte Seite von (6.4.6). Damit ist die Korrespondenz (6.4.6) bewiesen.

Beispiel 6.4.2

Die im letzten Beispiel betrachtete Exponentialfolge $f(n)$ werde um eine Stelle nach links verschoben. Wie lautet die einseitige Z-Transformierte von $f(n+1)$? Mit (6.4.6) gilt

$$Z_I\{f(n + 1)\} = z^1\left(\frac{z}{z - a} - f(0)\right) = \frac{z^2}{z - a} - z = a\frac{z}{z - a}. \tag{6.4.8}$$

Das Voreilenlassen der Folge um einen Takt kommt der Multiplikation der Folge mit dem Faktor a gleich.

Bild 6.4.2 verdeutlicht die Verhältnisse der voreilenden Zeitverschiebung. Der Term A stellt den durch die Verschiebung nichtkausal gewordenen Anteil von B dar. Sie sind im Sinne der einseitigen Z-Transformation von dem Term B abzuziehen.

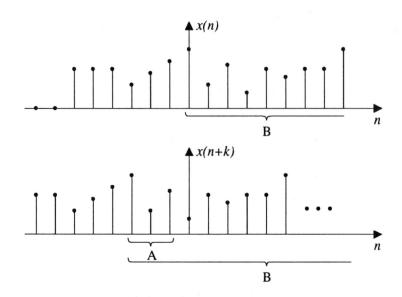

Bild 6.4.2:   Zur voreilenden Zeitverschiebung

6.4.3 Anfangswertsatz

Der *Anfangswertsatz* ist nur auf die einseitige Z-Transformation anwendbar. Für die Korrespondenz $F(z) = Z_I\{f(n)\}$ gilt die folgende Beziehung (Anfangswertsatz):

$$f(0) = \lim_{z \to \infty} F(z). \tag{6.4.9}$$

Sie ist aus der Definitionsgleichung (6.1.7) ableitbar:

$$F(z) = \sum_{n=0}^{\infty} f(n)z^{-n} = f(0) + \frac{f(T)}{z} + \frac{f(2T)}{z^2} + \frac{f(3T)}{z^3} + \ldots \tag{6.4.10}$$

Der Grenzwert dieses Ausdruckes für $z \to \infty$ lautet

$$\lim_{z \to \infty} \left(f(0) + \frac{f(T)}{z} + \frac{f(2T)}{z^2} + \frac{f(3T)}{z^3} + \ldots \right) = f(0). \tag{6.4.11}$$

Damit ist (6.4.9) bewiesen.

Beispiel 6.4.3

Aus der einseitigen Z-Transformierten der Exponentialfolge

$$Z_I\{a^n\} = \frac{z}{z-a} \qquad (6.4.12)$$

folgt mit $a \leq 1$ nach (6.4.9) der Anfangswert

$$f(0) = \lim_{z \to \infty} \frac{z}{z-a} = 1. \qquad (6.4.13)$$

Eine direkte Auswertung der Folge $f(n)$ führt auf das gleiche Ergebnis:

$$f(0) = a^n \big|_{n=0} = 1. \qquad (6.4.14)$$

6.4.4 Endwertsatz

Im folgenden sei angenommen, daß die einseitige Z-Transformierte $F(z) = Z_I\{f(n)\}$ nur Pole im Innern des Einheitskreises und höchstens einen einfachen Pol bei $z = 1$ habe. Dann gilt die Beziehung *(Endwertsatz)*

$$\lim_{n \to \infty} f(n) = \lim_{z \to 1} (z-1) F(z). \qquad (6.4.15)$$

Der Beweis erfolgt durch Auswertung des Umkehrintegrals mit Hilfe des Residuensatzes. Das Umkehrintegral

$$f(n) = \frac{1}{2\pi j} \oint_C F(z) z^{n-1} \, dz \qquad (6.4.16)$$

wird im Abschnitt 6.6.1 erklärt und bewiesen. Die Kontur des Integrals soll im Gegenuhrzeigersinn außerhalb des Einheitskreises der z-Ebene verlaufen. Dann ist der Wert des Integrals einschließlich Vorfaktor durch die Residuen der durch die Kontur eingeschlossenen Pole gegeben. Für das Residuum A_i eines Poles $z_{\infty i}$ im Innern des Einheitskreises gilt

$$A_i = (z - z_{\infty i}) \cdot F(z) \cdot z^{n-1} \big|_{z=z_{\infty i}}. \qquad (6.4.17)$$

Solch ein Residuum strebt für $n \to \infty$ gegen Null,

$$\lim_{n \to \infty} A_i = (z - z_{\infty i}) \cdot F(z) \big|_{z=z_{\infty i}} \cdot z_{\infty i}^{n-1} = 0, \qquad (6.4.18)$$

da $|z_{\infty i}|^{n-1}$ für $n \to \infty$ gegen Null strebt. Das Residuum B eines Poles $z_\infty = 1$ hat den Wert

$$B = (z - 1) \cdot F(z) \cdot z^{n-1} \big|_{z=1}. \qquad (6.4.19)$$

Im Grenzfall $n \to \infty$ bleibt der Grenzwert

$$\lim_{n \to \infty} B = (z - 1) \cdot F(z) \big|_{z=1} \qquad (6.4.20)$$

dieses Residuums übrig. Damit ist (6.4.15) bestätigt.

Beispiel 6.4.4

Die Sprungfolge $\epsilon(n)$ besitzt die einseitige Z-Transformierte

$$\epsilon(n) \circ\!\!-\!\!\bullet \frac{z}{z - 1}.$$

Die Anwendung des Endwertsatzes führt auf folgendes Ergebnis:

$$\lim_{n \to \infty} \epsilon(n) = 1, \lim_{z \to 1} (z - 1) \frac{z}{z - 1} = 1. \qquad (6.4.21)$$

Als weiteres Beispiel sei die Exponentialfolge $a^n \epsilon(n)$, $|a| < 1$, mit der einseitigen Z-Transformierten

$$a^n \epsilon(n) \circ\!\!-\!\!\bullet \frac{z}{z - a}$$

betrachtet. In dieser Korrespondenz führen die Grenzwerte beider Seiten auf den Wert Null:

$$\lim_{n \to \infty} a^n \epsilon(n) = 0, \lim_{z \to 1} (z - 1) \frac{z}{z - a} = 0. \qquad (6.4.22)$$

Im Falle von kausalen Folgen, wie im letzten Beispiel betrachtet, können die Grenzwertsätze sowohl auf einseitige als auch auf zweiseitige Z-Transformierte angewendet werden.

6.5 Faltung und Korrelation

Die *Faltungssumme* zweier Folgen $f_1(n) \circ\!\!-\!\bullet F_1(z)$ und $f_2(n) \circ\!\!-\!\bullet F_2(z)$ wurde bereits im Abschnitt 5.3.10 eingeführt. Sie ist durch den Summenausdruck

$$f(n) = f_1(n) * f_2(n) = \sum_{k=-\infty}^{\infty} f_1(k) f_2(n - k) \qquad (6.5.1)$$

gegeben, siehe (5.3.42).

6.5.1 Faltungstheorem

Die Faltungssumme in (6.5.1) ist zusammen mit dem Faltungstheorem grundlegend für die Beschreibung diskreter Systeme mit diskreter Erregung. Das *Faltungstheorem* lautet

$$f_1(n) * f_2(n) \circ\!\!-\!\bullet F_1(z) \cdot F_2(z) \qquad (6.5.2)$$

und entspricht dem Faltungtheorem in (5.3.43) für die zeitdiskrete Fourier-Transformation. Ein direkter Beweis dieses Theorems kann durch Einsetzen der Faltungssumme in die Definitionsgleichung (6.1.1) der Z-Transformation erbracht werden:

$$\begin{aligned}
Z\{f_1(n) * f_2(n)\} &= \sum_{n=-\infty}^{\infty} \Big(f_1(n) * f_2(n) \Big) z^{-n} \\
&= \sum_{n=-\infty}^{\infty} \Big(\sum_{k=-\infty}^{\infty} f_1(k) f_2(n - k) \Big) z^{-n}.
\end{aligned} \qquad (6.5.3)$$

Ein Vertauschen der Reihenfolge der Summation und die Anwendung des Verzögerungssatzes (6.3.6) führen auf

$$\begin{aligned}
Z\{f_1(n) * f_2(n)\} &= \sum_{k=-\infty}^{\infty} f_1(k) \Big(\sum_{n=-\infty}^{\infty} f_2(n - k) z^{-n} \Big) \\
&= \sum_{k=-\infty}^{\infty} f_1(k) \cdot z^{-k} \cdot F_2(z) \\
&= F_1(z) \cdot F_2(z).
\end{aligned} \qquad (6.5.4)$$

Damit ist das Faltungstheorem (6.5.2) auf dem direkten Wege nachgewiesen. Für stabile Signale und Systeme kann dieses Ergebnis auch durch die Substitution $e^{j\Omega} \to z$ aus dem Faltungstheorem (5.3.43) der Fourier-Transformation abgelesen werden.

Das Faltungstheorem (6.5.2) gilt zunächst für zweiseitige Z-Transformierte. Es ist leicht einzusehen, daß es im Falle kausaler Folgen auch für die einseitige Z-Transformation anwendbar ist.

6.5.2 Korrelationstheorem

Die Kreuzkorrelierte zweier diskreter Energiesignale $f_1(n)$ und $f_2(n)$ ist durch den Summenausdruck

$$r_{f_1 f_2}^E(n) = \sum_{k=-\infty}^{\infty} f_1(k)\, f_2(k+n) \qquad (6.5.5)$$

gegeben, siehe (5.3.45). Über den Zusammenhang

$$r_{f_1 f_2}^E(n) = f_1(-n) * f_2(n) \qquad (6.5.6)$$

zur Faltungsoperation, siehe (5.3.49), kann aus dem Faltungstheorem (6.5.2) das *Korrelationstheorem* abgelesen werden:

$$r_{f_1 f_2}^E(n) \circ\!\!-\!\!\bullet F_1(z^{-1}) \cdot F_2(z). \qquad (6.5.7)$$

Beim Schritt von (6.5.6) nach (6.5.7) wird die Regel $f(-n) \circ\!\!-\!\!\bullet F(z^{-1})$ für die Negierung des Zeitindex ausgenutzt, siehe (6.3.13). Das Konvergenzgebiet der Z-Transformierten $F_1(z^{-1})F_2(z)$ ist durch das Überlappungsgebiet der Konvergenzgebiete von $F_1(z^{-1})$ und $F_2(z)$ gegeben.

Beispiel 6.5.1

Wie lautet die Autokorrelationsfunktion der kausalen Exponentialfolge $f(n) = a^n \epsilon(n)$? Die Z-Transformierte dieser Folge ist aus (6.1.14-15) bekannt:

$$f(n) = a^n \epsilon(n) \circ\!\!-\!\!\bullet F(z) = \frac{z}{z-a}. \qquad (6.5.8)$$

Sie existiert im Konvergenzgebiet $|z| > |a|$, siehe (6.1.16).

Zur Berechnung der Autokorrelationsfolge $r_{ff}^E(n)$ wird zunächst das Produkt $F_1(z^{-1})F_2(z)$ aus dem Korrelationstheorem berechnet. Die Z-Transformierte $F_1(z^{-1})$ kann aus (6.5.8) abgeleitet werden:

$$F(z^{-1}) = \frac{1}{1-az}. \qquad (6.5.9)$$

Sie existiert im Konvergenzgebiet $|z| < 1/|a|$. Die Z-Transformierte der gesuchten AKF lautet daher

$$r_{ff}^E(n) \circ\!\!-\!\!\bullet \; F(z^{-1})F(z) = \frac{z}{(z-a)(1-az)} \qquad (6.5.10)$$

mit dem Konvergenzgebiet

$$|a| < |z| < \frac{1}{|a|}. \qquad (6.5.11)$$

Das Konvergenzgebiet ist also durch den in (6.5.11) beschriebenen Ring gegeben.

Durch Rücktransformation der Z-Transformierten in (6.5.10) in den Originalbereich der diskreten Signale erhält man die gesuchte Autokorrelationsfunktion $r_{ff}^E(n)$. Die Rücktransformation soll mit dem in Abschnitt 6.6.1 beschriebenen Umkehrintegral und dem Residuensatz vorgenommen werden:

$$r_{ff}^E(n) = \frac{1}{2\pi j} \oint_C \frac{z^n}{(z-a)(1-az)} \, dz. \qquad (6.5.12)$$

Die Kontur dieses Integrals verläuft im Gegenuhrzeigersinn in dem in (6.5.11) beschriebenen Konvergenzring. Für $n > 0$ besitzt der Integrand nur einen Pol innerhalb der Kontur C, nämlich bei $z = a$. Das zugehörige Residuum lautet

$$A_1 = \frac{z^n}{(1-az)}\bigg|_{z=a} = \frac{a^n}{1-a^2} = \frac{a^{|n|}}{1-a^2}. \qquad (6.5.13)$$

Für Indizes $n \leq 0$ besitzt der Integrand in (6.5.12) einen mehrfachen Pol bei $z = 0$. In diesem Fall ist es einfacher, im Uhrzeigersinn zu integrieren und das negierte Residuum $-A_2$ des Poles außerhalb der Kontur zu bestimmen. Die Singularität im Unendlichen hat ein Residuum vom Wert Null. Mit der Substitution $n \rightarrow -m$ gilt

$$-A_2 = \frac{z^n(1/a)}{(z-a)}\bigg|_{z=1/a} = \frac{1/a}{z^m(z-a)}\bigg|_{z=1/a} = \frac{a^m}{1-a^2} = \frac{a^{|n|}}{1-a^2}. \qquad (6.5.14)$$

Ein Vergleich von (6.5.14) mit (6.5.13) zeigt, daß die gesuchte Autokorrelationsfolge für alle Werte von n gleichlautend ist:

$$r_{ff}^E(n) = \frac{a^{|n|}}{1-a^2}. \qquad (6.5.15)$$

Dieses Ergebnis stimmt mit dem Ergebnis (5.3.60) aus dem Beispiel 5.3.4 überein, siehe auch Bild 5.3.5d.

6.5.3 Faltung im z-Bereich

In dem Produkt zweier Folgen

$$f(n) = f_1(n) \cdot f_2(n) \tag{6.5.16}$$

wird die Multiplikation elementeweise durchgeführt. Im folgenden wird der Zusammenhang zwischen der Z-Transformierten

$$F(z) = \sum_{n=-\infty}^{\infty} f(n) \cdot z^{-n} = \sum_{n=-\infty}^{\infty} f_1(n) \cdot f_2(n) \cdot z^{-n} \tag{6.5.17}$$

und den Z-Transformierten $F_1(z) \bullet\!\!-\!\!\circ f_1(n)$ und $F_2(z) \bullet\!\!-\!\!\circ f_2(n)$ untersucht. Dazu wird zunächst die Folge $f_2(n)$ mit Hilfe des Umkehrintegrals ausgedrückt:

$$f_2(n) = \frac{1}{2\pi j} \oint_{C_1} F_2(\eta) \cdot \eta^{n-1} \, d\eta. \tag{6.5.18}$$

Setzt man (6.5.18) in (6.5.17) ein, so erhält man

$$\begin{aligned}
F(z) &= \frac{1}{2\pi j} \sum_{n=-\infty}^{\infty} f_1(n) \oint_{C_1} F_2(\eta) \cdot \eta^{n-1} \cdot z^{-n} \, d\eta \\
&= \frac{1}{2\pi j} \oint_{C_1} \underbrace{\sum_{n=-\infty}^{\infty} f_1(n) \left(\frac{z}{\eta}\right)^{-n}}_{F_1(z/\eta)} \eta^{-1} F_2(\eta) \, d\eta.
\end{aligned} \tag{6.5.19}$$

Faßt man in der letzten Zeile alle vom Index n abhängigen Größen in einer Summe zusammen, so erkennt man in dieser Summe die Z-Transformierte F_1 mit der unabhängigen Variablen z/η im Bildbereich. Damit kann $F(z)$ in Abhängigkeit von F_1 und F_2 wie folgt formuliert werden:

$$F(z) = \frac{1}{2\pi j} \oint_{C_1} F_1\left(\frac{z}{\eta}\right) F_2(\eta) \, \eta^{-1} \, d\eta \tag{6.5.20}$$

Gleichung (6.5.20) beschreibt die *Faltung der Z-Transformierten* $F_1(z)$ und $F_2(z)$ im z-Bereich. Man spricht in diesem Zusammenhang auch von einer *komplexen Faltung.* Wie bereits bei den bisher betrachteten Transformationen wird aus einer Multiplikation der Signale im Originalbereich eine Faltung der transformierten Signale im Bildbereich.

Die Kontur C_1 des Integrals in (6.5.20) muß sowohl im Konvergenzbereich von $F_1(z/\eta)$ als auch im Konvergenzbereich von $F_2(\eta)$ liegen. Vertauscht man die Rollen der beiden Folgen $f_1(n)$ und $f_2(n)$, so erhält man als Alternative die Beziehung

$$F(z) = \frac{1}{2\pi j} \oint_{C_2} F_1(\eta)\, F_2\!\left(\frac{z}{\eta}\right) \eta^{-1}\, d\eta. \qquad (6.5.21)$$

In diesem Fall ist im mathematisch positiven Sinne längs einer Kontur C_2 zu integrieren, die im Überlappungsbereich der beiden Konvergenzbereiche von $F_1(\eta)$ und $F_2(z/\eta)$ liegt. Die aus einem Vergleich von (6.5.20) und (6.5.21) ersichtliche Kommutativität der Faltung im z-Bereich läßt sich wieder mit der Kommutativität der normalen Multiplikation der Folgen im Zeitbereich begründen.

Der in (6.5.20) dargestellte Formelausdruck zeigt zunächst keine offensichtliche Ähnlichkeit mit der Formelstruktur der bisher hergeleiteten Faltungsbeziehungen. Dieses liegt an dem in (6.1.4) festgelegten Zusammenhang zwischen der komplexen Variablen z und der normierten Frequenzvariablen Ω. Betrachtet man die Faltungsbeziehung (6.5.20) auf dem Einheitskreis der z-Ebene, so tritt die gewohnte Formelstruktur wieder hervor. Unter der Voraussetzung, daß $f_1(n)$ und $f_2(n)$ stabile Folgen sind, kann (6.5.20) mit den Substitutionen $z \to e^{j\Omega}$, $\eta \to e^{j\Psi}$ und $d\eta = j\eta\, d\Psi$ wie folgt geschrieben werden:

$$F(e^{j\Omega}) = \frac{1}{2\pi} \int_{-\pi}^{\pi} F_1(e^{j(\Omega - \Psi)})\, F_2(e^{j\Psi})\, d\Psi. \qquad (6.5.22)$$

Aus einer geschlossenen Kontur auf dem Einheitskreis der komplexen η-Ebene wird ein Integrationsbereich von $-\pi$ bis π längs des reellen Winkels Ψ. Die Gleichung (6.5.22) beschreibt die Faltung im Frequenzbereich der zeitdiskreten Fourier-Transformation.

Beispiel 6.5.2

Im folgenden Beispiel soll die Auswertung des Faltungsintegrals im z-Bereich anhand der beiden Folgen

$$f_1(n) = a_1^n\, \epsilon(n) \circ\!\!-\!\!\bullet\, F_1(z) = \frac{1}{1 - a_1 z^{-1}} \qquad (6.5.23)$$

und

$$f_2(n) = a_2^n\, \epsilon(n) \circ\!\!-\!\!\bullet\, F_2(z) = \frac{1}{1 - a_2 z^{-1}} \qquad (6.5.24)$$

demonstriert werden. Gesucht wird die Z-Transformierte $F(z) \bullet\!\!-\!\!\circ f(n) = f_1(n) \cdot f_2(n)$. Die Auswertung der Faltungsbeziehung (6.5.20) führt zunächst auf den Ausdruck

$$F(z) = \frac{1}{2\pi j} \oint_{C_1} \frac{1}{1 - a_1(\eta/z)} \cdot \frac{1}{1 - a_2 \eta^{-1}} \eta^{-1} \, d\eta$$

$$= \frac{1}{2\pi j} \oint_{C_1} \frac{-z/a_1}{\eta - z/a_1} \cdot \frac{1}{\eta - a_2} \, d\eta. \tag{6.5.25}$$

Die Kontur C_1 muß im Überlappungsbereich der Konvergenzgebiete von $F_1(z)$ und $F_2(z)$ liegen. $F_1(z)$ konvergiert unter der Bedingung $|z| > |a_1|$. Daher ist das Konvergenzgebiet der Z-Transformierten $F_1(z/\eta)$ durch die Bedingung $|z/\eta| > |a_1|$ bzw. $|z/a_1| > |\eta|$ festgelegt. Für die Konvergenz von $F_2(z)$ gilt $|z| > |a_2|$. Daher gilt für $F_2(\eta)$ die Bedingung $|\eta| > |a_2|$. Die Kontur C_1 muß daher in einem Konvergenzring der η-Ebene verlaufen, der durch die beiden Konvergenzradien $R^- = |a_2|$ und $R^+ = |z/a_1|$ festgelegt ist. Bild 6.5.1 verdeutlicht diese Situation.

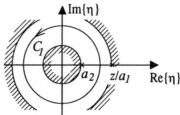

Bild 6.5.1: Zur Wahl der Kontur C_1

Bei der Auswertung des Faltungsintegrals in (6.5.25) mit Hilfe des Residuensatzes ist innerhalb der Kontur C_1 nur der eine Pol bei $\eta = a_2$ zu berücksichtigen. Das Residuum A dieses Poles lautet

$$A = \frac{-z/a_1}{\eta - z/a_1} \Big|_{\eta = a_2} = \frac{-z/a_1}{a_2 - z/a_1} = \frac{1}{1 - a_1 a_2 z^{-1}}. \tag{6.5.26}$$

Der im Residuensatz zu berücksichtigende Vorfaktor $2\pi j$ ist gegen den Vorfaktor $1/2\pi j$ in (6.5.25) zu kürzen. Die gesuchte Z-Transformierte lautet daher

$$F(z) = \frac{1}{1 - a_1 a_2 z^{-1}}. \tag{6.5.27}$$

Zum gleichen Ergebnis kommt man, wenn man das Produkt

$$f(n) = f_1(n) \cdot f_2(n) = a_1^n a_2^n \epsilon(n) = (a_1 a_2)^n \epsilon(n) \tag{6.5.28}$$

direkt in den z-Bereich transformiert.

6.5.4 Parsevalsches Theorem

Geht man in (6.5.16) von den speziellen diskreten Energiesignalen $f_1(n) = f(n)$ und $f_2(n) = f^*(n)$ aus, so erhält man mit (6.5.17) und (6.5.21) den folgenden Ausdruck:

$$
\begin{aligned}
F(z) &= \sum_{n=-\infty}^{\infty} f(n) \cdot f^*(n) \cdot z^{-n} = \sum_{n=-\infty}^{\infty} |f(n)|^2 \cdot z^{-n} \\
&= \frac{1}{2\pi j} \oint_{C_1} F(\eta) \cdot F^*(\frac{z^*}{\eta^*}) \cdot \eta^{-1} \, d\eta.
\end{aligned}
\tag{6.5.29}
$$

Bei dieser Ableitung ist von der Regel (6.3.24) für konjugiert komplexe Folgen Gebrauch gemacht worden. Betrachtet man (6.5.29) speziell für den Wert $z = 1$, dann erhält man mit der Substitution $\eta \to z$ das *Parsevalsche Theorem* für Z-Transformierte:

$$
\boxed{\;\mathcal{E}_f = \sum_{n=-\infty}^{\infty} |f(n)|^2 = \frac{1}{2\pi j} \oint_{C_1} F(z) \cdot F^*(\frac{1}{z^*}) \cdot z^{-1} \, dz\;}
\tag{6.5.30}
$$

Dieses Theorem ermöglicht die Ermittlung der *Signalenergie* mit Hilfe des Residuensatzes. Da die Konvergenzradien von $F(z)$ und $F^*(1/z^*)$ reziprok zueinander liegen, tritt bei rechtsseitigen Folgen $f(n)$ nur dann ein Überlappungsgebiet für die Kontur C_1 auf, wenn die Pole von $F(z)$ innerhalb des Einheitskreises der z-Ebene liegen. Dieses tritt, wie im Abschnitt 6.2 gezeigt, bei kausalen und stabilen Folgen $f(n)$ immer ein. Bei der Auswertung mit dem Residuensatz sind daher nur die Residuen der Pole von $F(z)$ zu berücksichtigen. Das Ergebnis einer solchen Auswertung ist dann auch identisch mit dem Ergebnis des Parsevalschen Theorems für die zeitdiskrete Fourier-Transformation in (5.3.63). Als spezielle Kontur im Konvergenzring kann der Einheitskreis gewählt werden. Dieses kommt in (6.5.30) einer Substitution $z \to e^{j\Omega}$ und Integration von $\Omega = -\pi$ bis $\Omega = \pi$ gleich:

$$
\begin{aligned}
\sum_{n=-\infty}^{\infty} |f(n)|^2 &= \frac{1}{2\pi j} \int_{-\pi}^{\pi} F(e^{j\Omega}) \cdot F^*(e^{j\Omega}) \cdot j \, d\Omega \\
&= \frac{1}{2\pi} \int_{-\pi}^{\pi} |F(e^{j\Omega})|^2 \, d\Omega.
\end{aligned}
\tag{6.5.31}
$$

Diese Energiebilanz stimmt, wenn man (5.3.53) berücksichtigt, mit dem Ausdruck für die Energie in (5.3.63) überein.

Beispiel 6.5.3

Im Beispiel 5.3.5 wurde die Energie der kausalen reellen Exponentialfolge berechnet, siehe (5.3.64-65). Auf die Integration über die Energiedichtefunktion $S_{ff}(e^{j\Omega})$ wurde verzichtet. Stattdessen soll im folgenden eine Auswertung im z-Bereich vorgenommen werden. Mit (6.1.14-15) und dem Parsevalschen Theorem in (6.5.30) gilt

$$
\begin{aligned}
\mathcal{E}_f &= \frac{1}{2\pi j} \oint_{C_1} \frac{z}{z-a} \cdot \left(\frac{1}{1-a\,z^*}\right)^* \cdot z^{-1}\, dz \\
&= \frac{1}{2\pi j} \oint_{C_1} \underbrace{\frac{1}{z-a} \cdot \frac{1}{1-az}}_{G(z)}\, dz.
\end{aligned}
\tag{6.5.32}
$$

Bei der Auswertung dieses Integrals mit dem Residuensatz ist nur der eine Pol innerhalb des Einheitskreises bei $z = a$ zu berücksichtigen. Sein Residuum berechnet sich zu

$$
A = (z-a)\, G(z)\Big|_{z=a} = \frac{1}{1-a^2}.
\tag{6.5.33}
$$

Die so ermittelte Signalenergie $\mathcal{E}_f = A$ stimmt mit dem Ergebnis in (5.3.64-65) überein.

6.6 Umkehrintegral und Rücktransformation

6.6.1 Umkehrintegral

Das in vorhergehenden Abschnitten schon mehrmals angesprochene *Umkehrintegral* dient der *inversen Z-Transformation*, d.h. der Berechnung der Folge $f(n)$ aus ihrer Z-Transformierten $F(z)$. Es lautet

$$f(n) = \frac{1}{2\pi j} \oint_C F(z)\, z^{n-1}\, dz$$

$$(6.6.1)$$

Dabei wird angenommen, daß die Z-Transformierte $F(z)$ in einem Bereich $R_1 < |z| < R_2$ konvergiert. Die Kontur C verläuft im mathematisch positiven Sinn (Gegenuhrzeigersinn) innerhalb des Konvergenzgebietes.

Zum Beweis der Richtigkeit der Gleichung (6.6.1), wird zunächst die Definitionsgleichung (6.1.1) auf beiden Seiten mit z^{m-1} multipliziert:

$$F(z) \cdot z^{m-1} = \sum_{n=-\infty}^{\infty} f(n) \cdot z^{-n} \cdot z^{m-1} = \sum_{n=-\infty}^{\infty} f(n) \cdot z^{m-n-1}. \qquad (6.6.2)$$

Dann werden beide Seiten längs einer Kontur im Konvergenzbereich von $F(z)$ integriert und mit $1/2\pi j$ multipliziert. Auf der rechten Seite wird die Reihenfolge von Integration und Summation vertauscht:

$$\frac{1}{2\pi j} \oint_C F(z) \cdot z^{m-1}\, dz = \frac{1}{2\pi j} \oint_C \sum_{n=-\infty}^{\infty} f(n) \cdot z^{m-n-1}\, dz$$

$$= \sum_{n=-\infty}^{\infty} f(n) \frac{1}{2\pi j} \oint_C z^{m-n-1}\, dz.$$

$$(6.6.3)$$

Mit der Substitution $z \rightarrow r \cdot e^{j\Omega}$, $R_1 < r < R_2$, und $dz/z \rightarrow j\Omega$ auf der rechten

Seite der Gleichung läßt sich (6.6.3) wie folgt schreiben:

$$\frac{1}{2\pi j}\oint_C F(z)\cdot z^{m-1}\,dz = \sum_{n=-\infty}^{\infty} f(n)\frac{1}{2\pi j}\oint_C z^{m-n}\frac{dz}{z}$$

$$= \sum_{n=-\infty}^{\infty} f(n)\frac{r^{m-n}}{2\pi}\int_0^{2\pi} e^{j(m-n)\Omega}\,d\Omega \qquad (6.6.4)$$

$$= f(m).$$

Das Integral in der vorletzten Zeile ist nur für $(m-n) = 0$ von Null verschieden und hat dann den Wert 2π. Von der unendlichen Summe auf der rechten Seite bleibt nur das Element mit dem Index $n = m$ übrig, nämlich der Term $f(m)$. Damit ist die Richtigkeit von (6.6.1) nachgewiesen.

Liegt der Einheitskreis der z-Ebene im Konvergenzgebiet der Z-Transformierten $F(z)$, so kann die Kontur C längs des Einheitskreises geführt werden. Ersetzt man in diesem Fall die Variable z durch $e^{j\Omega}$, so wird aus dem Umkehrintegral in (6.6.1) die Rücktransformationsformel (5.3.14) der zeitdiskreten Fourier-Transformation.

Beispiel 6.6.1

In diesem Beispiel soll mit Hilfe des Umkehrintegrals (6.6.1) aus der Z-Transformierten (6.1.15) die kausale Exponentialfolge (6.1.14) wiedergewonnen werden. Das Umkehrintegral lautet mit $F(z)$ nach (6.1.15)

$$f(n) = \frac{1}{2\pi j}\oint_C \frac{z}{z-a_1}z^{n-1}\,dz = \frac{1}{2\pi j}\oint_C \frac{z^n}{z-a_1}\,dz. \qquad (6.6.5)$$

Dieses Integral soll mit Hilfe des Residuensatzes ausgewertet werden. Für nicht negative Werte $n \geq 0$ besitzt der Integrand nur einen Pol bei $z_{\infty 1} = a_1$. Das zugehörige Residuum lautet

$$\mathrm{Res}\{z_{\infty 1}\} = \frac{z^n}{z-a_1}\cdot(z-a_1)\Big|_{z=a_1} = a_1^n. \qquad (6.6.6)$$

Für nicht negative Werte von n lautet daher die rücktransformierte Folge

$$f(n) = a_1^n \quad , \quad n \geq 0. \qquad (6.6.7)$$

Für negative Werte $n < 0$ liegt innerhalb der Kontur C ein einfacher Pol bei $z_{\infty 1} = a_1$ und ein n-facher Pol bei $z_{\infty 2} = 0$. Es ist zwar möglich, die Residuen dieser Pole auszuwerten, jedoch ist es im vorliegenden Fall einfacher, die Integrationsrichtung umzukehren und die negierten Residuen aller Pole außerhalb der Kreiskontur zu bestimmen. Da außerhalb keine Pole vorhanden sind, kommt Null heraus. Zusammengefaßt lautet das Ergebnis der Rücktransformation mit dem Umkehrintegral

$$f(n) = a_1^n \, \epsilon(n) \tag{6.6.8}$$

was mit (6.1.14) übereinstimmt.

6.6.2 Partialbruchentwicklung

Ebenso wie bei der Laplace-Transformation kann die inverse Z-Transformation über die *Partialbruchentwicklung* der rationalen Z-Transformierten erfolgen. Dazu soll zunächst angenommen werden, daß der Zählergrad der Z-Transformierten $F(z)$ kleiner ist als der Nennergrad und daß $F(z)$ nur einfache Pole besitzt. Damit gilt die Partialbruchentwicklung

$$F(z) = \sum_{i=1}^{N} \frac{A_i}{z - z_{\infty i}} \tag{6.6.9}$$

mit den Residuen

$$A_i = (z - z_{\infty i}) \cdot F(z) \big|_{z = z_{\infty i}}. \tag{6.6.10}$$

Dabei ist N die Anzahl der Pole. Mit der Korrespondenz (6.1.14-15) und den Zeitverschiebungssätzen (6.3.6) bzw. (6.4.1) kann zu jedem Partialbruch in (6.6.9) eine Teilfolge angegeben werden:

$$\frac{A_i}{z - z_{\infty i}} = A_i \cdot z^{-1} \frac{z}{z - z_{\infty i}} \quad \bullet\!\!-\!\!\circ \quad A_i \, z_{\infty i}^{n-1} \, \epsilon(n-1). \tag{6.6.11}$$

Der bei der Erweiterung mit z entstandene Faktor z^{-1} wirkt sich im Originalbereich als eine Verzögerung der kausalen Exponentialfolge um ein Taktintervall aus. Wegen der Linearität der Z-Transformation können alle Teilfolgen summiert werden, so daß der Z-Transformierten in (6.6.9) die folgende rücktransformierte Folge zugeordnet werden kann:

$$F(z) \quad \bullet\!\!-\!\!\circ \quad f(n) = \sum_{i=1}^{N} A_i \, z_{\infty i}^{n-1} \, \epsilon(n-1). \tag{6.6.12}$$

Beispiel 6.6.2

Die rationale Funktion

$$F(z) = \frac{3z - 2}{z^2 - 1.4\,z + 0.48} \tag{6.6.13}$$

hat je einen Pol bei $z_{\infty 1} = 0.6$ und $z_{\infty 2} = 0.8$. Die Partialbruchzerlegung dieser Z-Transformierten

$$F(z) = \frac{1}{z - 0.6} + \frac{2}{z - 0.8} \tag{6.6.14}$$

mit den Residuen $A_1 = 1$ und $A_2 = 2$ führt mit (6.6.11) auf die folgende rücktransformierte Folge:

$$f(n) = (0.6^{n-1} + 2 \cdot 0.8^{n-1}) \cdot \epsilon(n - 1). \tag{6.6.15}$$

Im Falle von Z-Transformierten mit *mehrfachen Polen* ist die Partialbruchentwicklung in (6.6.9) durch eine entsprechend andere zu ersetzen, siehe Anhang A2. Darin tauchen auch Partialbrüche mit mehrfachen Polen auf. Ohne Herleitung wird hier die Korrespondenz

$$\frac{z^k}{(z - z_{\infty i})^k} \;\bullet\!\!-\!\!\circ\; \frac{(n + k - 1)!}{n!(k - 1)!} z_{\infty i}^n \epsilon(n) \tag{6.6.16}$$

angegeben [Cad 87, S. 61], mit der solche Partialbrüche in den Originalbereich transformiert werden können.

6.6.3 Entwicklung nach Potenzen von z

Entwickelt man eine Z-Transformierte $F(z)$ in Potenzen von z,

$$F(z) = \sum_{i=-\infty}^{\infty} \alpha_i\, z^i, \tag{6.6.17}$$

so zeigt ein Vergleich mit (6.1.1), daß die Entwicklungskoeffizienten α_i gleich den Elementen $f(n)$ der Zahlenfolge im Originalbereich sind:

$$\alpha_i = f(n) \quad , \quad i = -n. \tag{6.6.18}$$

Diese Methode ist zwar immer anwendbar, sie ist aber von besonderem Interesse, wenn es darum geht, von einer Z-Transformierten mit einem Gradüberschuß im Zähler solange Potenzen von z abzuspalten, bis der Zählergrad kleiner ist als der Nennergrad und die im vorhergehenden Abschnitt besprochene Partialbruchentwicklung anwendbar ist.

Beispiel 6.6.3

Gesucht ist die Folge $f(n)$, die durch inverse Z-Transformation aus der Z-Transformierten

$$F(z) = \frac{z^4 - 0.4\,z^3 + 0.08\,z^2 + 2.08\,z - 1.52}{z^2 - 1.4\,z + 0.48} \qquad (6.6.19)$$

hervorgeht. Da der Zählergrad um 2 höher ist als der Nennergrad, wird dreimal hintereinander die höchste Potenz des Zählers abgespalten:

$$\left(z^4 - 0.4\,z^3 + 0.08\,z^2 + 2.08\,z - 1.52\right) : \left(z^2 - 1.4\,z + 0.48\right)$$

$$= z^2 + \frac{z^3 - 0.4\,z^2 + 2.08\,z - 1.52}{z^2 - 1.4\,z + 0.48},$$

$$\left(z^3 - 0.4\,z^2 + 2.08\,z - 1.52\right) : \left(z^2 - 1.4\,z + 0.48\right)$$

$$= z + \frac{z^2 + 1.6\,z - 1.52}{z^2 - 1.4\,z + 0.48},$$

$$\left(z^2 + 1.6\,z - 1.52\right) : \left(z^2 - 1.4\,z + 0.48\right)$$

$$= 1 + \frac{3\,z - 2}{z^2 - 1.4\,z + 0.48}.$$

Die Z-Transformierte $F(z)$ kann daher als Summe zweier Z-Transformierter $F_1(z)$ und $F_2(z)$ wie folgt dargestellt werden:

$$F(z) = \underbrace{z^2 + z + 1}_{F_1(z)} + \underbrace{\frac{3\,z - 2}{z^2 - 1.4\,z + 0.48}}_{F_2(z)}. \qquad (6.6.20)$$

Da die Z-Transformation linear ist, können $F_1(z)$ und $F_2(z)$ getrennt rücktransformiert und die resultierenden Folgen addiert werden. Durch einen Koeffizientenvergleich von $F_1(z)$ mit der Definitionsgleichung (6.4.1) erhält man die Folge

$$f_1(n) = \delta(n+2) + \delta(n+1) + \delta(n). \qquad (6.6.21)$$

Die Teilfunktion $F_2(z)$ ist identisch mit der in (6.6.13), das rücktransformierte Ergebnis steht in (6.6.15). Die Gesamtfolge $f(n) = f_1(n) + f_2(n)$ ist in Bild 6.6.1 aufgezeichnet.

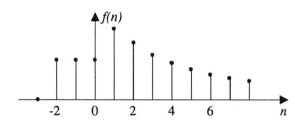

Bild 6.6.1: Rücktransformierte Folge $f(n)$
zur Z-Transformierten in (6.6.19)

Aus obigem Beispiel geht hervor, daß ein System nur dann kausal ist, wenn der Zählergrad seiner Systemfunktion nicht größer ist als der Nennergrad. Ist der Zählergrad gleich dem Nennergrad, läßt sich immer eine Konstante abspalten, die dem Element $f(0)$ entspricht. Der Rest läßt sich dann als Partialbruchentwicklung schreiben.

7. Signalabtastung und -rekonstruktion

Der Übergang von analogen zeitkontinuierlichen zu digitalen zeitdiskreten Signalen und umgekehrt ist von großer theoretischer und praktischer Bedeutung. Im vorliegenden Kapitel wird der Versuch unternommen, diese Übergänge und alle damit verbundenen Phänomene mit den Mitteln der Systemtheorie exakt zu beschreiben. Dabei stellen die ideale Abtastung und die ideale Rekonstruktion Modelle für den fehlerfreien Übergang von kontinuierlichen zu diskreten Signalen bzw. zurück zu den kontinuierlichen Signalen dar.

Die praktischen Übergänge mit nichtidealer Abtastung und Rekonstruktion werden ebenfalls mathematisch beschrieben. Sie werden im wesentlichen durch si-Verzerrungen bestimmt.

Eine wichtige Voraussetzung für die fehlerfreie Rekonstruktion eines abgetasteten Signals ist die Einhaltung des Abtasttheorems. Dieses für die Signalverarbeitung wichtige Theorem wird sowohl für eine Abtastung im Zeitbereich als auch für die Frequenzabtastung behandelt.

Im Falle bandbegrenzter Signale und Systeme ist es möglich, das Übertragungsverhalten eines kontinuierlichen LTI-Systems durch eine diskrete Verarbeitung der Eingangsabtastwerte und anschließende Rekonstruktion exakt nachzubilden. Diese Äquivalenz wird abgeleitet und im Sinne der digitalen Signalverarbeitung interpretiert.

7.1 Nichtideale Abtastung

In der Regel werden diskrete Signale durch Abtastung kontinuierlicher Signale gewonnen. Die systemtheoretische Beschreibung dieses Vorgangs wurde bereits am Anfang des 5. Kapitels anhand der *idealen Abtastung* behandelt. Die praktische Realisierung einer Signalabtastung weicht jedoch in ihrem Resultat beträchtlich von dem Modell der idealen Abtastung ab. Der folgende Abschnitt beschäftigt sich daher zunächst mit dieser Problematik.

7.1.1 Beschreibung im Zeitbereich

Die reale Erfassung von Abtastwerten aus einem kontinuierlichen Signal erfolgt in endlichen Zeitabschnitten. Sie läßt sich mit einem periodisch betätigten Schalter beschreiben, der immer nur für kurze Zeit geschlossen ist. Alternativ dazu kann man sich die *nichtideale Abtastung* durch Multiplikation des kontinuierlichen Signals $f_a(t)$ mit einer periodischen Rechteckfunktion $a^{\&}(t)$ realisiert denken.

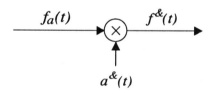

Bild 7.1.1: Modell für die nichtideale Abtastung

Bild 7.1.1 zeigt dieses Modell der nichtidealen Abtastung mit einem Multiplizierer. Die darin aufgezeigten Signale sind in Bild 7.1.2 dargestellt. Bild 7.1.2a zeigt beispielhaft ein kontinuierliches Signal $f_a(t)$, das abgetastet werden soll. Die *nichtideale Abtastfunktion* $a^{\&}(t)$ in Form einer periodischen Rechteckfunktion ist in Bild 7.1.2b zu sehen. Mit der Multiplikation in Bild 7.1.1 entsteht das nichtideal abgetastete Signal $f^{\&}(t)$, siehe Bild 7.1.2c.

Die mathematische Beschreibung der nichtidealen Abtastung ist gemäß Bild 7.1.1 durch den folgenden Ausdruck gegeben:

$$f^{\&}(t) = f_a(t) \cdot a^{\&}(t). \tag{7.1.1}$$

Die periodische nichtideale Abtastfunktion $a^{\&}(t)$ kann als Faltung einer Prototypenfunktion

$$a_0(t) = \mathrm{rect}\left(\frac{t - \alpha T/2}{\alpha T}\right) \tag{7.1.2}$$

mit der Dirac-Impulsreihe $\delta_T(t)$ geschrieben werden:

$$a^{\&}(t) = a_0(t) * \delta_T(t). \tag{7.1.3}$$

Bild 7.1.3 zeigt die Prototypenfunktion $a_0(t)$. Faßt man (7.1.1) und (7.1.3) zusammen, so lautet das nichtideal abgetastete Signal

$$f^{\&}(t) = f_a(t) \cdot \Big(a_0(t) * \delta_T(t)\Big). \tag{7.1.4}$$

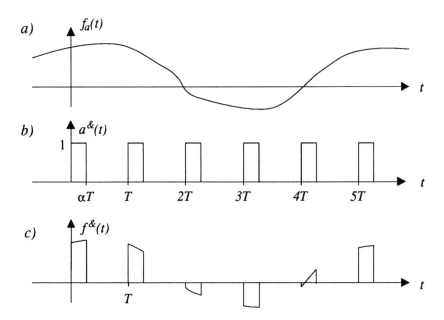

Bild 7.1.2: Signale bei der nichtidealen Abtastung: kontinuierliches Signal (a), nichtideale Abtastfunktion (b) und nichtideal abgetastetes Signal (c)

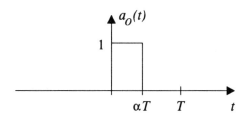

Bild 7.1.3: Prototyp $a_0(t)$ für nichtideale Abtastung

7.1.2 Signalspektren

Im folgenden wird das Spektrum von $F^{\&}(j\omega) \; \bullet\!\!-\!\!\circ \; f^{\&}(t)$ des nichtideal abgetasteten Signals berechnet und mit dem Spektrum $F(j\omega) \; \bullet\!\!-\!\!\circ \; f_a(t)$ des ursprünglichen kontinuierlichen Signals verglichen. Dazu wird zunächst die Fourier-Transformierte

$$A_0(j\omega) = \alpha T \cdot \text{si}(\omega\alpha T/2) \cdot \exp(-j\omega\alpha T/2) \tag{7.1.5}$$

des Prototypensignals $a_0(t)$ berechnet. Da die nichtideale Abtastfunktion nach (7.1.3) aus einer Faltung der Funktion $a_0(t)$ mit der Dirac-Impulsreihe $\delta_T(t)$ hervorgeht, berechnet sich die zugehörige Fourier-Transformierte $A^{\&}(j\omega)$ nach dem Faltungstheorem als Produkt aus $A_0(j\omega)$ und der Dirac-Impulsreihe $\omega_0\delta_{\omega_0}(\omega)$:

$$
\begin{aligned}
A^{\&}(j\omega) &= A_0(j\omega) \cdot \omega_0\delta_{\omega_0}(\omega) \\
&= 2\pi\alpha \sum_{n=-\infty}^{\infty} \text{si}(n\omega_0\alpha T/2) \cdot \exp(-jn\omega_0\alpha T/2) \cdot \delta(\omega - n\omega_0) \\
&= 2\pi\alpha \sum_{n=-\infty}^{\infty} \text{si}(n\pi\alpha) \cdot \exp(-jn\pi\alpha) \cdot \delta(\omega - n\omega_0).
\end{aligned}
\tag{7.1.6}
$$

Schließlich wird nach dem Faltungstheorem (2.5.24) aus der Multiplikation in (7.1.1) eine Faltung der Spektren $F(j\omega)$ und $A^{\&}(j\omega)$. Das gesuchte Spektrum des nichtideal abgetasteten Signals lautet also

$$
\begin{aligned}
F^{\&}(j\omega) &= \frac{1}{2\pi}\Big(F(j\omega) * A^{\&}(j\omega) \Big) \\
&= \alpha \sum_{n=-\infty}^{\infty} \text{si}(n\pi\alpha) \cdot \exp(-jn\pi\alpha) \cdot F(j\omega - jn\omega_0).
\end{aligned}
\tag{7.1.7}
$$

Das Betragsspektrum folgt daraus zu

$$|F^{\&}(j\omega)| = \alpha \sum_{n=-\infty}^{\infty} |\text{si}(n\pi\alpha)| \cdot |F(j\omega - jn\omega_0)|. \tag{7.1.8}$$

Durch die nichtideale Abtastung des Signals $f_a(t)$ erfolgt eine periodische Überlagerung des ursprünglichen Spektrums $F(j\omega)$. Jeder Anteil wird mit den diskreten Werten $\alpha \cdot \text{si}(n\pi\alpha)$ gewichtet. Ein Vergleich mit (5.2.23) und Bild 5.2.3 aus Beispiel 5.2.2 zeigt, daß diese Gewichte die Fourier-Koeffizienten der periodischen Funktion $a^{\&}(t)$ sind. Genau genommen muß in diesen Fourier-Koeffizienten noch der komplexe Exponentialfaktor $\exp(-jn\pi\alpha)$ berücksichtigt werden, der durch die unsymmetrische Anordnung der Prototypenfunktion entstanden ist.

Der Vorfaktor α im Betragsspektrum (7.1.8) zeigt an, daß die Energie des nichtideal abgetasteten Signals proportional α^2 ist. Dieses ist insofern ein Problem, als man den Parameter α im Sinne einer präzisen Abtastung möglichst klein wählen sollte. Dieses Problem wird bei der praktischen Realisierung dadurch gelöst, daß dem Abtaster ein Halteglied nachgeschaltet wird, siehe Abschnitt 7.6. Eine Lösung theoretischer Art ist der Übergang zum idealen Abtaster, der im folgenden Abschnitt noch einmal aufgegriffen wird.

7.2 Ideale Abtastung

7.2.1 Beschreibung im Zeitbereich

Um einerseits "unendlich schmale" Abtastimpulse zu verwenden und andererseits zu vermeiden, daß dabei die Signalenergie bzw. Signalleistung gegen Null strebt, wird die ideale Abtastfunktion $a^{\#}(t)$ in Form der Dirac-Impulsreihe $\delta_T(t)$ verwendet. Dieses kann auch als eine spezielle Wahl der Prototypenfunktion $a_0(t)$, nämlich als Dirac-Impuls, aufgefaßt werden:

$$a^{\#}(t) = \delta(t) * \delta_T(t) = \delta_T(t) = \sum_{n=-\infty}^{\infty} \delta(t - nT). \qquad (7.2.1)$$

Bild 7.2.1 zeigt den idealen Abtaster, der das kontinuierliche Eingangssignal mit der *idealen Abtastfunktion* $a^{\#}(t)$ multipliziert.

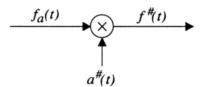

Bild 7.2.1: Idealer Abtaster

Bild 7.2.2 zeigt die drei Signale der idealen Abtastung. Die Gewichte der Dirac-Impulse in der ideal abgetasteten Funktion $f^{\#}(t)$ sind in Bild 7.2.2c durch die Länge der Pfeile dargestellt. Damit soll angedeutet werden, daß die Hüllkurve dieser Funktion die ursprüngliche kontinuierliche Funktion $f_a(t)$ ist.

Die ideale Abtastung wird durch eine Multiplikation der kontinuierlichen Funktion $f_a(t)$ mit der idealen Abtastfunktion $a^{\#}(t)$ beschrieben:

$$f^{\#}(t) = f_a(t) \cdot a^{\#}(t) = \sum_{n=-\infty}^{\infty} f_a(nT) \cdot \delta(t - nT)$$

$$= \sum_{n=-\infty}^{\infty} f(n) \cdot \delta(t - nT). \qquad (7.2.2)$$

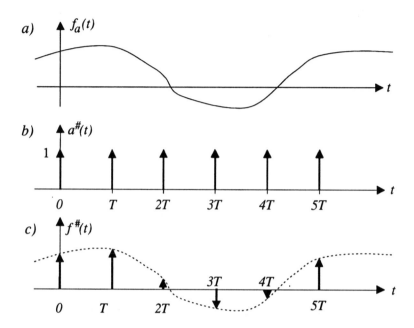

Bild 7.2.2: Signale bei der idealen Abtastung: abzutastendes Signal (a), ideale Abtastfunktion (b) und ideal abgetastete Funktion (c)

7.2.2 Signalspektren

Das Spektrum eines ideal abgetasteten Signals erhält man aus (7.1.7), indem man die Fourier-Transformierte $A^{\&}(j\omega)$ des nichtidealen Abtasters durch die der Dirac-Impulsreihe (7.2.1) ersetzt:

$$F^{\#}(j\omega) = \mathcal{F}\{f^{\#}(t)\} = \frac{1}{2\pi}\left(F(j\omega) * \omega_0 \delta_{\omega_0}(\omega)\right). \qquad (7.2.3)$$

Die Faltung mit einer Dirac-Impulsreihe wirkt sich als periodische Überlagerung aus, siehe Abschnitt 5.1.1. Daher hat ein ideal abgetastetes Signal das folgende Spektrum:

$$F^{\#}(j\omega) = \mathcal{F}\{f^{\#}(t)\} = \frac{1}{T}\sum_{n=-\infty}^{\infty} F(j\omega - jn\omega_0) \qquad (7.2.4)$$

Das Spektrum $F^{\#}(j\omega)$ entsteht durch periodische Überlagerung des ursprünglichen Spektrums $F(j\omega)$ mit der Periode ω_0. Bild 7.2.3 zeigt beide Spektren.

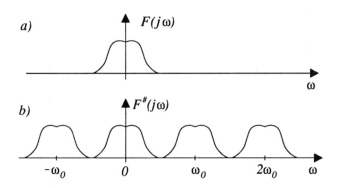

Bild 7.2.3: Originalspektrum (a)
und Spektrum der ideal abgetasteten Funktion (b)

7.2.3 Skalierungseffekt der Abtastung

Das Basisbandspektrum in $F^{\#}(j\omega)$, d.h. das Spektrum $F^{\#}(j\omega)$ für $n = 0$, unterscheidet sich vom ursprünglichen Spektrum $F(j\omega)$ durch den Skalierungsfaktor $1/T$. Dieser Umstand wird im folgenden veranschaulicht.

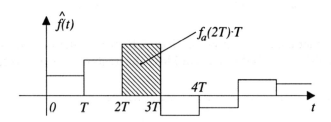

Bild 7.2.4: Zum Vorfaktor $1/T$ bei der idealen Abtastung

Bild 7.2.4 zeigt eine Approximation der kontinuierlichen Funktion $f_a(t)$ durch die treppenförmige Funktion $\hat{f}(t)$. Bei der Berechnung des Spektrums ist über die Zeitfunktion zu integrieren, im Falle der Treppenfunktion in Bild 7.2.4 sind die rechteckförmigen Flächen zu ermitteln. Im Bereich von $t = 2T$ bis $t = 3T$ erhält man einen Beitrag

$$\int_{2T}^{3T} \hat{f}(t)\, dt = f_a(2T) \cdot T. \qquad (7.2.5)$$

Der entsprechende Beitrag der ideal abgetasteten Funktion $f^\#(t)$ lautet

$$\int_{2T-\epsilon}^{3T-\epsilon} f^\#(t)\, dt = \int_{2T-\epsilon}^{3T-\epsilon} f_a(2T)\delta(t - 2T)\, dt = f_a(2T). \qquad (7.2.6)$$

Unter dem Fourier-Integral liefert die Funktion $f^\#(t)$ einen Beitrag, der um den Faktor $1/T$ verschieden ist vom Beitrag von $\hat{f}(t)$ bzw. $f_a(t)$. Dieses veranschaulicht den Skalierungsfaktor $1/T$ im Spektrum der (7.2.4) des abgetasteten Signals.

7.2.4 Laplace-Transformierte

Unter der Annahme stabiler Funktionen läßt sich durch die Substitution $s := j\omega$ aus (7.2.4) die Laplace-Transformierte der ideal abgetasteten Funktion $f^\#(t)$ ableiten:

$$F^\#(s) = \mathcal{L}\{f^\#(t)\} = \frac{1}{T} \sum_{n=-\infty}^{\infty} F(s - jn\omega_0). \qquad (7.2.7)$$

Durch die ideale Abtastung mit der Abtastfrequenz ω_0 wird die ursprüngliche Laplace-Transformierte $F(s)$ in $j\omega$-Richtung periodisch verschoben, wobei die Periode $\Omega = 2\pi$ bzw. $\omega = \omega_0$ beträgt. Alle Beiträge werden summiert und tragen durch Überlagerung zum Basisbandstreifen zwischen $\Omega = -\pi$ und $\Omega = \pi$ in der s-Ebene bei, siehe Bild 7.2.5a. Da die Laplace-Transformierte $F^\#(s)$ in ω periodisch ist, wird der Basisbandstreifen periodisch fortgesetzt.

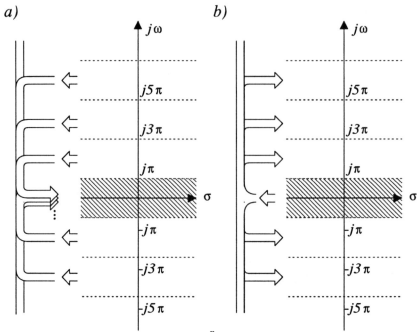

Bild 7.2.5: Zur periodischen Überlagerung in der s-Ebene:
Überlagerung aller Streifen (a) und periodische Fortsetzung (b)

Eine andere, aber gleichwertige Interpretation von (7.2.7) läßt sich wie folgt angeben. In einem ersten Schritt wird die Laplace-Transformierte $F(s)$ des ursprünglichen Signals in Streifen über der s-Ebene zerlegt. Alle Streifen werden im Basisband übereinandergelegt und aufsummiert, siehe Bild 7.2.5a. In einem zweiten Schritt wird das im Basisband aufsummierte Signal in alle Streifen periodisch fortgesetzt, siehe Bild 7.2.5b. Die so entstandene komplexe und in $j\omega$-Richtung periodische Funktion ist die Laplace-Transformierte $F^{\#}(s)$ des ideal abgetasteten Signals.

7.3 Abtasttheorem

Einige wichtige Gedanken zur Abtastung bandbegrenzter kontinuierlicher Signale wurden bereits im Abschnitt 5.3.2 vorweggenommen. Im folgenden wird die Frage nach der Signalabtastung ohne Informationsverlust behandelt, die durch das Abtasttheorem eine Antwort erfährt.

7.3.1 Herleitung des Theorems

Im Mittelpunkt der Betrachtungen steht die folgende Frage: Wie häufig muß ein bandbegrenztes Signal abgetastet werden, damit aus den Abtastwerten das ursprüngliche Signal wiedergewonnen werden kann. Dazu sei für ein gegebenes Signal $f_a(t)$ die folgende *Bandbegrenzung*

$$\mathcal{F}\{f_a(t)\} = \begin{cases} F(j\omega) & \text{für } |\omega| < \omega_{gr} \\ 0 & \text{für } |\omega| \geq \omega_{gr} \end{cases} \qquad (7.3.1)$$

angenommen. Aus diesem Signal entsteht durch ideale Abtastung mit der Frequenz ω_0 das Signal $f^{\#}(t)$. Bild 7.3.1 zeigt die Spektren des ursprünglichen und des abgetasteten Signals.

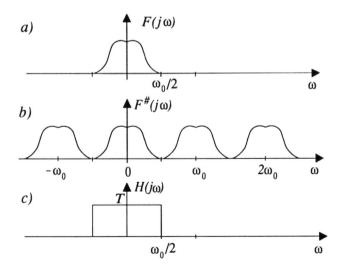

Bild 7.3.1: Zur Abtastung eines bandbegrenzten Signals

Das Spektrum $F^{\#}(j\omega)$ des abgetasteten Signals ist gemäß (7.2.4) periodisch mit der Periode ω_0. Solange die Grenzfrequenz ω_{gr} des ursprünglichen Signals kleiner ist als die halbe Abtastfrequenz $\omega_0/2$ tritt keine Überlappung (Aliasing) der periodisch fortgesetzten Spektren ein, siehe Bild 7.3.1b. Unter dieser Voraussetzung stimmt das Basisbandspektrum (n=0) in (7.2.4) bis auf den Skalierungsfaktor $1/T$ mit dem ursprünglichen Spektrum $F(j\omega)$ überein. Das ursprüngliche Signal kann in diesem Fall durch Filterung mit einem idealen Tiefpaß $H(j\omega)$ der Grenzfrequenz $\omega_0/2$ zurückgewonnen werden, siehe Bild 7.3.1b-c. Zur Kompensation des Skalierungsfaktors $1/T$ muß der ideale Tiefpaß eine Durchlaßverstärkung von T besitzen. Unter der Voraussetzung einer Bandbegrenzung

$$\omega_{gr} \leq \omega_0/2 \qquad (7.3.2)$$

läßt sich das ursprüngliche Spektrum daher wie folgt schreiben:

$$F(j\omega) = F^{\#}(j\omega) \cdot H(j\omega). \qquad (7.3.3)$$

Im Zeitbereich wird die Filterung durch die entsprechende Faltungsbeziehung

$$f_a(t) = f^{\#}(t) * h(t) \qquad (7.3.4)$$

ausgedrückt. Die Impulsantwort $h(t)$ erhält man unter Berücksichtigung des Verstärkungsfaktors T mit Hilfe der Korrespondenz (2.2.20) und mit $\omega_0 T = 2\pi$ zu

$$h(t) = \text{si}(\omega_0\, t/2) \circ\!\!-\!\!\bullet T \cdot \text{rect}\left(\frac{\omega}{\omega_0}\right). \qquad (7.3.5)$$

Mit der Gleichung (7.2.2) für das ideal abgetastete Signal $f^{\#}(t)$ und der Impulsantwort $h(t)$ nach (7.3.5) kann das ursprüngliche Signal $f_a(t)$ in (7.3.4) folgendermaßen geschrieben werden:

$$
\begin{aligned}
f_a(t) &= \int\limits_{-\infty}^{+\infty} \sum_{n=-\infty}^{\infty} f_a(nT)\, \delta(\tau - nT) \cdot \text{si}\left(\frac{\omega_0(t-\tau)}{2}\right) d\tau \\
&= \sum_{n=-\infty}^{\infty} f_a(nT) \int\limits_{-\infty}^{+\infty} \delta(\tau - nT) \cdot \text{si}\left(\frac{\omega_0(t-\tau)}{2}\right) d\tau \qquad (7.3.6) \\
&= \sum_{n=-\infty}^{\infty} f_a(nT) \cdot \text{si}\left(\frac{\omega_0(t-nT)}{2}\right).
\end{aligned}
$$

Dieses Ergebnis und die Voraussetzungen dafür werden im *Abtasttheorem* zusammengefaßt: Jede auf $\omega_{gr} \leq \omega_0/2$ bandbegrenzte Funktion $f_a(t)$ kann mit

Hilfe ihrer im Abstand $T = 2\pi/\omega_0$ gewonnenen Abtastwerte $f_a(nT)$ als

$$f_a(t) = \sum_{n=-\infty}^{\infty} f_a(nT) \cdot \text{si}\left(\frac{\omega_0(t - nT)}{2}\right) \qquad (7.3.7)$$

dargestellt werden.

Die bandbegrenzte Funktion $f_a(t)$ ist durch die Abtastwerte $f_a(nT)$ vollständig beschrieben. Die zeitdiskrete Funktion $f_a(nT)$ trägt die gleiche Information wie die zeitkontinuierliche Funktion $f_a(t)$.

7.3.2 Bandbegrenzung

Nichtbandbegrenzte Signale müssen vor der Abtastung mit Hilfe eines Tiefpasses auf die halbe Abtastfrequenz bandbegrenzt werden, siehe Bild 7.3.2.

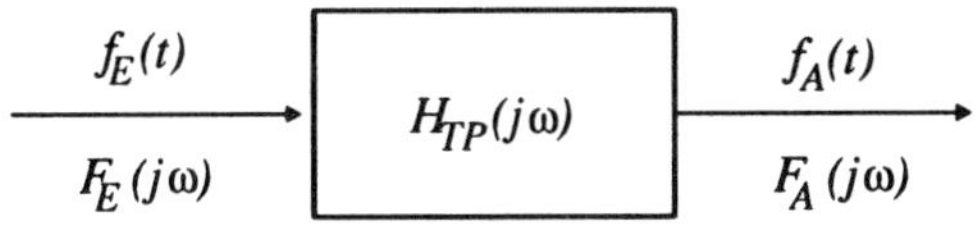

Bild 7.3.2: Tiefpaß zur Signalbandbegrenzung

Ein realisierbarer Tiefpaß besitzt zwischen dem Durchlaß- und dem Sperrbereich stets einen Übergangsbereich der Breite $\Delta\omega$, siehe Bild 7.3.3. Daher muß die Bandbreite des Nutzspektrums entsprechend dem Übergangsbereich des Filters kleiner sein als die halbe Abtastfrequenz $\omega_0/2$. Mit zunehmendem Filteraufwand kann die Breite des Übergangsbereichs verkleinert und damit die in (7.3.2) dargelegten Verhältnisse mit idealem Tiefpaß stärker angenähert werden. Ein solcher Tiefpaß wird auch im deutschen Sprachgebrauch als *Antialiasing-Tiefpaß* bezeichnet.

Wegen der Dämpfung des Tiefpasses im Übergangsbereich erstreckt sich das Spektrum des zu verarbeitenden Nutzsignals in der Regel nur im Frequenzbereich von $\omega = 0$ bis $\omega = \omega_0/2 - \Delta\omega$, siehe Bild 7.3.3c. In einigen Anwendungsfällen läßt man daher im Übergangsbereich des Filters *spektrale Überlappung (Aliasing)* zu. Bild 7.3.4 verdeutlicht solche Verhältnisse. Der Sperrbereich SB des Filters beginnt erst bei $\omega = \omega_0/2 + \Delta\omega$. Dadurch können periodische Fortsetzungen von gedämpften Störspektren aus dem Frequenzbereich zwischen $\omega_0/2$ und $\omega_0/2 + \Delta\omega$ (in Bild 7.3.4 schraffiert) in den Frequenzbereich zwischen $\omega_0/2 - \Delta\omega$ und $\omega_0/2$ gelangen, siehe auch (7.2.4). Zielsetzung und Vorteil dieser Vorgehensweise ist die Verdopplung der zur Verfügung stehenden Breite des Übergangsbereiches. Mit dieser Verdopplung läßt sich der Filteraufwand in der Regel beträchtlich reduzieren.

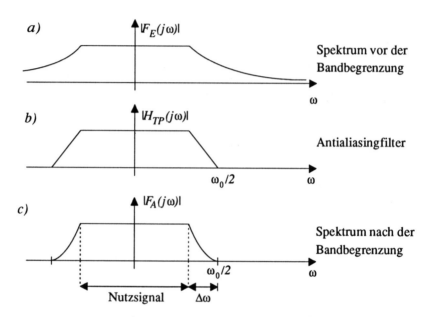

Bild 7.3.3: Zur Bandbegrenzung mit Antialiasing-Tiefpaß

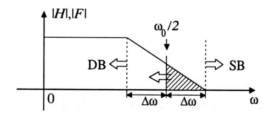

Bild 7.3.4: Bandbegrenzung mit gezielter spektraler Überlappung
DB = Durchlaßbereich, SB = Sperrbereich

7.4 Ideale Rekonstruktion

Nach der Abtastung kontinuierlicher Signale werden die diskreten Abtastsignale in der Regel zunächst in einem irgendwie gearteten Signalverarbeitungssystem weiterverarbeitet, siehe dazu auch Abschnitt 7.6.4. Hierzu werden nicht die ideal abgetasteten Signale $f^{\#}(t)$ nach (7.2.2) verwendet, sondern die Folgen $f(n)$ der Abtastwerte, die gemäß (7.2.2) als Gewichte der Dirac-Impulse auftreten. Die Signalverarbeitungssysteme liefern am Ausgang wieder Ausgangsfolgen $y(n)$, die durch eine *Signalrekonstruktion* wieder in kontinuierliche Ausgangssignale $y_a(t)$ umgewandelt werden sollen.

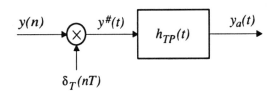

Bild 7.4.1: Zur idealen Rekonstruktion eines Signals
mit einem idealen Tiefpaß der Bandbreite $\omega_0/2$

Eine *ideale Rekonstruktion* kann durch direkte Ausnutzung der Beziehung (7.3.7) aus dem Abtasttheorem vorgenommen werden. Die Entwicklung der Abtastwerte $y(n) = y_a(nT)$ nach si-Funktionen kann in äquivalenter Weise durch Filtern der Funktion $y^{\#}(t)$ mit einem idealen Tiefpaß der Grenzfrequenz $\omega_0/2$ durchgeführt werden, siehe Abschnitt 7.3.1, insbesondere Bild 7.3.1.

Bild 7.4.1 zeigt eine Anordnung zur idealen Rekonstruktion eines kontinuierlichen Signals $y_a(t)$ aus einem diskreten Signal $y(n)$. Im ersten Schritt ist aus der Folge $y(n)$ eine ideal abgetastete Funktion $y^{\#}(t)$ zu schaffen. Die dabei vorgenommene Multiplikation mit der Dirac-Impulsreihe $\delta_T(nT)$ ist so zu verstehen, daß jedem Dirac-Impuls $\delta(t - nT)$ der zugehörige Abtastwert $y(n)$ als Gewicht zugeordnet wird.

Im zweiten Schritt erfolgt dann die Filterung mit einem idealen Tiefpaß der Grenzfrequenz $\omega_0/2$, der gemäß Bild 7.3.1 das Basisbandspektrum aus dem periodischen Spektrum $Y^{\#}(j\omega)$ des diskreten Signals ausfiltert. Dieses Basisbandspektrum entspricht nach der Verstärkung mit dem Faktor T einem bandbegrenzten Signal $y_a(t)$, das am Ausgang des Filters zur Verfügung steht.

7.5 Nichtideale Rekonstruktion

7.5.1 Nichtideales Rekonstruktionsfilter

Die reale Rekonstruktion unterscheidet sich in zwei Dingen von der idealen Rekonstruktion: Der ideale Tiefpaß ist durch einen realen Tiefpaß zu ersetzen, und das ideal abgetastete Signal $y^{\#}(t)$ wird nicht verwendet. Bild 7.5.1 zeigt andeutungsweise das periodische Spektrum $|F^{\#}(j\omega)|$ eines diskreten Signals und den Betragsfrequenzgang $|H(j\omega)|$ eines *realen Rekonstruktionstiefpasses*. In gleicher Weise wie bei der eingangsseitigen Bandbegrenzung durch ein Antialiasing-Filter muß bei der Rekonstruktion ein Übergangsbereich zwischen dem Durchlaß- und dem Sperrbereich des Filters berücksichtigt werden. Bezüglich der gezielten Zulassung von Überlappungseffekten gilt hier das gleiche wie bei den Antialiasing-Filtern, siehe Abschnitt 7.3.2.

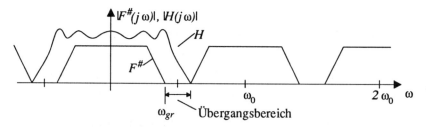

Bild 7.5.1:   Signalrekonstruktion mit realem Tiefpaß
$F^{\#}$ = periodisches Spektrum, H = Betragsfrequenzgang des Filters

7.5.2 Nichtideale Abtastsignale

Die Betrachtung der ideal abgetasteten Funktion $y^{\#}(t)$ ist nur im Zusammenhang mit mathematischen Modellen sinnvoll. Die Folge $y(n)$ von Abtastwerten kann ebenfalls nicht zur Erregung eines kontinuierlichen Rekonstruktionstiefpasses verwendet werden, da das diskrete Signal $y(n)$ bezüglich des kontinuierlichen Filters keine Signalleistung enthält. Ähnlich wie bei der nichtidealen Abtastung sind Abtastsignale mit endlicher zeitlicher Breite zu verwenden.

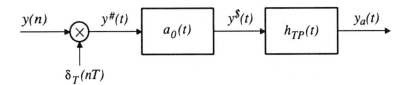

Bild 7.5.2: Mathematisches Modell für eine Rekonstruktion
mit endlich breiten Abtastimpulsen

Bild 7.5.2 zeigt ein Modell zur mathematischen Beschreibung der Signalrekonstruktion mit endlich breiten Abtastimpulsen. Die darin verwendeten Signale
sind in Bild 7.5.3 dargestellt. Zunächst wird die Folge $y(n)$, siehe Bild 7.5.3a,
wie in Bild 7.4.1 durch Multiplikation mit der Dirac-Impulsreihe $\delta_T(t)$ in das
ideal abgetastete Signal $y^\#(t)$ umgeformt, siehe Bild 7.5.3b. Diese Folge aus
gewichteten Dirac-Impulsen erregt dann ein System, das eine Impulsantwort
$h(t) = a_0(t)$ nach Bild 7.1.3 besitzt. Am Ausgang dieses Systems erscheint
dann ein Signal $y^\$(t)$, das aus Impulsen der Breite αT und der Höhe $y(n)$ be-
steht. Dieses Signal ist in der Lage, das nachgeschaltete Tiefpaßfilter mit der
Impulsantwort $h_{TP}(t)$ zu erregen.

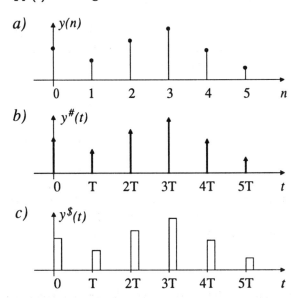

Bild 7.5.3: Signale des Modells in Bild 7.5.2

7.5.3 Signalspektren

Der Pulsformer mit der Impulsantwort $h(t) = a_0(t)$ in Bild 7.5.2 ist ein LTI-System und führt die folgende Faltungsoperation aus:

$$
\begin{aligned}
y^{\$}(t) &= y^{\#}(t) * a_0(t) \\
&= \Big(\sum_{n=-\infty}^{\infty} y(n)\delta(t - nT) \Big) * a_0(t) \\
&= \sum_{n=-\infty}^{\infty} y(n) \cdot a_0(t - nT).
\end{aligned}
\tag{7.5.1}
$$

Die zugehörigen Spektren lauten mit dem Faltungstheorem

$$
Y^{\$}(j\omega) = Y^{\#}(j\omega) \cdot A_0(j\omega).
\tag{7.5.2}
$$

Das Betragsspektrum $|Y^{\$}(j\omega)|$ des nichtidealen Abtastsignals errechnet sich daraus unter Ausnutzung des Ergebnisses in (7.1.5) zu

$$
|Y^{\$}(j\omega)| = |Y^{\#}(j\omega)| \cdot \alpha T |\mathrm{si}(\omega\alpha T/2)|.
\tag{7.5.3}
$$

Der nachgeschaltete Rekonstruktionstiefpaß in Bild 7.5.2 läßt nur das Basisbandspektrum dieses Signals durch und sperrt die periodischen Fortsetzungen des Spektrums. Mit dem Basisbandspektrum

$$
Y^{\#}(j\omega)\Big|_{n=0} = \frac{1}{T} \cdot Y(j\omega)
\tag{7.5.4}
$$

des ideal abgetasteten Signals $Y^{\#}(j\omega)$ lautet das Spektrum des Ausgangssignals $y_a(t)$

$$
Y_a(j\omega) = |Y(j\omega)| \cdot \alpha |\mathrm{si}(\omega\alpha T/2)|.
\tag{7.5.5}
$$

Darin ist $Y(j\omega)$ das Spektrum, das sich bei idealer Rekonstruktion ergeben hätte. Durch die Einbeziehung der nichtidealen Eigenschaft endlich breiter Abtastimpulse erleidet das rekonstruierte Signale eine *si-förmige Verzerrung* des Spektrums.

7.5.4 Rekonstruktion mit Abtasthalteoperation

In einer realen Anordnung zur Rekonstruktion des kontinuierlichen Signals werden die Abtastwerte $y(n)$ meist mit Hilfe eines *Abtasthaltegliedes* (S&H =

sample and hold) für die Zeit eines Taktintervalles T gespeichert und während dieser Zeit als konstantes Signal zur Verfügung gestellt.

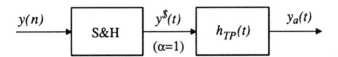

Bild 7.5.4:   Reale Anordnung zur Signalrekonstruktion
mit Hilfe eines Abtasthaltegliedes (S&H)

Aus Bild 7.5.4 ist ersichtlich, daß die Abtastwerte $y(n)$ direkt auf das Abtasthalteglied gegeben werden. Am Ausgang dieser Einheit entsteht ein *treppenförmiges Signal* $y^\$(t)$, dessen jeweilige Treppenstufenhöhe mit den Abtastwerten übereinstimmt. Dieses Treppensignal kann als Sonderfall des im vorhergehenden Abschnitt behandelten nichtidealen Abtastsignals gedeutet werden. Bild 7.5.5 zeigt den Übergang vom reinen Abtastsignal $y(n)$ über das nichtideale Abtastsignal mit dem Parameter $\alpha < 1$ bis hin zum Treppensignal mit dem Parameter $\alpha = 1$.

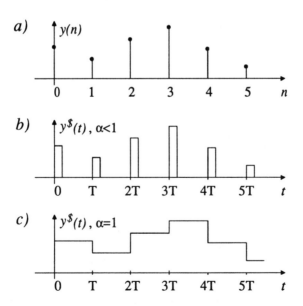

Bild 7.5.5: Signale bei der Rekonstruktion mit einem Abtasthalteglied:
Folge der Abtastwerte (a), nichtideales Abtastsignal (b)
und treppenförmiges Ausgangssignal des Abtasthaltegliedes (c)

Das Spektrum des treppenförmigen Signals am Ausgang des Abtasthaltegliedes kann mit dem Wert $\alpha = 1$ unmittelbar aus (7.5.5) abgelesen werden:

$$Y_a(j\omega) = |Y(j\omega)| \cdot |\text{si}(\omega T/2)|. \tag{7.5.6}$$

Durch die Abtasthalteoperation entsteht eine maximale si-Verzerrung im Ausgangsspektrum $F_a(j\omega)$. Der erste Nulldurchgang der si-förmigen Hüllkurve liegt
im Falle eines treppenförmigen Zeitsignals bei der Abtastfrequenz ω_0. Dieses
ist aus dem Argument der si-Funktion in (7.5.6) ersichtlich, das für $\omega = \omega_0$ den
Wert π annimmt.

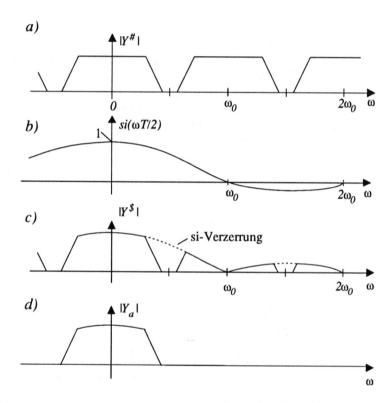

Bild 7.5.6: Die si-Verzerrung des Ausgangsspektrums: periodisches
Spektrum des ideal abgetasteten Signals (a), si-Funktion bei $\alpha = 1$ (b)
Spektren des Treppensignals (c) und des Ausgangssignals (d)

Die *si-Verzerrung* kann durch eine geeignete Vorverzerrung im Durchlaßbereich des Rekonstruktionsfilters kompensiert werden. Eine andere Möglichkeit
ist die Vorverzerrung der Signale bereits bei der diskreten Signalverarbeitung.

7.6 Äquivalente zeitdiskrete Signalverarbeitung

Im folgenden wird gezeigt, daß es unter bestimmten Voraussetzungen möglich ist, das Übertragungsverhalten eines kontinuierlichen LTI-Systems durch eine diskrete Verarbeitung der Eingangsabtastwerte und eine sich anschließende Rekonstruktion exakt nachzubilden. Dazu wird das kontinuierliche LTI-System in Bild 7.6.1 als Referenz herangezogen, das mit den Beziehungen

$$y(t) = u(t) * h(t) \tag{7.6.1}$$

und

$$Y(j\omega) = U(j\omega) \cdot H(j\omega) \tag{7.6.2}$$

beschrieben werden kann.

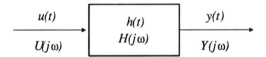

Bild 7.6.1: Kontinuierliche Signalverarbeitung mit LTI-System

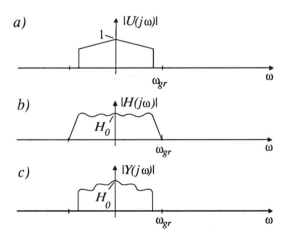

Bild 7.6.2: Eingangsspektrum (a), Übertragungsfunktion (b) und Ausgangsspektrum (c) der Anordnung nach Bild 7.6.1

Bild 7.6.2 zeigt das Eingangsbetragsspektrum $|U(j\omega)|$, den Betrag $|H(j\omega)|$ der Übertragungsfunktion und das Ausgangsbetragsspektrum $|Y(j\omega)|$ der Anordnung in Bild 7.6.1. Darin ist die für die folgenden Betrachtungen wichtige Voraussetzung festgehalten, daß <u>sowohl</u> das Eingangssignal <u>als auch</u> die Übertragungsfunktion des Systems auf eine Frequenz ω_{gr} bandbegrenzt sind. In diesem Fall ist wegen (7.6.2) auch das Ausgangsspektrum auf diese Frequenz bandbegrenzt.

Zum Vergleich wird die Anordnung nach Bild 7.6.3 untersucht, die das gleiche LTI-System wie in Bild 7.6.1 enthält und zusätzlich das Eingangssignal ideal abtastet. Bild 7.6.4 zeigt die zugehörigen Spektren.

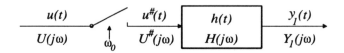

Bild 7.6.3:   Erregung des LTI-Systems
mit einem ideal abgetasteten Eingangssignal

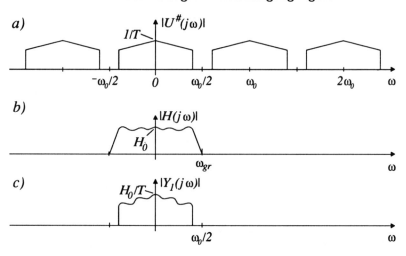

Bild 7.6.4:   Eingangsspektrum (a), Übertragungsfunktion (b) und
Ausgangsspektrum (c) der Anordnung nach Bild 7.6.3

Jeder Dirac-Impuls des Eingangsabtastsignals

$$u^{\#}(t) = \sum_{n=-\infty}^{\infty} u(nT) \cdot \delta(t - nT) \tag{7.6.3}$$

verursacht eine entsprechend gewichtete und zeitverschobene Impulsantwort.

In der Summe entsteht so das Ausgangssignal

$$y_1(t) = \sum_{n=-\infty}^{\infty} u(nT) \cdot h(t - nT). \tag{7.6.4}$$

Eine Betrachtung der Spektren in Bild 7.6.4 zeigt, daß unter der oben genannten Voraussetzung eines bandbegrenzten Eingangssignals und einer bandbegrenzten Übertragungsfunktion das Ausgangsspektrum $Y_1(j\omega)$ bis auf den Skalierungsfaktor $1/T$ identisch ist mit dem Ausgangsspektrum $Y(j\omega)$ in Bild 7.6.2c:

$$Y_1(j\omega) = \frac{1}{T} Y(j\omega). \tag{7.6.5}$$

Das Ausgangssignal $y_1(t)$ ändert sich nicht, wenn man es, wie in Bild 7.6.5 gezeigt, ideal abtastet und anschließend ideal rekonstruiert. Zur Rekonstruktion werde ein idealer Rekonstruktionstiefpaß IRTP mit einem Übertragungsverhalten nach (7.3.5) verwendet.

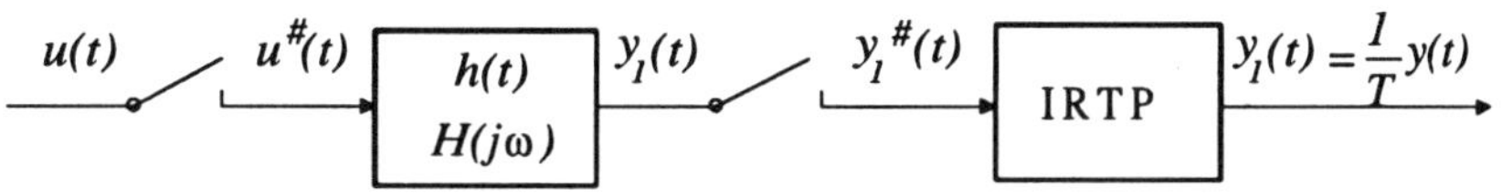

Bild 7.6.5: Ideale Abtastung und Rekonstruktion des Ausgangssignals

Die ideal abgetastete Ausgangsfunktion lautet

$$y_1^{\#}(t) = \sum_{n=-\infty}^{\infty} y_1(nT) \cdot \delta(t - nT). \tag{7.6.6}$$

Die Abtastwerte $y_1(nT)$ erhält man aus (7.6.4). Damit gilt für das ideal abgetastete Ausgangssignal

$$y_1^{\#}(t) = \sum_{n=-\infty}^{\infty} \sum_{k=-\infty}^{\infty} u(kT) \cdot h(nT - kT) \cdot \delta(t - nT). \tag{7.6.7}$$

Dieses Ergebnis kann auch mit der äquivalenten Anordnung in Bild 7.6.6 erzielt werden. Darin werden die Eingangsabtastwerte $u(nT)$ einer *diskreten Signalverarbeitung* zugeführt, die eine diskrete Faltung durchführt, siehe auch (5.3.42).

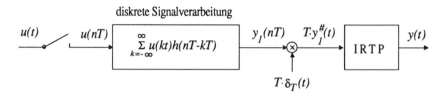

Bild 7.6.6:   Äquivalente zeitdiskrete Signalverarbeitung

In der äquivalenten zeitdiskreten Signalverarbeitung nach Bild 7.6.6 werden die Abtastwerte $u(nT)$ des Eingangssignals $u(t)$ mit den Abtastwerten $h(nT)$ der Impulsantwort $h(t)$ diskret gefaltet und führen im Ergebnis auf die Abtastwerte $y_1(nT)$. Unter der Voraussetzung der Bandbegrenzung von $u(t)$ und $h(t)$ sind die Abtastwerte $y_1(nT)$ bis auf den Skalierungsfaktor $1/T$ identisch mit den Abtastwerten $y(t)$ des Ausgangssignals $y(t)$ nach (7.6.1). Durch eine nachgeschaltete ideale Rekonstruktion mit einem zusätzlichen Skalierungsfaktor T kann daher das Ausgangssignal $y(t)$ auch als Ergebnis der diskreten Signalverarbeitung in Bild 7.6.6 entnommen werden.

Bild 7.6.7:   Anordnung zur digitalen Signalverarbeitung

Die diskrete Signalverarbeitung wird meist in Form der in Bild 7.6.7 gezeigten *digitalen Signalverarbeitung* realisiert. Nach der Bandbegrenzung mit einem Tiefpaß TP werden die Eingangssignale mit einem Abtasthalteglied S&H abgetastet. Die Halteoperation wird für die anschließende Analog-Digital-Wandlung benötigt und verursacht in diesem Fall keine si-Verzerrung, denn die in theoretisch unendlich kurzer Zeit entnommenen Abtastwerte werden als entsprechende Zahlenwerte weitergegeben. Nach der digitalen Signalverarbeitung und der Rückwandlung mit einem Digital-Analog-Wandler erfolgt die Rekonstruktion des Ausgangssignals. Sie wird nicht, wie in Bild 7.6.6 dargestellt, als ideale Rekonstruktion ausgeführt, sondern, wie im Abschnitt 7.5 beschrieben, mit Hilfe eines Abtasthaltegliedes und eines realen Tiefpaßfilters TP. In diesem Zusammenhang ist das Problem der si-Verzerrung zu lösen.

7.7 Abtastung im Frequenzbereich

Das in Abschnitt 7.3 hergeleitete Abtasttheorem für bandbegrenzte Signale hat in der Systemtheorie eine zentrale Bedeutung. Der Vollständigkeit halber wird im folgenden noch ein zweites Abtasttheorem behandelt, das gelegentlich Anwendung findet. Wegen der Dualität der Fourier-Transformation existiert ein solches Abtasttheorem für *zeitbegrenzte Signale:*

$$f(t) \equiv 0 \text{ für } |t| \geq T_{gr}/2. \qquad (7.7.1)$$

Das periodisch fortgesetzte Signal

$$f_T(t) = f(t) * \delta_T(t) = \sum_{n=-\infty}^{\infty} f(t - nT) \qquad (7.7.2)$$

hat eine Fourier-Transformierte

$$F_T(j\omega) = F(j\omega) \cdot \omega_0 \cdot \delta_{\omega_0}(\omega) = \omega_0 \sum_{k=-\infty}^{\infty} F(jk\omega_0)\delta(\omega - k\omega_0) \qquad (7.7.3)$$

mit $F(j\omega) \bullet\!\!-\!\!\circ f(t)$ und $\omega_0 = 2\pi/T$. Die ursprüngliche Funktion $f(t)$ kann unter der Voraussetzung

$$T_{gr} \leq T \qquad (7.7.4)$$

aus der periodisch fortgesetzten Funktion $f_T(t)$ durch Multiplikation mit einer Rechteckfunktion

$$h(t) = \text{rect}\left(\frac{t}{T}\right) \circ\!\!-\!\!\bullet T \cdot \text{si}\left(\omega\frac{T}{2}\right) = H(j\omega), \qquad (7.7.5)$$

siehe (2.2.14-15), zurückgewonnen werden:

$$f(t) = f_T(t) \cdot h(t). \qquad (7.7.6)$$

Für die Fourier-Transformierte $F(j\omega) \circ\!\!-\!\!\bullet f(t)$ gilt mit (7.7.3) und (7.7.5) unter

Anwendung des Faltungstheorems (2.5.24)

$$F(j\omega) = \frac{1}{2\pi}\Big(F_T(j\omega) * H(j\omega)\Big)$$

$$= \frac{1}{2\pi} \int\limits_{-\infty}^{\infty} \omega_0 \sum_{k=-\infty}^{\infty} F(jk\omega_0)\delta(\nu - k\omega_0) \cdot T \cdot \mathrm{si}\Big((\omega - \nu)\frac{T}{2}\Big) d\nu$$

$$= \sum_{k=-\infty}^{\infty} F(jk\omega_0) \int\limits_{-\infty}^{\infty} \delta(\nu - k\omega_0) \cdot \mathrm{si}\Big((\omega - \nu)\frac{T}{2}\Big) d\nu \qquad (7.7.7)$$

$$= \sum_{k=-\infty}^{\infty} F(jk\omega_0) \cdot \mathrm{si}\Big((\omega - k\omega_0)\frac{T}{2}\Big).$$

Die Fourier-Transformierte jedes auf $T_{gr} \leq T$ zeitbegrenzten Signals $f(t)$ kann mit Hilfe der Stützwerte *(Abtastwerte im Frequenzbereich)* $F(jk\omega_0)$ mit $\omega_0 = 2\pi/T$ exakt dargestellt werden. Die Entwicklung erfolgt wie beim 1. Abtasttheorem nach periodisch versetzten si-Funktionen.

8. Diskrete LTI-Systeme

Die zeitdiskreten LTI-Systeme, zumeist kurz als diskrete Systeme bezeichnet, stellen das Gegenstück zu den in Kapitel 4 behandelten kontinuierlichen LTI-Systemen dar. Das Attribut *zeitdiskret* beschreibt ein wichtiges Merkmal solcher Systeme: Alle Signale sind nur zu bestimmten diskreten Zeitpunkten definiert. Wie im Falle kontinuierlicher Systeme beschränken sich die Betrachtungen im vorliegenden Kapitel auf lineare zeitinvariante Systeme, kurz LTI-Systeme genannt.

Die diskreten LTI-Systeme stellen eine wichtige Grundlage für die digitale Signalverarbeitung dar. Von daher können die Betrachtungen im vorliegenden Kapitel als eine grundlegende Theorie für zeitgemäße und effiziente Systemrealisierungen angesehen werden. Wichtige Eigenschaften der diskreten LTI-Systeme sind allerdings schon durch die Eigenschaften der zeitdiskreten Fourier-Transformation und der Z-Transformation vorweggenommen. Wie sich zeigen wird, bestehen auch viele Gemeinsamkeiten mit den kontinuierlichen Systemen, was noch einmal die in Abschnitt 7.6 angesprochene äquivalente zeitdiskrete Signalverarbeitung unterstreicht.

Im folgenden werden die diskreten LTI-Systeme im Zeit- und im Frequenzbereich behandelt. Darauf aufbauend werden LTI-Systeme mit stochastischer Erregung, die Systembeschreibung mit Differenzengleichungen und die Systembeschreibung mit Zustandsgleichungen betrachtet.

8.1 Systemantwort im Zeitbereich

8.1.1 Impulsantwort diskreter LTI-Systeme

In diskreten Systemen werden diskrete Signale in Form von Zahlenfolgen
verarbeitet. Ein diskretes Eingangssignal $u(n)$ wird mit Hilfe des diskreten
Systems in ein diskretes Ausgangssignal $y(n)$ abgebildet.

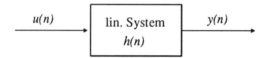

Bild 8.1.1:   Diskretes System mit Eingangssignal $u(n)$
und Ausgangssignal $y(n)$

Die Abbildungs- oder Transformationsvorschrift $\mathcal{T}$ kann zunächst wie folgt
in allgemeiner Form angegeben werden:

$$y(n) = \mathcal{T}\{u(n)\}. \tag{8.1.1}$$

Die weiteren Betrachtungen konzentrieren sich auf *lineare Systeme*, die durch
eine lineare Abbildung gekennzeichnet sind. Für lineare Systeme gilt mit beliebigen Konstanten c_1 und c_2 und beliebigen Eingangssignalen $u_1(n)$ und $u_2(n)$
stets der *Überlagerungssatz*, d.h. die Beziehung

$$\mathcal{T}\{c_1\,u_1(n) + c_2\,u_2(n)\} = c_1\,\mathcal{T}\{u_1(n)\} + c_2\,\mathcal{T}\{u_2(n)\}. \tag{8.1.2}$$

Die Linearität läßt sich auch auf mehrfache und unendliche Summen anwenden.
Stellt man die Erregung $u(n)$ gemäß (1.2.19) mit Hilfe der Impulsfolge $\delta(n)$ dar,
so wird aus (8.1.1)

$$y(n) = \mathcal{T}\left\{ \sum_{k=-\infty}^{\infty} u(k) \cdot \delta(n-k) \right\}. \tag{8.1.3}$$

Der zu transformierende Ausdruck stellt eine gewichtete Summe von Folgen dar,
worin die Terme $u(k)$ die Gewichte zu den verschobenen Impulsfolgen $\delta(n-k)$
sind. Wegen der Linearität des Systems läßt sich (8.1.2) auf (8.1.3) anwenden:

$$y(n) = \sum_{k=-\infty}^{\infty} u(k) \cdot \mathcal{T}\{\delta(n-k)\} = \sum_{k=-\infty}^{\infty} u(k) \cdot h_k(n-k). \tag{8.1.4}$$

Hierin ist $h_k(n-k)$ die Antwort des Systems auf die um k Schritte verschobene Impulsfolge $\delta(n-k)$.

Bei der im folgenden behandelten wichtigen Unterklasse der *verschiebein-varianten* bzw. *zeitinvarianten linearen Systeme (LTI-Systeme)* hängt die Impulsantwort nicht von der Verschiebung k ab. Ein LTI-System mit der Impulsantwort

$$T\{\delta(n)\} = h(n) \tag{8.1.5}$$

reagiert auf eine beliebig verschobene Impulsfolge mit der entsprechend verschobenen Impulsantwort

$$T\{\delta(n-k)\} = h(n-k). \tag{8.1.6}$$

Die Impulsantwort tritt mit der gleichen Verschiebung k auf wie die erregende Impulsfolge, hat aber ansonsten die gleiche Gestalt wie die in (8.1.5).

8.1.2 Diskrete Faltung

Setzt man die Beziehung (8.1.6) in (8.1.4) ein, so erhält man die für LTI-Systeme geltende Faltungssumme

$$y(n) = \sum_{k=-\infty}^{\infty} u(k)h(n-k) = u(n) * h(n) \tag{8.1.7}$$

Die Faltungsoperation wurde bereits in (5.3.42) eingeführt. Wegen der mit ihr verbundenen algebraischen Regeln wird sie auch *Faltungsprodukt* genannt oder einfach nur *Faltung von diskreten Signalen*.

Beispiel 8.1.1

Das vorliegende Beispiel soll dazu dienen, den Mechanismus der Faltung zu veranschaulichen. Dazu werde ein LTI-System mit der Impulsantwort

$$h(n) = \frac{1}{2}[\epsilon(n) - \epsilon(n-3)] \tag{8.1.8}$$

betrachtet, die in Bild 8.1.2 skizziert ist.

Bild 8.1.2: Impulsantwort des betrachteten LTI-Systems

Das System werde mit der in Bild 8.1.3 gezeigten Folge erregt, die nur für $n = 0$ bis 2 von Null verschiedene Elemente besitzt.

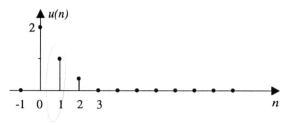

Bild 8.1.3: Eingangsfolge des betrachteten LTI-Systems

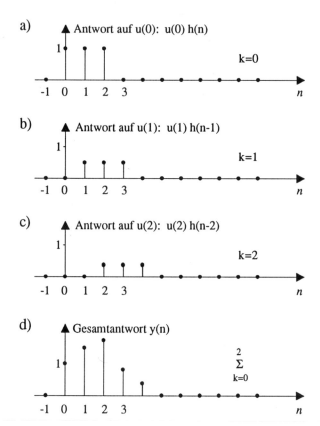

Bild 8.1.4: Veranschaulichung der Faltung durch Überlagerung

Bild 8.1.4 zeigt eine Interpretation der Faltung, bei der der Überlagerungssatz im Vordergrund steht. Hierzu denkt man sich die Erregung $u(n)$ nach (1.2.19) in drei einzelne Impulsfolgen zerlegt, die unabhängig voneinander entsprechend gewichtete und verschobene Impulsantworten am Ausgang des Systems hervorrufen, siehe Bild 8.1.4a-c. Da für lineare Systeme der Überlagerungssatz gilt, werden alle diese Beiträge am Ausgang zur Gesamtantwort summiert, Bild 8.1.4d.

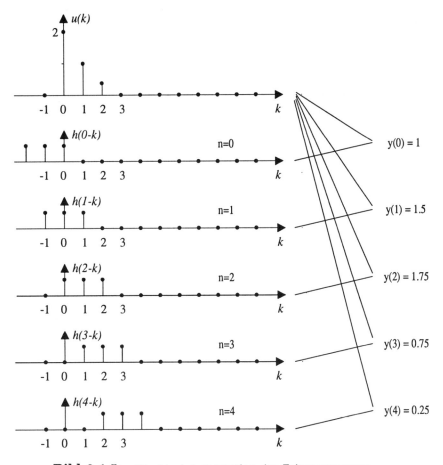

Bild 8.1.5: Direkte Interpretation der Faltungssumme

Bild 8.1.5 veranschaulicht eine direkte Auswertung der Faltungssumme in (8.1.7) für $n = 0$ bis $n = 4$. Die Summation über alle Werte von k in (8.1.7) führt auf die Ausgangswerte

$$y(0) = u(0) \cdot h(0) = 1,$$
$$y(1) = u(0) \cdot h(1) + u(1) \cdot h(0) = 1.5,$$
$$y(2) = u(0) \cdot h(2) + u(1) \cdot h(1) + u(2) \cdot h(0) = 1.75, \qquad (8.1.9)$$
$$y(3) = \qquad\qquad u(1) \cdot h(2) + u(2) \cdot h(1) = 0.75,$$
$$y(4) = \qquad\qquad\qquad\qquad u(2) \cdot h(2) = 0.25.$$

In Bild 8.1.5 ist für jeden Index n die umgefaltete und um n Schritte verzögerte Impulsantwort $h(n-k)$ über k aufgetragen. Der jeweilige Ausgangswert $y(n)$ folgt aus einer horizontalen Auswertung der Teilbilder: Für einen bestimmten Wert $y(n)$ sind alle Produkte $u(k) \cdot h(n-k)$ zu bilden und zu summieren, siehe (8.1.9).

Durch die gleichen Summationen entstehen die Ausgangswerte in Bild 8.1.4d. Der jeweilige Ausgangswert $y(n)$ folgt hier allerdings aus einer vertikalen Auswertung der Teilbilder: Für einen bestimmten Wert $y(n)$ sind alle Teilantworten für diesen Index n zu summieren. Die dabei durchzuführenden Summationen für $y(0)$ bis $y(4)$ sind ebenfalls mit (8.1.9) beschrieben.

Die Faltungsoperation ist wie im Fall der kontinuierlichen Signale und Systeme *kommutativ*, d.h. es gilt

$$u(n) * h(n) = h(n) * u(n). \tag{8.1.10}$$

Dieses läßt sich durch eine Substitution $n - k \rightarrow m$ in der Faltungssumme (8.1.7) zeigen:

$$y(n) = \sum_{m=-\infty}^{\infty} u(n-m)\,h(m) = \sum_{m=-\infty}^{\infty} h(m)\,u(n-m) = h(n) * u(n). \tag{8.1.11}$$

Die Kommutativität der Faltung läßt sich auch mit den Faltungstheoremen (5.3.43) und (6.5.2) erklären: Da der Faltung der Folgen eine normale Multiplikation der Fourier- bzw. Z-Transformierten äquivalent ist, können die beiden beteiligten Signale vertauscht werden.

Wegen der Kommutativität der Faltung können Impulsantwort und Erregung ihre Rollen vertauschen. Da das Klemmenverhalten der LTI-Systeme durch die Impulsantwort beschrieben wird, kann man zwischen den Beschreibungen der Signale und Systeme nicht unterscheiden. Ein System mit der Impulsantwort $h(n)$ und der Erregung $u(n)$ zeigt die gleiche Antwort $y(n)$ wie ein System mit der Impulsantwort $u(n)$ und der Erregung $h(n)$, siehe Bild 8.1.6.

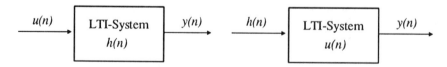

Bild 8.1.6: Zur Vertauschbarkeit von diskreten Signalen und Systemen

Aus der Definition der diskreten Faltung als Summe ist sofort ersichtlich, daß bezüglich der Faltung und der Addition von diskreten Signalen auch das *assoziative* und das *distributive* Gesetz gilt.

8.1.3 Sprungantwort

Mit der speziellen Erregung $u(n) = \epsilon(n)$ kann aus (8.1.11) die *Sprungant-wort* $g(n)$ eines LTI-Systems abgeleitet werden. Es gilt

$$y(n) = g(n) = \sum_{k=-\infty}^{\infty} h(k)\, \epsilon(n-k) = \sum_{k=-\infty}^{n} h(k). \qquad (8.1.12)$$

Alle Indizes $k > n$ tragen wegen der dann verschwindenden Sprungfolge nicht zur Sprungantwort bei. Die Sprungantwort $g(n)$ errechnet sich durch Auf-summieren der Impulsantwort $h(n)$ bis zum Index n. Bei kausalen Systemen erstreckt sich die Summation von $k = 0$ bis $k = n$. Im nächsten Abschnitt wird gezeigt, daß die Impulsantwort $h(n)$ kausaler Systeme für negative Indizes n Null ist.

Umgekehrt kann die Impulsantwort aus der Sprungantwort abgeleitet wer-den. Dazu wird (8.1.12) folgendermaßen umgeschrieben:

$$g(n) = h(n) + \sum_{k=-\infty}^{n-1} h(k) = h(n) + g(n-1).$$

Diese Gleichung nach $h(n)$ aufgelöst ergibt

$$h(n) = g(n) - g(n-1). \qquad (8.1.13)$$

Aus (8.1.13) läßt sich leicht die Z-Transformierte $G(z)$ der Sprungantwort eines LTI-Systems ableiten. Gleichung (8.1.13) lautet im z-Bereich

$$H(z) = G(z) - z^{-1} \cdot G(z), \qquad (8.1.14)$$

siehe auch (6.3.6). Daraus folgt

$$G(z) = \frac{z}{z-1} \cdot H(z). \qquad (8.1.15)$$

Aus der Übertragungsfunktion $H(z)$ eines diskreten LTI-Systems kann mit (8.1.15) die Z-Transformierte der Sprungantwort abgeleitet werden.

8.2 Kausalität und Stabilität

Für die Kausalität und Stabilität diskreter Systeme gelten sinngemäß die gleichen Aussagen wie für kontinuierliche Systeme, siehe dazu Abschnitt 4.4. Sie werden daher im folgenden ohne Beweis angegeben.

8.2.1 Kausale LTI-Systeme

Definition: Ein diskretes LTI-System ist *kausal*, wenn es für beliebige Indizes n_1 auf eine Eingangsfolge, die für $n < n_1$ gleich Null ist, mit einer Ausgangsfolge reagiert, die ebenfalls für $n < n_1$ gleich Null ist.

Die Kausalität eines diskreten LTI-Systems läßt sich unmittelbar aus seiner Impulsantwort $h(n)$ ablesen. Dazu dient der folgende

Satz: Ein diskretes LTI-System ist dann und nur dann *kausal*, wenn seine Impulsantwort $h(n)$ für alle negativen Indizes n verschwindet:

$$h(n) = 0, \ n < 0. \tag{8.2.1}$$

8.2.2 Stabile LTI-Systeme

Zur Definition der Stabilität wird der Begriff der beschränkten Folge benötigt. Dazu dient die folgende Definition.

Definition: Eine Folge $u(n)$ heißt *beschränkt*, wenn sie dem Betrage nach stets kleiner ist als eine endliche Konstante M_1:

$$|u(n)| < M_1 < \infty, \ \forall n. \tag{8.2.2}$$

Der triviale Fall einer Folge $u(n) \equiv 0$ soll ausgeschlossen werden, so daß die Konstante M_1 stets von Null verschieden ist. Mit dem Begriff der beschränkten Folge kann nun die Stabilität eines diskreten LTI-Systems definiert werden.

Definition: Ein diskretes LTI-System heißt *stabil*, wenn es auf jede beschränkte Eingangsfolge $u(n)$ mit einer beschränkten Ausgangsfolge $y(n)$ reagiert.

Die Frage, ob ein diskretes LTI-System stabil ist oder nicht, kann mit der absoluten Summierbarkeit der Impulsantwort des Systems beantwortet werden. Dazu dient der folgende

Satz: Ein diskretes LTI-System ist dann und nur dann *stabil*, wenn seine Impulsantwort absolut summierbar ist:

$$\sum_{n=-\infty}^{\infty} |h(n)| < M_2 < \infty. \tag{8.2.3}$$

Beispiel 8.2.1

Ein System mit der Impulsantwort

$$h(n) = a^n \epsilon(n) \tag{8.2.4}$$

ist wegen des Anteils $\epsilon(n)$ kausal.

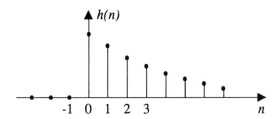

Bild 8.2.1: Impulsantwort des betrachteten Systems mit $|a| < 1$

Zur Untersuchung der Stabilität des betrachteten Systems ist die Betragssumme der Impulsantwort zu berechnen. Diese lautet unter der Voraussetzung $|a| < 1$

$$\sum_{n=-\infty}^{\infty} |h(n)| = \sum_{n=0}^{\infty} |a|^n = \frac{1}{1-|a|}. \tag{8.2.5}$$

Die geometrische Reihe in (8.2.5) konvergiert nur für $|a| < 1$, siehe Anhang A2. Daher ist das betrachtete System auch nur unter dieser Bedingung stabil.

8.3 Frequenzgang und Übertragungsfunktion

Im vorliegenden Abschnitt werden der *Frequenzgang eines LTI-Systems* bei Erregung mit Exponentialfolgen, die Übertragungsfunktion für den Fall der Erregung mit beliebigen Folgen und davon abgeleitete Größen wie Dämpfung, Phase und Gruppenlaufzeit behandelt.

8.3.1 Frequenzgang

Wenn man von dem Frequenzgang eines diskreten LTI-Systems spricht, geht man immer von der Vorstellung aus, daß das System mit einer *Exponentialfolge*

$$u(n) = A_u \exp(j\Omega n) \tag{8.3.1}$$

erregt wird. Im folgenden wird gezeigt, daß diese Folge eine *Eigenfunktion* der LTI-Systeme ist. Ein diskretes LTI-System antwortet mit einer Exponentialfolge der gleichen Frequenz. Die Systemantwort kann mit der Faltungsbeziehung in (8.1.11) berechnet werden. Setzt man (8.3.1) in (8.1.11) ein, so erhält man

$$
\begin{aligned}
y(n) &= \sum_{k=-\infty}^{\infty} h(k) \cdot A_u \exp(j\Omega n - j\Omega k) \\
&= \left(A_u \sum_{k=-\infty}^{\infty} h(k) \cdot \exp(-j\Omega k) \right) \cdot \exp(j\Omega n) \\
&= A_u \cdot H(e^{j\Omega}) \cdot \exp(j\Omega n) = A_y \cdot \exp(j\Omega n)
\end{aligned} \tag{8.3.2}
$$

mit

$$H(e^{j\Omega}) = \frac{A_y}{A_u} = \sum_{k=-\infty}^{\infty} h(k) \cdot \exp\left(-jk\Omega\right). \tag{8.3.3}$$

Die Ausgangsfolge $y(n)$ ist wieder eine Exponentialfolge der Frequenz Ω, allerdings mit der veränderten komplexen Amplitude A_y. Der in (8.3.3) dargestellte Quotient zwischen Ausgangs- und Eingangsamplitude ist der *Frequenzgang* $H(e^{j\Omega})$, der über den Ausdruck $e^{j\Omega}$ von der Frequenz Ω abhängt. Aus (8.3.3) und (5.3.13) ist ersichtlich, daß der Frequenzgang $H(e^{j\Omega})$ über die zeitdiskrete Fourier-Transformation mit der Impulsantwort $h(n)$ des Systems verknüpft ist:

$$h(n) \circ\!\!-\!\!\bullet H(e^{j\Omega}). \tag{8.3.4}$$

Ein Vergleich mit Abschnitt 4.2.1 zeigt, daß im Falle diskreter LTI-Systeme exakt die korrespondierenden Verhältnisse zu denen der kontinuierlichen Systeme vorliegen.

Beispiel 8.3.1

Es sei ein kausales und stabiles LTI-System mit der Impulsantwort

$$h(n) = a^n \epsilon(n), \quad 0 < a < 1 \tag{8.3.5}$$

betrachtet. Die aus (5.3.18) bekannte zeitdiskrete Fourier-Transformierte

$$H(e^{j\Omega}) = \frac{1}{1 - a \exp(-j\Omega)} \tag{8.3.6}$$

ist der Frequenzgang dieses Systems. Ersetzt man die Formelgrößen f durch h und F durch H, so findet man die Impulsantwort in Bild 5.3.2a und den Frequenzgang in Bild 5.3.2b aufgezeichnet.

Der Frequenzgang eines diskreten LTI-Systems ist als zeitdiskrete Fourier-Transformierte der diskreten Impulsantwort stets eine kontinuierliche periodische Funktion der Frequenz Ω mit der Periode 2π. Dieses wird auch durch die spezielle Schreibweise $e^{j\Omega}$ des Arguments verdeutlicht.

Mit Hilfe der inversen zeitdiskreten Fourier-Transformation kann die Impulsantwort

$$h(n) = \frac{1}{2\pi} \int\limits_{-\pi}^{\pi} H(e^{j\Omega}) e^{jn\Omega} \, d\Omega \tag{8.3.7}$$

aus dem Frequenzgang berechnet werden, siehe (5.3.14).

8.3.2 Übertragungsfunktion

Im folgenden wird die Beschränkung auf komplexe Exponentialfolgen als Erregung fallengelassen und das Übertragungsverhalten der LTI-Systeme bei beliebiger Erregung beschrieben. Den Schlüssel dazu liefert das Faltungstheorem (5.3.43). Verbindet man mit der Folge $f_1(n)$ in (5.3.43) die Erregung $u(n)$ und mit der Folge $f_2(n)$ die Impulsantwort $h(n)$ des Systems, so kann die Faltungsbeziehung (8.1.7) mit Hilfe des Faltungstheorems (5.3.43) wie folgt im Frequenzbereich ausgedrückt werden:

$$Y(e^{j\Omega}) = H(e^{j\Omega}) \cdot U(e^{j\Omega}). \tag{8.3.8}$$

Darin sind die Fourier-Transformierten mit den jeweiligen großen Buchstaben bezeichnet. Da $u(n)$ und $y(n)$ im allgemeinen keine Exponentialfolgen sind, kann man $H(e^{j\Omega})$ nicht mehr als Frequenzgang auffassen. Die Funktion $H(e^{j\Omega})$ hat hier eine allgemeinere Bedeutung und wird *Systemfunktion* oder *Übertragungsfunktion* genannt.

Die Faltungsbeziehung (8.1.7) kann alternativ auch mit dem Faltungstheorem (6.5.2) der Z-Transformation ausgedrückt werden:

$$Y(z) = H(z) \cdot U(z)$$

$$(8.3.9)$$

Darin sind $U(z)$ die Z-Transformierte der Eingangsfolge und $Y(z)$ die Z-Transformierte der Ausgangsfolge. Die Größe $H(z)$ wird ebenfalls System- oder Übertragungsfunktion genannt. Bild 8.3.1 gibt noch einmal einen Überblick über die Beschreibungsformen des Übertragungsverhaltens der diskreten LTI-Systeme im Original- und im Bildbereich.

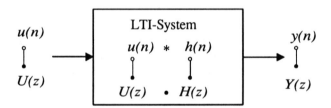

Bild 8.3.1: Zur Beschreibung der Übertragungseigenschaften eines diskreten LTI-Systems mit Z-Transformierten

Konvergieren die drei Z-Transformierten $U(z)$, $H(z)$ und $Y(z)$ auch auf dem Einheitskreis der komplexen z-Ebene, was bei stabilen und kausalen Signalen und Systemen stets gilt, so kann durch eine Substitution $z \rightarrow e^{j\Omega}$ von der Übertragungsbeziehung (8.3.9) auf die Übertragungsbeziehung (8.3.8) übergegangen werden und umgekehrt.

Beispiel 8.3.2

Betrachtet sei die Z-Transformierte der Sprungfolge

$$\frac{z}{z-1} \bullet\!\!-\!\!\circ \epsilon(n) \qquad (8.3.10)$$

nach (6.1.12) und die Übertragungsfunktion $H(z)$ eines nicht näher beschriebenen LTI-Systems. Erregt man das System mit der Sprungfolge, so reagiert es am Ausgang mit der Sprungantwort $y(n) = g(n)$. Die Sprungantwort

$G(z)$ •—○ $g(n)$ kann mit der Übertragungsbeziehung (8.3.9) im z-Bereich berechnet werden:

$$G(z) = \frac{z}{z-1} \cdot H(z) \tag{8.3.11}$$

Dieser Ausdruck stimmt mit dem in (8.1.15) überein.

8.3.3 Betrag und Phasenwinkel

Im folgenden werden der Real- und Imaginärteil sowie der Betrag und der Phasenwinkel der Übertragungsfunktion betrachtet. Diese Größen werden in der Regel nur auf dem Einheitskreis der komplexen z-Ebene bestimmt, also für $z = e^{j\Omega}$. Da sich der Frequenzgang und die Übertragungsfunktion formal nicht unterscheiden, gelten diese abgeleiteten Funktionen auch für beide. Trotzdem hat man meist die Wirkung dieser abgeleiteten Funktionen auf die komplexen Amplituden von Exponentialfolgen bzw. auf die Amplituden und Nullphasenwinkel von Sinusfolgen vor Augen und spricht daher auch von einem *Betragsfrequenzgang* oder einem *Phasenfrequenzgang*.

Die komplexwertige Übertragungsfunktion $H(e^{j\Omega})$ als zeitdiskrete Fourier-Transformierte der Impulsantwort $h(n)$ läßt sich in den *Real- und Imaginärteil*

$$H(e^{j\Omega}) = H'(e^{j\Omega}) + jH''(e^{j\Omega}) \tag{8.3.12}$$

und in den *Betrag* und *Phasenwinkel*

$$H(e^{j\Omega}) = \left|H(e^{j\Omega})\right| \cdot \exp\left(j \arc H(e^{j\Omega})\right) \tag{8.3.13}$$

aufspalten. Die vier abgeleiteten Funktionen sind ebenfalls periodisch und besitzen die gleiche Periode wie $H(e^{j\Omega})$. Geht man von reellen Impulsantworten $h(n)$ aus, so sind, wie in Abschnitt 5.3.4 gezeigt, der Realteil eine gerade und der Imaginärteil eine ungerade Funktion der Frequenz. Daraus folgt unmittelbar die Eigenschaft, daß der Betragsfrequenzgang eine gerade Funktion der Frequenz ist und der Phasenwinkel eine ungerade Funktion.

Beispiel 8.3.3

Der Real- und der Imaginärteil der Übertragungsfunktion (8.3.6) aus Beispiel 8.3.1 wurden bereits im Beispiel 5.3.2 berechnet. Aus (5.3.27) folgt der Realteil

$$H'(e^{j\Omega}) = \frac{1 - a\cos\Omega}{1 - 2a\cos\Omega + a^2} \tag{8.3.14}$$

und der Imaginärteil

$$H''(e^{j\Omega}) = \frac{-a \sin \Omega}{1 - 2a \cos \Omega + a^2},\qquad (8.3.15)$$

siehe auch Bild 5.3.3. Den Betragsfrequenzgang kann man direkt aus (8.3.6) ableiten:

$$\left|H(e^{j\Omega})\right| = \frac{1}{\sqrt{(1 - a \cos \Omega)^2 + a^2 \sin^2 \Omega}}.\qquad (8.3.16)$$

Der Phasenwinkel $\arc H(e^{j\Omega})$ ist durch den Arcustangens des Quotienten aus Imaginärteil und Realteil gegeben:

$$\arc H(e^{j\Omega}) = \arctan \frac{-a \sin \Omega}{1 - a \cos \Omega}.\qquad (8.3.17)$$

In Bild 8.3.2 sind Real- und Imaginärteil, Betrag und Winkel von $H(e^{j\Omega})$ für den Parameter $a = 0.8$ gezeigt, siehe auch Bild 5.3.2 und 5.3.3.

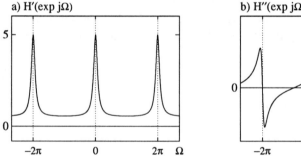

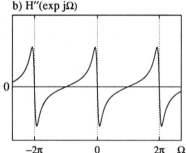

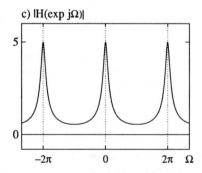

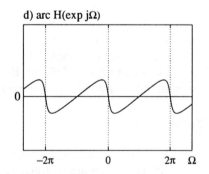

Bild 8.3.2: Realteil (a), Imaginärteil (b), Betrag (c) und Phasenwinkel (d) der Übertragungsfunktion des Tiefpaß 1. Ordnung nach (8.3.6)

In Bild 8.3.2 bestätigt sich, daß die vier aus der Übertragungsfunktion abgeleiteten Funktionen, ebenso wie die Übertragungsfunktion selbst, periodisch
in Ω mit der Periode 2π sind. Ferner zeigt sich, wie erwartet, daß der Realteil
und der Betrag gerade Funktionen und der Imaginärteil und der Phasenwinkel
ungerade Funktionen der Frequenz sind.

8.3.4 Dämpfung, Phase und Gruppenlaufzeit

Wie im Falle kontinuierlicher Systeme leitet sich aus dem Betrag der Übertragungsfunktion das *Dämpfungmaß*

$$a(\Omega) = 20 \lg \frac{1}{|H(e^{j\Omega})|} \quad \text{in dB} \tag{8.3.18}$$

ab, auch einfach nur *Dämpfung* genannt, und aus dem Phasenwinkel das *Phasenmaß* oder einfach nur die *Phase*

$$b(\Omega) = -\arc H(e^{j\Omega}) \quad \text{in Radiant (rad)}. \tag{8.3.19}$$

Schließlich ist die *Gruppenlaufzeit*

$$t_g = \frac{db(\Omega)}{d\Omega} \tag{8.3.20}$$

als Ableitung der Phase $b(\Omega)$ nach dem Frequenzparameter Ω definiert.

8.4 LTI-Systeme mit stochastischer Erregung

Im folgenden wird die Übertragung *diskreter stochastischer Signale* über diskrete LTI-Systeme behandelt. Solche Signale kann man sich zum Beispiel durch Abtastung von *Sprachsignalen, Audiosignalen, Videosignalen* oder *Regelsignalen* entstanden denken.

8.4.1 System- und Signalbeschreibung

Zunächst wird ein diskretes LTI-System mit der Impulsantwort $h(n)$ und der Übertragungsfunktion $H(z)$ $\bullet\!\!-\!\!\circ$ $h(n)$ betrachtet, das am Eingang mit *Musterfolgen* $u_i(n)$ eines *diskreten stochastischen Prozesses* $u(n)$ erregt wird.

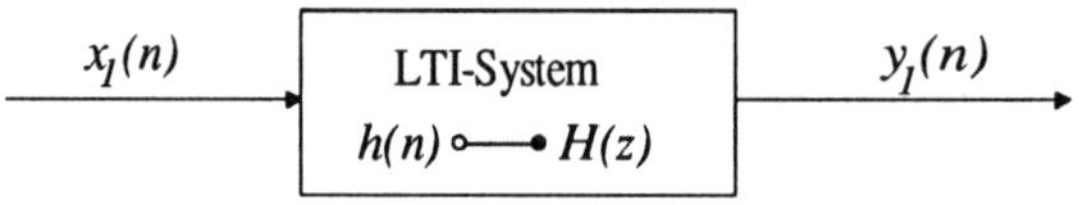

Bild 8.4.1: Übertragung einer Musterfolge durch ein LTI-System

Der Eingangsprozeß werde *stationär* und *ergodisch* angenommen und nach (A4.2.5) und (A4.2.11) durch seine *Autokorrelationsfolge*

$$r_{uu}(m) = E\{u(n) \cdot u(n+m)\}$$
$$= \lim_{N\to\infty} \frac{1}{2N+1} \sum_{n=-N}^{N} u_i(n)u_i(n+m) \tag{8.4.1}$$

beschrieben, wobei $u_i(n)$ eine beliebige Musterfolge des Prozesses ist.

Aus der bekannten Impulsantwort $h(n)$ des Systems läßt sich gemäß (6.5.5) die Autokorrelationsfolge (AKF) für determinierte Leistungssignale ableiten:

$$r_{hh}^E(m) = \sum_{n=-\infty}^{\infty} h(n)h(n+m) = \sum_{n=-\infty}^{\infty} h(n)h(n-m) = r_{hh}^E(-m). \tag{8.4.2}$$

Die Autokorrelationsfolge $r_{hh}^E(m)$ der Impulsantwort wird als *Systemautokorrelationsfolge* bezeichnet. Ihre Z-Transformierte lautet mit (6.5.7)

$$Z\{r_{hh}^E(m)\} = H(z^{-1})H(z) = T(z). \tag{8.4.3}$$

Bei stabilen kausalen Systemen liegen die Pole von $H(z)$ im Innern des Einheitskreises. Die Pole von $H(z^{-1})$ gehen aus den Polen von $H(z)$ durch Spiegelung am Einheitskreis hervor. Es existiert daher ein Konvergenzring, der den Einheitskreis einschließt, siehe Bild 8.4.2.

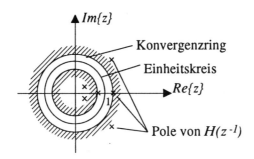

Bild 8.4.2: Zur Konvergenz von $T(z) = H(z^{-1})H(z)$

Die Pole von $H(z^{-1})$ sind dem linksseitigen Teil, die Pole von $H(z)$ dem rechtsseitigen Teil der geraden Systemautokorrelationsfolge zugeordnet. Die entsprechende zeitdiskrete Fourier-Transformierte lautet mit $z = e^{j\Omega}$

$$T(e^{j\Omega}) = H(e^{-j\Omega})H(e^{j\Omega}) = \sum_{n=-\infty}^{\infty} r_{hh}^E(n)e^{-j\Omega n}. \tag{8.4.4}$$

Diese Funktion wird als *Leistungsübertragungsfunktion* bezeichnet.

8.4.2 Linearer Mittelwert

Das diskrete LTI-System werde mit einem diskreten stationären ergodischen Prozeß $u(n)$ erregt, der den Mittelwert $\overline{u(n)}$ besitzt. Wie groß ist dann der *Mittelwert* des Ausgangsprozesses $y(n)$? Dieser Mittelwert errechnet sich als *linearer Erwartungswert* zu

$$\overline{y(n)} = E\{y(n)\} = E\{\sum_{k=-\infty}^{\infty} u(k)h(n-k)\}$$

$$= \sum_{k=-\infty}^{\infty} E\{u(k)\}h(n-k) \tag{8.4.5}$$

$$= \overline{u(n)} \sum_{k=-\infty}^{\infty} h(n-k) = \overline{u(n)} \sum_{k=-\infty}^{\infty} h(k).$$

Der Summenausdruck in (8.4.5) ist die diskrete Fourier-Transformierte

$$H(e^{j\Omega}) = \sum_{k=-\infty}^{\infty} h(k)\, e^{-j\Omega k} \qquad (8.4.6)$$

an der Stelle $\Omega = 0$. Das Ergebnis lautet daher

$$\overline{y(n)} = \overline{u(n)} \cdot H(e^{j\Omega})\Big|_{\Omega=0}. \qquad (8.4.7)$$

Der Mittelwert $\overline{y(n)}$ des Ausgangsprozesses $y(n)$ wird aus dem Mittelwert $\overline{u(n)}$ des Eingangsprozesses $u(n)$ durch Multiplikation mit der Übertragungsfunktion an der Stelle $\Omega = 0$ berechnet. Der Mittelwert eines stochastischen Signals wird daher wie der Gleichanteil eines determinierten Signals übertragen.

8.4.3 Kreuzkorrelation zwischen Eingang und Ausgang des Systems

Ein diskretes LTI-System werde mit Musterfolgen eines stationären Prozesses $u(n)$ erregt und antwortet mit Musterfolgen eines stationären Prozesses $y(n)$. Der Eingangsprozeß soll eine Autokorrelationsfolge $r_{uu}(n)$ und ein *Leistungsdichtespektrum*

$$S_{uu}(e^{j\Omega}) \bullet\!\!-\!\!\circ r_{uu}(n) \qquad (8.4.8)$$

besitzen. Im folgenden wird ein Zusammenhang zwischen beiden Prozessen in Form der *Kreuzkorrelationsfolge (KKF)* $r_{uy}(n)$ hergestellt. Dabei wird vorausgesetzt, daß beide Prozesse mittelwertfrei sind. Die KKF ist durch den Erwartungswert

$$\begin{aligned}
r_{uy}(n) &= E\{u(k) \cdot y(k+n)\} \\
&= E\{u(k) \sum_{m=-\infty}^{\infty} u(m)h(k+n-m)\} \\
&= \sum_{m=-\infty}^{\infty} E\{u(k)u(m)\}h(k+n-m) \\
&= \sum_{m=-\infty}^{\infty} r_{uu}(m-k)h(k+n-m)
\end{aligned} \qquad (8.4.9)$$

gegeben. Darin ist die Tatsache ausgenutzt worden, daß die AKF eines stationären Prozesses nur von der Differenz $(m-k)$ der betrachteten Indizes abhängt. Mit der Substitution $m - k \rightarrow l$ lautet (8.4.9)

$$r_{uy}(n) = \sum_{l=-\infty}^{\infty} r_{uu}(l)h(n-l). \qquad (8.4.10)$$

Dieser Ausdruck stellt eine Faltungssumme dar und kann in der Kurzform

$$r_{uy}(n) = r_{uu}(n) * h(n) \qquad (8.4.11)$$

geschrieben werden. Die Kreuzkorrelierte $r_{uy}(n)$ zwischen dem Eingangs- und dem Ausgangsprozeß ist durch eine Faltung der Eingangs-AKF $r_{uu}(n)$ mit der Impulsantwort $h(n)$ des LTI-Systems gegeben. Gleichung (8.4.11) ist das diskrete Pendant zur Gleichung (4.5.11) für kontinuierliche Systeme.

Die Z-Transformation der Gleichung (8.4.11) führt auf das *Kreuzleistungsdichtespektrum*

$$S_{uy}(z) = S_{uu}(z) \cdot H(z). \qquad (8.4.12)$$

Da die KKF eine zweiseitige Folge ist, ist die zweiseitige Z-Transformation zu verwenden. Das Kreuzleistungsdichtespektrum $S_{uy}(z)$ konvergiert in einem Konvergenzring um den Einheitskreis und besitzt im allgemeinen Pole sowohl innerhalb als auch außerhalb des Einheitskreises.

8.4.4 Die Autokorrelationsfolge der Systemantwort

Wie im Fall der kontinuierlichen Systeme (siehe Abschnitt 4.5.3) ist es auch bei diskreten Systemen möglich, den Zusammenhang zwischen den Autokorrelationsfolgen am Eingang und Ausgang des Systems herzustellen. Drückt man den Ausgangsprozeß jeweils als Faltung des Eingangsprozesses mit der Impulsantwort aus, so erhält man die Ausgangs-AKF

$$
\begin{aligned}
r_{yy}(n) &= E\{y(k)y(k+n)\} \\
&= E\Big\{ \sum_{l=-\infty}^{\infty} u(k-l)h(l) \sum_{m=-\infty}^{\infty} u(k+n-m)h(m) \Big\} \\
&= \sum_{l=-\infty}^{\infty} \sum_{m=-\infty}^{\infty} \underbrace{E\{u(k-l)u(k+n-m)\}}_{r_{xx}(n-m+l)} h(l)h(m).
\end{aligned}
\qquad (8.4.13)
$$

Die Erwartungswertbildung ist nur über die Prozesse $u(k-l)$ und $u(k+n-m)$ zu erstrecken, da die Impulsantwort eine determinierte Folge ist. Dieser Erwartungswert ist die AKF $r_{uu}(n-m+l)$. Mit der Substitution $m-l \to \nu$ lautet die Ausgangs-AKF

$$
\begin{aligned}
r_{yy}(n) &= \sum_{l=-\infty}^{\infty} \sum_{\nu=-\infty}^{\infty} r_{uu}(n-\nu)h(l)h(l+\nu) \\
&= \sum_{\nu=-\infty}^{\infty} r_{uu}(n-\nu) \underbrace{\sum_{l=-\infty}^{\infty} h(l)h(l+\nu)}_{r_{hh}^{E}(\nu).}
\end{aligned}
\qquad (8.4.14)
$$

Die rechts stehende Summe kann als Systemautokorrelationsfolge $r_{hh}^E(\nu)$ identifiziert werden. Daher vereinfacht sich der Ausdruck in (8.4.14) zu

$$r_{yy}(n) = \sum_{\nu=-\infty}^{\infty} r_{uu}(n-\nu) \cdot r_{hh}^E(\nu). \tag{8.4.15}$$

Das Ergebnis hat die Form eines Faltungsintegrals und kann daher in der folgenden Kurzschreibweise formuliert werden:

$$r_{yy}(n) = r_{uu}(n) * r_{hh}^E(n) \tag{8.4.16}$$

Diese Gleichung beschreibt die Übertragung von stochastischen Prozessen über LTI-Systeme in Form von Autokorrelationsfolgen und ist die *Wiener-Lee-Beziehung* für zeitdiskrete stochastische Signale. Gleichung (8.4.16) ist das diskrete Gegenstück zu der Wiener-Lee-Beziehung (4.5.23) für kontinuierliche Systeme.

8.4.5 Das Leistungsdichtespektrum der Systemantwort

Die Wiener-Lee-Beziehung kann auch zwischen den Leistungsdichtespektren $S_{uu}(e^{j\Omega})$ •—∘ $r_{uu}(n)$ am Eingang und $S_{yy}(e^{j\Omega})$ •—∘ $r_{yy}(n)$ am Ausgang formuliert werden. Zur dazu nötigen Transformation der Systemautokorrelationsfolge $r_{hh}^E(n)$ wird das Korrelationstheorem (6.5.7) für diskrete Signale herangezogen: Aus der Definition

$$r_{hh}^E(n) = \sum_{k=-\infty}^{\infty} h(k)\, h(k+n) \tag{8.4.17}$$

folgt mit (6.5.5) und (6.5.7)

$$r_{hh}^E(n) \;\circ\!\!-\!\!\bullet\; H(z^{-1}) \cdot H(z) = T_{hh}(z). \tag{8.4.18}$$

Mit dem Faltungstheorem (6.5.2) kann nun die Wiener-Lee-Beziehung (8.4.16) durch die korrespondierenden Z-Transformierten ausgedrückt werden:

$$S_{yy}(z) = S_{uu}(z) \cdot T_{hh}(z) \tag{8.4.19}$$

Bild 8.4.3 verdeutlicht das durch die Wiener-Lee-Beziehung beschriebene Übertragungsverhalten von LTI-Systemen für diskrete stochastische Signale. Wie im Falle determinierter Signale, siehe Bild 8.3.1, kann die Übertragung im Zeitbereich oder im Bildbereich beschrieben werden. Anstelle determinierter Folgen werden hier Autokorrelationsfolgen im Zeitbereich gefaltet.

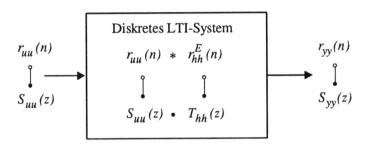

Bild 8.4.3: Übertragung diskreter stochastischer Signale über LTI-Systeme

Die von einer stabilen Übertragungsfunktion abgeleitete *Leistungsübertragungsfunktion* $T_{hh}(z)$ konvergiert als zweiseitige Z-Transformierte in einem Konvergenzring um den Einheitskreis der z-Ebene. Alle Pole treten paarweise gespiegelt am Einheitskreis auf. Da die zugehörige Systemautokorrelationsfolge $r_{hh}^E(n)$ als Faltung von $h(-n)$ und $h(n)$ geschrieben werden kann, siehe (6.5.6), können die Pole innerhalb des Einheitskreises eindeutig der Impulsantwort $h(n)$ zugeordnet werden und die Pole außerhalb des Einheitskreises der Folge $h(-n)$.

Da die Leistungsübertragungsfunktion $T_{hh}(z)$ auch auf dem Einheitskreis konvergiert, kann aus (8.4.19) eine Beziehung für die Leistungsdichtespektren am Eingang und Ausgang des Systems abgeleitet werden. Mit der Substitution $z \rightarrow e^{j\Omega}$ erhält man

$$S_{yy}(e^{j\Omega}) = S_{uu}(e^{j\Omega}) \cdot T_{hh}(e^{j\Omega}) = S_{uu}(e^{j\Omega}) \cdot |H(e^{j\Omega})|^2. \qquad (8.4.20)$$

Die Leistungsdichtespektren der diskreten Signale am Eingang und Ausgang des Systems werden durch die Leistungsübertragungsfunktion $T_{hh}(e^{j\Omega})$ miteinander verknüpft.

Beispiel 8.4.1

Ein kontinuierliches Sinussignal der Frequenz 1 kHz werde in einem Takt von 48 kHz abgetastet und in einem idealen 16bit-A/D-Wandler in eine Folge digitaler Werte gewandelt. Das Sinussignal soll die normierte Amplitude 1 haben, der Bereich des Wandlers soll ±1 betragen. Nach der Wandlung wird das Signal in einem zeitdiskreten Tiefpaß 1. Ordnung mit einer 3dB-Grenzfrequenz von 4 kHz bandbegrenzt.

Die Folge der Quantisierungsfehler im A/D-Wandler soll unkorreliert sein, das Spektrum dieser Folge wird als frequenzunabhängig angenommen (weißes Quantisierungsrauschen). Das Nutzsignal wird durch das Quantisierungsrauschen gestört. Der Signal-zu-Rauschabstand ist als Verhältnis der mittleren Signalleistung zur mittleren Rauschleistung definiert. In vorliegenden Beispiel wird untersucht, wie groß dieser Abstand vor und hinter der Tiefpaß-Filterung ist.

Das abgetastete Nutzsignal lautet

$$x(n) = \sin(n\Omega_0) \tag{8.4.21}$$

mit $\Omega_0 = (1kHz/48kHz) \cdot 2\pi = \pi/24$. Nach der Quantisierung wird aus $x(n)$ die quantisierte Größe $[x(n)]_Q$:

$$[x(n)]_Q = k \cdot 2^{-15} \qquad \text{für } (k - \frac{1}{2})2^{-15} \leq x(n) \leq (k + \frac{1}{2})2^{-15} \tag{8.4.22}$$

mit dem Wertevorrat $k = 0, \pm1, \pm2, \ldots, \pm(2^{15} - 1)$. (Hierbei bleibt eine Stufe des A/D-Wandlers ungenutzt, andere ähnliche Quantisierungen sind denkbar und gebräuchlich).

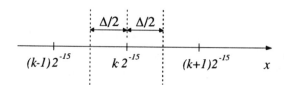

Bild 8.4.4: Quantisierungsintervall bei der A/D-Wandlung

Bild 8.4.4 zeigt die möglichen Werte von $x(n)$, die der festen Zahl $k \cdot 2^{-15}$ zugeordnet werden. Die Breite dieses Intervalls wird als Quantisierungsstufe Δ bezeichnet. Der Quantisierungsfehler

$$e(n) = x(n) - [x(n)]_Q \tag{8.4.23}$$

wird im gesamten Wertebereich von $-\Delta/2$ bis $\Delta/2$ als gleichverteilt angenommen. Bild 8.4.5 zeigt die Wahrscheinlichkeitsdichtefunktion dieses Fehlers.

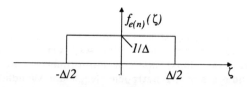

Bild 8.4.5: Dichtefunktion des Quantisierungsfehlers

Die mittlere Leistung des Quantisierungsfehlers ist durch den quadratischen Mittelwert gegeben, der sich nach (A4.4) zu

$$s_{e(n)}^2 = \int_{-\infty}^{+\infty} \xi^2 f_{e(n)}(\xi)\, d\xi = \frac{1}{\Delta} \int_{-\Delta/2}^{\Delta/2} \xi^2\, d\xi$$

$$= \frac{1}{3\Delta} \xi^3 \Big|_{-\Delta/2}^{\Delta/2} = \frac{\Delta^2}{12} \qquad (8.4.24)$$

berechnet. Mit einer Quantisierungsstufe von $\Delta = 2^{-15}$ ergibt sich eine mittlere Quantisierungsfehlerleistung von

$$s_{e(n)}^2 = 2^{-30}/12. \qquad (8.4.25)$$

Das diskrete Sinussignal mit der normierten Frequenz $\Omega_0 = 2\pi/N$, $N = 48$, lautet quadriert

$$x^2(n) = \sin^2(n\Omega_0) = \frac{1}{2}[1 - \cos(2n\Omega_0)]. \qquad (8.4.26)$$

Die mittlere Leistung folgt durch Mittelung über eine Periode:

$$P_x = \frac{1}{N}\sum_{n=0}^{N-1} x^2(n) = \underbrace{\frac{1}{N}\sum_{n=0}^{N-1}\frac{1}{2}}_{1/2} - \underbrace{\frac{1}{N}\sum_{n=0}^{N-1}\frac{1}{2}\cos(4\pi n/N)}_{0} = \frac{1}{2} \qquad (8.4.27)$$

Aus (8.4.25) und (8.4.27) folgt das S/N-Verhältnis

$$\left(\frac{S}{N}\right)_x = 10\lg\frac{P_x}{s_{e(n)}^2} = 10\lg\frac{1/2}{2^{-30}/12} = 98,0905112\,dB. \qquad (8.4.28)$$

Jedes weitere bit des A/D-Wandlers halbiert die Quantisierungsstufe Δ, viertelt die Quantisierungsrauschleistung nach (8.4.25) und vergrößert das S/N-Verhältnis um 6 dB.

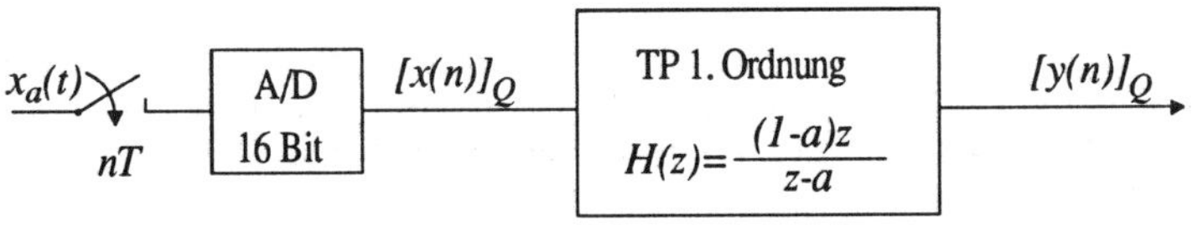

Bild 8.4.6: Digitales Signalverarbeitungssystem

In der weiteren Verarbeitung wird das digitalisierte diskrete Signal

$$[x(n)]_Q = x(n) - e(n) \tag{8.4.29}$$

tiefpaßgefiltert, siehe Bild 8.4.6. Um das S/N-Verhältnis am Ausgang des Tiefpasses zu berechnen, wird die Übertragung des determinierten Signals $x(n)$ und des stochastischen Fehlersignals $e(n)$ durch den Tiefpaß getrennt berechnet. Für die mittlere Leistung des Fehlersignals gilt

$$s^2_{e(n)} = \frac{1}{2\pi} \int\limits_{-\pi}^{\pi} \left| E(e^{j\Omega}) \right|^2 d\Omega. \tag{8.4.30}$$

Darin ist $E(e^{j\Omega})$ die zeitdiskrete Fourier-Transformierte des Quantisierungsfehlers $e(n)$. Da die Rauschleistungsdichte als konstant angenommen wird, folgt aus (8.4.30)

$$\left| E(e^{j\Omega}) \right|^2 = S_{ee}(e^{j\Omega}) = s^2_{e(n)}. \tag{8.4.31}$$

Der digitale Tiefpaß 1. Ordnung hat eine Übertragungsfunktion

$$H(z) = \frac{(1-a)z}{z-a}. \tag{8.4.32}$$

mit einem Betragsfrequenzgang

$$\left| H(e^{j\Omega}) \right| = \frac{1-a}{\left(1 - 2a \cos \Omega + a^2\right)^{1/2}}. \tag{8.4.33}$$

Der freie Parameter a muß den Wert 0,848 haben, damit der Tiefpaß bei der Frequenz $\Omega = \Omega_{gr} = 2\pi \cdot 4kHz/48kHz = \pi/6$ einen Abfall des Betragsfrequenzgangs gegenüber tiefen Frequenzen um 3 dB hat (3dB-Grenzfrequenz). Aus (8.4.32) folgt die Leistungsübertragungsfunktion

$$T(z) = H(z)H(z^{-1}) = \frac{z(1-a)}{z-a} \frac{-a^{-1}(1-a)}{z-a^{-1}}. \tag{8.4.34}$$

Die Z-Transformierte der AKF des Rauschens am Tiefpaßausgang lautet

$$S_{aa}(z) = S_{ee}(z) \cdot T(z). \tag{8.4.35}$$

Die gesuchte mittlere Rauschleistung ist durch die AKF $r_{aa}(n)$ an der Stelle $n = 0$ gegeben. Die AKF kann durch Inverse Z-Transformation aus $S_{aa}(z)$ berechnet werden. Speziell für $n = 0$ ergibt sich mit (6.6.1)

$$r_{aa}(0) = \frac{1}{2\pi j} \oint\limits_{C} S_{aa}(z) \, z^{-1} \, dz = \frac{1}{2\pi j} \oint\limits_{C} S_{ee}(z) \cdot T(z) \, z^{-1} \, dz. \tag{8.4.36}$$

Dieses Integral soll mit Hilfe des Residuensatzes ermittelt werden. Da $|a| < 1$ ist, liegt in (8.4.34) nur ein Pol bei $z = a$ innerhalb des Einheitskreises. Das Residuum von $S_{ee}(z)T(z)z^{-1}$ bei $z = a$ lautet

$$r_{aa}(0) = s_{e(n)}^2 \cdot \frac{-a^{-1}(1-a)^2}{z - a^{-1}}\bigg|_{z=a} = s_{e(n)}^2 \cdot \frac{(1-a)^2}{1-a^2} \qquad (8.4.37)$$

und mit $a = 0,848$

$$r_{aa}(0) = s_{e(n)}^2 \cdot 0,0822. \qquad (8.4.38)$$

Zuletzt wird die Übertragung des Nutzsignals betrachtet. Die Reduktion der Nutzleistung des Sinussignals kann aus dem Betragsfrequenzgang (8.4.33) für $\Omega = \Omega_0$ entnommen werden:

$$\left|H(e^{j\Omega_0})\right|^2 = 0,614. \qquad (8.4.39)$$

Damit lautet das S/N-Verhältnis am Ausgang des Tiefpasses

$$\left(\frac{S}{N}\right)_y = 10 \lg \frac{P_y}{r_{aa}(0)} = 10 \lg \frac{0,614\, P_x}{0,0822\, s_{e(n)}^2}$$

$$= 10 \lg \frac{P_x}{s_{e(n)}^2} + \underbrace{10 \lg \frac{0,614}{0,0822}}_{S/N-\text{Verbesserung}} \qquad (8.4.40)$$

$$= 98,09\, dB + 8,73 dB.$$

Da die Rauschleistung durch den Tiefpaß stärker reduziert wird als die Nutzleistung, wird das S/N-Verhältnis verbessert.

8.5 Systembeschreibung mit Differenzengleichungen

Der Zusammenhang zwischen den Eingangs- und Ausgangssignalen eines diskreten Systems kann durch eine *Differenzengleichung* beschrieben werden. Ein *lineares System* ist durch eine lineare Differenzengleichung gekennzeichnet. Ein *zeitinvariantes linares System (LTI-System)* besitzt überdies konstante Koeffizienten in der Differenzengleichung.

Differenzengleichungen spielen für diskrete Systeme die gleiche Rolle wie Differentialgleichungen für kontinuierliche Systeme. Genauso wie im Abschnitt 4.1.2 kann zwischen der Impulsantwort eines diskreten Systems und seiner Differenzengleichung ein einfacher Zusammenhang hergestellt werden, siehe auch Abschnitt 8.5.3.

Im folgenden werden die Differenzengleichungen zur Kennzeichnung und Abgrenzung zweier wichtiger Klassen von Systemen herangezogen, nämlich der rekursiven und nichtrekursiven Systeme.

8.5.1 Rekursive und nichtrekursive Systeme

Hängt die Ausgangsgröße $y(n)$ in der Differenzengleichung nicht nur von der Eingangsgröße $u(n)$ und Vergangenheitswerten $u(n-1)\dots u(n-M)$, sondern auch von Vergangenheitswerten der Ausgangsgröße $y(n-1)\dots y(n-N)$ ab, so spricht man von einem *rekursiven System*:

$$y(n) = -\sum_{k=1}^{N} a_k\, y(n-k) + \sum_{k=0}^{M} b_k\, u(n-k). \qquad (8.5.1)$$

Existiert ein von Null verschiedener Wert $y(n)$, z. B. durch Erregung mit einem Impuls, so ist die Ausgangsgröße in der Folge unendlich lang (zeitlich nicht begrenzt). Ein rekursives System hat daher eine unendlich lange Impulsantwort.

Bei einem *nichtrekursiven System* hängt die Ausgangsgröße $y(n)$ nur von der Eingangsgröße $u(n)$ und von Vergangenheitswerten $u(n-1)\dots u(n-M)$ der Eingangsgröße ab:

$$y(n) = \sum_{k=0}^{M} b_k\, u(n-k). \qquad (8.5.2)$$

Ein *FIR-System* (FIR = f̲inite i̲mpulse r̲esponse) besitzt eine endlich lange Impulsantwort $h(0) \ldots h(M)$. Aus der Faltungsbeziehung

$$y(n) = \sum_{k=-\infty}^{\infty} h(k)u(n-k) = \sum_{k=0}^{M} h(k)u(n-k) \qquad (8.5.3)$$

und einem Vergleich mit (8.5.2) ist ersichtlich, daß ein FIR-System ein nichtrekursives System ist, wobei die Koeffizienten b_k der Differenzengleichung durch die Koeffizienten $h(k)$ der Impulsantwort gegeben sind.

Die zweiseitige Z-Transformation aller Variablen in (8.5.2) führt mit dem Verzögerungssatz (6.3.7) auf die Beziehung

$$Y(z) = \sum_{k=0}^{M} b_k \, z^{-k} \, U(z). \qquad (8.5.4)$$

Daraus folgt die Übertragungsfunktion

$$H(z) = \frac{Y(z)}{U(z)} = \sum_{k=0}^{M} b_k \, z^{-k}. \qquad (8.5.5)$$

Ein nichtrekursives System hat als Übertragungsfunktion $H(z)$ ein Polynom in z^{-1}, dessen Koeffizienten identisch sind mit den Koeffizienten der Differenzengleichung in (8.5.2) und damit auch mit den Koeffizienten der Impulsantwort $h(n)$.

Entsprechend folgt mit der zweiseitigen Z-Transformation aus der Differenzengleichung (8.5.1) für rekursive Systeme

$$Y(z) = -\sum_{k=1}^{N} a_k \, z^{-k} \, Y(z) + \sum_{k=0}^{M} b_k \, z^{-k} \, U(z) \qquad (8.5.6)$$

und daraus

$$H(z) = \frac{Y(z)}{U(z)} = \frac{\displaystyle\sum_{k=0}^{M} b_k \, z^{-k}}{\displaystyle\sum_{k=0}^{N} a_k \, z^{-k}} \qquad (8.5.7)$$

mit $a_0 = 1$. Die Übertragungsfunktion eines rekursiven Systems ist eine gebrochen rationale Funktion in z^{-1}. Für ein kausales System muß die Bedingung $M \leq N$ gelten, siehe Abschnitt 6.6.3. Da die Koeffizienten des Zähler- und Nennerpolynoms identisch mit den Koeffizienten der Differenzengleichung in (8.5.1) sind, kann der Schritt von (8.5.7) nach (8.5.1) auch in umgekehrter Richtung durchgeführt werden: Aus der Übertragungsfunktion $H(z)$ kann unmittelbar die Differenzengleichung abgelesen werden.

Beispiel 8.5.1

Gegeben sei die gebrochen rationale Übertragungsfunktion 2. Ordnung

$$H(z) = \frac{b_0 + b_1\, z^{-1} + b_2\, z^{-2}}{1 + a_1\, z^{-1} + a_2\, z^{-2}}. \qquad (8.5.8)$$

Sie stellt den allgemeinen Fall der Übertragungsfunktion 2. Ordnung dar: Man kann eine Übertragungsfunktion mit einem Koeffizienten $a_0 \neq 1$ immer auf die Form (8.5.8) bringen, indem man Zähler und Nenner durch a_0 dividiert. Ein Vergleich von (8.5.7) mit (8.5.1) zeigt, daß mit (8.5.8) die folgende rekursive Beziehung im Zeitbereich gegeben ist:

$$\begin{aligned}
y(n) = &- a_1\, y(n-1) - a_2\, y(n-2) + \\
&+ b_0\, u(n) + b_1\, u(n-1) + b_2\, u(n-2).
\end{aligned} \qquad (8.5.9)$$

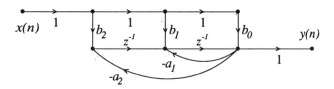

Bild 8.5.1: Signalflußgraph des rekursiven Systems 2. Ordnung

Bild 8.5.1 zeigt einen Signalflußgraphen der rekursiven Gleichung (8.5.9). Darin werden die Signale in den Zweigen mit den Zweiggewichten multipliziert. In den Knoten werden die ankommenden Signale summiert. Die Multiplikation mit z^{-1} stellt die Verzögerung um einen Takt dar, siehe auch (6.3.7).

Sind die Koeffizienten $a_1 = a_2 = 0$, so liegt ein nichtrekursives System vor. In diesem Fall degeneriert (8.5.8) zu einem Polynom. Die Rückführungsschleifen in Bild 8.5.1 entfallen dann.

Das vorangegangene Beispiel zeigt, daß ein rekursives System *Rückführungsschleifen* besitzt, die zu einer unendlich langen Impulsantwort führen, während in einem nichtrekursiven System nur eine *"Vorwärtsverarbeitung"* der Signale stattfindet.

8.5.2 Differenzengleichungen mit Anfangsbedingungen

Im vorhergehenden Abschnitt werden die Variablen der Differenzengleichungen von $n = -\infty$ bis $n = +\infty$ betrachtet und mit der zweiseitigen Z-Transformation behandelt. Soll die Lösung einer Differenzengleichung erst ab $n = 0$ bestimmt werden, so kann die einseitige Z-Transformation verwendet werden. Bei der Berechnung der Z-Transformierten der Vergangenheitswerte müssen gemäß (6.4.1) bzw. (6.4.6) die zum Zeitpunkt $n = 0$ benötigten Vergangenheitswerte bekannt sein.

Beispiel 8.5.2

Gegeben sei die Differenzengleichung

$$y(n + 1) + 2y(n) = u(n + 1) + u(n) \qquad (8.5.10)$$

mit der Erregung

$$u(n) = \epsilon(n) \qquad (8.5.11)$$

und dem Anfangswert $y(0) = 2$. Wie lautet die Lösung $y(n)$ für $n = 1, 2, \ldots$? Für $k = 1$ erhält man aus Gleichung (6.4.6)

$$Z_I\{y(n + 1)\} = z \cdot Y(z) - z \cdot y(0) \qquad (8.5.12)$$

mit $Y(z) = Z_I\{y(n)\}$. Entsprechend gilt für die Erregung

$$Z_I\{u(n + 1)\} = z \cdot \frac{z}{z - 1} - z \cdot u(0) \qquad (8.5.13)$$

worin $u(0) = 1$ ist. Die einseitige Z-Transformierte der Differenzengleichung in (8.5.10) führt auf

$$zY(z) - 2z + 2Y(z) = z\frac{z}{z - 1} - z + \frac{z}{z - 1}. \qquad (8.5.14)$$

Daraus folgt

$$
\begin{aligned}
Y(z) \cdot (z + 2) &= (z + 1)\frac{z}{z - 1} + z \\
Y(z) &= \frac{z + 1}{z + 2}\frac{z}{z - 1} + \frac{z}{z + 2}.
\end{aligned}
\qquad (8.5.15)
$$

Nach einer Zwischenrechnung erhält man

$$Y(z) = 2 - \frac{8/3}{z + 2} + \frac{2/3}{z - 1} \qquad (8.5.16)$$

und daraus die gesuchte Folge

$$y(n) = 2\delta(n) - \frac{8}{3}(-2)^{n-1}\,\epsilon(n-1) + \frac{2}{3}\epsilon(n-1). \qquad (8.5.17)$$

Für $n = 0, 1, 2 \ldots$ hat diese Folge die Werte

$$\begin{aligned}
y(0) &= 2, \\
y(1) &= -2, \\
y(2) &= 6, \\
\ldots &= \ldots
\end{aligned} \qquad (8.5.18)$$

Das gleiche Ergebnis erhält man, wenn man (8.5.10) nach $y(n+1)$ auflöst und die Werte von y aus dieser rekursiven Gleichung ermittelt.

Lösung der Differenzengleichung 1. Ordnung

Die *Differenzengleichung 1. Ordnung* kann als skalarer Prototyp der später zu lösenden Zustandsgleichungen aufgefaßt werden. In der Gleichung

$$x(n + 1) - a \cdot x(n) = b \cdot u(n) \qquad (8.5.19)$$

sind $x(n)$ die unabhängige Variable, $u(n)$ die Störgröße (Erregung) und a und b Skalare. Den homogenen Gleichungsanteil erhält man durch Nullsetzen der Störgröße:

$$x(n + 1) - a \cdot x(n) = 0. \qquad (8.5.20)$$

Ansatz für die *homogene Lösung*:

$$x(n) = a^n \cdot c. \qquad (8.5.21)$$

Für $n + 1$ gilt

$$x(n + 1) = a^{n+1} \cdot c. \qquad (8.5.22)$$

Ein Einsetzen von (8.5.21-22) in (8.5.20) bestätigt die Richtigkeit des Ansatzes. Die Konstante c erhält man mit $n = 0$ aus (8.5.21):

$$x(0) = a^0 \cdot c. \qquad (8.5.23)$$

Damit lautet die homogene Lösung

$$x(n) = a^n \cdot x(0). \qquad (8.5.24)$$

Bei der Bestimmung der *Gesamtlösung* soll die Erregung $u(n)$ erst ab $n = 0$ betrachtet werden. Entweder ist $u(n)$ kausal und das System für $n < 0$ nicht erregt und daher $x = 0$ für alle $n \leq 0$ oder $u(n)$ ist nichtkausal, dann ist die gesamte Vergangenheit in $x(0)$ gespeichert. In jedem Fall wird vorausgesetzt, daß $x(0)$ bekannt ist. Für $n = 0, 1, 2, 3, 4...$ folgt aus (8.5.19)

$$
\begin{aligned}
x(1) &= a \cdot x(0) + b \cdot u(0), \\
x(2) &= a \cdot x(1) + b \cdot u(1) \\
&= a^2 \cdot x(0) + ab \cdot u(0) + b \cdot u(1), \\
x(3) &= a \cdot x(2) + b \cdot u(2) \\
&= a^3 \cdot x(0) + a^2 b \cdot u(0) + ab \cdot u(1) + b \cdot u(2), \\
x(4) &= a \cdot x(3) + b \cdot u(3) \\
&= a^4 \cdot x(0) + a^3 b \cdot u(0) + a^2 b \cdot u(1) + ab \cdot u(2) + b \cdot u(3).
\end{aligned}
\tag{8.5.25}
$$

Aus diesen Gleichungen läßt sich die allgemeine Lösung der Differenzengleichung angeben:

$$
x(n) = a^n x(0) + \sum_{k=0}^{n-1} a^{n-k-1} b \cdot u(k), \quad n > 0.
\tag{8.5.26}
$$

Die Lösung $x(n)$ besteht aus zwei überlagerten Teilen: sie hängt vom *Anfangszustand* $x(0)$ und damit von der gesamten Vergangenheit ($n < 0$) sowie von der Erregung $u(n)$ vom Zeitpunkt $n = 0$ ab.

Faßt man $x(n)$ als die Systemantwort auf, so kann aus (8.5.26) mit der Impulserregung $u(n) = \delta(n)$ die Impulsantwort des Systems abgeleitet werden. Hierzu ist der Anfangswert $x(0)$ gleich Null zu setzen. Der Summenausdruck in (8.5.26) bringt wegen der Impulserregung nur für $k = 0$ einen endlichen Beitrag. Mit $u(0) = 1$ lautet die Impulsantwort

$$
\begin{aligned}
h(n) &= a^{n-1} b, \ n > 0 \\
&= a^{n-1} b \cdot \epsilon(n-1).
\end{aligned}
\tag{8.5.27}
$$

Die Impulsantwort hängt von beiden Koeffizienten der Differenzengleichung (8.5.19) ab.

8.6 Systembeschreibung mit Zustandsgleichungen

Das in Abschnitt 4.6.1 vorgestellte Zustandskonzept läßt sich unverändert auf zeitdiskrete Systeme übertragen. Anstelle eines Gleichungssystems aus Differentialgleichungen 1. Ordnung wird ein Gleichungssystem aus Differenzengleichungen 1. Ordnung nach dem Muster in (8.5.19) betrachtet. Diese Gleichungen lauten in Vektor- und Matrixschreibweise

$$\mathbf{x}(n+1) = \mathbf{A} \cdot \mathbf{x}(n) + \mathbf{B} \cdot \mathbf{u}(n), \tag{8.6.1}$$

$$\mathbf{y}(n) = \mathbf{C} \cdot \mathbf{x}(n) + \mathbf{D} \cdot \mathbf{u}(n). \tag{8.6.2}$$

Der nächste Abschnitt beschäftigt sich mit der Lösung dieser Gleichungen im Zeitbereich.

8.6.1 Lösung der Zustandsgleichungen im Zeitbereich

Setzt man in (8.6.1) die Erregung $\mathbf{u}(n) \equiv 0$, so erhält man den homogenen Teil der vektoriell geschriebenen Differenzengleichung:

$$\mathbf{x}(n+1) = \mathbf{A} \cdot \mathbf{x}(n). \tag{8.6.3}$$

Zur Lösung der homogenen Differenzengleichung wird der folgende Lösungsansatz gemacht:

$$\mathbf{x}(n) = \mathbf{A}^n \cdot \mathbf{c}. \tag{8.6.4}$$

Darin ist $\mathbf{c}$ ein noch nicht weiter spezifizierter Spaltenvektor. Gleichung (8.6.4) lautet für den Index $n+1$

$$\mathbf{x}(n+1) = \mathbf{A}^{n+1} \cdot \mathbf{c}. \tag{8.6.5}$$

Ein Einsetzen von (8.6.4-5) in (8.6.3) bestätigt die Richtigkeit des Ansatzes. Mit $n = 0$ erhält man aus (8.6.4)

$$\mathbf{x}(0) = \mathbf{A}^0 \cdot \mathbf{c} = \mathbf{I} \cdot \mathbf{c} = \mathbf{c} \tag{8.6.6}$$

mit der Einheitsmatrix **I**. Gleichung (8.6.4) kann daher auch als

$$\mathbf{x}(n) = \mathbf{A}^n \cdot \mathbf{x}(0) \qquad (8.6.7)$$

geschrieben werden. Die potenzierte Systemmatrix

$$\boldsymbol{\Phi}(n) = \mathbf{A}^n \qquad (8.6.8)$$

ist die *Zustandstransitionsmatrix* oder einfach *Transitionsmatrix des diskreten Systems*. Die Transitionsmatrix ist selbst eine Lösung der homogenen Differenzengleichung, denn mit dem Index $n + 1$ gilt

$$\boldsymbol{\Phi}(n + 1) = \mathbf{A}^{n+1} = \mathbf{A} \cdot \mathbf{A}^n = \mathbf{A} \cdot \boldsymbol{\Phi}(n). \qquad (8.6.9)$$

Die *Gesamtlösung* der inhomogenen Differenzengleichung in (8.6.1) erhält man aus einer Rekursionsbetrachtung, siehe auch (8.5.25). Setzt man voraus, daß der Zustandsanfangsvektor $\mathbf{x}(n_0)$ und die Erregung $\mathbf{u}(n)$ für $n \geq n_0$ bekannt sind, so können nacheinander alle Zustandsvektoren aus dem jeweils vorhergehenden Zustandsvektor und der Erregung angegeben werden:

$$\mathbf{x}(n_0 + 1) = \mathbf{A}\,\mathbf{x}(n_0) + \mathbf{B}\,\mathbf{u}(n_0),$$

$$\mathbf{x}(n_0 + 2) = \mathbf{A}\,\mathbf{x}(n_0 + 1) + \mathbf{B}\,\mathbf{u}(n_0 + 1)$$
$$= \mathbf{A}^2\mathbf{x}(n_0) + \mathbf{A}\,\mathbf{B}\,\mathbf{u}(n_0) + \mathbf{B}\,\mathbf{u}(n_0 + 1),$$

$$\mathbf{x}(n_0 + 3) = \mathbf{A}\,\mathbf{x}(n_0 + 2) + \mathbf{B}\,\mathbf{u}(n_0 + 2)$$
$$= \mathbf{A}^3\mathbf{x}(n_0) + \mathbf{A}^2\mathbf{B}\,\mathbf{u}(n_0) + \mathbf{A}\,\mathbf{B}\,\mathbf{u}(n_0 + 1) + \mathbf{B}\,\mathbf{u}(n_0 + 2),$$

$$\mathbf{x}(n_0 + 4) = \mathbf{A}\,\mathbf{x}(n_0 + 3) + \mathbf{B}\,\mathbf{u}(n_0 + 3)$$
$$= \mathbf{A}^4\mathbf{x}(n_0) + \mathbf{A}^3\mathbf{B}\,\mathbf{u}(n_0) + \mathbf{A}^2\mathbf{B}\,\mathbf{u}(n_0 + 1) + \mathbf{A}\,\mathbf{B}\,\mathbf{u}(n_0 + 2)$$
$$+ \mathbf{B}\,\mathbf{u}(n_0 + 3)$$

$$= \ldots,$$

$$\mathbf{x}(n) = \mathbf{A}^{n-n_0}\mathbf{x}(n_0) + \sum_{i=0}^{n-n_0-1} \mathbf{A}^{n-n_0-i-1}\mathbf{B}\,\mathbf{u}(n_0 + i).$$

$$(8.6.10)$$

Dieses Ergebnis lautet mit der Transitionsmatrix aus (8.6.8)

$$\mathbf{x}(n) = \boldsymbol{\Phi}(n - n_0)\,\mathbf{x}(n_0) + \sum_{i=0}^{n-n_0-1} \boldsymbol{\Phi}(n - n_0 - i - 1) \cdot \mathbf{B} \cdot \mathbf{u}(n_0 + i). \qquad (8.6.11)$$

Setzt man (8.6.11) in die Ausgangsgleichung (8.6.2) ein, so erhält man mit der Substitution $n_0 + i \rightarrow k$ die *allgemeine Systemantwort im Zeitbereich*:

$$\boxed{\mathbf{y}(n) = \mathbf{C}\,\boldsymbol{\Phi}(n - n_0)\,\mathbf{x}(n_0) + \sum_{k=n_0}^{n-1} \mathbf{C}\,\boldsymbol{\Phi}(n - 1 - k) \cdot \mathbf{B} \cdot \mathbf{u}(k) + \mathbf{D} \cdot \mathbf{u}(n)}$$

$$(8.6.12)$$

Die Antwort eines LTI-Systems läßt sich in die Summe zweier Teilantworten zerlegen. Der erste Teil hängt allein vom Anfangszustand $x(n_0)$ ab und der zweite allein von der Erregung $u(n)$. Die gesamte Vergangenheit des Systems für $n < n_0$ ist in der Größe $x(n_0)$ gespeichert.

8.6.2 Faltung und Impulsantwort

Im folgenden sei angenommen, daß der Anfangszustand eines LTI-Systems bei $n = n_0$ Null sei:

$$x(n_0) = 0. \qquad (8.6.13)$$

Der Ausgangsvektor in (8.6.12) reduziert sich dann auf den rechts stehenden Summenausdruck, d.h. auf den Teil der Systemantwort, der nur von der Erregung in Form des Eingangsvektors abhängt. In dem Summenausdruck kann man die beiden konstanten Matrizen C und B und die indexabhängige Transitionsmatrix $\Phi(n-1-k)$ zu einer indexabhängigen Matrix

$$g(n-1-k) = C\,\Phi(n-1-k)\,B \qquad (8.6.14)$$

zusammenfassen. Der Summenausdruck lautet dann

$$\sum_{k=n_0}^{n-1} g(n-1-k) \cdot u(k) = g(n-1) * u(n) \qquad (8.6.15)$$

und stellt unter der Voraussetzung $u(n) = 0$ für $n < n_0$ und $g(n) = 0$ für $n < 0$ eine diskrete Faltung der beiden Größen $g(n-1)$ und $u(n)$ dar.

Der Anteil $D\,u(n)$ in (8.6.12) kann wegen

$$u(n) = \sum_{k=-\infty}^{\infty} u(k) \cdot \delta(n-k) = u(n) * \delta(n) = \delta(n) * u(n) \qquad (8.6.16)$$

als

$$D\,u(n) = D \cdot \delta(n) * u(n) \qquad (8.6.17)$$

geschrieben werden.

Mit (8.6.15) und (8.6.17) lautet der Erregeranteil der Systemantwort in (8.6.12)

$$\begin{aligned} y(n) &= g(n-1) * u(n) + D \cdot \delta(n) * u(n) \\ &= \big(g(n-1) + D \cdot \delta(n)\big) * u(n) \end{aligned} \qquad (8.6.18)$$

Damit ist der Zusammenhang zwischen der Erregung **u** und der Antwort **y** durch ein Faltungsprodukt beschrieben:

$$\begin{aligned} \mathbf{y}(n) &= \mathbf{h}(n) * \mathbf{u}(n) \\ \mathbf{h}(n) &= \mathbf{C}\,\boldsymbol{\Phi}(n-1)\,\mathbf{B} + \mathbf{D}\,\delta(n) \end{aligned} \qquad (8.6.19)$$

Darin ist die Impulsantwort **h**(n) eine Matrix von skalaren Impulsantworten, die die Zusammenhänge der verschiedenen Eingänge mit den verschiedenen Ausgängen des Systems herstellt. Die *Matrix der Impulsantworten* kann nach (8.6.19) in eindeutiger Weise aus den vier Matrizen der Zustandsdarstellung berechnet werden.

8.6.3 Lösung der Zustandsgleichungen mit der Z-Transformation

Die Lösung der Zustandsgleichungen mit Hilfe der einseitigen Z-Transformation stellt eine Alternative zu der bisher behandelten Lösung im Zeitbereich dar. Bei der Z-Transformation der Zustandsgleichungen in (8.6.1-2) bleiben die konstanten Matrizen **A**, **B**, **C** und **D** unverändert. Aus den Zustandsgleichungen

$$\mathbf{x}(n+1) = \mathbf{A} \cdot \mathbf{x}(n) + \mathbf{B} \cdot \mathbf{u}(n) \qquad (8.6.20)$$

entstehen durch einseitige Z-Transformation die Gleichungen

$$z \cdot \mathbf{X}(z) - z \cdot \mathbf{x}(0) = \mathbf{A} \cdot \mathbf{X}(z) + \mathbf{B} \cdot \mathbf{U}(z). \qquad (8.6.21)$$

Dabei wird die Gleichung (6.4.6) für voreilende Zeitverschiebung berücksichtigt. Um dieses Gleichungssystem nach dem Vektor **X**(z) der Z-transformierten Zustandsvariablen aufzulösen, werden alle Terme mit **X**(z) auf die linke Seite gebracht, **X**(z) nach rechts ausgeklammert und beide Seiten des Gleichungssystems von links mit der inversen Matrix $(s\mathbf{I} - \mathbf{A})^{-1}$ multipliziert:

$$\begin{aligned} (z\mathbf{I} - \mathbf{A})\,\mathbf{X}(z) &= \mathbf{B}\mathbf{U}(z) + z\mathbf{x}(0) \\ \mathbf{X}(z) &= (z\mathbf{I} - \mathbf{A})^{-1}\mathbf{B}\mathbf{U}(z) + (z\mathbf{I} - \mathbf{A})^{-1}z\mathbf{x}(0). \end{aligned} \qquad (8.6.22)$$

Bezieht man die Z-transformierten Ausgangsgleichungen

$$\mathbf{Y}(z) = \mathbf{C}\mathbf{X}(z) + \mathbf{D}\mathbf{U}(z) \qquad (8.6.23)$$

mit ein, so erhält man aus (8.6.22-23)

$$\mathbf{Y}(z) = \Big(\mathbf{C}(z\mathbf{I} - \mathbf{A})^{-1}\mathbf{B} + \mathbf{D}\Big)\,\mathbf{U}(z) + \mathbf{C}(z\mathbf{I} - \mathbf{A})^{-1}z\,\mathbf{x}(0) \qquad (8.6.24)$$

Wie nicht anders zu erwarten war, läßt sich auch die *allgemeine Systemantwort im Bildbereich* in zwei Teile gliedern, von denen der eine Teil die Abhängigkeit von der Erregung $\mathbf{U}(z)$ beschreibt und der andere die Abhängigkeit vom Anfangszustand $\mathbf{x}(0)$.

8.6.4 Die Transitionsmatrix

Betrachtet sei in (8.6.22) der Teil

$$\mathbf{X}(z) = (z \cdot \mathbf{I} - \mathbf{A})^{-1} z \cdot \mathbf{x}(0) \qquad (8.6.25)$$

des Zustandsvektors, der vom Anfangszustand $\mathbf{x}(0)$ abhängt. Transformiert man diesen Vektor in den Zeitbereich zurück, so erhält man den Ausdruck

$$\mathbf{x}(n) = Z^{-1}\{(z \cdot \mathbf{I} - \mathbf{A})^{-1}z\} \cdot \mathbf{x}(0). \qquad (8.6.26)$$

Aus der Beziehung (8.6.11) erhält man mit $\mathbf{u}(n) \equiv \mathbf{0}$ und $n_0 = 0$ den Zustandsvektor

$$\mathbf{x}(n) = \mathbf{\Phi}(n) \cdot \mathbf{x}(0). \qquad (8.6.27)$$

Da der Vektor $\mathbf{x}(0)$ konstant ist, führt ein Vergleich von (8.6.26) mit (8.6.27) auf den folgenden Zusammenhang zwischen der Transitionsmatrix $\mathbf{\Phi}(n)$ und der Systemmatrix $\mathbf{A}$:

$$\mathbf{\Phi}(n) = \mathbf{A}^n = Z^{-1}\{(z\mathbf{I} - \mathbf{A})^{-1}z\} \qquad (8.6.28)$$

Gleichung (8.6.28) zeigt eine Methode auf, mit Hilfe der Z-Transformation die Transitionsmatrix $\mathbf{\Phi}(n)$ zu berechnen. Sie stellt das Analogon zur Gleichung (4.6.50) dar. Im übrigen kann auch zu der Matrizengleichung (8.6.28) eine entsprechende skalare Beziehung angeben werden:

$$a^n \circlearrowleft\!\!\!\bullet \frac{z}{z-a}, \qquad (8.6.29)$$

siehe (6.1.14-15). Danach läßt sich die Transitionsmatrix als Matrixdarstellung der Impulsantwort eines Tiefpaßsystems 1. Ordnung auffassen.

8.6.5 Die Übertragungsmatrix

Als zweiter wichtiger Spezialfall wird die Systemantwort mit verschwindendem Anfangswert $x(0) \equiv 0$ betrachtet:

$$\mathbf{Y}(z) = \mathbf{H}(z) \cdot \mathbf{U}(z). \qquad (8.6.30)$$

Die Matrix $\mathbf{H}(z)$ wird *Übertragungsmatrix des diskreten LTI-Systems* genannt. Ein Vergleich mit (8.6.24) zeigt, wie die Übertragungsmatrix aus den vier Zustandsmatrizen berechnet werden kann:

$$\mathbf{H}(z) = \mathbf{C}(z\mathbf{I} - \mathbf{A})^{-1}\mathbf{B} + \mathbf{D}. \qquad (8.6.31)$$

Da die Matrizen $\mathbf{C}$, $\mathbf{B}$ und $\mathbf{D}$ konstant sind, läßt sich (8.6.31) mit Hilfe von (8.6.28) durch inverse Z-Transformation leicht in den Zeitbereich transformieren. Als Ergebnis erhält man die Impulsantwort

$$\mathbf{h}(n) = \mathbf{C}\boldsymbol{\Phi}(n - 1)\mathbf{B} + \mathbf{D}\delta(n). \qquad (8.6.32)$$

Entsprechend lautet (8.6.30) im Zeitbereich

$$\mathbf{y}(n) = \mathbf{h}(n) * \mathbf{u}(n). \qquad (8.6.33)$$

Dieses Ergebnis ist identisch mit den in (8.6.19) dargestellten Berechnungen im Zeitbereich.

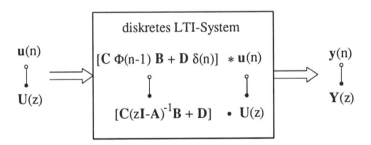

Bild 8.6.1: Die Beschreibung der Signalübertragung im Zeit- und Frequenzbereich mit Hilfe der Zustandsmatrizen

In Bild 8.6.1 ist das Übertragungsverhalten von diskreten LTI-Systemen zusammenfassend dargestellt. Im Zeitbereich erfolgt eine Faltung mit der Matrix $\mathbf{h}(n)$ der Impulsantworten, im z-Bereich eine Multiplikation mit der Matrix $\mathbf{H}(z)$ der Übertragungsfunktionen. Beide Matrizen hängen in eindeutiger Weise von den vier Matrizen der Zustandsdarstellung ab.

Anhang A1
Distributionen

In diesem Anhang werden in Anlehnung an [Pap 62, S. 269-282] die wesentlichen Eigenschaften von Distributionen kurz zusammengestellt. Dabei steht die für die Systemtheorie wichtigste Distribution, der Dirac-Impuls, im Vordergrund.

A1.1 Problemstellung

Definiert man den Dirac-Impuls $\delta(t)$ mit seiner Abtasteigenschaft (Ausblendeigenschaft), siehe (1.1.25), so lautet seine Fourier-Transformierte

$$\int\limits_{-\infty}^{+\infty} \delta(t) \exp(-j\omega t)\, dt = 1. \qquad (A1.1.1)$$

Das zugehörige Umkehrintegral müßte

$$\frac{1}{2\pi} \int\limits_{-\infty}^{+\infty} 1 \exp(j\omega t)\, d\omega \overset{?}{=} \delta(t) \qquad (A1.1.2)$$

lauten. Das Integral in (A1.1.2) gibt keinen Sinn, solange es als gewöhnliches Integral im Riemannschen Sinne aufgefaßt wird. Mit der Distributionentheorie wird die Integralrechnung erweitert.

A1.2 Definitionen von Distributionen

Eine Distribution oder verallgemeinerte Funktion $g(t)$ ist die Vorschrift, einer beliebigen Testfunktion $\varphi(t)$ (aus einer vorgeschriebenen Klasse von Testfunktionen) eine Zahl Z zuzuordnen:

$$\{g(t), \varphi(t)\} \rightarrow Z. \qquad (A1.2.1)$$

Diese Zahl Z hängt sowohl von der Testfunktion als auch von der gerade betrachteten Distribution ab. Man wählt im allgemeinen Testfunktionen, die beliebig oft differenzierbar sind und für $t \to \infty$ schneller gegen Null streben als jede Potenz von t. Für manche Distributionen ist die Klasse der Testfunktionen weniger stark eingeschränkt. Die Abbildungsvorschrift in (A1.2.1) wird stets in Form eines bestimmtes Integral geschrieben:

$$\int\limits_{-\infty}^{+\infty} g(t)\varphi(t)\, dt = Z. \qquad (A1.2.2)$$

Das Integral in (A1.2.2) ist nicht im Riemannschen Sinne zu berechnen. Es ist vielmehr durch die Abbildungsvorschrift (A1.2.1) definiert.

Beispiel A1.1

Die Distribution $g(t) = \delta(t)$ ordnet mit der Schreibweise

$$\int\limits_{-\infty}^{+\infty} \delta(t)\varphi(t)\, dt = \varphi(0) \qquad (A1.2.3)$$

der Testfunktion $\varphi(t)$ die Zahl $Z = \varphi(0)$ zu. (A1.2.3) ist keine Rechenvorschrift, sondern eine Definition. Als Testfunktion kommen alle im Nullpunkt stetigen Funktionen in Frage.

Für die Integralschreibweise gibt es zwei Gründe. Die Integralschreibweise läßt sich einmal mit der Möglichkeit begründen, gewöhnliche Funktionen mit Hilfe eines Integrals als Distributionen zu definieren. Einer gewöhnlichen Funktion $f(t)$ wird eine Zahl

$$\{f(t), \varphi(t)\} \to \int\limits_{-\infty}^{+\infty} f(t)\varphi(t)\, dt = Z \qquad (A1.2.4)$$

zugeordnet. Das Integral in (A1.2.4) ist zunächst ein gewöhnliches Integral. Man kann nun $f(t)$ als Distribution definieren, die der Testfunktion $\varphi(t)$ den Wert des bestimmten Integrals in (A1.2.4) zuordnet.

Beispiel A1.2

Die Sprungfunktion $\epsilon(t)$ kann als Vorschrift aufgefaßt werden, einer Testfunktion $\varphi(t)$ eine Zahl zuzuordnen, die gleich der Fläche unter der Kurve zwischen Null und Unendlich ist:

$$\int\limits_{-\infty}^{+\infty} \epsilon(t)\varphi(t)\, dt = Z = \int\limits_{0}^{\infty} \varphi(t)\, dt. \qquad (A1.2.5)$$

Als Testfunktionen kommen hierbei die im Intervall $[0, \infty]$ integrierbaren Funktionen in Frage.

Der zweite Grund für die Integralschreibweise ist in den Eigenschaften der Abbildungsvorschrift (A1.2.1) zu sehen. Diese werden stets so definiert, daß der Integralausdruck in (A1.2.2) die gleichen Eigenschaften wie ein gewöhnliches Integral besitzt. Damit gelangt man zu einer Integralrechnung, bei der zwischen Funktionen und Distributionen nicht mehr zu unterscheiden ist. Die Eigenschaften werden in den nächsten Abschnitten aufgezählt.

A1.3 Verallgemeinerte Linearität

Eine Distribution wird als linear definiert:

$$\int\limits_{-\infty}^{+\infty} g(t)[a_1\varphi_1(t) + a_2\varphi_2(t)]\, dt = a_1 \int\limits_{-\infty}^{+\infty} g(t)\varphi_1(t)\, dt + a_2 \int\limits_{-\infty}^{+\infty} g(t)\varphi_2(t)\, dt.$$

$$(A1.3.1)$$

Beispiel A1.3

Betrachtet sei der Dirac-Impuls $\delta(t)$ und zwei beliebige Testfunktionen $\varphi_1(t)$ und $\varphi_2(t)$ mit $\varphi(t) = \varphi_1(t) + \varphi_2(t)$. Insbesondere gilt stets für $t = 0$:

$$\varphi(0) = \varphi_1(0) + \varphi_2(0). \qquad (A1.3.2)$$

Genau auf dieses Ergebnis führt auch die Abtasteigenschaft des Dirac-Impulses

$$\int\limits_{-\infty}^{+\infty} \delta(t)\varphi(t)\, dt = \int\limits_{-\infty}^{+\infty} \delta(t)[\varphi_1(t) + \varphi_2(t)]\, dt$$

$$= \int\limits_{-\infty}^{+\infty} \delta(t)\varphi_1(t)\, dt + \int\limits_{-\infty}^{+\infty} \delta(t)\varphi_2(t)\, dt,$$

$$(A1.3.3)$$

womit gezeigt ist, daß die Abtasteigenschaft des Dirac-Impulses linear ist.

A1.4 Verallgemeinerte Summe

Die Summe

$$g(t) = g_1(t) + g_2(t) \qquad (A1.4.1)$$

zweier Distributionen ist wie folgt definiert:

$$\int\limits_{-\infty}^{+\infty} g(t)\varphi(t)\,dt = \int\limits_{-\infty}^{+\infty} g_1(t)\varphi(t)\,dt + \int\limits_{-\infty}^{+\infty} g_2(t)\varphi(t)\,dt. \qquad (A1.4.2)$$

A1.5 Verallgemeinerte Zeitverschiebung

Eine Distribution mit zeitverschobenem Argument ist folgendermaßen definiert:

$$\int\limits_{-\infty}^{+\infty} g(t - t_0)\varphi(t)\,dt = \int\limits_{-\infty}^{+\infty} g(t)\varphi(t + t_0)\,dt. \qquad (A1.5.1)$$

Beispiel A1.4

Für den Dirac-Impuls gilt unter der Annahme, daß die betrachtete Testfunktion an der Stelle $t = t_0$ stetig ist:

$$\int\limits_{-\infty}^{+\infty} \delta(t - t_0)\varphi(t)\,dt = \int\limits_{-\infty}^{+\infty} \delta(t)\varphi(t + t_0)\,dt$$
$$= \varphi(t + t_0)\Big|_{t=0}. \qquad (A1.5.2)$$

Daraus folgt die für praktische Rechnungen häufig genutzte Beziehung

$$\int\limits_{-\infty}^{+\infty} \delta(t - t_0)\varphi(t)\,dt = \varphi(t_0). \qquad (A1.5.3)$$

A1.6 Verallgemeinerte Skalierung

Das Strecken bzw. Stauchen des Argumentes einer Distribution ist folgendermaßen definiert:

$$\int\limits_{-\infty}^{+\infty} g(at)\varphi(t)\,dt = \frac{1}{|a|} \int\limits_{-\infty}^{+\infty} g(t)\varphi(\frac{t}{a})\,dt. \qquad (A1.6.1)$$

Beispiel A1.5

Was bedeutet die Distribution $\delta(at)$? Nach (A1.6.1) gilt:

$$\int\limits_{-\infty}^{+\infty} \delta(at)\varphi(t)\,dt = \frac{1}{|a|} \int\limits_{-\infty}^{+\infty} \delta(t) \cdot \varphi(\frac{t}{a})\,dt = \frac{1}{|a|} \cdot \varphi(0). \qquad (A1.6.2)$$

Daher gilt:

$$\delta(at) = \frac{1}{|a|}\delta(t). \qquad (A1.6.3)$$

Die Multiplikation der Distribution $\delta(t)$ mit einem Skalar $1/|a|$ ist durch die Linearität erklärt, siehe (A1.3.1).

A1.7 Gerade und ungerade Distributionen

Eine Distribution $g(t)$ heißt gerade (ungerade), wenn für jede ungerade (gerade) Testfunktion $\varphi(t)$

$$\int\limits_{-\infty}^{+\infty} g(t)\varphi(t)\,dt = 0 \qquad (A1.7.1)$$

gilt.

Beispiel A1.6

Wenn $\varphi_u(t)$ ungerade und bei $t = 0$ stetig ist, dann gilt $\varphi_u(0) = 0$. Daher ist

$$\int\limits_{-\infty}^{+\infty} \delta(t)\varphi_u(t)\,dt = 0. \qquad (A1.7.2)$$

Der Dirac-Impuls ist daher eine gerade Distribution.

A1.8 Produkt einer Distribution und einer Funktion

Mit einer Distribution $g(t)$ und einer gewöhnlichen Funktion $f(t)$ ist das folgende Produkt $g(t) \cdot f(t)$ definiert

$$\int\limits_{-\infty}^{+\infty} \big(g(t) \cdot f(t)\big)\varphi(t)\, dt = \int\limits_{-\infty}^{+\infty} g(t)\big(f(t) \cdot \varphi(t)\big)\, dt, \qquad (A1.8.1)$$

mit der Voraussetzung, daß das Produkt $f(t) \cdot \varphi(t)$ die Eigenschaften einer Testfunktion besitzt. Außerdem wird das Produkt als kommutativ definiert:

$$g(t) \cdot f(t) = f(t) \cdot g(t). \qquad (A1.8.2)$$

Beispiel A1.7

Wie lautet das Produkt des Dirac-Impulses mit einer Funktion $f(t)$? Mit (A1.8.1) gilt

$$
\begin{aligned}
\int\limits_{-\infty}^{+\infty} \big(\delta(t) \cdot f(t)\big)\varphi(t)\, dt &= \int\limits_{-\infty}^{+\infty} \delta(t)\big(f(t) \cdot \varphi(t)\big)\, dt \\
&= f(0) \cdot \varphi(0) \\
&= f(0) \int\limits_{-\infty}^{+\infty} \delta(t) \cdot \varphi(t)\, dt \\
&= \int\limits_{-\infty}^{+\infty} \big(f(0) \cdot \delta(t)\big)\varphi(t)\, dt.
\end{aligned}
\qquad (A1.8.3)
$$

Daraus kann die Beziehung

$$\delta(t) \cdot f(t) = f(0) \cdot \delta(t) \qquad (A1.8.4)$$

entnommen werden, die in der Systemtheorie häufig verwendet wird.

A1.9 Faltung zweier Distributionen

Das einfache Produkt zweier Distributionen $g_1(t) \cdot g_2(t)$ ist nicht definiert. Die Faltung zweier Distributionen ist durch den folgenden Ausdruck gegeben:

$$
\int\limits_{-\infty}^{+\infty} (g_1(t) * g_2(t))\varphi(t)\,dt = \int\limits_{-\infty}^{+\infty} \left(\int\limits_{-\infty}^{+\infty} g_1(\tau) \cdot g_2(t-\tau)\,d\tau \right)\varphi(t)\,dt
$$

$$
= \int\limits_{-\infty}^{+\infty} g_1(\tau) \underbrace{\left(\int\limits_{-\infty}^{+\infty} g_2(t) \cdot \varphi(t+\tau)\,dt \right)}_{\varphi_1(\tau)}\,d\tau \qquad (A1.9.1)
$$

$$
= \int\limits_{-\infty}^{+\infty} g_1(\tau) \cdot \varphi_1(\tau)\,d\tau.
$$

Dieses gilt unter der Voraussetzung, daß $\varphi_1(\tau)$ eine Testfunktion ist.

Beispiel A1.8

Die Faltung zweier zeitverschobener Dirac-Impulse $g_1(t) = \delta(t-t_1)$ und $g_2(t) = \delta(t - t_2)$ führt mit

$$
\varphi_1(\tau) = \int\limits_{-\infty}^{+\infty} \delta(t - t_2) \cdot \varphi(t+\tau)\,dt = \varphi(t_2 + \tau)
$$

auf den Ausdruck

$$
\int\limits_{-\infty}^{+\infty} g_1(\tau) \cdot \varphi_1(\tau)\,d\tau = \int\limits_{-\infty}^{+\infty} \delta(\tau - t_1) \cdot \varphi(t_2 + \tau)\,d\tau = \varphi(t_2 + t_1).
$$

Insgesamt gilt daher

$$
\int\limits_{-\infty}^{+\infty} (\delta(t - t_1) * \delta(t - t_2))\varphi(t)\,d\tau = \varphi(t_1 + t_2). \qquad (A1.9.2)
$$

Zum gleichen Ergebnis führt ein um $(t_1 + t_2)$ verzögerter Dirac-Impuls, so daß die Faltung zweier Dirac-Impulse durch

$$
\delta(t - t_1) * \delta(t - t_2) = \delta(t - [t_1 + t_2]) \qquad (A1.9.3)
$$

gegeben ist.

A1.10 Endliche Integrationsgrenzen

Ist $g(t)$ eine Distribution und $\varphi(t)$ eine Testfunktion, so ist ein Integralausdruck mit endlichen Integrationsgrenzen wie folgt definiert:

$$\int\limits_a^b g(t) \cdot \varphi(t)\, dt = \int\limits_{-\infty}^{+\infty} g(t) \cdot \varphi_1(t)\, dt \qquad (A1.10.1)$$

mit

$$\varphi_1(t) = \begin{cases} \varphi(t) & \text{für } a < t < b \\ 0 & \text{sonst.} \end{cases} \qquad (A1.10.2)$$

Das Integral mit endlichen Integrationsgrenzen ist gleich der Zahl, die die Distribution $g(t)$ der Testfunktion $\varphi_1(t)$ zuordnet.

Beispiel A1.9

Wie lautet das Integral über den Dirac-Impuls mit endlichen Integrationsgrenzen? Aus (A1.10.1-2) folgt

$$\int\limits_a^b \delta(t) \cdot \varphi(t)\, dt = \begin{cases} \varphi(0) & \text{wenn } a < 0 < b \\ 0 & \text{wenn } b > a > 0 \text{ oder } b < a < 0. \end{cases} \qquad (A1.10.3)$$

Die Grenzen a und b dürfen nicht Null sein, da sonst $\varphi_1(t)$ im Nullpunkt unstetig und damit keine zulässige Testfunktion für $\delta(t)$ wäre.

A1.11 Verallgemeinerte Ableitungen

Betrachtet sei die Rechenregel der partiellen Integration

$$\int\limits_a^b u' \cdot v\, dt = u \cdot v \Big|_a^b - \int\limits_a^b u \cdot v'\, dt \qquad (A1.11.1)$$

mit den Integrationsgrenzen $a \to -\infty$ und $b \to \infty$. Die Funktion $v(t)$ strebe für $|t| \to \infty$ schneller als jede Potenz von t gegen Null. Dann verschwindet der mittlere Term in (A1.11.1) und es bleibt

$$\int\limits_{-\infty}^{+\infty} u' \cdot v\, dt = - \int\limits_{-\infty}^{+\infty} u \cdot v'\, dt. \qquad (A1.11.2)$$

An diesen Zusammenhang für gewöhnliche Funktionen ist die Definition der (verallgemeinerten) Ableitungen von Distributionen angelehnt:

$$\int\limits_{-\infty}^{+\infty} \frac{dg(t)}{dt} \cdot \varphi(t)\, dt = - \int\limits_{-\infty}^{+\infty} g(t) \cdot \frac{d\varphi(t)}{dt}\, dt. \qquad (A1.11.5)$$

Definiert man Funktionen, die sich sonst an endlich vielen Stellen nicht ableiten lassen, als Distributionen, so können mit (A1.11.5) die Ableitungen an allen Stellen ermittelt werden. Hierzu werden zwei Fälle von Nichtdifferenzierbarkeit untersucht.

A1.11.1 Ableitung an einer Knickstelle

Im ersten Fall werden stetige, aber nicht differenzierbare Stellen betrachtet, die auch als Knickstellen bezeichnet werden. An jeder Knickstelle kann die Funktion zerlegt werden in eine Rampenfunktion $\rho(t)$ nach (1.1.30) und eine Restfunktion, die an dieser Stelle keinen Knick mehr besitzt. Daher reicht es aus, nur die Rampenfunktion

$$\rho(t) = \begin{cases} t & \text{für } t \geq 0 \\ 0 & \text{für } t \leq 0, \end{cases} \qquad (A1.11.6)$$

zu betrachten. Setzt man eine Distribution $g(t) = m \cdot \rho(t)$ mit m als Steigung der Rampenfunktion an, so folgt aus (A1.11.5)

$$\int\limits_{-\infty}^{+\infty} m \cdot \rho'(t) \cdot \varphi(t)\, dt = -m \int\limits_{-\infty}^{+\infty} \rho(t) \cdot \varphi'(t)\, dt$$

$$= -m \int\limits_{0}^{\infty} t \cdot \varphi'(t)\, dt = m \int\limits_{0}^{\infty} 1 \cdot \varphi(t)\, dt = m \int\limits_{0}^{\infty} \varphi(t)\, dt. \qquad (A1.11.7)$$

Setzt man in (A1.11.7) statt $m \cdot \rho'(t)$ die Sprungfunktion $m \cdot \epsilon(t)$ ein:

$$\int\limits_{-\infty}^{+\infty} m \cdot \epsilon(t) \cdot \varphi(t)\, dt = m \int\limits_{0}^{\infty} \varphi(t)\, dt, \qquad (A1.11.8)$$

so erhält man das gleiche Ergebnis. Daher gilt im verallgemeinerten Sinn:

$$\frac{d}{dt}\rho(t) = \epsilon(t). \qquad (A1.11.9)$$

An einer Knickstelle der abzuleitenden Funktion mit dem Rampenanteil der Steigung m erscheint in der Ableitung eine Sprungfunktion mit der Sprunghöhe m.

A1.11.2 Ableitung an einer Sprungstelle

Im zweiten Fall werden Unstetigkeitsstellen betrachtet, in denen die Funktion durch einen Sprung gekennzeichnet ist. An jeder Sprungstelle kann die Funktion in eine Sprungfunktion $\epsilon(t)$ und eine Restfunktion zerlegt werden, die an dieser Stelle keinen Sprung mehr hat, siehe auch Bild 1.1.4. Es genügt daher, die Sprungfunktion zu betrachten. Für eine Distribution $g(t) = h \cdot \epsilon(t)$ mit h als Sprunghöhe folgt aus (A1.11.5):

$$\int\limits_{-\infty}^{+\infty} h \cdot \epsilon'(t) \cdot \varphi(t)\, dt = -h \int\limits_{-\infty}^{+\infty} \epsilon(t) \cdot \varphi'(t)\, dt$$

$$= -h \int\limits_{0}^{\infty} \varphi'(t)\, dt = -h \cdot \varphi(t)\Big|_{0}^{\infty} = h \cdot \varphi(0). \tag{A1.11.10}$$

Setzt man in (A1.11.10) statt $h \cdot \epsilon'(t)$ den Dirac-Impuls $h \cdot \delta(t)$ ein:

$$\int\limits_{-\infty}^{+\infty} h \cdot \delta(t) \cdot \varphi(t)\, dt = h \cdot \varphi(0), \tag{A1.11.11}$$

so erhält man das gleiche Ergebnis. Daher gilt im verallgemeinerten Sinn:

$$\frac{d}{dt}\epsilon(t) = \delta(t). \tag{A1.11.12}$$

An einer Sprungstelle (Unstetigkeitsstelle) der abzuleitenden Funktion mit der Sprunghöhe h erscheint in der Ableitung ein Dirac-Impuls mit dem Gewicht h.

A1.12 Verallgemeinerte Grenzwerte

Es sei $g_x(t)$ eine Distribution mit dem Parameter x. Wenn für jede Testfunktion die Beziehung

$$\lim_{x \to x_0} \int_{-\infty}^{+\infty} g_x(t) \cdot \varphi(t)\, dt = \int_{-\infty}^{+\infty} g_{x_0}(t) \cdot \varphi(t)\, dt \qquad (A1.12.1)$$

gilt, dann ist mit (A1.12.1) der verallgemeinerte Grenzwert

$$g_{x_0}(t) = \lim_{x \to x_0} g_x(t) \qquad (A1.12.2)$$

definiert. Der Parameter x_0 kann auch die Werte Null oder Unendlich annehmen. Im folgenden werden vier Grenzwerte hergeleitet.

A1.12.1 Grenzwert der Rechteckfunktion

Der Dirac-Impuls kann als verallgemeinerter Grenzwert der Rechteckfunktion

$$g_{T_1}(t) = \frac{1}{T_1} \text{rect}(\frac{t}{T_1})$$

mit dem Parameter $T_1 \to 0$ aufgefaßt werden. Unter der Annahme. daß die Testfunktion $\varphi(t)$ in der Nähe von $t = 0$ stetig ist, gilt

$$\lim_{T_1 \to 0} \int_{-\infty}^{+\infty} g_{T_1}(t) \cdot \varphi(t)\, dt = \lim_{T_1 \to 0} \frac{1}{T_1} \int_{-T_1/2}^{+T_1/2} \varphi(t)\, dt = \varphi(0). \qquad (A1.12.3)$$

Es existiert also der verallgemeinerte Grenzwert

$$\delta(t) = \lim_{T_1 \to 0} \frac{1}{T_1} \text{rect}(\frac{t}{T_1}). \qquad (A1.12.4)$$

Der Dirac-Impuls, durch die Abtast- oder Ausblendeigenschaft definiert, ist also im Sinne der Distributionentheorie identisch mit dem im Abschnitt 1.2 gewünschten Grenzwert.

A1.12.2 Grenzwert der Gaußschen Fehlerfunktion

Es existiert noch eine Reihe anderer Funktionen, die den Dirac-Impuls als verallgemeinerten Grenzwert besitzen. Eine davon ist die Gaußsche Fehlerfunktion. Sie lautet

$$g_\epsilon(t) = \frac{1}{\sqrt{\pi\epsilon}} \exp(-\frac{t^2}{\epsilon}) \qquad (A1.12.5)$$

und ist in Bild **A1.12.1** skizziert.

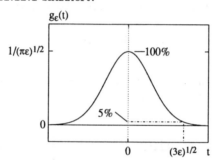

Bild A1.1: Gaußsche Fehlerfunktion

Der Parameter ϵ ist die reellwertige Standardabweichung. Steht die Gaußsche Fehlerfunktion zusammen mit einer Testfunktion $\varphi(t)$ im Integranden, so gilt

$$\lim_{\epsilon\to 0} \frac{1}{\sqrt{\pi\epsilon}} \int_{-\infty}^{+\infty} \exp(-\frac{t^2}{\epsilon}) \cdot \varphi(t)\, dt \approx \frac{\varphi(0)}{\sqrt{\pi\epsilon}} \int_{-\infty}^{+\infty} \exp(-\frac{t^2}{\epsilon})\, dt. \qquad (A1.12.6)$$

Für immer schmaler werdende Glockenkurven wird die Exponentialfunktion unter dem Integral näherungsweise mit dem konstanten Wert $\varphi(0)$ multipliziert. Mit der bekannten Beziehung

$$\int_{-\infty}^{+\infty} \exp(-\frac{t^2}{\epsilon})\, dt = \sqrt{\pi\epsilon} \qquad (A1.12.7)$$

zeigt sich, daß obenstehender Grenzwert gegen $\varphi(0)$ strebt:

$$\delta(t) = \lim_{\epsilon\to 0} \frac{1}{\sqrt{\pi\epsilon}} \exp(-\frac{t^2}{\epsilon}) \qquad (A1.12.8)$$

Die Fläche unter der Fehlerfunktion ist stets Eins, die Fehlerfunktion strebt als Distribution mit $\epsilon \to 0$ gegen den Dirac-Impuls.

A1.12.3 Grenzwert der komplexen Exponentialfunktion

Der gewöhnliche Grenzwert

$$\lim_{\omega \to \infty} \exp(-j\omega t) \qquad (A1.12.9)$$

der Exponentialfunktion mit ω als Parameter existiert nicht. Im folgenden wird die Exponentialfunktion als Distribution aufgefaßt und der Ausdruck

$$\int\limits_{-\infty}^{+\infty} \varphi(t) \cdot \exp(-j\omega t)\, dt \qquad (A1.12.10)$$

untersucht. Die zugeordnete Zahl Z ist gleich der Fourier-Transformierten von $\varphi(t)$. Gegen welchen Wert strebt die Fourier-Transformierte für $\omega \to \infty$? Wenn $\varphi(t)$ absolut integrierbar ist, existiert das Integral in (A1.12.10). Die Auswertung des Integrals in (A1.12.10) mit partieller Integration und den Faktoren

$$u' = \exp(-j\omega t) \qquad v = \varphi(t)$$

$$u = -\frac{1}{j\omega} \exp(-j\omega t)$$

führt auf

$$\int\limits_{-\infty}^{+\infty} \varphi(t) \cdot \exp(-j\omega t)\, dt = -\frac{1}{j\omega} \exp(-j\omega t) \cdot \varphi(t)\Big|_{-\infty}^{\infty} + \frac{1}{j\omega} \int\limits_{-\infty}^{+\infty} \exp(-j\omega t) \varphi'(t)\, dt.$$

$$(A1.12.11)$$

Für $\omega \to \infty$ verschwinden wegen des Vorfaktors $1/j\omega$ beide Terme:

$$\lim_{\omega \to \infty} \int\limits_{-\infty}^{+\infty} \varphi(t) \cdot \exp(-j\omega t)\, dt = 0. \qquad (A1.12.12)$$

Für die Distribution $g(t) \equiv 0$ gilt ebenfalls

$$\int\limits_{-\infty}^{+\infty} \varphi(t) \cdot g(t)\, dt = 0. \qquad (A1.12.13)$$

Es existiert daher der verallgemeinerte Grenzwert

$$\lim_{\omega \to \infty} \exp(-j\omega t) = 0. \qquad (A1.12.14)$$

Die komplexe Exponentialfunktion kann nur dann gegen Null streben, wenn Real- und Imaginärteil getrennt gegen Null streben. Daher gilt für beide getrennt

$$\lim_{\omega \to \infty} \sin(\omega t) = 0 \qquad (A1.12.15)$$

und

$$\lim_{\omega \to \infty} \cos(\omega t) = 0. \qquad (A1.12.16)$$

A1.12.4 Grenzwert der si-Funktion

Die si-Funktion ist eine weitere Funktion, die als verallgemeinerten Grenzwert den Dirac-Impuls besitzt:

$$\delta(t) = \lim_{\omega \to \infty} \frac{\sin(\omega t)}{\pi t} \qquad (A1.12.17)$$

Um dieses zu zeigen, muß nach (A1.12.1) die Beziehung

$$\lim_{\omega \to \infty} \int\limits_{-\infty}^{+\infty} \frac{\sin(\omega t)}{\pi t} \varphi(t)\, dt = \int\limits_{-\infty}^{+\infty} \delta(t)\varphi(t)\, dt = \varphi(0) \qquad (A1.12.18)$$

nachgewiesen werden. Dazu wird das linksstehende Integral in 3 Teile zerlegt:

$$\underbrace{\int\limits_{-\infty}^{-\epsilon} \sin(\omega t) \cdot \frac{\varphi(t)}{\pi t}\, dt}_{I_1} + \underbrace{\int\limits_{-\epsilon}^{+\epsilon} \sin(\omega t) \cdot \frac{\varphi(t)}{\pi t}\, dt}_{I_2} + \underbrace{\int\limits_{+\epsilon}^{+\infty} \sin(\omega t) \cdot \frac{\varphi(t)}{\pi t}\, dt}_{I_3}. \qquad (A1.12.19)$$

In den drei Teilintegralen I_1 bis I_3 steht die neue Testfunktion $\varphi(t)/(\pi t)$. Diese ist in den Intervallen $(-\infty, -\epsilon)$ und $(+\epsilon, +\infty)$ absolut integrierbar, sofern wie vorausgesetzt $\varphi(t)$ absolut integrierbar ist. Daher läßt sich auf I_1 und I_3 der Grenzwert in (A1.12.12) bzw. (A1.12.15) anwenden. Gleichung (A1.12.11) zeigt, daß auch ein Integral mit endlichen Integrationsgrenzen für $\omega \to \infty$ verschwindet. Daher gilt

$$\lim_{\omega \to \infty} I_1 = 0 \quad , \quad \lim_{\omega \to \infty} I_3 = 0. \qquad (A1.12.20)$$

Es bleibt die Berechnung des Integrals I_2. Eine Substitution $\omega t \to x$ im Integral I_2 führt auf

$$\int\limits_{-\epsilon}^{\epsilon} \frac{\sin(\omega t)}{\pi t} \cdot \varphi(t)\, dt = \int\limits_{-\omega\epsilon}^{\omega\epsilon} \frac{\sin x}{\pi x} \cdot \varphi(\frac{x}{\omega})\, dx \qquad (A1.12.21)$$

und damit auf den Grenzwert

$$\lim_{\omega \to \infty} \int\limits_{-\omega\epsilon}^{\omega\epsilon} \frac{\sin x}{\pi x} \cdot \varphi(\frac{x}{\omega})\, dx = \varphi(0) \underbrace{\int\limits_{-\infty}^{+\infty} \frac{\sin x}{\pi x}\, dx}_{=1}. \qquad (A1.12.22)$$

Für große Werte von ω dominiert der Hauptimpuls der si-Funktion unter dem Integral und bewertet die Testfunktion sehr stark in der Nähe von $t = 0$. Für $\omega \to \infty$ geht diese Eigenschaft in die Abtast- bzw. Ausblendeigenschaft des Dirac-Impulses über.

A1.13 Integration der komplexen Exponentialfunktion

Der Grenzwert in (A1.12.17), d.h. der Dirac-Impuls als Grenzwert der Funktion $\sin(\omega t)/(\pi t)$, ist der Schlüssel zur Beantwortung der Frage, die beim Umkehrintegral der Fourier-Transformation auftritt. Das gesuchte Integral in (A1.1.2) kann nun wie folgt berechnet werden:

$$\int\limits_{-\infty}^{+\infty} e^{j\omega t}\, d\omega = \lim_{\Omega \to \infty} \int\limits_{-\Omega}^{\Omega} e^{j\omega t}\, d\omega = \lim_{\Omega \to \infty} \frac{1}{jt}\left(e^{j\Omega t} - e^{-j\Omega t}\right)$$

$$= \lim_{\Omega \to \infty} \frac{1}{jt}\left(\cos(\Omega t) - \cos(-\Omega t) + j\sin(\Omega t) - j\sin(-\Omega t)\right)$$

$$= \lim_{\Omega \to \infty} \frac{2\sin(\Omega t)}{t} = 2\pi \lim_{\Omega \to \infty} \frac{\sin(\Omega t)}{\pi t}. \qquad (A1.13.1)$$

Mit (A1.12.17) folgt aus (A1.13.1):

$$\int\limits_{-\infty}^{+\infty} e^{j\omega t}\, d\omega = 2\pi \delta(t). \qquad (A1.13.2)$$

Gleichung (A1.13.2) ist ein wichtiges Ergebnis für die Systemtheorie.

Anhang A2
Mathematische Formeln

Im folgenden sind die im vorliegenden Text angesprochenen bzw. für allgemeine Rechnungen in der Systemtheorie benötigten mathematischen Formeln zusammengestellt.

A2.1 Rechnung mit komplexen Zahlen

Darstellung in kartesischen Koordinaten:

$$z = x + jy \tag{A2.1.1}$$

Darstellung in Polarkoordinaten

$$z = |z| \cdot e^{j\varphi}, \ |z| = \sqrt{x^2 + y^2}, \ \varphi = \arctan \frac{y}{x} \tag{A2.1.2}$$

Konjugiert komplexer Wert

$$z^* = x - jy$$
$$|z|^2 = z \cdot z^* \tag{A2.1.3}$$

Addition

$$z_1 + z_2 = (x_1 + x_2) + j(y_1 + y_2) \tag{A2.1.4}$$

Multiplikation

$$z_1 \cdot z_2 = |z_1| \cdot |z_2| \cdot e^{j(\varphi_1 + \varphi_2)} \tag{A2.1.5}$$

Potenzieren

$$z^n = |z|^n e^{jn\varphi} \tag{A2.1.6}$$

Eulersche Gleichung

$$e^{j\alpha} = \cos\alpha + j\sin\alpha$$
$$e^{j\pi} = -1, \ e^{j2\pi} = 1 \tag{A2.1.7}$$

N. Wurzel aus 1

$$\sqrt[N]{1} = e^{-j2\pi n/N} = W_N^n \ \text{ für } \ n = 0, 1, 2, \ldots N - 1 \tag{A2.1.8}$$

$$W_N = e^{-j2\pi/N} \tag{A2.1.9}$$

A2.2 Trigonometrische Regeln

$$\sin\alpha = \frac{1}{2j}\left(e^{j\alpha} - e^{-j\alpha}\right)$$

$$\cos\alpha = \frac{1}{2}\left(e^{j\alpha} + e^{-j\alpha}\right) \qquad (A2.2.1)$$

$$\sin^2\alpha + \cos^2\alpha = 1$$

Gerade und ungerade Funktionen

$$\sin(-\alpha) = -\sin\alpha$$

$$\cos(-\alpha) = \cos\alpha \qquad (A2.2.2)$$

Summen und Differenzen im Argument

$$\sin(\alpha \pm \beta) = \sin\alpha\cos\beta \pm \cos\alpha\sin\beta$$

$$\cos(\alpha \pm \beta) = \cos\alpha\cos\beta \mp \sin\alpha\sin\beta \qquad (A2.2.3)$$

Verdopplung und Halbierung des Argumentes

$$\sin(2\alpha) = 2\sin\alpha\cos\alpha$$

$$\cos(2\alpha) = \cos^2\alpha - \sin^2\alpha$$

$$\sin(\alpha/2) = \sqrt{(1 - \cos\alpha)/2} \qquad (A2.2.4)$$

$$\cos(\alpha/2) = \sqrt{(1 + \cos\alpha)/2}$$

Summen und Differenzen von Funktionen

$$\sin\alpha + \sin\beta = 2\sin\frac{\alpha+\beta}{2}\cdot\cos\frac{\alpha-\beta}{2}$$

$$\sin\alpha - \sin\beta = 2\sin\frac{\alpha-\beta}{2}\cdot\cos\frac{\alpha+\beta}{2}$$

$$\cos\alpha + \cos\beta = 2\cos\frac{\alpha+\beta}{2}\cdot\cos\frac{\alpha-\beta}{2} \qquad (A2.2.5)$$

$$\cos\alpha - \cos\beta = -2\sin\frac{\alpha+\beta}{2}\cdot\sin\frac{\alpha-\beta}{2}$$

Produkte von Funktionen

$$\sin\alpha\cdot\sin\beta = \frac{1}{2}\Big(\cos(\alpha-\beta) - \cos(\alpha+\beta)\Big)$$

$$\cos\alpha\cdot\cos\beta = \frac{1}{2}\Big(\cos(\alpha-\beta) + \cos(\alpha+\beta)\Big) \qquad (A2.2.6)$$

$$\sin\alpha\cdot\cos\beta = \frac{1}{2}\Big(\sin(\alpha-\beta) + \sin(\alpha+\beta)\Big)$$

A2.3 Geometrische Reihen

Endliche Reihen

$$\sum_{n=N_1}^{N_2} a^n = \frac{a^{N_1} - a^{N_2+1}}{1-a} \ , \ a \neq 1$$

$$\sum_{n=0}^{N} a^n = \frac{1 - a^{N+1}}{1-a} \ , \ a \neq 1$$

$(A2.3.1)$

Unendliche Reihen

$$\sum_{n=N_1}^{\infty} a^n = \frac{a^{N_1}}{1-a} \ , \ |a| < 1$$

$$\sum_{n=0}^{\infty} a^n = \frac{1}{1-a} \ , \ |a| < 1$$

$(A2.3.2)$

A2.4 Potenzreihenentwicklung

$$e^x = 1 + \frac{x}{1!} + \frac{x^2}{2!} + \frac{x^3}{3!} + \dots, \ x \text{ reell} \qquad (A2.4.1)$$

$$\ln(1+x) = x - \frac{x^2}{2} + \frac{x^3}{3} - \frac{x^4}{4} + \dots, \ |x| < 1, \text{ reell} \qquad (A2.4.2)$$

$$\sin x = x - \frac{x^3}{3!} + \frac{x^5}{5!} - \frac{x^7}{7!} + \dots, \ x \text{ reell} \qquad (A2.4.3)$$

$$\cos x = 1 - \frac{x^2}{2!} + \frac{x^4}{4!} - \frac{x^6}{6!} + \dots, \ x \text{ reell} \qquad (A2.4.4)$$

A2.5 Partialbruchentwicklung

Zu entwickelnde rationale Funktion:

$$F(x) = \frac{\sum\limits_{m=0}^{M} a_m x^m}{x^N + \sum\limits_{n=0}^{N-1} b_n x^n} = \frac{Z(x)}{\prod\limits_{i=1}^{P} (x - x_{\infty i})^{r_i}} = \frac{Z(x)}{D(x)} \qquad (A2.5.1)$$

mit $M < N$

$M = $ Zählergrad, $Z(x) = $ Zählerpolynom

$N = $ Nennergrad, $N = \sum_{i=1}^{P} r_i$, $D(z) = $ Nennerpolynom

$P = $ Anzahl der Polstellen

$r_i = $ Vielfachheit des i-ten Poles $x_{\infty i}$

Es existiert die folgende Partialbruchentwicklung

$$F(x) = \sum_{i=1}^{P} \sum_{k=1}^{r_i} \frac{A_{ik}}{(x - x_{\infty i})^k} \qquad (A2.5.2)$$

mit den Entwicklungskoeffizienten

$$A_{ik} = \frac{1}{\nu!} \frac{d^\nu}{dx^\nu} \left(F(x) \cdot (x - x_{\infty i})^{r_i} \right) \Big|_{x=x_{\infty i}}, \quad \nu = r_i - k. \qquad (A2.5.3)$$

Das Residuum Res_i eines r_i-fachen Poles ist durch den Entwicklungskoeffizienten A_{i1} gegeben:

$$\text{Res}_i = A_{i1}. \qquad (A2.5.4)$$

Bringt man alle Partialbrüche auf den Hauptnenner $D(x)$, so zeigt sich, daß der Zählerkoeffizient a_{N-1} gleich der Summe aller Residuen

$$a_{N-1} = \sum_{i=1}^{P} A_{i1} \qquad (A2.5.5)$$

ist. Dieses gilt unabhängig davon, ob einfache oder mehrfache Pole vorliegen.

A2.6 Differentialrechnung

Ableitungen einiger elementarer Funktionen

$$\frac{d}{dx}x^n = n \cdot x^{n-1}, \ n \text{ ganzzahlig}$$

$$\frac{d}{dx}e^x = e^x$$

$$\frac{d}{dx}a^x = a^x \ln a \qquad\qquad (A2.6.1)$$

$$\frac{d}{dx}\sin x = \cos x$$

$$\frac{d}{dx}\cos x = -\sin x$$

Linearität

$$\frac{d}{dx}\Big(c_1 f(x) + c_2 g(x)\Big) = c_1 \frac{d}{dx}f(x) + c_2 \frac{d}{dx}g(x) \qquad\qquad (A2.6.2)$$

Produktregel

$$\frac{d}{dx}\Big(f(x) \cdot g(x)\Big) = f(x) \cdot \frac{d}{dx}\Big(g(x)\Big) + \frac{d}{dx}\Big(f(x)\Big) \cdot g(x) \qquad\qquad (A2.6.3)$$

Quotientenregel

$$\frac{d}{dx}\frac{f(x)}{g(x)} = \frac{g(x) \cdot \frac{d}{dx}f(x) - f(x) \cdot \frac{d}{dx}g(x)}{g^2(x)} \qquad\qquad (A2.6.4)$$

Kettenregel

$$\frac{d}{dx}f\Big[g(x)\Big] = \frac{d}{dg}f(g) \cdot \frac{d}{dx}g(x) \qquad\qquad (A2.6.5)$$

Beispiel: e^{2x^2}, $g(x) = 2x^2$

$$\frac{d}{dg}e^g = e^g, \ \frac{d}{dx}2x^2 = 4x \qquad\qquad (A2.6.6)$$

$$\frac{d}{dx}e^{2x^2} = e^{2x^2} \cdot 4x$$

A2.7 Integralrechnung

Unbestimmtes Integral, Stammfunktion

$$\text{Aus} \quad \frac{d}{dx}F(x) = f(x) \quad \text{folgt}$$

$$F(x) = \int f(x)dx + C \tag{A2.7.1}$$

Stammfunktionen einiger elementarer Funktionen

$$\int x^n dx = \frac{x^{n+1}}{n+1} + C, \quad n \neq -1, \quad x \neq 0 \text{ für negative } n \tag{A2.7.2}$$

$$\int \frac{1}{x}dx = \ln|x| + C, \quad x \neq 0 \tag{A2.7.3}$$

$$\int e^{ax}dx = \frac{1}{a}e^{ax} + C \tag{A2.7.4}$$

$$\int a^x dx = a^x / \ln a + C \tag{A2.7.5}$$

$$\int \sin(ax)dx = -\frac{1}{a}\cos x + C \tag{A2.7.6}$$

$$\int \cos(ax)dx = \frac{1}{a}\sin x + C \tag{A2.7.7}$$

$$\int \frac{1}{a^2 + x^2}dx = \frac{1}{a}\arctan\frac{x}{a} + C \tag{A2.7.8}$$

Linearität

$$\int \left(c_1 f_1(x) + c_2 f_2(x)\right)dx = c_1 \int f_1(x)dx + c_2 \int f_2(x)dx \tag{A2.7.9}$$

Partielle Integration

$$\int f(x) \cdot \frac{d}{dx}g(x)dx = f(x) \cdot g(x) - \int \frac{d}{dx}f(x) \cdot g(x)dx \tag{A2.7.10}$$

Lineare Funktion des Arguments

$$\text{Aus} \int f(x)dx = F(x) + C \text{ folgt}$$

$$\int f(ax+b)dx = \frac{1}{a}F(ax+b) + C \tag{A2.7.11}$$

Quotient aus df/dx und f

$$\int \frac{\frac{d}{dx}f(x)}{f(x)}dx = \ln|f(x)| + C \tag{A2.7.12}$$

Bestimmte Integrale

$$F(x) = \int\limits_{x_0}^{x} f(x)dx + F(x_0) \tag{A2.7.13}$$

$$\int\limits_{x_0}^{x_1} f(x)dx = F(x_1) - F(x_0) = F(x)\Big|_{x_0}^{x_1} \tag{A2.7.14}$$

Integrationsgrenzen

$$\int\limits_{x_0}^{x_1} f(x)dx = -\int\limits_{x_1}^{x_0} f(x)dx \tag{A2.7.15}$$

$$\int\limits_{x_0}^{x_2} f(x)dx = \int\limits_{x_0}^{x_1} f(x)dx + \int\limits_{x_1}^{x_2} f(x)dx \tag{A2.7.16}$$

Substitution

$$\int\limits_{g(x_1)}^{g(x_2)} f[g(x)]dg = \int\limits_{x_1}^{x_2} f[g(x)] \cdot \frac{d}{dx}g(x)dx \tag{A2.7.17}$$

A2.8 Residuensatz

Eine Funktion $F(z)$ der komplexen Variablen z sei in einem Gebiet G der z-Ebene bis auf eine endliche Anzahl von singulären Punkten analytisch. Ferner sei C eine doppelpunktfreie geschlossene Kontur innerhalb des Gebietes G, die im mathematisch positiven Sinn (Gegenuhrzeigersinn) durchlaufen wird. Dann gilt für das Konturintegral

$$\oint_C F(z)\,dz = 2\pi j \sum_k \text{Res}_k. \tag{A2.8.1}$$

Dabei sind die Residuen aller Singularitäten zu summieren, die von der Kontur C eingeschlossen sind, d.h. im Gegenuhrzeigersinn einmal umlaufen werden.

Beispiel A2.8.1

Die Funktion

$$F(z) = \frac{4z + 3,5}{z^2 + 2,5z + 1} = \frac{1}{z + 0,5} + \frac{3}{z + 2} \tag{A2.8.2}$$

soll im Gegenuhrzeigersinn längs des Einheitskreises integriert werden. Da nur der Pol $z_{\infty 1} = -0,5$ innerhalb des Einheitskreises liegt, liefert nur sein Residuum $\text{Res}_1 = 1$ einen Beitrag zum Integral:

$$\oint_C F(z) = 2\pi j \cdot 1 = 2\pi j. \tag{A2.8.3}$$

Wenn das Gebiet außerhalb der Kontur C bis auf eine endliche Anzahl von singulären Stellen analytisch ist, kann als Alternative auch die Kontur im Uhrzeigersinn durchlaufen werden und die Residuen der im Außengebiet eingeschlossenen Singularitäten summiert werden. Da der Integrationsweg in umgekehrter Richtung durchlaufen wird, erhält man verglichen mit dem ersten Fall einen Vorzeichenwechsel im Ergebnis.

Vorsicht ist beim Punkt Unendlich geboten. Hier kann trotz hebbarer Singularität ein Residuum vorliegen, das einen Beitrag zum Integral leistet. Um dieses Residuum zu ermitteln, bildet man diesen Punkt durch die Substitution

$$z \to \xi^{-1} \tag{A2.8.4}$$

in den Ursprung ab und berechnet dort das Residuum. Mit $dz = -\xi^{-2} \cdot d\xi$ gilt

$$\oint F(z)dz = \oint F(\xi^{-1}) \cdot (-\xi^{-2})d\xi = \oint \ldots + \text{Res}_\infty \xi^{-1} + \ldots d\xi. \qquad (A2.8.5)$$

Aus einer Potenzreihenentwicklung kann das gesuchte Residuum Res_∞ bei der Potenz ξ^{-1} entnommen werden.

Beispiel A2.8.2

Für die Funktion $F(z)$ in (A2.8.2) gilt

$$F(\xi^{-1}) \cdot (-\xi^2) = \frac{-4\xi^{-3} - 3,5\xi^{-2}}{\xi^{-2} + 2,5\xi^{-1} + 1} = -4\xi^{-1} + 6,5\xi^0 + \ldots \qquad (A2.8.6)$$

Das gesuchte Residuum im Unendlichen lautet daher

$$\text{Res}_\infty = -4. \qquad (A2.8.7)$$

Eine rationale Funktion kann als

$$F(z) = \sum_{i=0}^{K} c_i z^i + \frac{\sum\limits_{m=0}^{N-1} a_m z^m}{z^N + \sum\limits_{n=0}^{N-1} b_n z^n} \qquad (A2.8.8)$$

dargestellt werden. Daraus kann unmittelbar abgelesen werden, daß das Residuum Res_∞ bei der Potenz ξ^{-1} in (A2.8.5) durch den negierten Zählerkoeffizienten $-a_{N-1}$ gegeben ist. Unter Berücksichtigung von (A2.5.5) gilt daher

$$\text{Res}_\infty = -a_{N-1} = -\sum_{i=1}^{P} \text{Res}_i. \qquad (A2.8.9)$$

Eine rationale Funktion besitzt im Unendlichen ein Residuum Res_∞, das durch die negierte Summe der Residuen der endlichen Pole gegeben ist.

Beispiel A2.8.3

Die Funktion $F(z)$ in (A2.8.2) besitzt neben den Residuen

$$\text{Res}_1 = 1, \ \text{Res}_2 = 3 \qquad (A2.8.10)$$

der endlichen Pole noch ein Residuum Res_∞, das sich aus der höchsten Potenz des Zählerpolynoms ablesen läßt. Mit (A2.8.9) gilt

$$\text{Res}_\infty = -4. \qquad (A2.8.11)$$

Dieses stimmt mit (A2.8.7) überein. Eine Integration auf dem Einheitskreis im Uhrzeigersinn ergibt

$$\oint_C F(z)dz = 2\pi j(\text{Res}_2 + \text{Res}_\infty) = -2\pi j. \qquad (A2.8.12)$$

Wegen des umgekehrten Integrationsweges hat dieses Resultat gegenüber dem in (A2.8.3) ein anderes Vorzeichen.

Anhang A3
Kontinuierliche stochastische Prozesse

A3.1 Stochastische Prozesse und Zufallsvariable

Ein stochastischer Prozeß oder Zufallsprozeß $x(t)$ ist als Abbildung einer Merkmalmenge in eine Menge determinierter Musterfunktionen $x_i(t)$ definiert. Die Zufälligkeit des Prozesses liegt in der zufälligen Auswahl der Merkmale. Jedem Merkmal m_i ist eindeutig eine Musterfunktion $x_i(t)$ zugeordnet. Die Musterfunktionen heißen auch Realisierungen des Prozesses und sind im allgemeinen reellwertig und Funktionen der Zeit t. Die Menge der Musterfunktionen wird auch Schar oder Ensemble genannt und besteht meist aus nicht abzählbar unendlich vielen Funktionen. Insgesamt kann der stochastische Prozeß als ein mathematisches Modell zur Beschreibung stochastischer Signale angesehen werden.

Betrachtet man den stochastischen Prozeß zu einem festen Zeitpunkt t_1, so wird jedem Merkmal m_i eine reelle Zahl $x_i(t_1)$ zugeordnet. Eine solche Abbildung einer Merkmalmenge in die Menge der reellen Zahlen wird Zufallsvariable genannt. Der zu einem festen Zeitpunkt t_1 betrachtete stochastische Prozeß $x(t_1)$ ist eine Zufallsvariable. Durch die Betrachtung verschiedener Zeitpunkte können prinzipiell beliebig viele Zufallsvariable aus dem Prozeß abgeleitet werden.

Wie aus der Wahrscheinlichkeitstheorie bekannt ist, werden Zufallsvariable durch ihre Wahrscheinlichkeitsverteilungsfunktion oder kurz Verteilungsfunktion

$$F_{x(t_1)}(\xi) = P\{x(t_1) \leq \xi\}, \qquad (A3.1.1)$$

oder durch ihre Wahrscheinlichkeitsdichtefunktion oder kurz Dichtefunktion

$$f_{x(t_1)}(\xi) = \frac{\partial}{\partial \xi} F_{x(t_1)}(\xi) \qquad (A3.1.2)$$

beschrieben. Hierin ist $P\{e\}$ die Wahrscheinlichkeit dafür, daß ein Ereignis e auftritt. Aus der Dichtefunktion lassen sich Erwartungswerte ableiten. Die wichtigsten Erwartungswerte sind der Mittelwert (Scharmittelwert)

$$m_{x(t_1)} = E\{x(t_1)\} = \overline{x(t_1)} = \int_{-\infty}^{\infty} \xi \cdot f_{x(t_1)}(\xi)d\xi, \qquad (A3.1.3)$$

der quadratische Mittelwert

$$s_{x(t_1)}^2 = E\{x^2(t_1)\} = \overline{x^2(t_1)} = \int_{-\infty}^{\infty} \xi^2 \cdot f_{x(t_1)}(\xi)d\xi \qquad (A3.1.4)$$

und die Varianz

$$\begin{aligned} \sigma_{x(t_1)}^2 &= E\{\big(x(t_1) - m_{x(t_1)}\big)^2\} = \overline{\big(x(t_1) - \overline{x(t_1)}\big)^2} \\ &= \int_{-\infty}^{\infty} (\xi - m_{x(t_1)})^2 \cdot f_{x(t_1)}(\xi)d\xi \end{aligned} \qquad (A3.1.5)$$

einer Zufallsvariablen.

A3.2 Korrelation und Kovarianz

A3.2.1 Autokorrelationsfunktion

Beobachtet man einen stochastischen Prozeß zu zwei festen Zeitpunkten t_1 und t_2, so erhält man zwei Zufallsvariablen $x(t_1)$ und $x(t_2)$ auf der gleichen Merkmalmenge. Dazu wird eine Verbundwahrscheinlichkeitsverteilungsfunktion oder kurz Verbundverteilung

$$F_{x_1 x_2}(\xi_1, \xi_2) = P\{x(t_1) \le \xi_1, x(t_2) \le \xi_2\} \qquad (A3.2.1)$$

definiert. In (A3.2.1) werden die Abkürzungen

$$x_1 = x(t_1), \quad x_2 = x(t_2) \qquad (A3.2.2)$$

verwendet. Durch partielle Ableitung der Verbundverteilung erhält man die Verbundwahrscheinlichkeitsdichtefunktion oder kurz Verbunddichte

$$f_{x_1 x_2}(\xi_1, \xi_2) = \frac{\partial^2}{\partial \xi_1 \partial \xi_2} F_{x_1 x_2}(\xi_1, \xi_2). \qquad (A3.2.3)$$

Neben der getrennten Erwartungswertbildung zu den Zeitpunkten t_1 und t_2 können auch beide Zufallsvariablen gleichzeitig betrachtet werden. Man spricht dann von einer Statistik 2. Ordnung. Der Erwartungswert des Produktes beider Zufallsvariablen x_1 und x_2 trägt die Bezeichnung *Autokorrelationsfunktion (AKF)*

$$r_{x_1 x_2}(t_1, t_2) = E\{x_1 \cdot x_2\} = \int_{-\infty}^{\infty} \int_{-\infty}^{\infty} \xi_1 \cdot \xi_2 \cdot f_{x_1 x_2}(\xi_1, \xi_2) d\xi_1 d\xi_2. \quad (A3.2.4)$$

Die Autokorrelationsfunktion $r_{x_1 x_2}$ hängt zunächst von den beiden Zeitpunkten t_1 und t_2 ab.

Subtrahiert man vor der Erwartungsbildung von den Zufallsvariablen ihre jeweiligen Mittelwerte, so spricht man von einer *Autokovarianzfunktion*

$$c_{x_1 x_2}(t_1, t_2) = E\{(x_1 - m_{x1})(x_2 - m_{x2})\} =$$
$$= \int_{-\infty}^{\infty} \int_{-\infty}^{\infty} (\xi_1 - m_{x1})(\xi_2 - m_{x2}) f_{x_1 x_2}(\xi_1, \xi_2) d\xi_1 d\xi_2 \quad . \quad (A3.2.5)$$

Der Zusammenhang zwischen der Autokorrelationsfunktion und der Autokovarianzfunktion läßt sich unter Ausnutzung der Linearität der Erwartungswertbildung wie folgt ableiten:

$$E\{(x_1 - \overline{x_1})(x_2 - \overline{x_2})\} = E\{x_1 x_2\} - E\{x_1 \overline{x_2}\} - E\{\overline{x_1} x_2\} + E\{\overline{x_1}\ \overline{x_2}\}$$
$$= E\{x_1 x_2\} - \overline{x_2} E\{x_1\} - \overline{x_1} E\{x_2\} + \overline{x_1}\ \overline{x_2}$$
$$= E\{x_1 x_2\} - \overline{x_2}\ \overline{x_1} - \overline{x_1}\ \overline{x_2} + \overline{x_1}\ \overline{x_2}.$$
$$(A3.2.6)$$

Daher gilt

$$c_{x_1 x_2}(t_1, t_2) = r_{x_1 x_2}(t_1, t_2) - m_{x_1} m_{x_2}. \quad (A3.2.7)$$

A3.2.2 Stationäre Prozesse

In einem *streng stationären Prozeß* sind die Dichtefunktionen der Zufallsvariablen und damit auch alle daraus abgeleiteten Erwartungswerte unabhängig vom betrachteten Zeitpunkt. Die Korrelationsfunktion und die Kovarianzfunktion hängen nur von der Zeitdifferenz $\tau = t_2 - t_1$ ab:

$$r_{xx}(\tau) = E\{x(t)x(t+\tau)\},$$
$$= \int_{-\infty}^{\infty} \int_{-\infty}^{\infty} \xi_1 \xi_2 f_{x(t)x(t+\tau)} d\xi_1 d\xi_2, \forall t \quad (A3.2.8)$$

und

$$c_{xx}(\tau) = E\{(x(t) - m_x)(x(t+\tau) - m_x)\}, \forall t. \quad (A3.2.9)$$

In einem *schwach stationären Prozeß* hängen die Erwartungswerte m_x, s_x^2 und σ_x^2 nicht vom Betrachtungszeitpunkt t der Zufallsvariablen ab. Die Autokorrelationsfunktion und die Autokovarianzfunktion hängen wie bei einem streng stationären Prozeß nur von der Zeitdifferenz τ ab.

Im Falle stationärer Prozesse lassen sich einige Eigenschaften der Autokorrelationsfunktion in besonders einfacher Form angeben. Die AKF ist eine gerade Funktion

$$r_{xx}(-\tau) = r_{xx}(\tau), \qquad (A3.2.10)$$

denn es gilt

$$\begin{aligned} r_{xx}(-\tau) &= E\{x(t)x(t-\tau)\} = E\{x(\lambda + \tau) \cdot x(\lambda)\} \\ &= E\{x(\lambda) \cdot x(\lambda + \tau)\} = E\{x(t)x(t+\tau)\} = r_{xx}(\tau). \end{aligned} \qquad (A3.2.11)$$

Die AKF an der Stelle $\tau = 0$ ist gleich dem quadratischen Mittelwert bzw. der mittleren Leistung des Prozesses

$$r_{xx}(0) = s_x^2 = \overline{x^2}. \qquad (A3.2.12)$$

Dieses kann wie folgt gezeigt werden:

$$r_{xx}(\tau = 0) = E\{x(t) \cdot x(t)\} = E\{x^2(t)\} = s_x^2 = \overline{x^2}.$$

Entsprechend ist der Wert der Autokovarianzfunktion an der Stelle $\tau = 0$ gleich der Varianz des Prozesses

$$c_{xx}(0) = \sigma_x^2, \qquad (A3.2.13)$$

denn es gilt

$$c_{xx}(0) = E\{(x - m_x)(x - m_x)\} = \sigma_x^2.$$

Die Autokorrelationsfunktion hat ihr Maximum an der Stelle $\tau = 0$:

$$r_{xx}(0) \geq r_{xx}(\tau). \qquad (A3.2.14)$$

Den Beweis zeigen die folgenden Zeilen:

$$\begin{aligned} &E\{[x(t) - x(t+\tau)]^2\} \geq 0, \\ &E\{x^2(t)\} - 2E\{x(t) \cdot x(t+\tau)\} + E\{x^2(t+\tau)\} \geq 0, \\ &2 \cdot E\{x^2(t)\} - 2E\{x(t) \cdot x(t+\tau)\} \geq 0, \\ &2 \cdot s_x^2 - 2 \cdot r_{xx}(\tau) \geq 0, \\ &r_{xx}(0) - r_{xx}(\tau) \geq 0. \end{aligned} \qquad (A3.2.15)$$

A3.2.3 Kreuzkorrelation zwischen zwei Prozessen

Ein *zweidimensionaler Prozeß* besteht aus zwei Prozessen $x(t)$ und $y(t)$. Er ist statistisch bestimmt, wenn alle Verbundverteilungsfunktionen der Zufallsvariablen

$$x(t_1), x(t_2), ..., x(t_n), y(t_1'), y(t_2'), ..., y(t_m') \qquad (A3.2.16)$$

für beliebige Zeitpunkte $t_1...t_n, t_1'...t_m'$ bekannt sind.

Sind beide Prozesse stationär, so kann die folgende *Kreuzkorrelationsfunktion* zwischen beiden Prozessen angegeben werden:

$$
\begin{aligned}
r_{xy}(\tau) &= E\{x(t)y(t+\tau)\} \\
&= \int_{-\infty}^{\infty} \int_{-\infty}^{\infty} \xi\eta f_{xy}(\xi, \eta) d\xi d\eta.
\end{aligned}
\qquad (A3.2.17)
$$

Die *Kreuzkovarianzfunktion* zwischen beiden (stationären) Prozesse lautet

$$
\begin{aligned}
c_{xy}(\tau) &= E\{(x(t) - m_x)(y(t+\tau) - m_y)\} \\
&= \int_{-\infty}^{\infty} \int_{-\infty}^{\infty} (\xi - m_x)(\eta - m_y) f_{xy}(\xi, \eta) d\xi d\eta.
\end{aligned}
\qquad (A3.2.18)
$$

Wegen der Linearität der Erwartungswertbildung gilt:

$$
\begin{aligned}
E\{(x - \bar{x})(y - \bar{y})\} &= E\{xy\} - E\{x\bar{y}\} - E\{\bar{x}y\} + E\{\bar{x}\,\bar{y}\} \\
&= E\{xy\} - \bar{y}E\{x\} - \bar{x}E\{y\} + \bar{x}\,\bar{y} \\
&= E\{xy\} - \bar{y}\,\bar{x} - \bar{x}\,\bar{y} + \bar{x}\,\bar{y}.
\end{aligned}
\qquad (A3.2.19)
$$

Zwischen der Kreuzkovarianzfunktion und der Kreuzkorrelationsfunktion besteht daher die folgende Beziehung

$$c_{xy}(\tau) = r_{xy}(\tau) - m_x m_y. \qquad (A3.2.20)$$

Zwei Prozesse heißen *unkorreliert*, wenn die Beziehung

$$\rho_{xy}(\tau) = 0, \ \forall \tau \qquad (A3.2.21)$$

gilt. Wenn zwei Prozesse unkorreliert sind, dann ist die Korrelationsfunktion zwischen beiden Prozessen

$$r_{xy}(\tau) = m_x m_y \qquad (A3.2.22)$$

nur durch das Produkt der jeweiligen Mittelwerte beider Prozesse gegeben.

Vertauscht man die Reihenfolge der Prozesse, so wird die Kreuzkorrelationsfunktion zeitlich gespiegelt:

$$r_{yx}(-\tau) = r_{xy}(\tau). \qquad (A3.2.23)$$

Beweis: Aus der Beziehung

$$r_{yx}(-\tau) = E\{y(t)x(t - \tau)\}$$

folgt mit der Substitution $t - \tau \to \lambda$

$$r_{yx}(-\tau) = E\{y(\lambda + \tau) \cdot x(\lambda)\}$$
$$= E\{x(t) \cdot y(t + \tau)\} = r_{xy}(\tau).$$

A3.2.4 Ergodische stationäre Prozesse

In einem *ergodischen stationären Prozeß* sind die Erwartungswerte oder Scharmittelwerte gleich den Zeitmittelwerten jeder Musterfunktion. Für den linearen Mittelwert gilt

$$m_x = E\{x(t)\}$$
$$= \underbrace{\int_{-\infty}^{\infty} \xi \cdot f_x(\xi)d\xi}_{Scharmittelwert} = \underbrace{\lim_{T \to \infty} \frac{1}{2T} \int_{-T}^{T} x_i(t)dt}_{Zeitmittelwert}. \qquad (A3.2.24)$$

Entsprechend gilt für den quadratischen Mittelwert

$$s_x^2 = E\{x^2(t)\}$$
$$= \lim_{t \to \infty} \frac{1}{2T} \int_{-T}^{T} x_i^2(t)dt \,, \forall\, i. \qquad (A3.2.25)$$

Auch die Korrelation kann durch zeitliche Mittelung erfolgen. Es gilt für die Korrelationsfunktion

$$r_{xy}(t) = E\{x(t)y(t + \tau)\}$$
$$= \lim_{T \to \infty} \frac{1}{2T} \int_{-T}^{T} x_i(t)y_i(t + \tau)dt \,, \forall\, i, j \qquad (A3.2.26)$$

und für die Kovarianzfunktion

$$c_{xy}(\tau) = \lim_{t \to \infty} \frac{1}{2T} \int_{-T}^{T} \big(x(t) - m_x\big)\big(y(t + \tau) - m_y\big)dt. \qquad (A3.2.27)$$

A3.3 Leistungsdichtespektrum

Eine Fourier-Transformation von Musterfunktionen ist nicht sinnvoll. Zur Rechnung im Bildbereich wird vielmehr die AKF eines stochastischen Prozesses transformiert. Das Ergebnis ist das Leistungsdichtespektrum

$$S_{xx}(j\omega) = \mathcal{F}\{r_{xx}(\tau)\}$$
$$= \int_{-\infty}^{\infty} r_{xx}(\tau)e^{-j\omega\tau}d\tau. \qquad (A3.3.1)$$

Umgekehrt kann aus dem Leistungsdichtespektrum die AKF berechnet werden:

$$r_{xx}(\tau) = \frac{1}{2\pi} \int_{-\infty}^{\infty} S_{xx}(j\omega)e^{j\omega\tau}d\omega. \qquad (A3.3.2)$$

Die mittlere Leistung eines stationären und ergodischen Prozesses $x(t)$ ist nach (A3.17) durch den Wert der AKF an der Stelle $\tau = 0$ gegeben:

$$\overline{x^2} = r_{xx}(0) = \frac{1}{2\pi} \int_{-\infty}^{\infty} S_{xx}(j\omega)d\omega. \qquad (A3.3.3)$$

Die mittlere Leistung des Prozesses kann durch Integration über das Leistungsdichtespektrum gewonnen werden.

Ferner läßt sich zeigen, daß die folgende Beziehung gilt:

$$S_{xx}(j\omega) = \lim_{T_0 \to \infty} \frac{1}{2T_0} E\{|X_{T_0}(j\omega)|^2\}. \qquad (A3.3.4)$$

Die Fourier-Transformierte S_{xx} der AKF r_{xx} eines stochastischen Prozesses $x(t)$ ist gleich dem Grenzwert $T_0 \to \infty$ des Erwartungswertes für das Betragsquadratspektrum des auf $2T_0$ beschnittenen Prozesses. Dieses ist das Wiener-Khinchine-Theorem in seiner ursprünglichen Form.

Da die AKF eine gerade und reelle Funktion ist, ist auch das Leistungsdichtespektrum eine reelle und gerade Funktion:

$$S_{xx}(j\omega) = S_{xx}(-j\omega). \qquad (A3.3.5)$$

Ferner gilt:

$$S_{xx}(j\omega) \geq 0 \ \forall \ \omega. \qquad (A3.3.6)$$

Dieses folgt aus dem Wiener-Khintchine-Theorem.

Ein Prozeß mit dem Leistungsdichtespektrum

$$S_{xx}(j\omega) = K \qquad\qquad (A3.3.7)$$

wird weißer Rauschprozeß genannt. Die zugehörige AKF lautet

$$r_{xx}(\tau) = \mathcal{F}^{-1}\{K\} = K\delta(\tau). \qquad\qquad (A3.3.8)$$

Das Spektrum $S_{xx}(j\omega)$ wird auch Autoleistungsdichtespektrum genannt. In Ergänzung dazu kann ein Kreuzleistungsdichtespektrum

$$S_{xy}(j\omega) = \mathcal{F}\{r_{xy}(\tau)\} \qquad\qquad (A3.3.9)$$

mit der Eigenschaft

$$S_{yx}(j\omega) = S_{xy}^{*}(j\omega) \qquad\qquad (A3.3.10)$$

angegeben werden.

Anhang A4
Diskrete stochastische Prozesse

A4.1 Einfache Erwartungswerte

Der diskrete stochastische Prozeß ist im wesentlichen in gleicher Weise definiert wie der kontinuierliche stochastische Prozeß, siehe Anhang A3. Einziger Unterschied: die Realisierungen oder Musterfunktionen des Prozesses sind zeitdiskrete Funktionen. Dementsprechend sind die daraus abgeleiteten Größen in anderer Nomenklatur zu schreiben.

Aus der Wahrscheinlichkeitsverteilungsfunktion

$$F_{x(n)}(\xi) = P\{x(n) \le \xi\} \qquad (A4.1.1)$$

und der Wahrscheinlichkeitsdichtefunktion

$$f_{x(n)}(\xi) = \frac{\partial}{\partial \xi} F_{x(n)}(\xi) \qquad (A4.1.2)$$

folgen durch Erwartungswertbildung der Scharmittelwert

$$m_{x(n)} = E\{x(n)\} = \int\limits_{-\infty}^{+\infty} \xi \cdot f_{x(n)}(\xi)\, d\xi, \qquad (A4.1.3)$$

der quadratische Scharmittelwert

$$s^2_{x(n)} = E\{x^2(n)\} = \int\limits_{-\infty}^{+\infty} \xi^2 \cdot f_{x(n)}(\xi)\, d\xi \qquad (A4.1.4)$$

und die Varianz

$$\sigma^2_{x(n)} = E\{(x(n) - m_{x(n)})^2\} = \int\limits_{-\infty}^{+\infty} (\xi - m_{x(n)})^2 \cdot f_{x(n)}(\xi)\, d\xi. \qquad (A4.1.5)$$

Bei einem *stationären Prozeß* sind Mittelwerte und Varianz unabhängig vom betrachteten Zeitpunkt n. Bei einem *ergodischen stationären Prozeß* sind alle Scharmittelwerte gleich den Zeitmittelwerten jeder Musterfunktion. Für den einfachen Mittelwert gilt

$$m_x = E\{x(n)\} = \lim_{N \to \infty} \frac{1}{2N+1} \sum_{n=-N}^{N} x_i(n). \qquad (A4.1.6)$$

Entsprechend gilt für den quadratischen Mittelwert

$$s_x^2 = E\{x^2(n)\} = \lim_{N \to \infty} \frac{1}{2N+1} \sum_{n=-N}^{N} x_i^2(n) \qquad (A4.1.7)$$

und für die Varianz

$$\sigma_x^2 = E\{(x(n) - m_x)^2\} = \lim_{N \to \infty} \frac{1}{2N+1} \sum_{n=-N}^{N} (x_i(n) - m_x)^2, \qquad (A4.1.8)$$

wobei $x_i(n)$ eine beliebige Musterfunktion ist.

A4.2 Korrelation und Kovarianz

Zu zwei festen Zeitpunkten (Indizes) n_1 und n_2 erhält man zwei Zufallsvariable $x(n_1)$ und $x(n_2)$ auf der gleichen Merkmalsmenge mit der Verbundverteilungsfunktion

$$F_{x(n_1)x(n_2)}(\xi_1, \xi_2) = P\{x(n_1) \leq \xi_1, x(n_2) \leq \xi_2\} \qquad (A4.2.1)$$

und der Verbunddichtefunktion

$$f_{x(n_1)x(n_2)} = \frac{\partial^2}{\partial \xi_1 \partial \xi_2} F_{x(n_1)x(n_2)}(\xi_1, \xi_2). \qquad (A4.2.2)$$

Der Erwartungswert des Produktes der beiden Zufallsvariablen $x(n_1)$ und $x(n_2)$ ist die Autokorrelationsfolge

$$\begin{aligned} r_{x_1 x_2}(n_1, n_2) &= E\{x(n_1) \cdot x(n_2)\} \\ &= \int_{-\infty}^{+\infty} \int_{-\infty}^{+\infty} \xi_1 \, \xi_2 \, f_{x_1 x_2} \, d\xi_1 d\xi_2. \end{aligned} \qquad (A4.2.3)$$

Entsprechend ist die Autokovarianzfolge definiert:

$$c_{x_1x_2} = E\{(x(n_1) - m_{x_1})(x(n_2) - m_{x_2})\}$$
$$= \int\limits_{-\infty}^{+\infty} \int\limits_{-\infty}^{+\infty} (\xi_1 - m_{x_1})(\xi_2 - m_{x_2}) f_{x_1x_2} \, d\xi_1 d\xi_2 \qquad (A4.2.4)$$

mit den Kurzformen $x_1 = x(n_1)$ und $x_2 = x(n_2)$.

Bei einem *stationären Prozeß* hängen Korrelation und Kovarianz nur von der Zeitdifferenz $m = n_2 - n_1$ ab:

$$r_{xx}(m) = E\{x(n) \cdot x(n+m)\}, \qquad \forall n, \qquad (A4.2.5)$$

und

$$c_{xx}(m) = E\{\left(x(n) - m_x\right) \cdot \left(x(n+m) - m_x\right)\}, \qquad \forall n. \qquad (A4.2.6)$$

Die Kreuzkorrelationsfolge eines zweidimensionalen stationären Prozesses lautet

$$r_{xy}(m) = E\{x(n) \cdot y(n+m)\}. \qquad (A4.2.7)$$

Ebenso gilt für die Kreuzkovarianzfolge

$$c_{xy}(m) = E\{\left(x(n) - m_x\right) \cdot \left(y(n+m) - m_y\right)\}. \qquad (A4.2.8)$$

Beide Folgen zeigen folgenden Zusammenhang:

$$c_{xy}(m) = r_{xy}(m) - m_x m_y. \qquad (A4.2.9)$$

Zwei Prozesse sind unkorreliert, wenn

$$c_{xy}(m) = 0, \qquad r_{xy}(m) = m_x m_y \qquad (A4.2.10)$$

gilt.

Ist ein stationärer Prozeß *ergodisch*, so gilt für die Korrelationsfolge

$$r_{xy}(m) = \lim_{N\to\infty} \frac{1}{2N+1} \sum_{n=-N}^{N} x_i(n) y_i(n+m) \qquad (A4.2.11)$$

und für die Kovarianzfolge

$$c_{xy}(m) = \lim_{N\to\infty} \frac{1}{2N+1} \sum_{n=-N}^{N} (x_i(n) - m_x)(y_i(n+m) - m_y) \qquad (A4.2.12)$$

wobei $x_i(n)$ und $y_i(n)$ beliebige Musterfunktionen sind. Beide Beziehungen gelten für Auto- und Kreuzkorrelation bzw. -kovarianz gleichermaßen.

Die Gleichungen (A3.2.10), (A3.2.12-14) und (A3.2.23) für kontinuierliche Prozesse gelten für diskrete Prozesse sinngemäß:

$$r_{xx}(-m) = r_{xx}(m), \qquad (A4.2.13)$$

$$r_{xx}(0) = s_x^2 \geq r_{xx}(m), \qquad (A4.2.14)$$

$$c_{xx}(0) = \sigma_x^2, \qquad (A4.2.15)$$

$$r_{yx}(-m) = r_{xy}(m). \qquad (A4.2.16)$$

A4.3 Leistungsdichtespektrum

Zur Beschreibung der stochastischen Prozesse im Frequenzbereich wird die Z-Transformierte und die als Leistungsdichtespektrum bezeichnete Fourier-Transformierte der Auto- und Kreuzkorrelationsfunktion betrachtet. Für stationäre Prozesse gilt mit der zweiseitigen Z-Transformation

$$S_{xx}(z) = \sum_{n=-\infty}^{\infty} r_{xx}(n)\, z^{-n} \qquad (A4.3.1)$$

und umgekehrt

$$r_{xx}(n) = \frac{1}{2\pi j} \oint_C S_{xx}(z)\, z^{n-1}\, dz. \qquad (A4.3.2)$$

Betrachtet man Prozesse mit einer stabilen AKF, dann gibt es wegen der Symmetrie in (A4.2.13) einen Konvergenzring in der z-Ebene, in dem $S_{xx}(z)$ konvergiert und der den Einheitskreis einschließt, siehe auch Bild 8.4.2:

$$R^- < z < R^+, \qquad R^- < 1, \quad R^+ > 1. \qquad (A4.3.3)$$

Für solche Prozesse existiert die als Leistungsdichtespektrum bezeichnete zeitdiskrete Fourier-Transformierte:

$$S_{xx}(e^{j\Omega}) = \sum_{n=-\infty}^{\infty} r_{xx}(n)\, e^{-j\Omega n} \qquad (A4.3.4)$$

und umgekehrt

$$r_{xx}(n) = \frac{1}{2\pi} \int_{-\pi}^{\pi} S_{xx}(e^{j\Omega})\, e^{j\Omega n}\, d\Omega. \qquad (A4.3.5)$$

Die mittlere Leistung P_x bzw. der quadratische Mittelwert s_x^2 eines reellwertigen stationären ergodischen Prozesses ist nach (A4.1.7) und (A4.2.11) durch den Nullwert der Autokorrelationsfolge gegeben:

$$P_x = s_x^2 = r_{xx}(0) = \lim_{N \to \infty} \frac{1}{2N+1} \sum_{n=-N}^{N} x_i^2(n). \qquad (A4.3.6)$$

Mit (A4.3.6) folgt aus (A4.3.5)

$$P_x = r_{xx}(0) = \frac{1}{2\pi} \int_{-\pi}^{\pi} S_{xx}(e^{j\Omega})\, d\Omega. \qquad (A4.3.7)$$

Die Gleichungen (A4.3.6-7) sind für stochastische Leistungssignale das Gegenstück zu der Parsevalschen Beziehung für determinierte Energiesignale, Gleichung (5.3.63) und (6.5.31). Ebenso stellt (A4.3.4) das Wiener-Khintchine-Theorem für diskrete stochastische Leistungssignale dar zusammen mit der Aussage, daß

$$S_{xx}(e^{j\Omega}) = \lim_{N \to \infty} \frac{1}{2N+1} E\{|X_N(e^{j\Omega})|^2\} \qquad (A4.3.8)$$

ist. Darin ist

$$X_N(e^{j\Omega}) = \sum_{n=-N}^{N} x_i(n)\, e^{-j\Omega n} \qquad (A4.3.9)$$

die Fourier-Transformierte einer zeitbegrenzten Musterfunktion $x_i(n)$.

Weitere Eigenschaften der Leistungsdichtespektren: Es gilt

$$S_{xx}(e^{j\Omega}) = S_{xx}(e^{-j\Omega}), \qquad (A4.3.10)$$

$$S_{xx}(e^{j\Omega}) \geq 0, \qquad \forall \Omega, \qquad (A4.3.11)$$

$$S_{xx}(e^{j\Omega}) = S_{xx}(e^{j(\Omega+r2\pi)}), \qquad r = 1, 2, 3 \ldots \qquad (A4.3.12)$$

Für Kreuzleistungsdichtespektren

$$S_{xy}(e^{j\Omega}) = \sum_{n=-\infty}^{\infty} r_{xy}(n)\, e^{-j\Omega n} \qquad (A4.3.13)$$

gilt

$$S_{xy}(e^{j\Omega}) = S_{yx}^*(e^{j\Omega}). \qquad (A4.3.14)$$

Anhang A5
Transitionsmatrix

Die kontinuierliche Transitionsmatrix, in der Mathematik auch Fundamentalmatrix genannt, spielt bei der Lösung der Zustandsgleichungen eine wichtige Rolle.

A5.1 Definition

Zu einer quadratischen Matrix $\mathbf{A}$ wird eine Transitionsmatrix $\mathbf{\Phi}(t)$ folgendermaßen definiert:

$$\mathbf{\Phi}(t) = \exp(\mathbf{A}t) = \mathbf{I} + \mathbf{A}t + \mathbf{A}^2 \frac{t^2}{2!} + \mathbf{A}^3 \frac{t^3}{3!} + \dots \qquad (A5.1.1)$$

Ihre zeitliche Ableitung lautet

$$
\begin{aligned}
\frac{d}{dt}\mathbf{\Phi}(t) &= \mathbf{A} + \mathbf{A}^2 t + \mathbf{A}^3 \frac{t^2}{2!} + \dots \\
&= \mathbf{A}(\mathbf{I} + \mathbf{A}t + \mathbf{A}^2 \frac{t^2}{2!} + \dots) \\
&= \mathbf{A} \cdot \mathbf{\Phi}(t) = \mathbf{\Phi}(t) \cdot \mathbf{A}.
\end{aligned}
\qquad (A5.1.2)
$$

Die Matrix $\mathbf{A}$ und ihre Transitionsmatrix $\mathbf{\Phi}(t)$ sind kommutativ. Mit der Definition als Potenzreihe gelten die gleichen Rechenregeln wie bei der Exponentialfunktion mit skalarem Argument, insbesondere gilt

$$\mathbf{\Phi}(t) \cdot \mathbf{\Phi}(\tau) = \mathbf{\Phi}(t + \tau). \qquad (A5.1.3)$$

Speziell für $t = -\tau$ folgt daraus

$$\mathbf{\Phi}(t) \cdot \mathbf{\Phi}(-t) = \mathbf{\Phi}(0) = \mathbf{I} \qquad (A5.1.4)$$

beziehungsweise

$$\mathbf{\Phi}^{-1}(t) = \mathbf{\Phi}(-t). \qquad (A5.1.5)$$

Die Transitionsmatrix kann in das Produkt

$$\mathbf{\Phi}(t_2 - t_0) = \mathbf{\Phi}(t_2 - t_1) \cdot \mathbf{\Phi}(t_1 - t_0) \qquad (A5.1.6)$$

zweier Transitionsmatrizen zerlegt werden, siehe (A5.1.3). Im übrigen gilt auch für die Transitionsmatrix die Eulersche Gleichung:

$$\exp(j\mathbf{A}) = \cos \mathbf{A} + j \sin \mathbf{A}$$
$$= (\mathbf{I} - \frac{\mathbf{A}^2}{2!} + \frac{\mathbf{A}^4}{4!} - \ldots) + j(\mathbf{A} - \frac{\mathbf{A}^3}{3!} + \frac{\mathbf{A}^5}{5!} - \ldots). \qquad (A5.1.7)$$

Die näherungsweise Berechnung der Transitionsmatrix mit Hilfe der Reihenentwicklung (A5.1.1) ist nicht effizient. Im folgenden wird eine andere Berechnungsmethode aufgezeigt, die auf dem Eigenwertproblem und dem Cayley-Hamilton-Theorem beruht.

A5.2 Eigenwertproblem

Für eine $n \times n$-Matrix $\mathbf{A}$ existieren n Eigenwerte s_i mit zugehörigen Eigenvektoren x_i, für die die folgende Beziehung gilt:

$$\mathbf{A}\mathbf{x}_i = s_i\, \mathbf{x}_i. \qquad (A5.2.1)$$

Die Eigenwerte werden mit Hilfe der Gleichung

$$s\mathbf{x}_i - \mathbf{A}\mathbf{x}_i = (s\mathbf{I} - \mathbf{A})\mathbf{x}_i = 0 \qquad (A5.2.2)$$

bestimmt. Für die nichttriviale Lösung $\mathbf{x}_i \neq 0$ ist die Determinantengleichung

$$|s\mathbf{I} - \mathbf{A}| = 0 = Ch(s) \qquad (A5.2.3)$$

auf Nullstellen zu untersuchen. $Ch(s)$ heißt charakteristisches Polynom. Die Gleichung (A2.10) ist die charakteristische Gleichung. Die Wurzeln der charakteristischen Gleichung sind die gesuchten n Eigenwerte $s_1, s_2 \ldots s_n$.

Beispiel A5.1

$$\mathbf{A} = \begin{bmatrix} 0 & 1 \\ -2 & -3 \end{bmatrix} \qquad |s\mathbf{I} - \mathbf{A}| = \begin{vmatrix} s & -1 \\ 2 & s+3 \end{vmatrix} = Ch(s) \qquad (A5.2.4)$$

$$Ch(s) = s(s+3) + 2 = s^2 + 3s + 2, \qquad (A5.2.5)$$

$$\text{Eigenwerte:} \quad s_1 = -1, \quad s_2 = -2. \qquad (A5.2.6)$$

A5.3 Cayley-Hamilton-Theorem

Das Cayley-Hamilton-Theorem sagt aus, daß eine $n \times n$-Matrix ihre eigene charakteristische Gleichung

$$Ch(\mathbf{A}) = 0 \qquad (A5.3.1)$$

erfüllt. Setzt man in der charakteristischen Gleichung statt der Variablen s die Matrix $\mathbf{A}$ ein, so erhält man ein Matrixpolynom.

Beispiel A5.2

Ein Einsetzen der Matrix $\mathbf{A}$ in (A5.2.5) ergibt

$$Ch(\mathbf{A}) = \mathbf{A}^2 + 3\mathbf{A} + 2\mathbf{I} = 0. \qquad (A5.3.2)$$

Mit der quadrierten Matrix

$$\mathbf{A}^2 = \begin{vmatrix} -2 & -3 \\ 6 & 7 \end{vmatrix}$$

lautet die charakteristische Gleichung

$$Ch(\mathbf{A}) = \begin{vmatrix} -2 & -3 \\ 6 & 7 \end{vmatrix} + \begin{vmatrix} 0 & 3 \\ -6 & -9 \end{vmatrix} + \begin{vmatrix} 2 & 0 \\ 0 & 2 \end{vmatrix} = \begin{vmatrix} 0 & 0 \\ 0 & 0 \end{vmatrix}. \qquad (A5.3.3)$$

A5.4 Restpolynome

Jedes Polynom mit einem höheren Grad als n, ausgewertet mit den Eigenwerten s_i oder mit der Matrix $\mathbf{A}$, kann auf ein Restpolynom $R(s)$ reduziert werden, das höchstens vom $(n-1)$-ten Grade ist. Dazu wird das Polynom durch das charakteristische Polynom (gegebenenfalls fortgesetzt) dividiert.

Beispiel A5.3

Es sei

$$P(s) = s^4 + s^3 + s^2 + s + 1 \qquad (A5.4.1)$$

ein gegebenes Polynom. Durch eine Division

$$\frac{P(s)}{Ch(s)} = \frac{s^4 + s^3 + s^2 + s + 1}{s^2 + 3s + 2} = (s^2 - 2s + 5) + \frac{(-10s - 9)}{s^2 + 3s + 2} \qquad (A5.4.2)$$

kann dieses Polynom in der Form

$$P(s) = (s^2 - 2s + 5) \cdot \underbrace{(s^2 + 3s + 2)}_{Ch(s)} + \underbrace{(-10s - 9)}_{R(s)} \qquad (A5.4.3)$$

dargestellt werden. Wegen $Ch(\mathbf{A}) = 0$ gilt

$$P(\mathbf{A}) = R(\mathbf{A}) = -10\mathbf{A} - 9\mathbf{I}. \qquad (A5.4.4)$$

Anstelle eines Polynoms 4. Grades braucht nur ein Polynom 1. Grades ausgewertet zu werden.

A5.5 Berechnung der Transitionsmatrix

Die Auswertung von Matrixpolynomen $P(\mathbf{A})$ mit Hilfe ihrer Restpolynome läßt sich auf analytische Funktionen $F(\mathbf{A})$ ausdehnen. Wie in (A5.4.4) setzt man

$$F(\mathbf{A}) = R(\mathbf{A}) \qquad (A5.5.1)$$

mit dem noch unbekannten Restpolynom $R(\mathbf{A})$ an. $R(s)$ wird als Polynom $(n-1)$-ten Grades mit noch unbekannten Koeffizienten angesetzt:

$$R(s) = \alpha_{n-1} s^{n-1} + \alpha_{n-2} s^{n-2} + \ldots + \alpha_1 s + \alpha_0. \qquad (A5.5.2)$$

Die analytische Funktion $\exp(s_i t)$ kann für die Eigenwerte $s = s_i$ durch das Restpolynom $R(s_i)$ ersetzt werden. Dieses gilt für alle n Eigenwerte. Insgesamt lassen sich daher n verschiedene Auswertungen des Restpolynoms angeben:

$$\begin{aligned}
\exp(s_1 t) &= \alpha_{n-1} s_1^{n-1} + \ldots + \alpha_1 s_1 + \alpha_0 \\
\exp(s_2 t) &= \alpha_{n-1} s_2^{n-1} + \ldots + \alpha_1 s_2 + \alpha_0 \\
\ldots &= \ldots \\
\exp(s_n t) &= \alpha_{n-1} s_n^{n-1} + \ldots + \alpha_1 s_n + \alpha_0.
\end{aligned} \qquad (A5.5.3)$$

Aus diesen n Gleichungen werden die n Koeffizienten α_0 bis α_{n-1} berechnet. Setzt man schließlich in das inzwischen bekannte Restpolynom statt der Eigenwerte die Matrix $\mathbf{A}$ ein, so erhält man einen Ausdruck zur Berechnung der Transitionsmatrix:

$$F(\mathbf{A}) = \exp(\mathbf{A}t) = \mathbf{\Phi}(t) = R(\mathbf{A}). \qquad (A5.5.4)$$

Beispiel A5.4

Wie lautet die Transitionsmatrix $\boldsymbol{\Phi}(t)$ zur Matrix $\mathbf{A}$ aus (A5.2.4)? Mit dem Ansatz

$$R(s) = \alpha_1 s + \alpha_0 \qquad (A5.5.5)$$

und den Eigenwerten $s_1 = -1$ und $s_2 = -2$ nach (A5.2.6) erhält man die Gleichungen

$$\begin{aligned} \exp(-\,t) &= -\,\alpha_1 + \alpha_0 \\ \exp(-2t) &= -2\alpha_1 + \alpha_0. \end{aligned} \qquad (A5.5.6)$$

Daraus errechnen sich die Koeffizienten α_1 und α_0 zu

$$\begin{aligned} \alpha_1 &= \ \exp(-t) - \exp(-2t) \\ \alpha_0 &= 2\exp(-t) - \exp(-2t). \end{aligned} \qquad (A5.5.7)$$

Damit kann die Transitionsmatrix $\boldsymbol{\Phi}(t)$ nach der Beziehung (A5.5.4) berechnet werden:

$$\exp(\mathbf{A}t) = \boldsymbol{\Phi}(t) = R(\mathbf{A}) = \alpha_1\,\mathbf{A} + \alpha_0\,\mathbf{I}$$

$$= \begin{vmatrix} 0 & \exp(-t) - \ \exp(-2t) \\ -2\exp(-t) - 2\exp(-2t) & -3\exp(-t) + 3\exp(-2t) \end{vmatrix} +$$

$$+ \begin{vmatrix} 2\exp(-t) - \exp(-2t) & 0 \\ 0 & 2\exp(-t) - \exp(-2t) \end{vmatrix} \qquad (A5.5.8)$$

$$= \begin{vmatrix} 2\exp(-t) - \ \exp(-2t) & \exp(-t) - \ \exp(-2t) \\ -2\exp(-t) - 2\exp(-2t) & -\exp(-t) + 2\exp(-2t) \end{vmatrix}.$$

Dieses Ergebnis stimmt mit dem in (4.6.54) überein.

Anhang A6
Korrespondenzen der Integraltransformationen

A6.1 Fourier-Transformation

$f(t)$	$F(j\omega)$
$K \cdot \delta(t)$	K
K	$2\pi K \delta(\omega)$
$\mathrm{sgn}(t)$	$\frac{2}{j\omega}$
$\epsilon(t)$	$\pi\delta(\omega) + \frac{1}{j\omega}$
$A \cdot \mathrm{rect}(t/T)$	$A \cdot T \cdot \mathrm{si}(\omega T/2)$
$A \cdot \mathrm{tri}(t/T)$	$A \cdot T \cdot \mathrm{si}^2(\omega T/2)$
$\mathrm{si}(\omega_0 t)$	$\frac{\pi}{\omega_0} \cdot \mathrm{rect}(\omega/2\omega_0)$
$\cos(\omega_0 t)$	$\pi[\delta(\omega - \omega_0) + \delta(\omega + \omega_0)]$
$\sin(\omega_0 t)$	$\frac{\pi}{j}[\delta(\omega - \omega_0) - \delta(\omega + \omega_0)]$
$e^{-a|t|}$	$\frac{2a}{\omega^2 + a^2}$
$\epsilon(t) \cdot e^{-at}$	$\frac{1}{j\omega + a}$
$\epsilon(t) \cdot e^{-at} \cdot \frac{t^{n-1}}{(n-1)!}$	$\frac{1}{(j\omega + a)^n}$
$\displaystyle\sum_{n=-\infty}^{+\infty} \delta(t - nt)$	$\displaystyle\omega_0 \sum_{n=-\infty}^{\infty} \delta(\omega - n\omega_0), \ \omega_0 = \frac{2\pi}{T}$
$e^{j\omega_0 t}$	$2\pi\delta(\omega - \omega_0)$
$\frac{d^n}{dt^n}\delta(t)$	$(j\omega)^n$
$|t|$	$-\frac{2}{\omega^2}$
t^n	$2\pi j^n \frac{d^n}{d\omega^n}\delta(\omega)$

A6.2 Laplace-Transformation

f(t)	$F(s)$	Konvergenzbereich
$K \cdot \delta(t)$	K	alle s
$\epsilon(t) \cdot K$	$\frac{K}{s}$	$0 < Re(s)$
$\mathrm{sgn}(t)$	$\frac{2}{s}$	$Re(s) = 0$
$\epsilon(t) \cdot t$	$\frac{1}{s^2}$	$0 < Re(s)$
$\epsilon(t) \cdot t^n$	$\frac{n!}{s^{n+1}}$	$0 < Re(s)$
$\epsilon(t) \cdot t \cdot e^{-at}$	$\frac{1}{(s+a)^2}$	$-Re(a) < Re(s)$
$\epsilon(t) \cdot t^n \cdot e^{-at}$	$\frac{n!}{(s+a)^{n+1}}$	$-Re(a) < Re(s)$
$\epsilon(t) \cdot e^{-a\|t\|}$	$\frac{2a}{a^2 - s^2}$	$-Re(a) < Re(s) < Re(a)$
$\epsilon(t) \cdot \cos(\omega t)$	$\frac{s}{s^2 + \omega^2}$	$0 < Re(s)$
$\epsilon(t) \cdot \sin(\omega t)$	$\frac{\omega}{s^2 + \omega^2}$	$0 < Re(s)$
$A \cdot \mathrm{rect}(t/T)$	$A \cdot T \cdot \frac{\sinh(s \cdot T/2)}{(s \cdot T/2)}$	alle s
$A \cdot \mathrm{tri}(t/T)$	$A \cdot T \cdot \left(\frac{\sinh(s \cdot T/2)}{(s \cdot T/2)}\right)^2$	alle s
$\sum\limits_{n=0}^{\infty} \delta(t - nT)$	$\frac{1}{1 - e^{-sT}}$	alle s
$\epsilon(t) \cdot \frac{\sin(\omega t)}{t}$	$\arctan(\omega/s)$	$0 < Re(s)$

A6.3 Z-Transformation

$f(n)$	$F(z)$	Konvergenzbereich
$\delta(n)$	1	alle z
$\epsilon(n)$	$\dfrac{z}{z-1}$	$|z| > 1$
$\epsilon(n) \cdot n$	$\dfrac{z}{(z-1)^2}$	$|z| > 1$
$\epsilon(n) \cdot n^2$	$\dfrac{z(z+1)}{(z-1)^3}$	$|z| > 1$
$\epsilon(n) \cdot e^{-an}$	$\dfrac{z}{(z-e^{-a})}$	$|z| > e^{-a}$
$\epsilon(n) \cdot n \cdot e^{-an}$	$\dfrac{e^{-a}z}{(z-e^{-a})^2}$	$|z| > e^{-a}$
$\epsilon(n) \cdot n^2 \cdot e^{-an}$	$\dfrac{e^{-a}z(z+e^{-a})}{(z-e^{-a})^3}$	$|z| > e^{-a}$
$\epsilon(n) \cdot a^n$	$\dfrac{z}{z-a}$	$|z| > a$
$\epsilon(n) \cdot n \cdot a^n$	$\dfrac{za}{(z-a)^2}$	$|z| > a$
$\epsilon(n) \cdot n^2 \cdot a^n$	$\dfrac{az(a+z)}{(z-a)^3}$	$|z| > a$
$\epsilon(n) \cdot n^3 \cdot a^n$	$\dfrac{az(z^2+4az+a^2)}{(z-a)^4}$	$|z| > a$
$\epsilon(n) \cdot \cos(\omega n)$	$\dfrac{1-z^{-1}\cos\omega}{1-2z^{-1}\cos\omega+z^{-2}}$	$|z| > 1$
$\epsilon(n) \cdot \sin(\omega n)$	$\dfrac{z^{-1}\sin\omega}{1-2z^{-1}\cos\omega+z^{-2}}$	$|z| > 1$
$\epsilon(n) \cdot 1/n!$	$e^{1/z}$	$|z| > 0$

Anhang A7
Rechenregeln der Integraltransformationen
A7.1 Fourier-Transformation

Transformations-Paar:

$$F(j\omega) = \int\limits_{-\infty}^{+\infty} f(t) \exp(-j\omega t)\,dt \tag{2.1.1}$$

$$f(t) = \frac{1}{2\pi} \int\limits_{-\infty}^{+\infty} F(jw) \exp(j\omega t)\,d\omega \tag{2.6.1}$$

Existenz des Fourier-Integrals:

$$\int\limits_{-\infty}^{+\infty} |f(t)|\,dt < \infty \tag{2.1.5}$$

Linearität:

$$k_1 f_1(t) + k_2 f_2(t) \circ\!\!-\!\!\bullet k_1 F_1(j\omega) + k_2 F_2(j_\omega) \tag{2.2.1}$$

Dualität:

$$f(t) \circ\!\!-\!\!\bullet F(j\omega) \tag{2.2.5}$$

$$F(jt) \circ\!\!-\!\!\bullet 2\pi f(-\omega) \tag{2.2.6}$$

Ähnlichkeitssatz (Zeitskalierung):

$$f(at) \circ\!\!-\!\!\bullet \frac{1}{|a|} F(j\frac{\omega}{a}), \qquad a \; reell \; und \; a > 0 \tag{2.2.11}$$

Frequenzskalierung:

$$F(jb\omega) \bullet\!\!-\!\!\circ \frac{1}{|b|} f(\frac{t}{b}), \qquad b \; reell \; und \; b > 0 \tag{2.2.18}$$

Normierung und Zeit-Bandbreite-Produkt:

$$f(\frac{t}{t_n}) \circ\!\!\!-\!\!\bullet\ t_n \cdot F(j\omega t_n) \qquad (2.2.23)$$

$$f(t\omega_n) \circ\!\!\!-\!\!\bullet\ \frac{1}{\omega_n} \cdot F(j\frac{\omega}{\omega_n}) \qquad (2.2.24)$$

$$t_n = \frac{1}{\omega_n} \qquad (2.2.25)$$

Verschiebungssatz (Zeitverschiebung):

$$f(t - t_0) \circ\!\!\!-\!\!\bullet\ F(j\omega)\exp(-j\omega t_0) \qquad (2.2.32)$$

Modulationssatz (Frequenzverschiebung):

$$f(t) \cdot e^{j\omega_0 t} \circ\!\!\!-\!\!\bullet\ F(j\omega - j\omega_0) \qquad (2.2.38)$$

Konjugiert komplexe Zeitfunktion:

$$f^*(t) \circ\!\!\!-\!\!\bullet\ F^*(-j\omega) \qquad (2.2.46)$$

Differentiationsregel:

$$\frac{d}{dt}f(t) \circ\!\!\!-\!\!\bullet\ j\omega \cdot F(j\omega) \qquad (2.2.48)$$

Integrationssatz:

$$\int\limits_{-\infty}^{t} f(\tau)d\tau \circ\!\!\!-\!\!\bullet\ \frac{1}{j\omega} + \pi \cdot F(j0)\delta(j\omega) \qquad (2.5.20)$$

Faltungstheorem:

$$\int\limits_{-\infty}^{+\infty} f_1(\tau)f_2(t - \tau)dt = f_1(t) * f_2(t) \circ\!\!\!-\!\!\bullet\ F_1(j\omega) \cdot F_2(j\omega) \qquad (2.5.6)$$

Faltung im Frequenzbereich:

$$F_1(j\omega) * F_2(j\omega) \bullet\!\!-\!\!\circ\, 2\pi \cdot f_1(t) \cdot f_2(t) \qquad (2.5.24)$$

Die Faltung ist kommutativ, assoziativ und distributiv

Korrelations-Theorem:

$$r_{fg}^E(\tau) = \int\limits_{-\infty}^{+\infty} f(t)g(t+\tau)dt = f(-\tau) * g(\tau) \circ\!\!-\!\!\bullet\, F^*(j\omega) \cdot G(j\omega) \qquad (2.5.34)$$

Wiener-Khintchine-Theorem:

$$r_{ff}^E(\tau) = \int\limits_{-\infty}^{+\infty} f(t)f(t+\tau)\,dt = \frac{1}{2\pi} \int\limits_{-\infty}^{+\infty} |F(j\omega)|^2\, e^{j\omega\tau}\,d\omega \qquad (2.5.36)$$

Parsevalsches Theorem:

$$\int\limits_{-\infty}^{+\infty} |f(t)|^2\,dt = \frac{1}{2\pi} \int\limits_{-\infty}^{+\infty} |F(j\omega)|^2\,d\omega \qquad (2.5.28)$$

Symmetrieeigenschaften

reelle Zeitfunktion:

$$\underbrace{f(t)}_{reell} = \underbrace{f_g(t)}_{gerade} + \underbrace{f_u(t)}_{ungerade}$$

$$\underbrace{F(j\omega)}_{komplex} = \underbrace{F'(j\omega)}_{gerade} + \underbrace{jF''(j\omega)}_{ungerade} \qquad (2.4.9)$$

imaginäre Zeitfunktion:

$$\underbrace{jf(t)}_{imaginaer} = \underbrace{jf_u(t)}_{ungerade} + \underbrace{jf_g(t)}_{gerade}$$

$$\underbrace{F(j\omega)}_{komplex} = \underbrace{F'(j\omega)}_{ungerade} + \underbrace{jF''(j\omega)}_{gerade} \qquad (2.4.19)$$

A7.2 Laplace-Transformation

Transformations-Paar:

zweiseitige:

$$F(s) = \mathcal{L}_{II}\{f(t)\} = \int\limits_{-\infty}^{+\infty} f(t)\exp(-st)\,dt \tag{3.1.1}$$

einseitige:

$$F(s) = \mathcal{L}_{I}\{f(t)\} = \int\limits_{0^-}^{\infty} f(t)\exp(-st)\,dt \tag{3.1.6}$$

$$f(t) = \frac{1}{2\pi j}\int\limits_{\sigma-j\infty}^{\sigma+j\infty} F(s)\exp(st)\,ds \tag{3.4.1}$$

Existenz des Laplace-Integrals:

$$\int\limits_{-\infty}^{+\infty} |f(t)\cdot\exp(-\sigma t)|\,dt < \infty \tag{3.1.5}$$

Linearität:

$$\mathcal{L}\{k_1 f_1(t) + k_2 f_2(t)\} = k_1\mathcal{L}\{f_1(t)\} + k_2\mathcal{L}\{f_2(t)\} \tag{3.3.1}$$

Verschiebung im Zeitbereich:

$$\mathcal{L}\{f(t - t_0)\} = F(s)\cdot\exp(-st_0) \tag{3.3.4}$$

Verschiebung im Frequenzbereich:

$$\mathcal{L}\{f(s - a)\} \bullet\!\!-\!\!\circ f(t)\cdot\exp(at) \tag{3.3.8}$$

Ähnlichkeitssatz:

$$\mathcal{L}_I\{f(at)\} = \frac{1}{a}F(\frac{s}{a}), \ a > 0 \tag{3.3.11}$$

$$\mathcal{L}_{II}\{f(at)\} = \frac{1}{|a|}F(\frac{s}{a})$$

Differentiation im Zeitbereich:

$$\mathcal{L}\{\frac{df(t)}{dt}\} = s \cdot F(s) - f(0^-) \tag{3.3.14}$$

Differentiation im Frequenzbereich:

$$\frac{d^n}{ds^n}F(s) \circ\!\!-\!\!\bullet (-t)^n \cdot f(t), \ n = 0, 1, 2, \dots \tag{3.3.21}$$

Konjugiert komplexe Zeitfunktion:

$$f^*(t) \circ\!\!-\!\!\bullet F^*(s^*)$$

Integrationssatz:

$$\int_{0^-}^{t} f(\tau)\, d\tau \circ\!\!-\!\!\bullet \frac{1}{s}F(s) \tag{3.3.29}$$

Erster Anfangswertsatz:

$$f(0^+) = \lim_{s \to \infty} s \cdot F(s) \tag{3.3.38}$$

Zweiter Anfangswertsatz:

$$\dot{f}(0^+) = \lim_{s \to \infty} \left(s^2 F(s) - s \cdot f(0^+) \right) \tag{3.3.44}$$

Endwertsatz:

$$\lim_{s \to 0} s \cdot F(s) = \lim_{t \to \infty} f(t) \tag{3.3.49}$$

Parsevalsches Theorem:

$$\int_{-\infty}^{+\infty} |f(t)|^2 dt = \frac{1}{2\pi j} \int_{\sigma-j\infty}^{\sigma+j\infty} F(s) \cdot F^*(-s^*)\, ds$$

A7.3 Fourier-Reihen

Transformations-Paar:

$$F_k = \frac{1}{T} \int\limits_{-T/2}^{T/2} f_T(t) \cdot \exp(-jk\omega_0 t)\, dt$$

$$(5.2.13)$$

$$f_T(t) = \sum_{k=-\infty}^{\infty} F_k \cdot \exp(jk\omega_0 t)$$

Fourier-Reihen mit reellen Koeffizienten:

$$f_T(t) = \frac{a_0}{2} + \sum_{k=1}^{\infty} a_k \cos(k\omega_0 t) + \sum_{k=1}^{\infty} b_k \sin(k\omega_0 t)$$

$$a_k = \frac{2}{T} \int\limits_{-T/2}^{T/2} f_T(t) \cos(k\omega_0 t)\, dt, \quad k = 0, 1, 2, 3 \ldots$$

$$(5.2.31)$$

$$b_k = \frac{2}{T} \int\limits_{-T/2}^{T/2} f_T(t) \sin(k\omega_0 t)\, dt, \quad k = 1, 2, 3 \ldots$$

Poissonsche Summenformel:

$$\sum_{n=-\infty}^{\infty} f(nT) = \frac{1}{T} \sum_{k=-\infty}^{\infty} F(jk\omega_0), \qquad \omega_0 = \frac{2\pi}{T}$$

$$(5.2.7)$$

Parsevalsche Gleichung für periodische Leistungssignale:

$$\frac{1}{T} \int\limits_{-T/2}^{T/2} |f_T(t)|^2 \, dt = \sum_{k=-\infty}^{\infty} |F_k|^2$$

$$(5.2.22)$$

A7.4 Zeitdiskrete Fourier-Transformation

Transformations-Paar:

$$F_d(e^{j\Omega}) = \sum_{n=-\infty}^{\infty} f(n)e^{-jn\Omega} \quad \Omega = \omega T \tag{5.3.13}$$

$$f(n) = \frac{1}{2\pi} \int_{-\pi}^{\pi} F_d(e^{j\Omega}) e^{jn\Omega} d\Omega, \ \Omega = \omega T \tag{5.3.14}$$

Zeitverschiebung:

$$f(n-m) \circ\!\!-\!\!\bullet F(e^{j\Omega}) \cdot e^{-jm\Omega} \tag{5.3.29}$$

Zeitskalierung:

siehe Ausführungen in Kapitel 5.3.6.

Frequenzverschiebung:

$$e^{j\Omega_0 n} f(n) \circ\!\!-\!\!\bullet F(e^{j(\Omega-\Omega_0)}) \tag{5.3.34}$$

Differentiation im Frequenzbereich:

$$n \cdot f(n) \circ\!\!-\!\!\bullet j\frac{d}{d\Omega} F(e^{j\Omega}) \tag{5.3.37}$$

Konjugiert komplexe Folge:

$$f^*(n) \circ\!\!-\!\!\bullet F^*(e^{-j\Omega}) \tag{5.3.39}$$

Faltungstheorem:

$$f(n) = f_1(n) * f_2(n) \circ\!\!-\!\!\bullet F(e^{j\Omega}) = F_1(e^{j\Omega}) \cdot F_2(e^{j\Omega}) \tag{5.3.43}$$

Korrelation von Energiesignalen:

$$r_{f_1 f_2}^{E}(n) = f_1(k)f_2(k+n) = f_1(-n) * f_2(n) \circ\!\!-\!\!\bullet F_1(e^{-j\Omega}) \cdot F_2(e^{j\Omega}) \tag{5.3.49/50}$$

Wiener-Khintchine-Theorem für Energiesignale:

$$r_{ff}(n) = \frac{1}{2\pi} \int_{-\pi}^{\pi} S_{ff}(e^{j\Omega})e^{jn\Omega} d\Omega \tag{5.3.54}$$

Parsevalsche Gleichung:

$$\sum_{n=-\infty}^{\infty} |f(n)|^2 = \frac{1}{2\pi} \int_{-\pi}^{\pi} S_{ff}(e^{j\Omega}) d\Omega \tag{5.3.63}$$

A7.5 Zeitdiskrete Fourier-Reihen

Transformations-Paar:

$$x(n) = \sum_{k=0}^{N-1} X(k) W_N^{-kn}, \ W_N = \exp(-j2\pi/N) \tag{5.4.12}$$

$$X(k) = \frac{1}{N} \sum_{n=0}^{N-1} x(n) W_N^{kn} \tag{5.4.13}$$

Parsevalsche Gleichung für diskrete periodische Leistungssignale:

$$\frac{1}{N} \sum_{n=0}^{N-1} |x(n)|^2 = \sum_{k=0}^{N-1} |X(k)|^2 \tag{5.4.21}$$

A7.6 Diskrete Fourier-Transformation

Transformations-Paar:

$$\textbf{DFT:} \ \ F_D(k) = \sum_{n=0}^{N-1} f_D(n) \cdot W_N^{kn}, \ W_N = \exp(-j2\pi/N) \tag{5.5.5}$$

$$\textbf{IDFT:} \ \ f_D(n) = \frac{1}{N} \sum_{k=0}^{N-1} F_D(k) \cdot W_N^{-kn} \tag{5.5.6}$$

A7.7 Z-Transformation

Transformations-Paar:

zweiseitig:

$$F(z) = Z_{II}\{d(n)\} = \sum_{n=-\infty}^{\infty} f(n) \cdot z^{-n}, \; z = r \cdot \exp(j\Omega) \qquad (6.1.1)$$

einseitig:

$$F(z) = Z_I\{f(n)\} = \sum_{n=0}^{\infty} f(n) \cdot z^{-n} \qquad (6.1.7)$$

$$f(n) = \frac{1}{2\pi j} \oint_C F(z)\, z^{n-1} \, dz \qquad (6.6.1)$$

Linearität:

$$Z\{c_1 f_1(n) + c_2 f_2(n)\} = c_1 Z\{f_1(n)\} + c_2 Z\{f_2(n)\}$$
$$= c_1 F_1(z) + c_2 F_2(z) \qquad (6.3.1)$$

Verschiebung im Zeitbereich:

zweiseitige:

$$Z_{II}\{f(n-k)\} = z^{-k}\, F(z) \qquad (6.3.6)$$

einseitige (verzögernde Zeitverschiebung):

$$Z_I\{f(n-k)\} = z^{-k}\left(Z_I\{f(n)\} + \sum_{n=-1}^{-k} f(n)z^{-n}\right) \qquad (6.4.1)$$

einseitige (voreilende Zeitverschiebung):

$$Z_I\{f(n+k)\} = z^{k}\left(Z_I\{f(n)\} - \sum_{n=0}^{k-1} f(n)z^{-n}\right) \qquad (6.4.6)$$

Negierung des Zeitindex:

$$f(-n) \circ\!\!-\!\!\bullet F(z^{-1}) \qquad (6.3.12)$$

Skalierung der Variablen z:

$$F(\frac{z}{a}) \bullet\!\!-\!\!\circ a^n f(n) \tag{6.3.14}$$

Differenzieren im z-Bereich:

$$n \cdot f(n) \circ\!\!-\!\!\bullet -z\frac{d}{dz}F(z) \tag{6.3.16}$$

Konjugiert komplexe Folgen:

$$f^*(n) \circ\!\!-\!\!\bullet F^*(z^*) \tag{6.3.22}$$

Anfangswertsatz:

$$f(0) = \lim_{z \to \infty} F(z) \tag{6.4.9}$$

Endwertsatz:

$$\lim_{n \to \infty} f(n) = \lim_{z \to 1} (z-1)F(z) \tag{6.4.15}$$

Faltungstheorem:

$$f_1(n) * f_2(n) \circ\!\!-\!\!\bullet F_1(z) \cdot F_2(z) \tag{6.5.2}$$

Korrelationstheorem:

$$r^E_{f_1 f_2}(n) = \sum_{k=-\infty}^{\infty} f_1(k) f_2(k+n) = f_1(-n)*f_2(n) \circ\!\!-\!\!\bullet F_1(z^{-1}) \cdot F_2(z) \tag{6.5.5 -- 7}$$

Faltung im z-Bereich:

$$F(z) = \frac{1}{2\pi j} \oint_{C_1} F_1(\frac{z}{\eta}) F_2(\eta) \, \eta^{-1} \, d\eta \tag{6.5.20}$$

Parsevalsches Theorem:

$$\sum_{n=-\infty}^{\infty} |f(n)|^2 = \frac{1}{2\pi j} \oint_{C_1} F(z) \cdot F^*(\frac{1}{z^*}) \cdot z^{-1} \, dz \tag{6.5.30}$$

Literaturverzeichnis

[Ach 78]   D. Achilles: *Die Fourier-Transformation in der Signalverarbeitung*, Berlin: Springer, 1978.

[Bab 87]   H. Babovsky; T. Beth; H. Neunzert; M. Schulz-Reese; *Mathematische Methoden in der Systemtheorie*, Stuttgart: Teubner, 1987.

[Bra 78]   R.N. Bracewell: *The Fourier Transform and its Applications*, Auckland: McGraw-Hill, 1978.

[Bri 74]   E.O. Brigham: *The Fast Fourier Transform*, Englewood Cliffs: Prentice-Hall, 1974.

[Cad 85]   J.A. Cadzow; H.F. van Landingham: *Signals, Systems, and Transforms*, Englewood Cliffs: Prentice-Hall, 1985.

[Cad 87]   J.A. Cadzow: *Foundations of Digital Signal Processing and Data Analysis*, New York: Macmillan, 1987.

[Che 70]   C.T. Chen: *Introduction to Linear System Theory*, New York: Holt, Rinehart and Winston, 1970.

[DeF 88]   D.J. DeFatta; J.G. Lucas; W.S. Hodgkiss: *Digital Signal Processing: A System Design Approach*, New York: John Wiley & Sons, 1988.

[DeR 65]   P.M. DeRusso; R.J. Roy; C.M. Close: *State Variables for Engineers*, New York: John Wiley & Sons, 1965.

[Doe 58]   G. Doetsch: *Einführung in die Theorie und Anwendung der Laplace-Transformation*, Basel: Birkhäuser, 1958.

[Doe 67]   G. Doetsch: *Anleitung zum praktischen Gebrauch der Laplace-Transformation und der Z-Transformation*, München: Oldenbourg, 1967.

[Ell 82]   D.F. Elliott; K.R. Rao: *Fast Transforms, Algorithms, Analysis, Applications*, New York: Academic Press, 1982.

[Fet 90]   A. Fettweis: *Elemente nachrichtentechnischer Systeme*, Stuttgart: Teubner, 1990.

[Föl 82]   O. Föllinger: *Lineare Abtastsysteme*, München: Oldenbourg, 2. Aufl. 1982.

[Föl 82a] O. Föllinger: *Laplace- und Fourier-Transformation*, 3. Auflage, Berlin: AEG-Telefunken, 1982.

[Fre 80] H. Freeman, *Discrete-Time Systems*, Huntington: R.E. Krieger Publishing, 1980

[Gab 80] R.A.Gabel; R.A. Roberts: *Signals and Linear Systems*, New York: John Wiley & Sons, 2. Aufl., 1980.

[Gol 69] B. Gold; C. Rader: *Digital Processing of Signals*, New York: McGraw-Hill, 1969.

[Gui 63] E.A. Guillemin: *Theory of Linear Physical Systems*, New York: John Wiley, 1963.

[Hän 83] E. Hänsler: *Grundlagen der Theorie statistischer Signale*, Berlin: Springer, 1983.

[Hel 84] C.W. Helstrom: *Probability ans Stochastic Processes for Engineers*, New York: Macmillan Publishing Company, 1984.

[Jac 86] L.B. Jackson: *Digital Filters and Signal Processing*, Boston: Kluwer Academic Publishers, 1986.

[Jen 68] G.M. Jenkins; D.G. Watts: *Spectral Analysis and its Applications*, Oakland: Holden-Day, 1968.

[Jur 64] E.I. Jury: *Theory and Application of the z-Transform Method*, Malabar: R.E Krieger Publishing, 1964.

[Kam 89] K.D. Kammeyer; K. Kroschel: *Digitale Signalverarbeitung*, Stuttgart: Teubner, 1989.

[Kle 76] W. Klein: *Finite Systemtheorie*, Stuttgart: Teubner, 1976.

[Kuc 88] R. Kuc: *Introduction to Digital Signal Processing*, New York: McGraw-Hill, 1988.

[Küp 74] K. Küpfmüller: *Die Systemtheorie der elektrischen Nachrichtenübertragung*, 4. Auflage, Stuttgart: Hirzel, 1974.

[Lim 88] J.S. Lim; A.V. Oppenheim: *Advanced Topics in Signal Processing*, Englewood Cliffs: Prentice Hall, 1988.

[Lüc 85] R. Lücker: *Grundlagen digitaler Filter*, Berlin: Springer-Verlag, 2. Aufl., 1985.

[Lud 86] L.C. Ludeman: *Fundamentals of Digital Signal Processing*, New York: Harper & Row, 1986.

[Lük 75] H.D. Lüke: *Signalübertragung*, Berlin: Springer, 1975.

[Mar 77] H. Marko: *Methoden der Systemtheorie*, Berlin: Springer, 1977.

[McG 74] C.D. McGillem; G.C. Cooper: *Continuous and Discrete Signal and System Analysis*, New York: Holt, Rinehart and Winston, 1974.

[Mil 88]   O. Mildenberger: *Grundlagen der Statistischen Systemtheorie*, Frankfurt: Harri Deutsch, 1988.

[OFl 82]   M. O'Flynn: *Probabilities, Random Variables, and Random Processes*, New York: Harper & Row, 1982.

[Opp 75]   A.V. Oppenheim; R.W. Schafer: *Digital Signal Processing*, Englewood Cliffs: Prentice-Hall, 1975.

[Opp 89]   A.V. Oppenheim; R.W. Schafer: *Discrete-Time Signal Processing*, London: Prentice-Hall International, 1989.

[Opp 89a]   A.V. Oppenheim; A.S. Willsky; I.T. Young: *Signals and Systems*, London: Prentice-Hall, 1983.

[Pap 62]   A.Papoulis: *The Fourier Integral and Its Applications*, New York: McGraw-Hill Book Company, 1962.

[Pap 65]   A. Papoulis: *Probability, Random Variables and Stochastic Processes*, Auckland: McGraw-Hill, 1965.

[Pap 77]   A. Papoulis: *Signal Analysis*, New York: McGraw-Hill, 1977.

[Pap 80]   A. Papoulis: *Circuits and Systems*, Fort Worth: Holt, Rinehart and Winston, 1980.

[Pro 88]   J.G.Proakis; D.G.Manolakis: *Introduction to Digital Signal Processing*, New York: Macmillan Publishing Company, 1988.

[Rab 75]   L.R. Rabiner; B. Gold: *Theorie and Application of Digital Signal Processing*, London: Prentice-Hall International, 1975.

[Rob 87]   R.A. Roberts; C.T. Mullis: *Digital Signal Processing*, Reading: Addison-Wesley, 1987.

[Sch 65]   R.J. Schwarz; B. Friedland: *Linear Systems*, New York: McGraw-Hill, 1965.

[Sch 69]   H. Schwarz: *Einführung in die moderne Systemtheorie*, Braunschweig: Vieweg & Sohn, 1969.

[Sch 88]   H.W. Schüßler: *Digitale Signalverarbeitung*, Berlin: Springer-Verlag,1988.

[Sch 90]   H.W. Schüßler: *Netzwerke, Signale und Systeme, Teil 1*, Berlin: Springer-Verlag, 2. Aufl., 1990.

[Sch 90a]   H.W. Schüßler: *Netzwerke, Signale und Systeme, Teil 2*, Berlin: Springer-Verlag, 2. Aufl., 1990.

[Spi 74]   M.R. Spiegel: *Fourier Analysis*, New York: McGraw-Hill (Schaum's Outline Series), 1974.

[Spi 75] M.R. Spiegel: *Probability and Statistics*, New York: McGraw-Hill (Schaum's Outline Series), 1975.

[Sta 86] H. Stark; J.W. Woods: *Probability, Random Processes, and Estimation Theory for Engineeres*, Englewood Cliffs: Prentice-Hall, 1986.

[Ste 79] S.D. Stearns: *Digitale Verarbeitung analoger Signale*, München: Oldenbourg, 1979.

[Tre 76] S.A. Tretter: *Introduction to Discrete-Time Signal Processing*, New York: John Wiley & Sons, 1976.

[Unb 90] R.Unbehauen: *Systemtheorie*, München: R. Oldenbourg Verlag, 5. Auflage, 1990.

[Vic 87] R. Vich: *Z Transform Theory and Applications*, Dortrecht: D. Reidel Publishing Comp., 1987.

[Wib 71] D.M. Wiberg: *State Space and Linear Systems*, New York: McGraw-Hill (Schaum's Outline Series), 1971.

[Wol 78] H. Wolf: *Lineare Systeme und Netzwerke*, Berlin: Springer-Verlag, 2. Auflage, 1978.

[Wol 82] H. Wolf: *Nachrichtenübertragung*, Berlin: Springer-Verlag, 1982.

[Woz 65] J.M. Wozencraft; I.M. Jacobs: *Principles of Communication Engineering* New York: John Wiley & Sons, 1965.

[Wun 71] G. Wunsch: *Systemtheorie der Informationstechnik*, Leipzig: Akademische Verlagsgesellschaft Geest & Portig, 1971.

[Wun 72] G. Wunsch: *Systemanalyse Band 1 und 2*, Heidelberg: Hüthig, 1972.

[Wun 86] G. Wunsch; H. Schreiber: *Stochastische Systeme*, Berlin: VEB Verlag Technik, 1986.

[Wun 86a] G. Wunsch; H. Schreiber: *Digitale Systeme*, Berlin: VEB Verlag Technik, 1986.

[Wup 89] H. Wupper: *Einführung in die digitale Signalverarbeitung*, Heidelberg: Hüthig, 1989.

[Zad 63] L.A. Zadeh; C.A. Desoer: *Linear System Theory - The State Space Approach*, New York: McGraw-Hill, 1963.

Gezielt auf die einzelnen Kapitel und Anhänge des vorliegenden Buches wird die folgende Literaturauswahl empfohlen (jeweils alphabetisch geordnet):

1. Einführung: Signale und Systeme

[Cad 85], [Cad 87], [DeR 65], [Fet 90], [Lük 75], [Opp 89a], [Pap 80], [Pro 88], [Sch 88], [Sch 90a], [Unb 90], [Wup 89]

2. Fourier-Transformation

[Ach 78], [Bab 87], [Bra 78], [Ell 82], [Fet 90], [Föl 82a], [Gab 80], [Jen 68], [Lük 75], [Opp 89a], [Pap 62], [Pap 80], [Sch 65], [Spi 74], [Unb 90]

3. Laplace-Transformation

[Cad 85], [DeR 65], [Doe 58], [Doe 67], [Fet 90], [Föl 82a], [Gab 80], [Opp 89a], [Pap 62], [Pap 80], [Sch 65], [Unb 90], [Wol 78]

4. Kontinuierliche LTI-Systeme

[Cad 85], [Che 70], [DeR 65], [Fet 90], [Gab 80], [Hän 83], [Jen 68], [Küp 74], [Lük 75], [OFL 82], [Opp 89a], [Pap 62], [Pap 80], [Sch 65], [Sch 69], [Sch 90], [Sch 90a], [Unb 90], [Wib 71], [Wol 78], [Wol 82], [Wun 86]

5. Diskrete Fourier-Transformationen

[Bab 87], [Bri 74], [Cad 85], [Cad 87], [Ell 82], [Gab 80], [Jac 86], [Kam 89], [Kuc 88], [Lük 75], [Opp 75], [Opp 89], [Opp 89a], [Pap 62], [Pap 77], [Pap 80], [Pro 88], [Rab 75], [Rob 87], [Sch 65], [Ste 79], [Tre 76], [Unb 90], [Wup 89]

6. Z-Transformation

[Cad 85], [Cad 87], [DeF 88], [DeR 65], [Doe 67], [Föl 82], [Fre 80], [Gab 80], [Jac 86], [Jur 64], [Kuc 88], [Lüc 85], [Lud 86], [Opp 75], [Opp 89], [Opp 89a], [Pap 77], [Pap 80], [Pro 88], [Rob 87], [Sch 65], [Tre 76], [Unb 90], [Vic 87], [Wup 89]

7. Signalabtastung und -rekonstruktion

[Jac 86], [Opp 75], [Opp 89], [Opp 89a], [Pro 88], [Ste 79], [Tre 76]

8. Diskrete LTI-Systeme

[Che 70], [DeF 88], [DeR 65], [Föl 82], [Fre 80], [Gab 80], [Hän 83],
[Jac 86], [Kam 89], [Kle 76], [Kuc 88], [Lüc 85], [Lud 86], [Lük 75],
[OFl 82], [Opp 75], [Opp 89], [Opp 89a], [Pap 77], [Pap 80], [Pro 88],
[Rab 75], [Rob 87], [Sch 65], [Sch 88], [Sch 90a], [Ste 79], [Tre 76],
[Unb 90], [Vic 87], [Wun 86a]

Anhang Distributionentheorie

[Pap 62], [Sch 90a], [Unb 90]

Anhang Stochastische Prozesse

[Cad 87], [Hän 83], [Hel 84], [Jen 68], [Lük 75], [Mil 88], [OFl 82], [Pap 65],
[Sch 65], [Spi 75], [Sta 86], [Ste 79], [Woz 65], [Wun 86]

Sachverzeichnis